Anschauliche Physik

Bogdan Povh

Anschauliche Physik

für Naturwissenschaftler

 Springer

Prof. Dr. Bogdan Povh
MPI für Kernphysik
Saupfercheckweg 1
69117 Heidelberg
Deutschland
b.povh@mpi-hd.mpg.de

ISBN 978-3-642-17786-6   e-ISBN 978-3-642-17787-3
DOI 10.1007/978-3-642-17787-3
Springer Heidelberg Dordrecht London New York

Die Deutsche Nationalbibliothek verzeichnet diese Publikation in der Deutschen Nationalbibliografie; detaillierte bibliografische Daten sind im Internet über http://dnb.d-nb.de abrufbar.

© Springer-Verlag Berlin Heidelberg 2011
Dieses Werk ist urheberrechtlich geschützt. Die dadurch begründeten Rechte, insbesondere die der Übersetzung, des Nachdrucks, des Vortrags, der Entnahme von Abbildungen und Tabellen, der Funksendung, der Mikroverfilmung oder der Vervielfältigung auf anderen Wegen und der Speicherung in Datenverarbeitungsanlagen, bleiben, auch bei nur auszugsweiser Verwertung, vorbehalten. Eine Vervielfältigung dieses Werkes oder von Teilen dieses Werkes ist auch im Einzelfall nur in den Grenzen der gesetzlichen Bestimmungen des Urheberrechtsgesetzes der Bundesrepublik Deutschland vom 9. September 1965 in der jeweils geltenden Fassung zulässig. Sie ist grundsätzlich vergütungspflichtig. Zuwiderhandlungen unterliegen den Strafbestimmungen des Urheberrechtsgesetzes.
Die Wiedergabe von Gebrauchsnamen, Handelsnamen, Warenbezeichnungen usw. in diesem Werk berechtigt auch ohne besondere Kennzeichnung nicht zu der Annahme, dass solche Namen im Sinne der Warenzeichen- und Markenschutz-Gesetzgebung als frei zu betrachten wären und daher von jedermann benutzt werden dürften.

Einbandentwurf: eStudio Calamar S.L.

Illustrationen: Gernot Vogt

Gedruckt auf säurefreiem Papier

Springer ist Teil der Fachverlagsgruppe Springer Science+Business Media (www.springer.com)

Für Anica

Vorwort

> *It is good to have an end to journey toward,*
> *but it is the journey that matters in the end.*
> Ursula K. Le Guin

Das vorliegende Buch ist eine erste, aber umfassende Einführung in die Physik und richtet sich an Naturwissenschaftler mit Nebenfach Physik, sowie Lehrer an Gymnasien und Fachschulen. Behandelt werden klassische Gebiete wie Mechanik, Wärmelehre und Elektrodynamik, bis hin, einerseits zu den Vorgängen im atomaren und nuklearen Bereich und, andererseits, zu dem physikalischen Modell des Universums.

Physik soll uns helfen, die vor uns ablaufenden Vorgänge in der materiellen Welt qualitativ zu verstehen; auch Vorgänge aus dem Bereich der Biologie und der Lebenswissenschaften. Dieser Gesichtspunkt steht im Zentrum des vorliegenden Buches. Physik stellt sich aber auch die Aufgabe, ihre innere Konsistenz zu sichern und, des weiteren, quantitative Aussagen zu machen. Dafür wird die Sprache der Mathematik eingesetzt, die dem Nichtfachmann selten zur Verfügung steht. Folgerichtig wird in diesem Buch der formal mathematische Apparat stark zurückgenommen. Er beschränkt sich auf diejenigen Formeln, die man in der Alltagspraxis wirklich braucht, um etwas konkret auszurechnen bzw. die eminent wichtigen physikalischen Größenordnungen richtig abzuschätzen.

Das Erlernen der Physik soll jedem offen stehen und es soll, so sieht es der Autor, auch Spaß machen. Die Physik wird anhand von alltagsnahen Fragestellungen beschrieben und der Leser lernt dabei die wichtigsten Begriffe und Erkenntnisse in knapper, aber gut verständlicher Form kennen. Aber neben der Beschreibung in Worten, findet der Leser zahlreiche eingängige und oft aus der Physik des Alltags genommene Abbildungen, die alle auf Anregung und unter Aufsicht des Autors grafisch einheitlich gestaltet sind. Sie dienen nicht nur der Illustration des Textes und der Ergötzung des Lesers. Versehen mit ausführlichen pädagogisch hervorragenden Legenden wird durch sie Physik noch einmal eindringlich verdeutlicht und, im wahrsten Sinne des Wortes, anschaulich gemacht. Es soll das Auge als mnemotechnisches Lehrmittel – in guter Tradition von *R. W. Pohl* und nach dem Vorbild von seriösen Wissenschaftsmagazinen – wirkungsvoll eingesetzt werden: Physiklernen durch Anschauen. Die Abbildungen zusammen mit den konzentrierten Textwiederholungen in den Bildlegenden stellen quasi auf zweiter Ebene – und das ist das Besondere an diesem Buch – eine weitere willkommene Lernhilfe dar.

Es werden Beobachtung in der Natur und Experimente im Labor analysiert. Die Phänomene werden in einfacher Sprache erklärt und letztendlich auch noch – für quantitative Betrachtungen – in mathematischer Symbolik, in der Formelsprache, formuliert. Dadurch wird erreicht, dass jede Formel sogleich ihren physikalischen Inhalt bekommt. Das wird vertieft, indem zu jeder Formel ihre Anwendung an nützlichen Beispielen demonstriert wird.

Das Buch soll also eine erste Einführung in die Physik und ihre Begriffe und Methoden sein. Aber es will noch mehr. Es soll die Stellung der Erde im Sonnensystem, des Sonnensystems in der Milchstraße, der Milchstraße im Universum aus physikalischer Sicht zeigen. Und es soll helfen, die Vorgänge auf der Erde bis hin zur Struktur kleinster Bauteile und ihrer Wechselwirkungen zu erklären.

Beides, die Physik im Größten und die im Kleinsten, sind nach unseren heutigen Vorstellungen nicht mit dem Wissen des 19. Jahrhunderts, der Zeit der sogenannten klassischen Physik, vollständig zu verstehen. Es waren *Max Planck* und *Albert Einstein*, die Anfang des 20. Jahrhunderts die Tür aufgestoßen haben zur sogenannten modernen Physik unserer Tage: Zur Relativitätstheorie und zur Quantenphysik. Sie werden in diesem Lehrbuch ihrer Bedeutung entsprechend behandelt; und das unter Beibehaltung des Grundsatzes, dass es hier um eine für Nichtfachleute verstehbare Darstellung gehen muss.

Einstein hat nach tiefer Analyse der klassischen Physik ihre Inkonsistenz erkannt und als Lösung des Dilemmas vorgeschlagen, die damalige Jahrhunderte alte Vorstellung von Raum und Zeit aufzugeben. In der Speziellen Relativitätstheorie liegt der Physik eine Raum und Zeit vereinheitlichende Raumzeit zugrunde. Auch wenn diese in der uns auf der Erde begegnenden Physik nur in der Hochenergiephysik angewandt wird, ist sie wegen ihrer großen weltanschaulichen Bedeutung Bestandteil naturwissenschaftlichen Allgemeinwissens. In der Allgemeinen Relativitätstheorie wird diese Raumzeit, die bei der Deutung der Gravitation an ihre Grenzen stößt, geometrisch erweitert und damit wird ein physikalisches Verstehen kosmischer Vorgänge im Großen möglich; ermöglicht aber auch die technische Realisierung der GPS-Ortung hier auf unserer Erde. Experimente, die den Leser an Einsteins neue Vorstellungen heranführen, werden in diesem Buch behandelt.

Für einen Laborphysiker sieht die Einsteinsche Raumzeit nicht anders aus als die Newtonsche Welt, die unseren dreidimensionalen Raum an die Zeitachse des Beobachters anheftet. Erst wenn man zu höheren Energien oder Geschwindigkeiten kommt, merkt man allmählich stärker merkbare Abweichungen. Dieser allmähliche Übergang erleichtert die physikalische Interpretation speziell-relativistischer Effekte. Eine ganz andere Situation findet man bei den Quanteneffekten vor.

Die Quantenmechanik stellt für Studenten eine weit höhere Hürde dar. Ihre theoretische Durchdringung erfordert einen sehr anspruchsvollen mathematischen Apparat, der zuerst von *John von Neumann* in den 20er Jahren ausgearbeitet worden ist, und zum anderen erschließen sich ihre radikal neuen Konzepte nur über die Anwendungen auf Quantensysteme, zu denen der Experimentator mithilfe makroskopischer Meßaparate nur einen indirekten Zugang hat. Und das gilt schon bei den einfachsten Systemen, den Atomen. Deswegen werden in diesem Buch quantenmechanische Konzepte an eindimensionalen Systemen beschrieben, bei denen man auch mathematisch gut mit elementaren Winkelfunktionen und der Exponentialfunktion zurecht kommt. Von daher, so denken wir, sollte es keine prinzipiellen Schwierigkeiten machen, die quantenmechanische Beschreibung auf dreidimensionale Probleme zu erweitern.

Die Physik der Atome, der Moleküle bis hin zu den subatomaren Strukturen der Kernphysik einerseits und die des expandierenden Universums stützen sich auf die relativistischen und auf die Quantenphänomene. Das wird dem Leser in den Kapiteln 13–18 erklärt.

Natürlich bekommt auch die klassische Physik, auf der ja das ganze physikalische Denken aufbaut, in diesem Buch den ihrer Bedeutung zustehenden Raum zugewiesen. Galileis wegweisende Studien zur Bewegungslehre, die er als alter Mann in der Verbannung abgeschlossen und 1638 als Buch über die Bewegungslehre veröffentlicht hatte, haben uns die Mechanik beschert, die in den Kapiteln 2–4 dargestellt ist. Aufbauend darauf hat Newton die in Kapitel 5 behandelte Gravitation physikalisch gedeutet und auf die Himmelsmechanik angewandt. Die Kapitel 6 und 9 behandeln die für unser Leben so wichtigen Flüssigkeiten und die mechanischen Wellenphänomene; hier haben die Basler Physiker *Daniel Bernoulli* und *Leonhard Euler* die wesentlichen Impulse gegeben.

Kapitel 10–12 sind den elektromagnetischen Vorgängen gewidmet, also einer Physik, die ein radikales Umdenken des mechanischen Weltbilds bedeutet hat, damals Mitte des 19. Jahrhunderts, als sie von Faraday und Hertz erschlossen worden waren.

Die Kapitel 7 und 8 behandeln die Wärmelehre, die man im 19. Jahrhundert der Mechanik angefügt hat, um in abgeschlossenen Systemen der Energieerhaltung gerecht zu werden. Sie steht im Mittelpunkt technischer Vorgänge und auch der Lebensprozesse. Heute interessieren uns viel mehr die offenen Systeme, zu denen auch unsere Erde gehört; das Leben auf unserem Planeten verdanken wir dem Unterschied zwischen der Qualität der von der Sonne eingestrahlten und der von der Erde emittierten Energie.

Ein Literaturverzeichnis, das dem Leser ein vertieftes Weiterstudium ermöglichen sollte, schließt das Buch ab.

Als erstes möchte ich mich bei Wolf Beiglböck bedanken für den Vorschlag dieses Lehrbuch basierend auf Abbildungen zu gestalten und dadurch eine anschauliche Darstellung zu erreichen. Auch der Titel des Buches stammt von ihm. Gernot Vogt hat seine künstlerische Neigung mit Erfolg in den Abbildungen des Buches gezeigt.

Der Abschnitt *Elektrizität in der Biologie* wurde in Zusammenarbeit mit Heinz Horner (Heidelberg) verfasst, *Bindungscocktails* entstand mit der Hilfe von Samo Fišinger (Ljubljana) und *Energieübertragung* mit Dušan Povh (Nürnberg).

Für kritische Bemerkungen und Verbesserungsvorschläge danke ich Jörg Hüfner (Heidelberg), Karl-Tasso Knöpfle (Heidelberg), Dietrich Pelte (Heidelberg), Mitja Rosina (Ljubljana) und Bernhard Schwingenheuer (Heidelberg).

Bei der Textverarbeitung haben geholfen Tina Pollmann, Volkhard Mäckel, Gerhard Zuern, Renee Klawitter und Julia Serwane.

Im letzten Jahr des Buchschreibens hat Kirsten Schnorr in sprachlichen und technischen Fragen wesentlich zur Fertigstellung des Buches beigetragen.

Heidelberg, im November 2010 *Bogdan Povh*

Inhaltsverzeichnis

1	**Hors d'Oeuvre**	1
	1.1 Wissenschaftliche Revolution	1
	1.2 Physik im 20. Jahrhundert	3
	1.3 Struktur der Materie	4
	1.4 Die fundamentalen Wechselwirkungen	6
	1.5 Einheiten	8
	1.6 Messfehler	9
2	**Kinematik**	13
	2.1 Weg, Geschwindigkeit und Beschleunigung	13
	2.2 Addition zweier Geschwindigkeiten	16
	2.3 Kreisbewegung	19
3	**Dynamik**	21
	3.1 Masse, Impuls und Impulserhaltung	22
	3.2 Kraft	26
	3.2.1 Proton im elektrischen Feld	27
	3.2.2 Schwere Masse	27
	3.3 Drehimpuls und Drehimpulserhaltung	29
	3.3.1 Schwerpunkt	32
	3.4 Drehmoment	34
	3.4.1 Bewegungsgleichung der Rotation	36
	3.5 Energie und Arbeit	36
	3.6 Mechanik und Sport	38
	3.6.1 Stabhochsprung	38
	3.6.2 Peitscheneffekt im Sport	39

4 Stoß, Oszillator und Kreisel ... 43
4.1 Elastischer und inelastischer Stoß ... 43
4.2 Federpendel, Harmonischer Oszillator ... 46
    4.2.1 Potential des Harmonischen Oszillators ... 47
4.3 Quantenmechanischer Harmonischer Oszillator ... 49
4.4 Klassischer Kreisel ... 51
4.5 Quantenmechanischer Kreisel ... 53

5 Gravitation ... 55
5.1 Sonne–Erde–Mond ... 55
    5.1.1 Erde auf einer Kreisbahn ... 56
    5.1.2 Ortsgebundener Satellit ... 57
    5.1.3 Mondanziehung ... 59
    5.1.4 Gezeiten ... 59
5.2 Sonnensystem ... 61
5.3 Milchstraße ... 63
    5.3.1 Schwarzes Loch in der Mitte der Milchstraße ... 65
5.4 Determinismus und Deterministisches Chaos ... 67
5.5 Die Masse des Lichts: $E = mc^2$ ... 69
    5.5.1 Schwarzschildradius und Ereignishorizont ... 72

6 Flüssigkeit und Gas ... 75
6.1 Druck als Folge der Erdanziehung ... 75
    6.1.1 Wasserdruck ... 75
    6.1.2 Barometrische Höhenformel ... 77
    6.1.3 Archimedisches Prinzip ... 79
6.2 Strömung nach Bernoulli und Venturi ... 80
    6.2.1 Blutkreislauf ... 82
    6.2.2 Physik des Fliegens ... 84
    6.2.3 Wind-Druck-Abhängigkeit ... 86
6.3 Kohäsion und Adhäsion ... 87

7 Kinetische Theorie der Wärme ... 91
7.1 Ideales Gas ... 91
7.2 Reales Gas ... 95
7.3 Maxwellsche Geschwindigkeitsverteilung ... 96
7.4 Spezifische Molwärme von Gasen ... 98
    7.4.1 Spezifische Molwärme bei konstantem Volumen c_V ... 98
    7.4.2 Spezifische Molwärme bei konstantem Druck c_p ... 100
7.5 Spezifische Molwärmen kristalliner Substanzen ... 101
7.6 Spezifische Molwärme von Flüssigkeiten ... 102
7.7 Phasenübergänge ... 103

Inhaltsverzeichnis XIII

	7.8	Wärmemaschinen	105
		7.8.1 Wärmepumpe	109
	7.9	Diffusion und Osmose	109
	7.10	Wärmetransport	113
		7.10.1 Wärmeleitung	114
		7.10.2 Konvektion	115
		7.10.3 Strahlung	115
8	**Entropie**		**117**
	8.1	Abgeschlossene Systeme	117
		8.1.1 Zeitrichtung	122
	8.2	Offene Systeme	123
		8.2.1 Selbstorganisation	126
9	**Mechanische Wellen**		**129**
	9.1	Eindimensionale, longitudinale und transversale Wellen	130
		9.1.1 Phasengeschwindigkeit	131
	9.2	Energie und Impuls der Welle	133
	9.3	Reflexion, Transmission und Absorption	134
	9.4	Stehende Wellen	135
	9.5	Wasserwellen	137
	9.6	Interferenz und Beugung der Wasserwellen	138
	9.7	Schall	140
		9.7.1 Schallwellen im Gas	140
		9.7.2 Dopplereffekt	141
		9.7.3 Schockwellen	143
		9.7.4 Ultraschall	143
		9.7.5 Infraschall	145
10	**Elektromagnetische Wechselwirkung**		**149**
	10.1	Elementarladung	149
	10.2	Das magnetische Feld und das magnetische Moment des Elektrons	153
	10.3	Elektrische Spannung und elektrischer Strom	155
		10.3.1 Elektrischer Strom in Metallen	156
		10.3.2 Strom in Lösungen	158
		10.3.3 Batterie	159
		10.3.4 Widerstand	161
		10.3.5 Kondensator	162
	10.4	Elektrizität in der Biologie	164
		10.4.1 Elektrische Eigenschaften der Zellmembran	166
	10.5	Magnetfeld und magnetische Induktion	170

10.5.1 Spule ... 173
10.5.2 Transformator ... 174
10.5.3 Elektromagnetischer Schwingkreis ... 175
10.5.4 Stromgenerator ... 176
10.5.5 Elektromotor ... 178
10.6 Maxwellgleichungen ... 178
10.7 Energietransport ... 181

11 Elektromagnetische Wellen ... 183
11.1 Lichtgeschwindigkeit ... 184
11.2 Relativitätstheorie ... 187
11.2.1 Es gibt keinen absoluten Raum ... 187
11.2.2 Es gibt keine absolute Zeit ... 189
11.2.3 Längenkontraktion ... 190
11.2.4 Äquivalenz von Masse und Energie ... 191
11.3 Experimentelle Bestätigung von Dilatation und Kontraktion ... 192
11.4 Strahlungsquellen ... 194
11.5 Atomspektren ... 195
11.6 Laser ... 199
11.7 Röntgenstrahlung ... 201
11.7.1 Bremsstrahlung ... 201
11.7.2 Charakteristische Röntgenstrahlung ... 203
11.7.3 Röntgenspektroskopie ... 204
11.8 Wärmestrahlung ... 207

12 Optik ... 211
12.1 Reflexion und Brechung ... 211
12.2 Geometrische Optik ... 213
12.2.1 Linse ... 213
12.2.2 Auge ... 215
12.2.3 Lupe und Mikroskop ... 216
12.2.4 Spiegelteleskop ... 218
12.3 Das Sehen ... 220

13 Quantenmechanik – Die wesentlichen Begriffe ... 221
13.1 Photon ... 221
13.1.1 Photoeffekt ... 221
13.1.2 Comptonstreuung ... 223
13.1.3 Ist das Photon ein Teilchen oder eine Welle? ... 224
13.2 Elektron ... 225
13.2.1 Das Elektron ist ein Teilchen ... 225
13.2.2 Das Elektron ist eine Welle ... 226

13.3 Heisenbergsche Unschärferelation 229
13.4 Das virtuelle Photon 231
13.5 Wellenfunktion 232
    13.5.1 Unendliches Kastenpotential 234
    13.5.2 Harmonisches Potential 235
    13.5.3 Endliches Kastenpotential 236
    13.5.4 Tunneln durch eine Potentialbarriere 237
13.6 Strahlungsübergänge 239
13.7 Elektronen sind Fermionen, Photonen sind Bosonen 239

14 Atome 241
14.1 Wasserstoffatom 243
14.2 Die vier Quantenzahlen des Wasserstoffatoms 245
14.3 Periodensystem der Elemente 248

15 Moleküle 253
15.1 Starke chemische Bindung 253
    15.1.1 Kovalente Bindung 253
    15.1.2 Metallische Bindung 254
    15.1.3 Ionische Bindung 255
    15.1.4 Geometrie der Moleküle 256
15.2 Wasserstoffbrückenbindung 258
15.3 Van-der-Waals-Bindung 260
15.4 Bindungscocktails 261
    15.4.1 Graphit 261
    15.4.2 Faltung 262

16 Kondensierte Materie 265
16.1 Kovalente Kristalle 265
16.2 Ionische Kristalle 269
16.3 Eis 270
16.4 Van-der-Waals-Kristalle 270
16.5 Metalle 271

17 Quarks, Nukleonen und Kerne 275
17.1 Starke Wechselwirkung 276
17.2 Schwache Wechselwirkung 278
    17.2.1 β^--Zerfall 278
    17.2.2 Quarkspektroskopie 278
17.3 Kernbindungsenergie 280
    17.3.1 Stabile Isotope 282
17.4 Fusionsreaktor Sonne 284

17.5 Elementsynthese 286
17.6 Spaltung 289
17.7 Radioaktivität 289
    17.7.1 Geothermale Energiequellen 291
    17.7.2 Das Alter des Sonnensystems 293
    17.7.3 Umweltradioaktivität 294

18 Expandierendes Universum 297
18.1 Kosmische Rotverschiebung und Expansion 297
18.2 Das Big-Bang/Urknall-Modell 300

Weiterführende Literatur 305

Sachverzeichnis 307

Kapitel 1
Hors d'Oeuvre

1.1 Wissenschaftliche Revolution

Die Renaissance zeichnet sich nicht nur durch die Neuentdeckung der hellenistischen Kunst und Kultur aus, sondern hat auch entscheidend zu dem Neuanfang der Naturforschung in Europa beigetragen. In dieser Zeit wurde nämlich das Interesse an den naturwissenschaftlichen Erkenntnissen der Antike geweckt. Mönche haben die im Mittelalter von islamischen Gelehrten gepflegten Schriften der griechischen, indischen, chinesischen und islamischen Überlieferungen ins Lateinische übersetzt und zur wissenschaftlichen Revolution am Ende des 16. Jahrhunderts wesentlich beigetragen.

Das Ende des 16. bzw. der Anfang des 17. Jahrhunderts ist besonders durch die Arbeiten von *Nicolaus Copernicus* und *Johannes Kepler* geprägt worden. Diese Arbeiten beschäftigten sich mit dem heliozentrischen Modell des Sonnensystems, das auf genauen astronomischen Beobachtungen gründete. Es ist bemerkenswert, dass in der wissenschaftlichen Hochburg der Antike, Alexandria, *Aristarchus von Samos* ($\approx$ 310–230 v. Chr.) bereits das heliozentrische Modell entwickelt hatte. Aristarchos war ein Astronom und Mathematiker und hat sein Modell auf Grund von Beobachtungen begründet. Seine Theorie stieß kaum auf Anerkennung. Erst Copernicus hat, fast 2000 Jahre später, seine Vorstellungen wieder entdeckt und aufgegriffen.

Das neue Bild des Sonnensystems setzte sich aber nur langsam und gegen große Widerstände, besonders seitens der Kirche, durch. Sein Einfluss auf das Denken der Menschen war außerordentlich groß, aus diesem Grund wird die Einführung des heliozentrischen Modells des Sonnensystems in den Geschichtsbüchern sehr stark hervorgehoben.

Für die Naturwissenschaften sind die Arbeiten von *Galileo Galilei* von unschätzbarem Wert. Er bestand darauf, dass das Experiment über die Gültigkeit einer Theorie entscheidet. Diese Forderung stellte eine echte wissenschaftliche Revolution dar. In dieser Zeit war die Überzeugung der Gelehrten, dass das „reine Denken" ohne Berücksichtigung der Experimente richtige Aussagen über die Natur liefert. Galileos Darstellung des Experiments als oberste Instanz zur Prüfung der Richtigkeit einer Aussage über die Natur wurde zur Schlüsselidee naturwissenschaftlicher Methoden. Damit trennten sich die Naturwissenschaften von der Philosophie.

Galileos bekannteste Experimente befassten sich mit dem freien Fall. Er erkannte, dass zur Erforschung des freien Falls die Reibung ausgeschaltet werden muss. So konnte er nachweisen, dass in der Abwesenheit von Reibung alle Körper unabhängig von ihrer Masse die gleiche Beschleunigung erfahren und dass die Zeit des freien Falls quadratisch von der Höhe abhängt. Zu Recht betrachten wir Galileo als den ersten modernen Physiker.

Im 17. Jahrhundert

beschäftigten sich viele Naturforscher mit der Frage, wie man die Bewegung der Körper unter dem Einfluss der Kräfte beschreiben könnte. Es war notwendig, Begriffen wie Masse, Impuls, Kraft und Energie, die in der Umgangssprache unpräzise benutzt werden, eine strenge physikalische Definition zu geben. Das Resultat dieser Bemühungen wurde 1687 in den *Philosophiae Naturalis Principia Mathematica* von *Isaac Newton* veröffentlicht. Sein Buch beinhaltet zwei Theorien. Die Gesetze der Bewegung mit präzisen Definitionen von Masse, Impuls, Kraft und Energie wurden die Grundlagen der klassischen Mechanik. Seine Gravitationstheorie, basierend auf der Phänomenologie des Sonnensystems und nicht auf Hypothesen (*hypotheses non fingo*), diente als Grundlage der modernen Astronomie. Beide Theorien stimmten mit den Experimenten exzellent überein. Mit dem Titel seines Buches, *Principia Mathematica*, wollte er bei der Beschreibung der physikalischen Gesetze die mathematischen Formulierungen in den Vordergrund stellen. Nicht zuletzt war seine Gravitationstheorie überzeugend, weil er zeigen konnte, dass aus den elliptischen Bahnen der Planeten um die Sonne die $1/r^2$ Abhängigkeit der Gravitationskraft folgt.

Im 18. Jahrhundert

verbreiteten sich die Erkenntnisse des 17. Jahrhunderts in Europa. Durch die Industrialisierung wuchs die Bedeutung der Forschung in den Naturwissenschaften. Neben der Physik und Mathematik erweiterten sich die Forschungsgebiete um Chemie und Biologie. In diesem Jahrhundert ist die Dampfmaschine erfunden und technisch entwickelt worden. Das Interesse am theoretischen Verständnis des Funktionierens der Dampfmaschinen war sicher der Grund, dass sich die Physiker der Thermodynamik gewidmet haben.

In diesem Jahrhundert begann man auch schon mit Experimenten zur Elektrizität. *Alessandro Volta* und *Charles Augustin de Coulomb* werden als die Begründer der Elektrostatik und Magnetostatik betrachtet.

Im 19. Jahrhundert

spaltete sich die Naturforschung in einzelne Zweige auf; Physiker beschäftigten sich mit der Thermodynamik und den elektrischen und magnetischen Phänomenen, Chemiker mit der Entdeckung neuer Elemente und der Synthese neuer Substanzen. *Charles Darwin* verlieh mit seiner Evolutionstheorie (1859) auch der biologischen Forschung den notwendigen wissenschaftlichen Rahmen. Der französische Biologe *Louis Pasteur* konnte die Verbindung zwischen Mikroorganismen und Krankheiten nachweisen und revolutionierte dadurch die präventive Medizin.

Zu den wichtigsten Errungenschaften der physikalischen Forschung im 19. Jahrhundert zählen der Abschluss der klassischen Thermodynamik (*Ludwig Boltzmann*) mit der endgültigen Klärung der Energieerhaltung und der Einführung des Begriffes der Entropie.

Die phänomenologischen Untersuchungen der Elektrizität und des Magnetismus führten zur Vereinheitlichung der elektrischen und der magnetischen Wechselwirkung zur Theorie des Elektromagnetismus. Im Jahr 1855 veröffentlichte *James Clerk Maxwell* seine berühmte Arbeit über die Maxwell-Gleichungen. Diese Gleichungen spiegeln die Tatsache wider, dass die elektrische und die magnetische Wechselwirkung denselben Ursprung haben. Die zentrale Rolle, die die Lichtgeschwindigkeit in den Maxwell-Gleichungen spielt, konnte man erst mit Hilfe der Einsteinschen Relativitätstheorie Anfang des 20. Jahrhunderts begreifen.

Weiterhin hat man sich intensiv mit der Frage beschäftigt, ob die Atome existieren oder nicht. Die Existenz von fast 100 Elementen, die man bis Ende des 19. Jahrhunderts entdeckt hat, mit sich periodisch wiederholenden Eigenschaften (*Dmitri Mendelejew*) war jedoch für viele ein deutlicher Hinweis darauf, dass die Atome (*atomos hyle* = ἄτομος ὕλη = unteilbare Materie) entgegen der bisherigen Annahme teilbar sind und eine innere Struktur haben.

1.2 Physik im 20. Jahrhundert

Zu Beginn des 20. Jahrhunderts wurden zwei grundlegend neue Gebiete der Physik eingeführt. *Albert Einstein* hat mit seiner Relativitätstheorie die Begriffe des Raums und der Zeit revolutioniert. *Max Planck* hat mit der Lösung des Strahlungsgesetzes im Jahre 1900 gezeigt, dass die elektromagnetische Strahlung nur in diskreten Energiepaketen, den sogenannten Quanten, emittiert werden kann.

Mit Streuexperimenten kam *Ernest Rutherford* zum modernen Modell des Atoms. Nach diesem Modell ähnelt das Atom dem Sonnensystem. Es enthält einen dichten Kern, der von Elektronen, ähnlich wie die Sonne von Planeten, umgeben ist. Aber diese Analogie war nur oberflächlich. Weder die Newtonsche Mechanik noch der Maxwellsche Elektromagnetismus waren imstande, die atomare Struktur zu erklären. Zum Verständnis der atomaren und subatomaren Systeme benötigt man die Quantenmechanik. Die Quantenmechanik hat wesentlich zum modernen Verständnis der Struktur der Moleküle und der Festkörper beigetragen.

Eine der wichtigsten experimentellen Entwicklungen auf der Suche nach den kleinsten Bausteinen der Materie war die Einführung der Teilchenbeschleuniger. Erst wurde die Struktur der Kerne und anschließend die Struktur der Kernbausteine erforscht.

Nur durch die Erkenntnisse der Kernphysik konnte man sowohl die Quelle der Sternenergie erklären, als auch die heutige Häufigkeit der Elemente im Universum.

Es gibt Hinweise darauf, dass das Verständnis der Elementarteilchen eng mit der Geschichte der Entstehung des Universums, dem Urknall, gekoppelt ist. Deswegen werden heute viele Teilchenexperimente durch die Kosmologie motiviert.

Charles Darwin war der erste, der realisiert hat, dass man nur durch die Evolution die heutige Fauna und Flora verstehen kann. Heute wird die Evolution in allen Zweigen der Naturwissenschaften als Methode angewendet, auch in der Teilchenphysik.

1.3 Struktur der Materie

Die Schlüsselmethode der Naturwissenschaften ist es, komplexe Systeme in ihre Bausteine zu zerlegen und dann die Komplexität der Systeme mit den Wechselwirkungen zwischen den Bausteinen zu erklären. Was ein Baustein ist, hängt von den jeweiligen Systemen ab. In vielen Fällen können Kosmologen sogar adäquat mit Galaxien als Bausteine des Universums arbeiten. Kein Wunder, denn im Universum sind Galaxien so dünn gesät wie Moleküle im besten im Labor erzeugbaren Vakuum. Die Chemiker können fast alles, was sie interessiert, mit Atomen als Bausteine verstehen. Diejenigen, die sich mit der molekularen Struktur befassen, müssen sehr viel von den Eigenschaften deren Bausteine, den Atomen, verstehen. Die Entscheidung, ob das, was sie machen, Physik oder Chemie ist, hängt allein davon ab, ob sie an ei-

1.3 Struktur der Materie

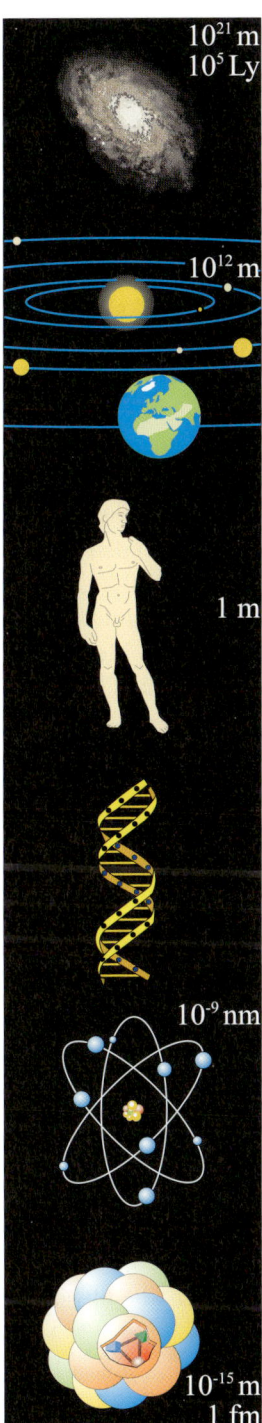

Abb. 1.1 *Längen, Zeiten, Massen*: Die Ausdehnung des observablen *Universums* (das ist der Teil des Universums, dessen Licht seit dem Urknall ausreichend Zeit hatte, um uns zu erreichen) beruht auf kosmischen Modellen und wird auf 10 Milliarden Lichtjahre geschätzt. Nach dem Urknallmodell ist das Universum 14 Milliarden Jahre alt. Im Universum gibt es schätzungsweise 10^{20} Galaxien. Unsere Galaxie, die *Milchstraße*, hat einen Durchmesser von 100–165 Tausend Lichtjahren. Sie ist etwa 13,6 Milliarden Jahre alt und zählt etwa 300 Milliarden Sterne. Das *Sonnensystem* ist 4,5 Milliarden Jahre alt, die Masse der Sonne beträgt $M_\odot \approx 2 \cdot 10^{30}$ kg und der Abstand Sonne-Erde 8,3 Lichtminuten. Die Vermessung aller dieser astronomischen Größen ist mit optischen Geräten durchgeführt worden. *Meter, Kilogramm* und *Sekunde* sind an menschliche Verhältnisse angepasst. Der Durchschnittsmensch ist etwa 1,75 Meter groß, die Aufzüge sind für Personen von 75 Kilogramm gebaut, das normale Herz schlägt einmal pro Sekunde. Mit bloßem Auge kann man Objekte einer Ausdehnung von bis zu einem Zehntel Millimeter und mit dem Lichtmikroskop von bis zu einem Mikrometer beobachten. Die menschlichen *Zellen* sind 1–10 Mikrometer groß und daher mit dem Lichtmikroskop zu sehen. Die nächst kleinere Größenstufe ist das Nanometer. Die *Atomradien* liegen bei $\approx 0{,}1$ Nanometer. Die Abstände zwischen Atomen in Molekülen und Kristallen liegen ebenfalls in derselben Größenordnung. Die DNA ist beispielsweise ≈ 2 Nanometer breit und etwa 20 Nanometer lang. Der millionste Teil eines Nanometers ist ein Femtometer. Der *Nukleonradius* beträgt ≈ 1 Femtometer. Das *Elektron* und die *Quarks* sind punktförmig bzw. werden als punktförmig betrachtet. Dies liegt daran, dass sie kleiner sind als die zur Zeit kleinsten noch aufzulösenden Strukturen von einem Tausendstel eines Femtometers.

nem physikalischen oder chemischen Institut arbeiten. Was die Bausteine der Biologie sind, hängt davon ab, ob man sich für Makro- oder Mikrobiologie, Pflanzen oder Tiere interessiert. Aber eine Sache ist klar: die chemische Bindung, die die Doppelhelix zusammenhält, die Wasserstoffbrückenbindung, ist sicher die subtilste aller chemischen Bindungen. Ohne Quantenmechanik kann die Wasserstoffbrückenbindung sicher nicht verstanden werden.

Elementarteilchenphysiker sind Fundamentalisten. Sie wollen die ultimativen Bausteine der Materie finden und daraus das Universum aufbauen. Zu den Elementarteilchen zählen zur Zeit die sechs Arten von Quarks und sechs Arten von Leptonen. Im letzten Kapitel werden wir etwas detaillierter über diese Teilchen reden. Von den sechs Quarks sind für den Aufbau der Materie die zwei leichtesten, das up- und das down-Quark, wichtig. Zwei up- und ein down-Quark, durch die starke Wechselwirkung gebunden, bilden das Proton und zwei down- und ein up-Quark das Neutron. Das freie Neutron ist nicht stabil und zerfällt in ein Proton und zwei Leptonen; das negative Elektron und neutrale Neutrino. Protonen und Neutronen klumpen in den Kernen (Abb. 1.1) zusammen. Die Kraft, die die Nukleonen zusammenhält, ist die Kernkraft, ein Artefakt der sogenannten starken Wechselwirkung. Der Radius des Nukleons ist ≈ 1 fm (fm = Femtometer = Fermi = 10^{-15} Meter). Die schwersten Kerne haben Radien bis zu 5 fm. Wenn man über die Größe von Kernen redet, ist es nur zweckmäßig, den Maßstab fm zu benutzen. Wer kann sich die Zahl 10^{-15}, der Länge von einem Femtometer [1 fm] vorstellen?

Die Kerne sind positiv geladen. Um die Kerne bewegen sich negativ geladene Elektronen, so dass die Atome elektrisch neutral sind. Die typischen Radien der Atome sind in der Größenordnung von 10^{-10} Meter, oder besser gesagt, 0,1 nm (Nanometer). Insgesamt sind Atome neutral; auf kurzen Distanzen kompensieren sich die Ladungen der Konstituenten jedoch nicht vollständig, was zur Bindung der Atome zu Molekülen oder größeren Strukturen, wie Kristalle, führen kann. Die verschiedenen Arten der chemischen Kräfte konnten damit auf die elektromagnetische Kraft zurückgeführt werden. Der Abstand der Atome in Molekülen und Kristallen ist $\approx 0,15$ nm. In Abb. 1.1 sind noch einige größere Gebilde mit zugehörigen Ausdehnungen skizziert.

1.4 Die fundamentalen Wechselwirkungen

Wir kennen vier fundamentale Wechselwirkungen, auf denen alle physikalischen Phänomene beruhen (Abb. 1.2):

die Gravitation
die elektromagnetische Wechselwirkung
die starke Wechselwirkung

1.4 Die fundamentalen Wechselwirkungen

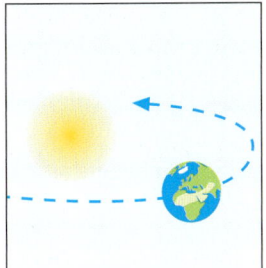

(a) Gravitation

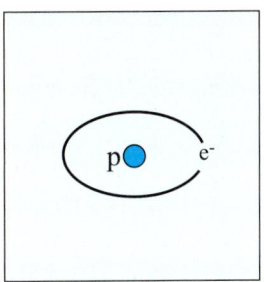

(b) Elektromagnetische Wechselwirkung

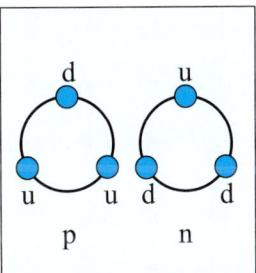

(c) Starke Wechselwirkung

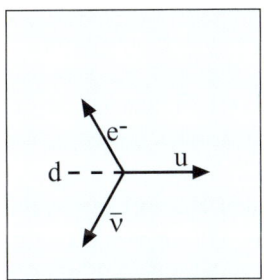

(d) Schwache Wechselwirkung

Abb. 1.2 a–d Die *Gravitation* (**a**) ist die dominierende Wechselwirkung auf der astronomischen Skala. Sie wirkt anziehend und bindet die Materie zu Galaxien, Sternen und Planeten und steuert ihre Bewegungen relativ zueinander. Sie ist von großer Bedeutung im täglichen Leben, denn sie ist es, die uns zu den Bewohnern der Erde macht. Die Gravitation war die erste Wechselwirkung, die theoretisch behandelt wurde (Newton). Die später von Einstein auf den Grundlagen der Allgemeinen Relativitätstheorie entwickelte Gravitationstheorie ist äußerst anspruchsvoll und selbst für die meisten Physiker zu komplex. Interessanterweise gilt die Gravitation noch heute im Vergleich zu anderen Wechselwirkungen als theoretisch weniger gut verstanden. Aus diesem Grund werden wir uns auf die Newtonsche Gravitation mit nur kleinen Erweiterungen beschränken. Die *elektromagnetische Wechselwirkung* (**b**) bindet die negativen Elektronen an die positiv geladenen Kerne. Sie ist zudem verantwortlich für den Zusammenschluss von Atomen in Molekülverbände, in komplexe anorganische und biologische Strukturen. Das Innere von Sternen besteht aus geladenem, heißem Plasma. Die magnetischen Felder, die durch die Bewegung von Ladungen entstehen, sind räumlich lokalisiert. Elektromagnetische Wellen sind elektrisch neutral und breiten sich im Universum fast störungsfrei aus. Sie sind die wichtigsten Informationsvermittler des Universums; aus ihnen leitet sich das Wissen ab, das wir über entfernte, für uns unzugängliche Teile des Universums haben. Die *starke Wechselwirkung* (**c**) ist wirksam bei Reichweiten von etwa 1 fm. Sie bindet die Quarks zu Nukleonen und die Nukleonen zu Kernen. Die Fusion leichter Kerne (Wasserstoff zu Helium) ist die Hauptquelle der Energie, die die Sterne abstrahlen. Diese Fusion während der verschiedenen Phasen der Sternenentwicklung ist verantwortlich für die Häufigkeit der Elemente in unserem Sonnensystem und im gesamten Universum. Die *schwache Wechselwirkung* (**d**) ist verantwortlich für den Zerfall und die Umwandlung von Elementarteilchen. Im täglichen Leben demonstriert sie sich auch als β-Radioaktivität der Kerne.

die schwache Wechselwirkung

Die Gravitation ist wichtig für die Existenz von Sternen, Galaxien und Planetensystemen (und unser tägliches Leben). Im subatomaren Bereich spielt sie jedoch keine nennenswerte Rolle, da sie viel zu schwach ist, um die Wechselwirkung zwischen Elementarteilchen oder Atomen merklich zu beeinflussen. Sie wird aber eine wichtige Rolle in der Mechanik spielen.

Die elektromagnetische Wechselwirkung ist essentiell für die Struktur der Atome und Moleküle. Aber auch aus dem modernen Leben ist sie nicht mehr wegzudenken.

Die starke Wechselwirkung ist wirksam in Abständen von $\approx$ 1 fm und bestimmt den Aufbau der Nukleonen und Kerne. Die Fusion der Kerne in der Sonne ist die dominante Energiequelle, über die wir verfügen. Die Erde bezieht ihre Energie schon seit 4,5 Milliarden Jahren von dem Fusionsreaktor Sonne. Ein Teil dieser Energie wurde in den fossilen Energiequellen gespeichert. Ob in der Zukunft auch auf der Erde freigesetzte Kernenergie (Kernspaltung oder sogar Kernfusion) in großem Maße genutzt werden wird, ist zur Zeit noch nicht klar. Die Wärmeenergie, die die Erde teilweise durch den radioaktiven Zerfal im Inneren gewinnt, und teilweise während ihrer Entstehung durch die Kompression gespeichert hat, gibt sehr sparsam auf die Erdoberfläche ab. Sie stellt nur ein sehr kleiner Bruchteil der uns zur Verfügung stehenden Energie dar. In der Antike war sie eine sehr bedeutende Energiequelle für die Gebäudeheizung. Neuerdings wird sie auch als eine der möglichen Zusatzenergiequellen in Betracht gezogen.

Die schwache Wechselwirkung spielt eine sehr bedeutende Rolle in der Teilchenphysik. Wir werden sie im Folgenden noch als die für die β-Strahlung verantwortliche Wechselwirkung kennenlernen.

1.5 Einheiten

Die Einheiten für Länge und Zeit sind dem täglichen Gebrauch angepasst. Verschiedene Standards der Länge und der Zeit wurden in der Vergangenheit eingeführt. Heute bevorzugt man Standards, die unabhängig von mechanischen Apparaten sind. Die moderne Definition des Meters ist an die Lichtgeschwindigkeit gekoppelt. Ein *Meter* ist die Wegstrecke, die das Licht im Vakuum im Bruchteil 1/299 792 458 Sekunde zurücklegt.

Die *Sekunde* entspricht etwa der Zeit zwischen zwei Herzschlägen. Sie wird durch die Zahl der Schwingungen eines emittierten Photons im Cäsiumatom definiert. Derselbe Übergang wird auch in den sogenannten Atomuhren als Standard benutzt. In diesem Buch nehmen wir an, dass unsere Maßstäbe richtig geeicht sind und kümmern uns nicht mehr um die Standards. Wir werden größeren Wert darauf legen, dass man in dem jeweiligen System Kern, Atom, Zelle, Erde usw. die dem System angepasste Einheit benutzt. Jeweils um den Faktor Tausend verkleinerte Einheiten werden mit milli, mikro, nano, pico und femto vor den Meter (m), die Sekunde (s) oder das Gramm (g) gesetzt. Werden Einheiten dagegen um jeweils das Tausendfache vergrößert, so wählt man das jeweilige Präfix Kilo (k), Mega (M), Giga (G), Tera (T) oder Peta (P). Heute wird das Kilogramm statt des früher gängigen Gramms als Einheit benutzt. Deshalb erscheint schon in der Einheit der Masse die Vorsilbe Kilo. Der Standard für die Masseneinheit ist noch nicht modernisiert. Die Standardmasse von einem *Kilogramm* ist ein Platin-Iridium-Zylinder im *Bureau International de Poids et Mesures* in der Nähe von Paris.

Die Gesetze und Formeln sind in der Physik nur sinnvoll, wenn man die Einheiten konsistent benutzt. Wir werden uns an das *Système International* (SI) halten. In diesem System werden Meter-Kilogramm-Sekunde als Einheiten angenommen (MKS-System). Um elektromagnetische Phänomene zu beschreiben, müssen wir noch die Einheit für die Ladung, die Ampèresekunde (As), und die Einheit für die elektrische Spannung, das Volt (V) einführen. Diese werden wir später definieren. Um nicht dogmatisch zu erscheinen, werden wir zuweilen auch Einheiten benutzen, die nicht in das SI-System passen.

1.6 Messfehler

Jede Messung ist mit Fehlern behaftet. Das Wort Fehler ist irreführend, es wäre es besser sie als Messunsicherheit zu bezeichnen. Das Wort Fehler bezieht sich nicht auf eine falsche Durchführung der Messung sondern auf die Tatsache, dass jede von einem Menschen oder einem Apparat durchgeführte Messung nur eine endliche Genauigkeit besitzt und bei der Wiederholung der Messung die Messwerte streuen. Für Physiker ist es notwendig, die Genauigkeit ihrer experimentellen Aussagen stets mit wohldefinierten Fehlern anzugeben, andernfalls ist mit der Aussage nicht viel anzufangen. Das liegt daran, dass die Bedingungen in unterschiedlichen Laboratorien variieren können. Dies kann bei gleicher Messanordnung zu einer Abweichung der Ergebnisse führen. Um diese Messungen dennoch vergleichen zu können, werden gewisse Grenzen angegeben, innerhalb derer die Ergebnisse übereinstimmen müssen.

Als Beispiel einer Fehlerberechnung betrachten wir die Messung der Radioaktivität einer Probe Kunstdünger. Die Hauptradioaktivität stammt vom Zerfall von Kalium 40 (^{40}K). In der Natur kommt es nur zu 0,012% von Kaliumisotopen vor. Es ist nicht von Menschen gemacht, sondern war Bestandteil der Materie aus der das Sonnensystem entstanden ist. Chemisch gesehen ist ^{40}K von ^{39}K und ^{41}K nicht unterscheidbar und in gleichen Verhältnissen vorhanden.

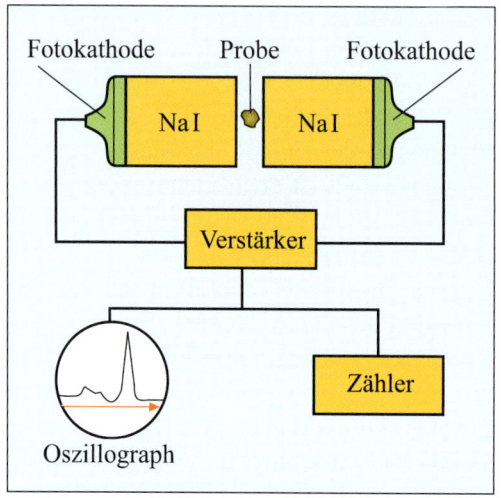

Abb. 1.3 Eine abgewogene Kunstdüngerprobe ist zwischen zwei großen Na(I)-Zählern befestigt. Die zwei Zähler werden nur deswegen benutzt, um möglichst die Gesamtzerfallsrate zu erfassen. ^{40}K zerfällt durch den Betazerfall in 88% der Fälle in ^{40}Ca mit der Emission eines Elektrons und in 12% der Fälle in ^{40}Ar mit der Absorption eines Elektrons der Atomhülle (K-Einfang). Dieser Absorption folgt eine Gammaemission. Die Elektronen werden in der metallischen Abschirmung absorbiert. Die Zähler registrieren nur die Gammastrahlung. Nach Berücksichtigung der Effizienz der Zähler und des Anteil von nicht erfassten Gammas durch den Raum zwischen den Zählern, bestimmt man die Gesamtzerfallsrate. Das bedeutet, dass in dieser Apparatur nur 12% der Zerfälle gezählt werden.

Kalium ist ein für alle biologischen Systeme lebenswichtiges Element, das gemeinsam mit Natrium durch Ionenkanäle in den Zellmembranen transportiert wird. Deswegen trägt die Radioaktivität von ^{40}K wesentlich zu der radioaktiven Belastung der Menschen bei.

Abb. 1.3 zeigt schematisch die Messapparatur, zwei große Natrium-Iodid (NaI)-Zähler mit einer Probe in der Mitte. Der radioaktive Zerfall ist ein statistisches Phänomen und die Genauigkeit der Messung hängt von der gemessenen Zahl der Zerfälle ab. Stellen wir uns vor, wir messen 10 Minuten lang und erhalten als Ergebnis die Anzahl der Zerfälle in ^{40}Ar. Wiederholen wir das Experiment viele Male und tragen die Häufigkeiten der gewonnenen Resultate auf, so erhalten wir ein ähnliches Diagramm wie es in Abb. 1.4 zu sehen ist. Es zeigt eine Verteilung der Häufigkeit aller Messwerte. Das Maximum dieser Kurve ist das Endergebnis, nämlich die am häufigsten gemes-

1.6 Messfehler

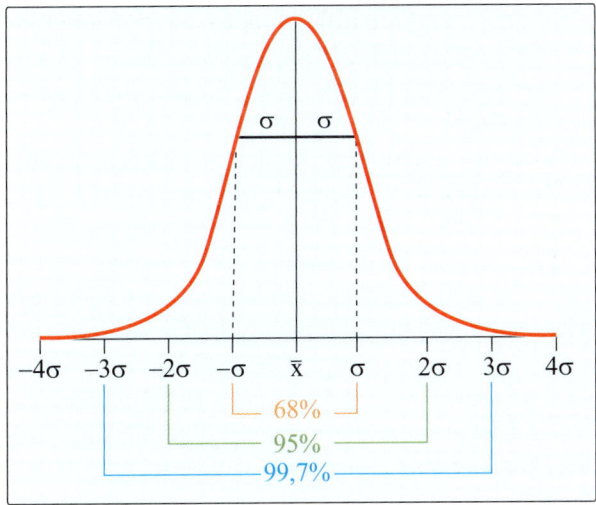

Abb. 1.4 Die Häufigheit der Zählrate pro Zeiteinheit bildet die sogenannte Gaußfunktion oder Glockenfunktion. Das Maximum der Verteilung gibt den Messwert der Messung an. Die Wahrscheinlichkeit, dass man bei einer wiederholten Messung innerhalb der Fehlergrenzen σ liegt, beträgt 68%. Mit einer Wahrscheinlichkeit von 95% bewegt man sich innerhalb der Grenzen 2σ. Es ist unerläßlich, dass man das Resultat einer Messung stets mit Fehlergrenzen angibt.

sene Zahl der nachgewiesenen Gammastahlen pro 10 Minuten. Die Kurve in Abb. 1.4 hat die Form der bekannten Gaußkurve:

$$F(x) = \text{konst.} \exp\left(-\frac{(x-\bar{x})^2}{2\sigma^2}\right). \tag{1.1}$$

Das Maximum der Kurve liegt bei $\bar{x}$, dem Mittelwert (auch: Erwartungswert) der Messreihe. In allen Experimenten wie diesem, bei denen man Ereignisse zählt, ist die Breite der Gaußkurve durch

$$\sigma = \sqrt{\bar{x}} \tag{1.2}$$

gegeben.

Was hilft uns nun diese Gaußsche Verteilung, die die statistische Natur unseres Experimentes widerspiegelt? Ganz einfach: Wir können voraussagen, was geschieht, wenn wir unsere Messung wiederholt durchführen. In diesem Fall werden nämlich bei der Wiederholung vieler Messungen 68,3% der Messwerte innerhalb der Grenzen $\pm\sigma$, 95% innerhalb der Grenzen $\pm 2\sigma$ und 99,7% innerhalb der Grenzen $\pm 3\sigma$ liegen.

Wenn man für einen Zeitraum von 10 Minuten einen Mittelwert von 943 Zerfällen gemessen hat, dann beträgt der Fehler $\sigma = \sqrt{943}$ und man gibt als Resultat der Messung 943 ± 31 Zerfälle in 10 Minuten an; d.h. die wahre Zählrate liegt mit 68,3% Wahrscheinlichkeit im Intervall [943 − 31 und 943 + 31]. Der relative Fehler $\sigma/\bar{x}$ wird kleiner, wenn wir die Messperiode vergrößern. Ausdauer wird belohnt!

Wir wollen nun das Resultat der Messung in Einheiten angeben, so dass andere Laboratorien ihre Messungen mit unseren vergleichen können. Die Einheit Becquerel (Bq) gibt die Zahl der Zerfälle pro Sekunde an. Es ist zweckmäßig, die Zahl der Zerfälle auch pro Gewichtseinheit anzugeben. Bevor wir die endgültige Zahl in Bq/kg angeben, müssen wir uns allerdings noch fragen, ob unsere Messung der Gammastrahlung die Gesamtheit aller ablaufenden radioaktiven Zerfälle berücksichtigt. Dies ist nicht der Fall, da ^{40}K durch Betaübergang nicht nur in ^{40}Ar, sondern auch in ^{40}Ca übergeht. Beim Zerfall in ^{40}Ca wird ein Elektron emittiert, das wir allerdings in unserer Probe nicht nachweisen können. Wir registrieren lediglich die 12% der Betazerfälle, die von einem Gammaübergang begleitet werden. Problematisch ist hierbei, dass die Elektronen, die bei dem Übergang in ^{40}Ca frei werden, sofort von dem Körper absorbiert werden. Sie tragen somit viel mehr zu der Strahlungsbelastung bei als die schwach ionisierenden Gammastrahlen, die auf den Übergang in ^{40}Ar folgen. Deswegen ist es zweckmäßig, als Resultat der Messung die Gesamtzahl der Zerfälle in einem Kilogramm mit 157 ± 5 Bq/kg anzugeben.

Das Beispiel mit der Radioaktivität ist sehr lehrreich; die statistischen Fehler sind die Folge des statistischen Charakters des Zerfalls. Bei der Wiederholung der Messung werden die Resultate immer einen statistischen Fehler haben.

Die Resultate der Messungen weisen aber auch sogenannte systematische Fehler auf. Die Messapparaturen sind nicht perfekt und bei wiederholten Messungen treten die gleichen Abweichungen von dem richtigen Wert auf. Ein guter Experimentator versucht, das Experiment mit möglichst kleinem systematischem Fehler zu konstruieren. Die Fehler, die man nicht beseitigen kann, muss man abschätzen. Zu jedem Messwert gehört neben der Angabe des statistischen Fehlers auch die des systematischen Fehlers.

In einem Lehrbuch verzichtet man jedoch im Allgemeinen auf die Angabe der Fehler, was wir im Folgenden auch tun werden. Wir werden die gemessenen Größen immer nur mit so vielen Stellen angeben, wie sie innerhalb der Fehler signifikant sind. Dies bedeutet, dass keiner der angegebenen Werte genauer sein darf als der zugehörige Fehler. Beispielsweise hat das Uranisotop ^{238}U eine Lebensdauer von $(4{,}468 \pm 0{,}004) \cdot 10^9$ Jahren, die Ziffer 8 hinter der Komma ist also noch signifikant! Bei uns erscheint die Lebensdauer daher nur als $4{,}468 \cdot 10^9$ Jahre. Die Messwerte sind so oft wiederholt gemessen worden, dass kein Zweifel an der Richtigkeit ihrer Werte besteht.

Kapitel 2
Kinematik

2.1 Weg, Geschwindigkeit und Beschleunigung

Die Kinematik befasst sich mit der Beschreibung der Bewegung von Massenpunkten, die durch ihre Lage, Geschwindigkeit und Beschleunigung charakterisiert sind. Die Frage danach, was diese Massenpunkte eigentlich sind und was die Ursache für ihre Bewegung ist, wird außer Acht gelassen. Um physikalische Vorgänge zu beschreiben, muss man den Ort der Objekte und dessen Änderung in Raum und Zeit bestimmen. Die Ortsbestimmung im Raum wird üblicherweise mit Hilfe eines kartesischen Koordinatensystems (Abb. 2.1) beschrieben, wobei die Ortskoordinaten meistens mit x, y und z bezeichnet werden und die zugehörigen Achsen senkrecht aufeinander stehen. Es ist sinnvoll, die drei Koordinaten zu einem Vektor, dem Ortsvektor $\vec{r}(x, y, z)$, zusammenzufassen. Die Wahl des Koordinatenursprungs und des Nullpunktes der Zeit ist willkürlich. Die Bewegung der Atome und Moleküle, aber auch die der ausgedehnten Körper, kann man in die Bewegung ihrer

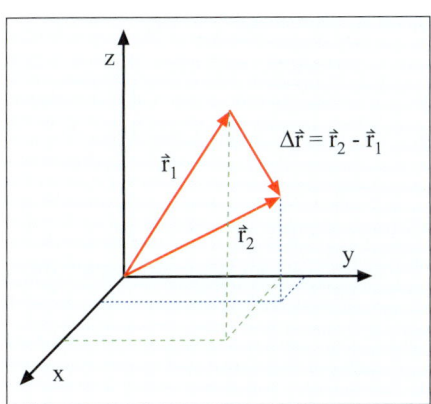

Abb. 2.1 Ein Vektor hat drei Komponenten, in unserem Fall $\vec{r}(x, y, z)$. Die Differenz zweier Vektoren bildet man durch die Differenzen der Komponenten, $\Delta \vec{r}\,(x_2 - x_1, y_2 - y_1, z_2 - z_1)$.

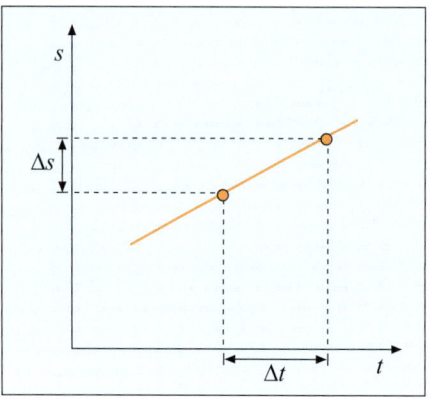

Abb. 2.2 Bei einer gleichförmig-geradlinigen Bewegung nimmt der zurückgelegte Weg s proportional mit der Zeit t zu. Der Proportionalitätsfaktor ist die Geschwindigkeit $v = \Delta s / \Delta t$.

Schwerpunkte und die Rotation um eine der Körperachsen zerlegen. Aus diesem Grund werden wir die Bewegung der Massenpunkte und die Rotation getrennt behandeln und erst anschließend, wenn notwendig, modular zusammenfügen.

Wir betrachten hier nur zwei Beispiele der Bewegung eines Massenpunktes, die gleichförmig-geradlinige und die gleichförmig-beschleunigte Bewegung. Die Rotation eines Massenpunktes um eine Achse ist nur ein Spezialfall der gleichförmig-beschleunigten Bewegung, bei der die Beschleunigung immer senkrecht auf der Geschwindigkeit steht. Anzumerken ist, dass es auch Bewegungen gibt, deren Beschleunigung nicht gleichförmig ist, was aber hier nicht betrachtet werden soll.

Die gleichförmig-geradlinige Bewegung

Bei der gleichförmig-geradlinigen Bewegung bleibt die Geschwindigkeit $\vec{v}$ konstant über die Zeit. Die Bewegung des Objekts kann graphisch wie in Abb. 2.2 dargestellt werden, wobei nur die Bewegung in Richtung einer Raumachse betrachtet wird (beispielsweise $s = x$). Die Geschwindigkeit, das heißt die Ortsänderung pro Zeiteinheit, ist $v = \Delta s / \Delta t$. Bei der gleichförmig-geradlinigen Bewegung ist die gemessene Geschwindigkeit unabhängig vom Zeit- und Wegintervall, in dem gemessen wird.

Die gleichförmig-beschleunigte Bewegung

ist graphisch in Abb. 2.3 dargestellt. Während die Geschwindigkeit linear mit der Zeit zunimmt,

$$v = at, \tag{2.1}$$

nimmt der Weg quadratisch mit der Zeit zu

2.1 Weg, Geschwindigkeit und Beschleunigung

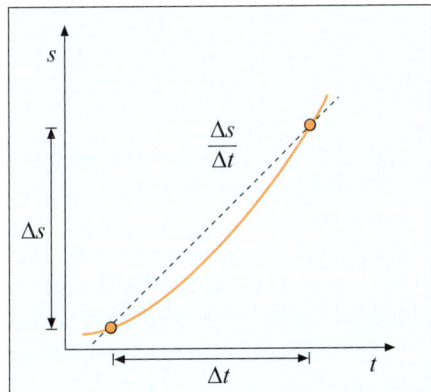

Abb. 2.3 Bei einer gleichförmig-beschleunigten Bewegung hängt die Geschwindigkeit linear ($v = at$) und der Weg quadratisch ($s = at^2/2$) von der Zeit ab. Eine Messung der Geschwindigkeit in einem Intervall Δs liefert eine durchschnittliche Geschwindigkeit in dem Intervall Δs. Sie wird graphisch mit einer Sekante dargestellt, die die Kurve $s(t)$ im Anfangs- und Endpunkt des Intervalls schneidet.

$$s = \frac{1}{2}at^2. \quad (2.2)$$

Die jeweilige Geschwindigkeit ist zeitabhängig und wir müssen die Geschwindigkeitsmessungen innerhalb eines kurzen Zeit- und Wegintervalls ausführen:

$$v = \frac{\Delta s}{\Delta t}. \quad (2.3)$$

Wenn wir eine reale Messung durchführen, können wir nicht beliebig kleine Δs- und Δt-Intervalle wählen. Das Resultat dieser Messung ist somit eine durchschnittliche Geschwindigkeit, die graphisch durch eine Sekante (Abb. 2.3) dargestellt werden kann. In manchen Fällen, wie beispielsweise beim freien Fall, ist die Zeitabhängigkeit des Weges bekannt. Unter dieser Voraussetzung können wir uns mathematischer Hilfsmittel bedienen und die momentane Geschwindigkeit definieren als

$$v = \frac{\Delta s}{\Delta t} \rightarrow \frac{\mathrm{d}s}{\mathrm{d}t} = \dot{s}, \quad (2.4)$$

wobei $\mathrm{d}s/\mathrm{d}t$ die Ableitung der Funktion $s(t)$ nach der Zeit bedeutet. Die zeitliche Ableitung notieren wir gerne mit einem Punkt über der abgeleiteten Größe, $\dot{s}$. Die geometrische Deutung ist folgende: Die momentane Geschwindigkeit v_1 ist die Tangente der Kurve $s(t)$ zur Zeit t_1 (Abb. 2.4). Wir werden Ableitungen und Integrale von nur wenigen Funktionen explizit benutzen. Diese sind im Anhang aufgeführt.

Die mit a bezeichnete Beschleunigung ist die zeitliche Änderung der Geschwindigkeit, beschrieben durch die zeitliche Ableitung $a = \mathrm{d}v/\mathrm{d}t$. Ziehen wir für die Geschwindigkeit die Beziehung (2.4) heran, erhalten wir für die Beschleunigung

$$a = \frac{\mathrm{d}v}{\mathrm{d}t} = \frac{\mathrm{d}}{\mathrm{d}t}\left(\frac{\mathrm{d}s}{\mathrm{d}t}\right) = \frac{\mathrm{d}^2 s}{\mathrm{d}t^2} = \ddot{s}. \quad (2.5)$$

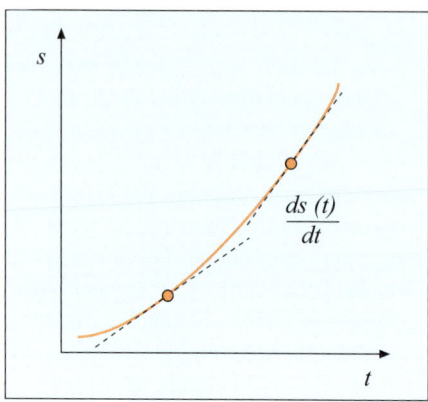

Abb. 2.4 Bei einer gleichförmig-beschleunigten Bewegung hängt der Weg quadratisch ($s = at^2/2$) von der Zeit ab. Die Geschwindigkeit ist die Ableitung von $s(t)$ nach der Zeit $v = \dot{s} = at$, graphisch als Tangente dargestellt. Wie im Text erwähnt ist a die Beschleunigung.

Formen wir die Gleichung nach $\ddot{s}$ um und integrieren nach der Zeit von 0 bis t mit den Anfangsbedingungen $s(t=0) = 0$ und $v(t=0) = 0$ erhalten wir die Beziehung (2.2).

Im Allgemeinen bezeichnen wir die Beschleunigung mit a, die Beschleunigung speziell durch die Erdanziehung jedoch mit g. Wenn notwendig werden wir die Beschleunigung als Vektor auszeichnen. Berechnen wir noch, wie die Geschwindigkeit von der Strecke s abhängt. Beim freien Fall entspricht s der Fallhöhe h. Aus den Beziehungen (2.1) und (2.2) folgt durch Eliminierung der Zeit t

$$v = \sqrt{2as}. \tag{2.6}$$

Etwas eleganter erreicht man die Formel (2.6) durch Differenzierung von der Beziehung (2.2).

2.2 Addition zweier Geschwindigkeiten

Addition zweier gleichförmig-geradliniger Geschwindigkeiten

Betrachten wir als Beispiel ein kleines Boot, das sich auf einem Fluss mit der Strömungsgeschwindigkeit $\vec{v}_f = (0, |\vec{v}_f|)$ bewegt. Angetrieben durch einen Ruderer habe das Boot auf ruhendem Wasser die Geschwindigkeit $\vec{v}_b$.

Wir interessieren uns nun für die Gesamtgeschwindigkeit $\vec{v}_g$ des Bootes auf dem strömenden Fluss, wahrgenommen von einem ruhenden Beobachter am Flussufer. Hier können wir 2 Fälle unterscheiden:

Im ersten Fall (Abb. 2.5a) bewege sich das Boot parallel zur Strömungsrichtung mit $\vec{v}_b = (0, |\vec{v}_b|)$, das heißt die Gesamtgeschwindigkeit $\vec{v}_g$ ergibt sich aus der Vektorsumme beider Geschwindigkeiten: $\vec{v}_g = \vec{v}_b + \vec{v}_f$. Der Betrag der Geschwindigkeit ist $|\vec{v}_g| = |\vec{v}_b| + |\vec{v}_f|$, falls das Boot in Strömungsrichtung gerudert wird. Bewegt sich der Ruderer gegen die Strömung, so errech-

2.2 Addition zweier Geschwindigkeiten

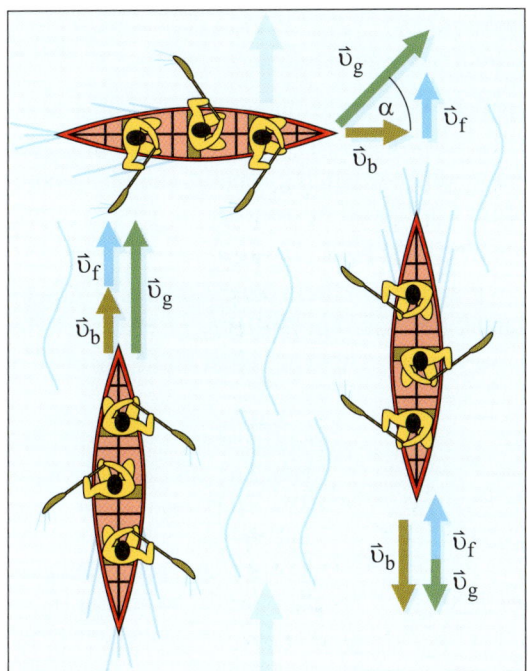

Abb. 2.5
a) Wenn man das Boot in Flussrichtung rudert, addieren sich die Geschwindigkeiten (*unten links* im Bild). Rudert man gegen den Strom (*unten rechts* im Bild), so subtrahieren sie sich.
b) (*Oben* im Bild): Die Strömungsrichtung wählen wir als z-Koordinate, die zu ihr orthogonale Richtung als x-Koordinate. Wird das Boot nun in x-Richtung gesteuert, $v_x = |\vec{v}_b|$, addiert sich orthogonal dazu die Flussgeschwindigkeit $v_z = |\vec{v}_f|$. Die resultierende Bootgeschwindigkeit ist folglich $\vec{v}_g = (v_x, v_z)$. Wie man sieht, fährt das Boot nicht orthogonal zum Strom, sondern unter einem Winkel α, welcher sich durch die Beziehung $\tan \alpha = v_x / v_z$ ergibt.

net sich seine Geschwindigkeit aus der Differenz der Bootsgeschwindigkeit und der des Wassers, $|\vec{v}_g| = |\vec{v}_b| - |\vec{v}_f|$.

Im zweiten Fall (Abb. 2.5b) steuere der Ruderer das Boot mit Geschwindigkeit $\vec{v}_b = (|\vec{v}_b|, 0)$ orthogonal zur Flussrichtung auf das Ufer zu. Der ruhende Beobachter am Ufer sieht, dass sich das Boot auch in diesem Fall mit der Vektorsumme beider Geschwindigkeiten $\vec{v}_g = (|\vec{v}_b|, |\vec{v}_f|)$ fortbewegt. Diese Bewegung verläuft allerdings unter einem Winkel $\tan \alpha = \frac{|\vec{v}_b|}{|\vec{v}_f|}$ mit dem Betrag der Geschwindigkeit $|\vec{v}_g| = \sqrt{|\vec{v}_b|^2 + |\vec{v}_f|^2}$.

*Addition einer gleichförmig-geradlinigen
und einer gleichförmig-beschleunigten Geschwindigkeit*

Betrachten wir ein weiteres Beispiel: Wir werfen einen Stein von einer Mauer der Höhe h_0 mit der Abwurfgeschwindigkeit $\vec{v} = (v_x, v_z)$ (Abb. 2.6). Wir betrachten die Bewegung in x- und z-Richtung separat, die resultierende Gesamtbewegung ist nach dem Superpositionsprinzip die Überlagerung beider Bewegungen. Wir unterscheiden 3 Fälle:

Im Fall a) ist $\vec{v}_0 = 0$, das heißt, wir lassen den Stein ohne Anfangsgeschwindigkeit fallen. In diesem Fall landet der Stein im Abstand $x_a = 0$ nach der Zeit $t = \sqrt{2h_0/g}$ auf dem Boden. Wird der Stein aus einer Höhe $h_0 = 10\,\text{m}$ fallen gelassen, so dauert der Fall 1,43 s.

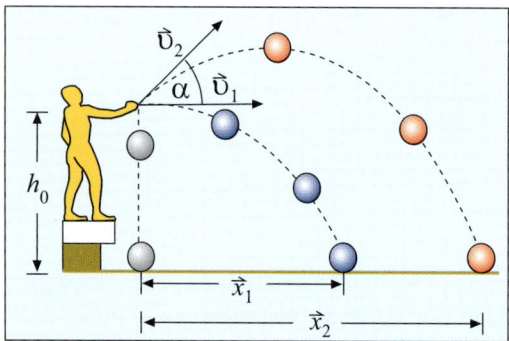

Abb. 2.6 Aus der Höhe $h_0 = 10\,\text{m}$ wirft man einen Stein: (a) vertikal nach unten mit der Anfangsgeschwindigkeit $v_0 = 0$, (b) horizontal ($\vec{v}_1 = (v_x, 0)$) mit einer Anfangsgeschwindigkeit $v_x = 10\,\text{m/s}$ und (c) unter einem Winkel $\alpha = 45°$ ($\vec{v}_2 = (v_x, v_z)$) und mit einer Anfangsgeschwindigkeit $|\vec{v}_2| = 10\,\text{m/s}$.

Im Fall b) werfen wir den Stein horizontal mit der Anfangsgeschwindigkeit $\vec{v}_1 = (v_x, 0)$ von der Mauer weg. Zunächst betrachten wir die Bewegung in z-Richtung und sehen, dass für den Fall die gleiche Zeit benötigt wird wie in Fall a), weil die z-Komponente von v_1 null ist. Mit der berechneten Zeit aus a) können wir die zurückgelegte Wegstrecke in x-Richtung berechnen mit $x_1 = v_x t = 14{,}3\,\text{m}$.

Im Fall c) wollen wir den Stein unter 45° zur Horizontalen abwerfen mit der Geschwindigkeit $\vec{v}_2 = (v_x, v_z)$, wobei wegen des Winkels von 45° gilt: $v_x = v_z = \frac{1}{\sqrt{2}}|\vec{v}_0|$. Wir betrachten die Geschwindigkeitskomponenten wieder separat. Während die Geschwindigkeit in x-Richtung unverändert bleibt, wirkt die Gravitation auf die z-Komponente der Geschwindigkeit: $v_z(t) = v_z(0) - gt$. Am Umkehrpunkt ist $v_z(t_u) = 0$, woraus sich die Zeit $t_u = v_z/g = 0{,}72\,\text{s}$ vom Abwurf bis zum Umkehrpunkt bestimmen lässt. Die Maximalhöhe, die der Stein auf seiner Bahn erreicht, beträgt $h_{\max} = h_0 + \int_0^{t_u} v_z(t)\,dt = h_0 + v_z t_u - \frac{1}{2}g t_u^2 = 12{,}5\,\text{m}$. Ab dem Umkehrpunkt können wir die Bewegung wieder als freien Fall aus der Höhe $h_{\max}$

beschreiben und erhalten dafür wieder $t_{\text{fall}} = \sqrt{2h_{\max}/g}$. Mit der Flugzeit $t = t_u + t_{\text{fall}} = 2{,}3$ s lässt sich der Auftreffpunkt in x-Richtung berechnen zu $x_2 = v_x t = 16{,}3$ m.

2.3 Kreisbewegung

Bei der Kreisbewegung (Abb. 2.7) steht die Beschleunigung (auch: *Zentripetalbeschleunigung*) immer orthogonal auf der Geschwindigkeit. Wäre dies nicht der Fall, so wäre eine Kreisbewegung schlichtweg unmöglich. Der Betrag der Geschwindigkeit bleibt hierbei konstant, die Richtung ändert sich jedoch. Bei der Kreisbewegung ist es üblich, die Winkelgeschwindigkeit $\omega = v/r$ anzugeben. Die Notwendigkeit dieser Angabe wird offensichtlich, wenn wir mehr als einen rotierenden Massenpunkt betrachten.

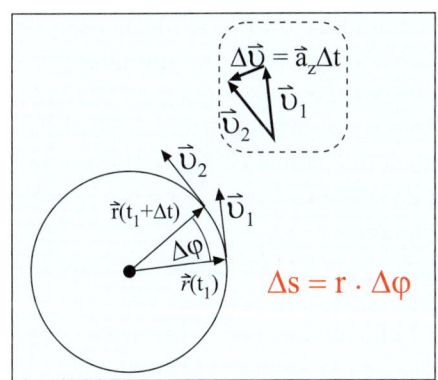

Abb. 2.7 Die Masse m bewegt sich im Kreis, weil die Schnur, die an die Achse gebunden ist, auf die Masse eine Beschleunigung zum Kreismittelpunkt hin ausübt. Diese Beschleunigung heißt Zentripetalbeschleunigung $\vec{a}_z$. Die Masse legt in der Zeit Δt den Winkel $\Delta \varphi$ zurück. Somit addiert sich zu der Geschwindigkeit $\vec{v}_1$ der zu ihr senkrecht stehende Vektor $\Delta \vec{v}$ vom Betrag $a_z \Delta t$. Dabei bleibt der Betrag der Geschwindigkeit gleich: $|\vec{v}_1| = |\vec{v}_2|$.

Stellen wir uns als Beispiel ein Karussell auf dem Kinderspielplatz vor, bei dem die Sitze in unterschiedlichen radialen Abständen von der Drehachse angebracht sind. Betrachten wir nun zwei Kinder, von denen sich das eine einen außen liegenden und das andere einen weiter innen liegenden Sitz ausgesucht hat. Beide Kinder legen pro Zeiteinheit den gleichen Winkel zurück und haben daher die gleiche Winkelgeschwindigkeit ω. Das außen sitzende Kind legt jedoch in der gleichen Zeit eine größere Wegstrecke zurück als das andere Kind und hat daher eine größere Geschwindigkeit $\vec{v}$. Aus diesem Grund ist es wichtig, die Begriffe Geschwindigkeit und Winkelgeschwindigkeit voneinander zu trennen.

Betrachten wir nun die kinematischen Größen quantitativ. Wie in Abb. 2.7 skizziert, addiert sich auf den Vektor $\vec{v}$ der Vektor $\Delta \vec{v}$ mit dem Betrag $v \times \Delta \varphi$. Der Betrag der Geschindigkeit ändert sich bei der Drehung nicht. Dreht sich die Masse mit einer Winkelgeschwindigkeit $\Delta \varphi / \Delta t = \omega$, dann wird sie in Richtung der Drehachse beschleunigt. Der Betrag der zentripetalen Beschleunigung ist

$$a = \frac{v\Delta\varphi}{\Delta t} \longrightarrow a = v \cdot \omega = r \cdot \omega^2 = \frac{v^2}{r}. \tag{2.7}$$

Kehren wir nochmals zu unserem Karussell und den beiden Kindern zurück. Nach Formel (2.7) wirkt auf beide Kinder die zur Drehachse hin gerichtete Zentripetalbeschleunigung. Diese ist dafür verantwortlich, dass beide Kinder auf ihrer Kreisbahn gehalten werden. Diese Beschleunigung würde der auf einer Bank sitzende Vater beobachten, der sich selbst nicht mit dem Karussell dreht. Wie verhält sich aber die Situation aus der Perspektive der Kinder? Bereits nach kurzer Zeit wird das außen sitzende Kind ganz grün im Gesicht, während das weiter innen sitzende Kind noch vergnügt mit den Beinen schlänkert. Was die Kinder in ihrem System des sich drehenden Karussells spüren, ist die sogenannte Zentrifugalbeschleunigung. Ein Körper möchte sich stets in die Richtung seiner momentanen Geschwindigkeit weiterbewegen, nämlich gleichförmig-geradlinig. Da es sich aber um eine Kreisbewegung handelt, wird er kontinuierlich abgelenkt und spürt daher die Zentrifugalbeschleunigung, die der Zentripetalbeschleunigung entgegengerichtet ist. Die Kinder werden infolgedessen also nach außen gedrückt. Der Betrag dieser Beschleunigung wächst nach Beziehung (2.7) quadratisch mit der Geschwindigkeit v und ist daher für das außen sitzende Kind höher, weswegen es auch einen stabileren Magen benötigt.

Treiben wir unsere Überlegungen noch etwas weiter. Stellen wir uns vor, das außen sitzende Kind halte einen Plastikball in der Hand. Was passiert, wenn es diesen Ball loslässt? Der Ball ist nun nicht mehr an das sich drehende System des Karussells gekoppelt, weshalb die Zentripetalbeschleunigung nicht mehr auf ihn wirkt. Er fliegt tangential in die Richtung der momentanen Geschwindigkeit vom sich drehenden Karussell weg.

Kapitel 3
Dynamik

Die Dynamik konzentriert sich auf die Bewegung miteinander wechselwirkender Körper. Die Wechselwirkung kann entweder eine der vier fundamentalen Wechselwirkungen sein oder eine effektive Wechselwirkung wie beispielsweise die Elastizität einer metallischen Feder oder die einer stoßenden metallischen Kugel. In diesem Kapitel wollen wir die Begriffe Masse, Impuls, Kraft, Drehimpuls, Drehmoment, Arbeit und Energie anhand von Beispielen mechanischer Systeme erläutern.

Es ist üblich, die Dynamik mit den drei Newtonschen Axiomen[1] einzuführen. Die Newtonschen Axiome bilden das Fundament, auf dem Newton seine Mechanik errichtet hat. Sie sind von elementarer Wichtigkeit und gehören zu den Standardfragen in Prüfungen, weshalb wir sie hier explizit aufführen werden.

1. Newtonsches Axiom Jeder Körper verharrt im Zustand der Ruhe oder der gleichförmigen Bewegung (die Beschleunigung $\vec{a} = 0$), solange keine Kraft auf ihn wirkt. Mathematisch formuliert lautet dieses Axiom:

$$\vec{a} = 0 \text{ , wenn } \vec{F} = 0. \tag{3.1}$$

Man kann das 1. Newtonsche Axiom auch als Erhaltungssatz interpretieren: Der Impuls eines freien Teilchens ist zeitlich konstant. Letztere Aussage wird nach Einführung des Begriffs Impuls in Kapitel 3.1 verständlich.

2. Newtonsches Axiom Die Kraft, die auf einen Körper wirkt, ist gleich dem Produkt aus der trägen Masse des Körpers und der Beschleunigung:

$$\vec{F} = m_t \cdot \vec{a}. \tag{3.2}$$

---

[1] Axiom: In der Physik wird der Axiombegriff definiert als ein vielfach bestätigtes allgemeines Naturgesetz, das sich nicht von anderen Gesetzen ableiten lässt.

3. Newtonsches Axiom Bei zwei Körpern, die nur miteinander, aber nicht mit anderen Körpern wechselwirken, ist die Kraft $\vec{F}_{A \to B}$ von Körper A auf Körper B engegengesetzt gleich der Kraft $\vec{F}_{B \to A}$ von Körper B auf Körper A (*actio=reactio*):

$$\vec{F}_{A \to B} = -\vec{F}_{B \to A} \,. \tag{3.3}$$

Das erste Axiom ist, wie aus der mathematischen Formulierung ersichtlich wird, lediglich ein Spezialfall des zweiten Axioms. Newton hat es trotzdem explizit als erstes seiner Axiome aufgeführt. Der Grund dafür war, dass bis Galileo Galilei die Lehre des Aristoteles allgemein akzeptiert wurde, nach der alle Körper zur Ruhe kommen, wenn keine Kräfte auf sie wirken. Galileo Galilei hat als Erster Reibung als die bremsende Kraft erkannt und den Erhaltungssatz des Impulses experimentell nachgewiesen.

Das zweite Axiom ist für sich nicht besonders aussagekräftig. Die Kraft wird durch ihre Wirkung auf die träge Masse, m_t, und die Masse durch ihre Trägheit der Kraft gegenüber definiert. Erst mit dem dritten Axiom wird klar, dass die Kräfte zwischen materiellen Körpern durch deren Wechselwirkungen entstehen.

Wir werden im nächsten Abschnitt einen möglichen Weg der Massenbestimmung beschreiben, der unabhängig vom zweiten Newtonschen Axiom ist. Dass es Schwierigkeiten mit dem Konzept der Masse gibt, zeigt schon allein die Tatsache, dass man für die Standardmasse noch keinen zeitunabhängigen Standard gefunden hat. Als Standard der Masse eines Kilogramms dient ein Platin-Iridium-Zylinder, der im Tresor bei Paris aufbewahrt wird. Da auch feste Körper evaporieren (verdunsten), wird der Standard mit der Zeit immer kleiner. Gute Standards sind über atomare Eigenschaften definiert und ändern sich nicht mit der Zeit. Zur Zeit müssen wir unsere Massen allerdings noch mit dem Standard in Paris eichen. Dafür werden wir den Impulserhaltungssatz benutzen.

3.1 Masse, Impuls und Impulserhaltung

Der Impuls ist definiert als Produkt von träger Masse m_t und ihrer Geschwindigkeit $\vec{v}$

$$\vec{p} = m_t \cdot \vec{v} \,. \tag{3.4}$$

Ein System mehrerer miteinander wechselwirkender Teilchen m_i hat einen Gesamtimpuls, der der Summe aller Einzelimpulse entspricht:

$$\vec{p}_{\text{ges}} = \sum_i \vec{p}_i = \sum_i m_{\text{t}i} \cdot \vec{v}_i \,. \tag{3.5}$$

Wenn keine äußeren Kräfte auf das System wirken, dann ist

3.1 Masse, Impuls und Impulserhaltung

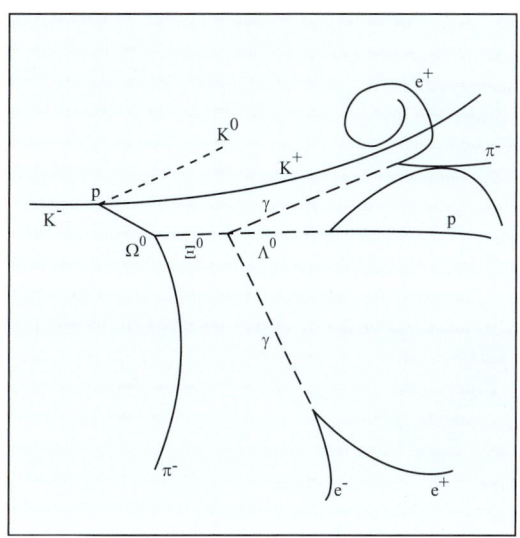

Abb. 3.1 Aus einem Teilchenbeschleuniger trifft ein Teilchen (K-Meson) mit wohldefinierter Energie und Impuls auf ein Proton der Wasserstoffblasenkammer und erzeugt neue Teilchen, die ihrerseits zerfallen, jeweils in zwei neue Teilchen.

$$\vec{p}_{ges} = \text{konst.} \tag{3.6}$$

Die Gültigkeit dieses Erhaltungssatzes ist millionenfach experimentell nachgewiesen worden und gilt als einer der *fundamentalen Erhaltungssätze* der Physik. Die schönsten Demonstrationen der Impulserhaltung findet man in der Dynamik wechselwirkender Elementarteilchen. In Abb. 3.1 ist ein Ereignis aus einer sogenannten Blasenkammer dargestellt. Eine Blasenkammer ist Teil eines physikalischen Experiments, mit dessen Hilfe man Elementarteilchen untersuchen kann. Schwere, hochenergetische Teilchen (hier das K^--Meson) wechselwirken mit dem Material, mit dem die Kammer gefüllt ist und zerfallen in andere, leichtere Teilchen. In der Blasenkammer produzieren geladene Teilchen Tröpfchen, so können ihre Spuren sichtbar gemacht werden (durchgezogene Linie)! Die Blasenkammer befindet sich in einem starken Magnetfeld, wodurch die geladenen Teilchen abgelenkt werden. Die Krümmung der Spuren gibt direkt den Impuls der Teilchen an. Für das Verständnis ist an dieser Stelle nicht entscheidend, dass wir keine detaillierten Kenntnisse auf dem Gebiet der Teilchenphysik haben. Wir können das Ereignis auch mit Hilfe dessen interpretieren, was wir bisher gelernt haben. Wir wissen nun, dass der Impuls immer erhalten bleibt und können damit bereits den Kern des Experimentes verstehen. Alle exotischen Teilchen haben einen wohl definierten Impuls. Bei jedem Zerfall summieren sich die beiden Impulse der Zerfallsprodukte zum Impuls des zerfallenden Teilchens, unabhängig davon, wieviel Energie beim Zerfall frei wurde. Die Summe der Impulse aller Zerfallsprodukte ist gleich dem Impuls des einkommenden K-Mesons.

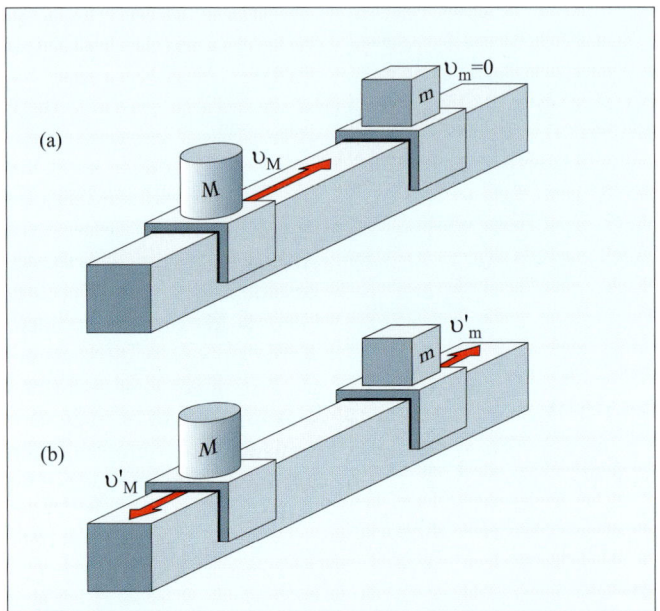

Abb. 3.2 (**a**) Auf einer Luftkissenbahn bewegt sich der Waggon mit der Standardmasse M von einem Kilogramm und einer Geschwindigkeit v_M auf den zweiten ruhenden Waggon mit der Masse m zu, die man bestimmen will. Der Gesamtimpuls der beiden Waggons vor dem Stoß ist $\vec{p}_{\text{ges}} = M \cdot \vec{v}_M$. (**b**) Nach dem Stoß bleibt der Gesamtimpuls des Systems, nun die Summe der Impulse der beiden sich bewegenden Waggons, unverändert.

Jetzt wenden wir uns der Messung der Masse zu. Die beste Methode, die im Labor zur Verfügung steht um die Reibung auszuschalten, ist eine sogenannte Luftkissenbahn. Die Waggons schweben auf einem Luftkissen, welches durch die durch Löcher in der Schiene ausströmende Luft aufrechterhalten wird. Die Reibung zwischen Luft und Waggon ist zwar vorhanden, aber so gering, dass wir sie vernachlässigen dürfen. Somit haben wir die äußere Kraft, die Reibungskraft, eliminiert. Stellen wir uns vor, auf einer solchen Luftkissenbahn seien nun zwei Waggons, deren Geschwindigkeiten wir mit Lichtschranken messen können (Abb. 3.2). Auf den ruhenden Waggon stellen wir die Testmasse m, die wir bestimmen wollen. Eine Kopie der in Paris aufbewahrten Standardmasse M stellen wir auf den zweiten Waggon, der sich in positiver Richtung mit einer Geschwindigkeit $\vec{v}_M$ auf den ersten Waggon zubewegt. Vor dem Stoß ist der Impuls des Waggons mit der Standardmasse $\vec{p}_M = M\vec{v}_M$ und der Impuls der Testmasse $\vec{p}_m = 0$, woraus sich für den Gesamtimpuls $\vec{p}_{\text{ges}} = \vec{p}_M + \vec{p}_m = \vec{p}_M$ ergibt. Wegen der Impulserhaltung müssen sich die Impulse nach dem Stoß wieder zum Gesamtimpuls

3.1 Masse, Impuls und Impulserhaltung

aufaddieren:
$$\vec{p}'_M + \vec{p}'_m = \vec{p}_{\text{ges}}, \quad (3.7)$$
$$M\vec{v}'_M + m\vec{v}'_m = M\vec{v}_M. \quad (3.8)$$

Die Variablen für Geschwindigkeit und Impuls nach dem Stoß wurden jeweils mit Strichen indiziert. Aus (3.8) folgt, dass man mit der bekannten Masse M und den gemessenen Geschwindigkeiten der beiden Waggons nach dem Stoß die unbekannte Masse m bestimmen kann:

$$m = \frac{|M\vec{v}_M - M\vec{v}'_M|}{|\vec{v}'_m|}. \quad (3.9)$$

Die Formel (3.9) sieht etwas kompliziert aus, da wir sie in Vektorform geschrieben haben. In unserem Fall, in dem sich die Waggons nur eindimensional auf der Luftkissenbahn bewegen, können wir zur skalaren Form wechseln. Wir werden die Geschwindigkeiten in positiver Richtung, das heißt in die Richtung, in die sich der Waggon mit der Standardmasse M vor dem Stoß bewegt hat, mit einem Pluszeichen versehen, die in entgegengesetzter Richtung mit einem Minuszeichen. Formel (3.9) vereinfacht sich damit zu

$$m = \frac{v_M \pm v'_M}{v'_m} M. \quad (3.10)$$

Das Schöne an diesem Messverfahren ist, dass man damit auf ganz einfache Art und Weise demonstrieren kann, dass der Impuls in einem abgeschlossenen System erhalten bleibt, unabhängig davon, was innerhalb des Systems passiert. Der Stoß kann ideal elastisch, ideal inelastisch oder realistisch sein, Formel (3.9) gilt immer! Im ideal inelastischen Fall bleiben die beiden Waggons aneinander kleben und bewegen sich nach dem Stoß mit gleicher Geschwindigkeit ($v'_M = v'_m$) in die Richtung weiter, in die der bewegte Waggon vor dem Stoß gefahren ist. Das Ergebnis des Stoßes ist nur durch die Impulserhaltung gegeben. Alle Geschwindigkeiten haben positive Vorzeichen. Der Ausdruck (3.9) vereinfacht sich dann zu

$$m = \frac{v_M - v'_M}{v'_m} M. \quad (3.11)$$

Bei einem elastischen Stoß bleibt nicht nur der Impuls, sondern auch die kinetische Energie erhalten, wie wir später in Gleichung (4.3) sehen werden.

3.2 Kraft

Jetzt, nachdem wir eine präzise Definition von Masse, eigentlich der Trägemasse, und Impuls haben, können wir das zweite Newtonsche Axiom anwenden. Newton selbst hat es schon in der Form

$$\vec{F} = \frac{\Delta \vec{p}}{\Delta t} = \frac{\Delta (m_t \cdot \vec{v})}{\Delta t} \qquad (3.12)$$

formuliert, wobei die Änderung $\Delta(m_t \cdot \vec{v})$ über ein endliches Zeitinterwall Δt gemessen wird. Die Definition der Kraft (3.12) ist auch relativistisch gültig. Das bedeutet sie gilt auch dann, wenn sich Körper mit sehr hoher Geschwindigkeit nahe der Lichtgeschwindigkeit bewegen. Das ist keineswegs selbstverständlich. Nach Erkenntnissen der speziellen Relativitätstheorie nimmt die Masse mit der Geschwindigkeit gemäß

$$m_t = \frac{m_0}{\sqrt{1 - \frac{v^2}{c^2}}} \qquad (3.13)$$

zu, wobei m_0 die Ruhemasse eines Körpers und c die Lichtgeschwindigkeit ist. Formuliert man (3.12) nicht für endliche Intervalle sondern infinitesimal, so ist die Kraft gleich der zeitlichen Änderung des Impulses:

$$\vec{F} = \frac{\mathrm{d}\vec{p}}{\mathrm{d}t} = \frac{\mathrm{d}m_t}{\mathrm{d}t}\vec{v} + m\frac{\mathrm{d}\vec{v}}{\mathrm{d}t}. \qquad (3.14)$$

Die Zunahme der Masse mit der Geschwindigkeit, die wir mit unseren Verkehrsmitteln oder Satelliten erreichen können, ist unmessbar klein und die nichtrelativistische Formulierung der Bewegungsgleichung ist ausreichend gut. Somit vereinfacht sich (3.12) zu

$$\vec{F} = m_t \frac{\mathrm{d}\vec{v}}{\mathrm{d}t} = m_t \vec{a}. \qquad (3.15)$$

Wie man sieht, entspricht Gleichung (3.15) genau der ursprünglichen Formulierung des 2. Newtonschen Axioms, was auch laut Annahme zu erwarten war. Die erweiterte Form (3.14) ist aber von großer Bedeutung in der Teilchenphysik, da die Teilchen bis nahe an die Lichtgeschwindigkeit beschleunigt werden und die Masse dann nicht mehr als konstante Größe in allen Bezugsystemen gesehen werden kann.

3.2.1 Proton im elektrischen Feld

Um die Bedeutung von Gleichung (3.15) etwas anschaulicher zu machen, wollen wir die Wirkung einer elektrischen Kraft auf ein geladenes Teilchen betrachten. In einem Kondensator (Abb. 3.3) mit einer Spannung U wird ein Proton mit der Elementarladung e^+ beschleunigt. Der Abstand zwischen den Platten des Kondensators beträgt l Meter, woraus sich die elektrische Feldstärke $\mathcal{E} = U/l$ [V/m] ergibt. Die elektrische Kraft, die auf das Proton wirkt, ist

$$\vec{F} = e\vec{\mathcal{E}}. \tag{3.16}$$

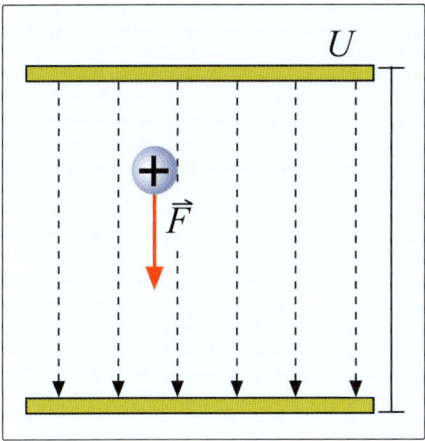

Abb. 3.3 Auf ein Proton mit positiver Elementarladung e^+ wirkt in einem homogenen elektrischen Feld der Feldstärke $\vec{\mathcal{E}}$ die Kraft $\vec{F} = e\vec{\mathcal{E}}$. Das Proton wird beschleunigt, die Beschleunigung beträgt $a = e\mathcal{E}/m_t$.

Die Gleichung (3.15) erhält die Form

$$e\vec{\mathcal{E}} = m_t \vec{a}. \tag{3.17}$$

Löst man diese Gleichung nach $\vec{a}$ auf, erhält man für die Beschleunigung des Protons $\vec{a} = (e/m_t) \cdot \vec{\mathcal{E}}$. In diesem Beispiel ist die Kraft die Folge der Ladung, die Trägheit die Folge der Masse. Bei gleicher elektrischer Ladung und elektrischer Feldstärke gilt: je größer die träge Masse ist, desto kleiner ist die Beschleunigung.

3.2.2 Schwere Masse

Mit der schweren Masse drücken wir die Eigenschaft der Körper aus, von der Erde angezogen zu werden. Die schwere Masse m_g können wir z.B. mit einer geeichten Federwaage bestimmen. In Abb. 3.4 wird die Schwerkraft

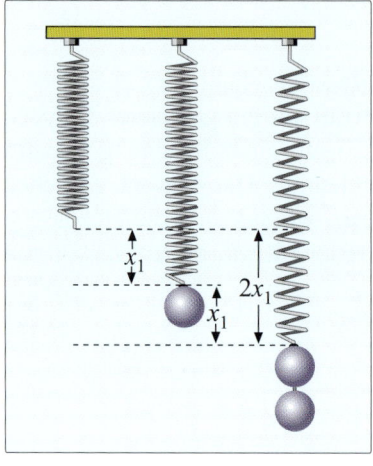

Abb. 3.4 Die Dehnung der Feder um $\Delta \vec{x}$ erzeugt eine Kraft in der entgegengesetzten Richtung ($\vec{F}_\mathrm{f} = -k\Delta \vec{x}$), die die Schwerkraft ($\vec{F} = m_\mathrm{G} \cdot \vec{g}$) kompensiert. Werden zwei oder drei Massen m an die Feder gehängt, so verlängert sich die Feder um zwei bzw. drei $\Delta \vec{x}$.

$\vec{F}_\mathrm{g} = m_\mathrm{g} \cdot \vec{g}$ durch die Federkraft $\vec{F}_\mathrm{f} = -k\Delta \vec{x}$ kompensiert. Die Masse m_g bewegt sich nicht. Die Bedingung für das statische Gleichgewicht heißt dann

$$\vec{F}_\mathrm{g} + \vec{F}_\mathrm{f} = m_\mathrm{g} \cdot \vec{g} - k\Delta \vec{x} = 0. \tag{3.18}$$

Wenn man in Gleichung (3.15) für die Kraft die Gravitationskraft einsetzt, muss darin als Masse die schwere Masse $\vec{F} = m_\mathrm{g}\vec{g}$ verwendet werden. Gleichung (3.15) lautet dann

$$m_\mathrm{g} \cdot \vec{g} = m_\mathrm{t} \cdot \vec{a}. \tag{3.19}$$

Was bedeutet dies anschaulich? Alle Körper, unabhängig von ihren Massen, erfahren die gleiche Beschleunigung durch die Erdanziehung, das bedeutet $\vec{a} = \vec{g}$ sowie die Gleichheit der Massen $m_\mathrm{t} \equiv m_\mathrm{g}$. Die schwere Masse (die Masse, die wir im Gravitationsfeld der Erde spüren) und die träge Masse (die Masse, die sich einer Beschleunigung widersetzt) sind konzeptionell verschieden, aber experimentell gleich. Die Gleichheit der beiden Massen ist experimentell bis auf elf Dezimalen nachgewiesen worden. Der eigentliche Ursprung ist bis heute nicht verstanden. Wäre dieser bekannt, so würde vielleicht auch der Grund für die Äquivalenz von schwerer und träger Masse klarer. Zur Vereinfachung dürfen wir wegen der Gleichheit der Massen die Indizes weglassen, was wir im Folgenden auch tun werden.

Die Einheit der Kraft ist das Newton [N]. 1 N ist die Kraft, die ein Körper der Masse eines Kilogramms bei einer Beschleunigung von $a = 1$ ms^{-2} erfährt ($[\mathrm{N}] = [\mathrm{kg\,m\,s^{-2}}]$). Die Schwerkraft, die auf die Masse eines Kilogramms in unseren geographischen Breiten wirkt, ist 9,81 N.

3.3 Drehimpuls und Drehimpulserhaltung

Betrachten wir den rotierenden Reifen eines Fahrrades (Abb. 3.5). Das Rad dreht sich mit einer Geschwindigkeit $|\vec{v}|$. Der Geschwindigkeitvektor zeigt immer senkrecht auf den Radradius $\vec{r}$ in Richtung Drehrichtung. Um die Drehung zu charakterisieren, müssen wir beides, den Drehsinn und die Größe der Drehung angeben. Um den Drehimpuls definieren zu können, müssen wir zunächst das hierfür geeignete mathematische Mittel, das Vektorprodukt, einführen:

$$\vec{c} = \vec{a} \times \vec{b}. \tag{3.20}$$

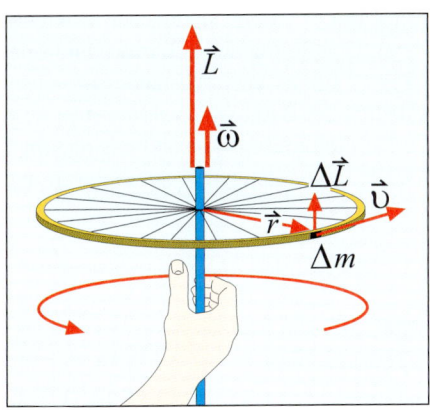

Abb. 3.5 Der idealisierte Fahrradreifen hat die Form eines Kreises mit dem Radius $|\vec{r}|$. Die Masse M des Rades ist gleichmäßig auf den Umfang verteilt. Der Gesamtdrehimpuls $\vec{L}$ ist die Summe der Beiträge $\Delta \vec{L} = \vec{r} \times \Delta m \vec{v}$. Der Geschwindigkeitsvektor steht überall senkrecht auf dem Radius $\vec{r}$.

Beim Vektorprodukt steht der Vektor $\vec{c}$ orthogonal sowohl auf $\vec{a}$ als auch auf $\vec{b}$ und der Betrag des Vektors ist (Abb. 3.6)

$$|\vec{c}| = |\vec{a}| \cdot |\vec{b}| \sin \alpha, \tag{3.21}$$

wobei α der von $\vec{a}$ und $\vec{b}$ eingeschlossene spitze Winkel ist. Die Richtung, in die der Vektor zeigt, kann man mit Hilfe der rechten Hand bestimmen, mit der sogenannten Drei-Finger-Regel (Abb. 3.7), die man auch in der Elektrizitätslehre verwendet, um die Richtung der Kraft auf eine Ladung im Magnetfeld (Lorentzkraft) zu bestimmen. Mit Daumen, Zeigefinger und Mittelfinger bilde man eine Anordnung, in der der Mittelfinger orthogonal auf der Ebene, die durch Daumen und Zeigefinger aufgespannt wird, steht. Den Daumen lasse man in Richtung des ersten Vektors $\vec{a}$ zeigen, den Zeigefinger in Richtung des zweiten Vektors $\vec{b}$. Der Mittelfinger gibt dann die Richtung des Vektors $\vec{c}$ vor. Kennt man nun die Richtung des Vektors $\vec{c}$, so ergibt sich der Drehsinn analog zur Drehung einer rechtsdrehenden Schraube in Richtung des Vektors $\vec{c}$.

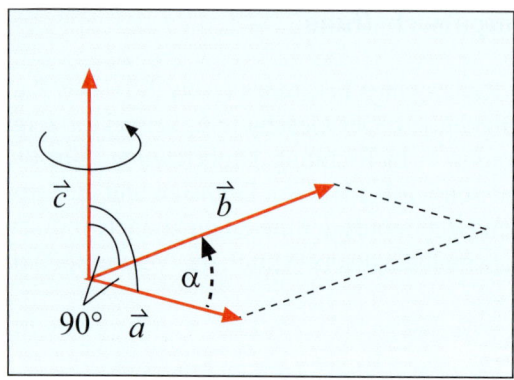

Abb. 3.6 Das Vektorprodukt $\vec{c}$ der Vektoren $\vec{a}$ und $\vec{b}$ ist ein Vektor, der senkrecht auf der von $\vec{a}$ und $\vec{b}$ aufgespannten Ebene steht. Der Betrag des Vektorproduktes ist das Produkt des senkrecht auf den zweiten Vektor gemessenen Abstandes ($a \cdot \sin \alpha$) mit dem Betrag des zweiten Vektors. Das bedeutet, der Betrag des Vektors entspricht zahlenmäßig der Fleche des eingezeichneten Parallelogramms. Den Drehsinn erhalten wir, indem wir den ersten Vektor mit einer rechtsdrehenden Schraube in den zweiten drehen.

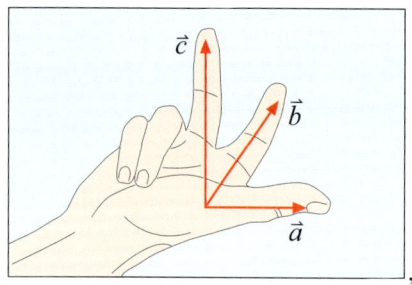

Abb. 3.7 Die Richtung von Vektor $\vec{c}$ des Kreuzprodukts $\vec{c} = \vec{a} \times \vec{b}$ lässt sich anhand der Drei-Finger-Regel mit der rechten Hand bestimmen. Daumen und Zeigefinger zeigen in Richtung der Vektoren $\vec{a}$ und $\vec{b}$. Der Mittelfinger, der orthogonal zu Daumen und Zeigefinger steht, gibt dann die Richtung des Vektors $\vec{c}$ an.

Nun können wir uns mit dem Drehimpuls unseres Fahrradreifens aus Abb. 3.5 befassen. Allgemein definiert sich der Drehimpuls über das Vektorprodukt aus dem Ortsvektor $\vec{r}$ der Masse m bezüglich der Drehachse und der Geschwindigkeit der Masse m über das bereits eingeführte Vektorprodukt:

$$\vec{L} = \vec{r} \times m\vec{v} \,. \tag{3.22}$$

Den Gesamtdrehimpuls definieren wir nun als Summe der einzelnen Drehimpulse $\vec{L}_i$ des Rades:

$$\vec{L} = \sum_i \vec{L}_i = \sum_i \vec{r}_i \times m_i \vec{v}_i \,. \tag{3.23}$$

3.3 Drehimpuls und Drehimpulserhaltung

Für das Rad lässt sich die Summe leicht bestimmen, da der Abstand zur Achse für jeden Punkt auf dem Rad identisch ist ($\|\vec{r}_i\| = \|\vec{r}\|$ für alle i). Da die Geschwindigkeit für jeden Massenpunkt orthogonal zum Vektor $\vec{r}$ ist, lässt sich das Vektorprodukt nach Gleichung (3.21) wegen $\sin 90° = 1$ in eine einfache Multiplikation umformen. Unter Hinzunahme von $\vec{v} = \vec{r} \times \vec{\omega}$ vereinfacht sich Gleichung (3.23) somit zu

$$|\vec{L}| = |\vec{r}|m|\vec{v}| = |\vec{r}^2|m|\vec{\omega}|, \tag{3.24}$$

wobei $\vec{\omega}$ die Winkelgeschwindigkeit ist und in dieselbe Richtung wie $\vec{L}$ zeigt:

$$\vec{L} = |\vec{r}^2|m\vec{\omega} = I\vec{\omega}. \tag{3.25}$$

Die Größe I nennt man Trägheitsmoment. Das Trägheitsmoment ist ein Maß für die Trägheit eines Körpers, seine Rotationsbewegung zu ändern. Vergleicht man die Rotation mit der geradlinig-gleichförmigen Bewegung, so übernimmt bei der Rotation das Trägheitsmoment I die Rolle der Masse und die Kreisgeschwindigkeit ω die Rolle der Geschwindigkeit.

Das Trägheitsmoment eines idealisierten Rades ist leicht zu ermitteln und wir haben es bereits indirekt ausgerechnet. Im allgemeinen Fall ist das Trägheitsmoment definiert als die Summe aller Massenpunkte multipliziert mit dem Quadrat ihrer Abstände von der Rotationsachse:

$$I = \sum_i r_{i\perp}^2 \cdot \Delta m_i. \tag{3.26}$$

Der Index $r_\perp$ bedeutet, dass der Abstand vom Massenpunkt orthogonal auf die Drehachse gemessen wird. Für die meisten regulären Formen wie Kugel, Zylinder, Quader ist das Trägheitsmoment in technischen Tabellen angegeben. Für uns wird es im Folgenden ausreichen, das Trägheitsmoment eines rotierenden Systems zu kennen, bei dem alle Massenpunkte denselben Abstand von der Rotationsachse haben, so wie es beim Rad der Fall ist (3.25):

$$I = r^2 \cdot \sum_i m_i. \tag{3.27}$$

Die Erhaltung des Drehimpulses innerhalb eines abgeschlossenen Systems gilt genauso wie die Erhaltung des Impulses! Das bedeutet, dass der Gesamtdrehimpuls konstant ist, wenn kein Einfluss von außerhalb auf das System wirkt. Auch dies ist ein *fundamentaler Erhaltungssatz* der Physik. Dies gilt nicht nur für feste Körper wie das Rad, sondern auch für jedes System zusammenhängender Körper wie das Sonnensystem oder die Milchstraße.

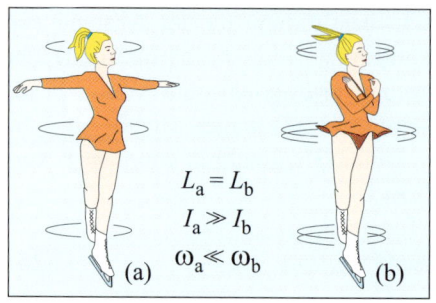

Abb. 3.8 a–b Die Eiskunstläuferin wechselt von einer langsamen Drehung (**a**) zu einer schnellen (**b**). Sie ändert ihr Trägheitsmomemt mit dem Ausstrecken und Anziehen ihrer Arme und vergrößert dadurch aufgrund der Drehimpulserhaltung ihre Winkelgeschwindigkeit.

Deutlich wird die Drehimpulserhaltung bei einer sich um die eigene Achse drehenden Eiskunstläuferin. Diese dreht sich zu Beginn mit ausgestreckten Armen (Abb. 3.8). Was geschieht nun physikalisch, wenn sie ihre Arme anlegt? Sie verringert damit den Abstand r der Masse der Arme zu ihrer Rotationsachse und somit das Trägheitsmoment I. Da der Drehimpuls erhalten ist, muss sich die Rotationsgeschwindigkeit ω der Eiskunstläuferin nach Gleichung (3.25) vergrößern und sie dreht sich infolgedessen schneller. Die Reibung der Schlittschuhe mit dem Eis ist gering, deshalb dürfen wir sie auf kurzer Zeitskala vernachlässigen.

3.3.1 Schwerpunkt

Abgesehen von den rotierenden Körpern im letzten Abschnitt haben wir die Masse bisher als punktförmig angenommen und ihre Bewegung mit einer Koordinate $\vec{x}$ beschrieben. Wir möchten nun die Bewegung eines ausgedehnten Körpers im Raum betrachten, welche wir in Translation und Rotation zerlegen können. Entscheidend dabei ist das Konzept des Schwerpunktes, der im Folgenden definiert werden soll. Motiviert wird die Einführung des Schwerpunktes durch die sich daraus ergebende einfachere Beschreibung der Bewegung. Anstatt viele Massenpunkte zu berücksichtigen und unsere Formeln damit unnötig kompliziert werden zu lassen, genügt es in den meisten Fällen, sich auf die Betrachtung der Gesamtmasse in ihrem Schwerpunkt zu beschränken. Die Translation kann mit Hilfe der Gesamtmasse m und der Schwerpunktskoordinate $\vec{r}_s$ analog zu einem Massenpunkt mit Masse m und Koordinate $\vec{r}$ beschrieben werden. Die Rotation ergibt sich dann aus dem Abstand der Massenstücke zum Schwerpunkt des Körpers.

Zur Veranschaulichung betrachten wir das Beispiel eines Diskuswurfs. Die Rotation des Diskus beim Diskuswurf ist erforderlich, da als Folge der Drehimpulserhaltung die Rotationsachse des Diskus während des Fluges unverändert bleibt und somit die Fluglage des Diskus stabilisiert wird. Zu-

3.3 Drehimpuls und Drehimpulserhaltung

nächst betrachten wir den fliegenden Diskus in einem hypothetischen schwerelosen Raum. Den Schwerpunkt des Diskus im Raum bezeichnen wir mit $\vec{r}_s = (x_s, y_s, z_s)$. Nun definieren wir die Koordinate x_s des Schwerpunktes als

$$x_s = \frac{\Delta m_1 x_1 + \Delta m_2 x_2 + \cdots + \Delta m_n x_N}{m}, \qquad (3.28)$$

wobei wir die Masse m des Diskus in kleine virtuelle Bruchteile Δm zerlegt haben. Die Koordinaten (x, y, z) sind zeitabhängig. Dividiert man durch die gemessene Flugzeit t, ergeben sich die Geschwindigkeitskomponenten (v_x, v_y, v_z) in den drei Ortsrichtungen. Es ist ausreichend, wenn wir die Rechnung nur für eine Komponente durchführen; die Rechnung für die anderen Komponenten verläuft analog:

$$(v_s)_x = \frac{\Delta m_1 (v_1)_x + \Delta m_2 (v_2)_x + \cdots + \Delta m_N (v_N)_x}{m}. \qquad (3.29)$$

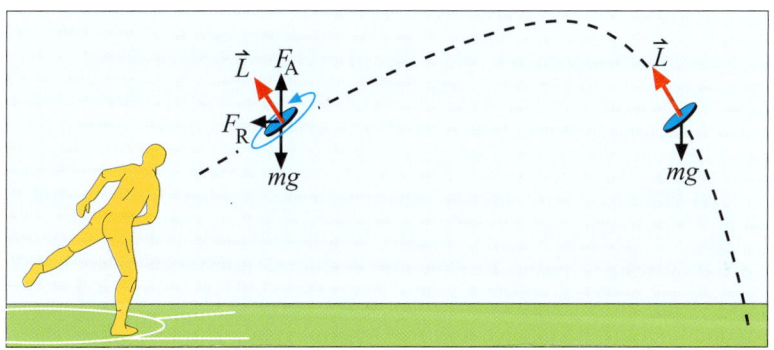

Abb. 3.9 Der rechtshändige Diskuswerfer erteilt dem Diskus einen Drehimpuls. Der Drehsinn der Schraube zeigt nach oben. Der Diskus ist leicht geneigt in Bezug auf die Flugtrajektorie, um Auftrieb zu erzeugen. Am Anfang des Fluges kompensiert der Auftrieb teilweise die Schwerkraft und der Diskus nimmt fast linear an Höhe zu. In der letzten Phase des Fluges, in der der Diskus fast abgebremst ist, folgt die Trajektorie näherungsweise dem freien Fall. Die Richtung des Drehimpulses ändert sich nicht bis zur Landung.

Der Zähler in (3.29) ist die x-Komponente des Gesamtimpulses p_x. Unter Hinzunahme aller drei Impulskomponenten, die zusammen den Gesamtimpulsvektor $\vec{p}$ bilden, lässt sich die Schwerpunktgeschwindigkeit $\vec{v}_s$ aus dem Impuls wie folgt berechnen:

$$\vec{v}_s = \frac{\vec{p}}{m}. \qquad (3.30)$$

Jetzt können wir uns dem etwas realistischeren Diskusflug auf der Erde widmen (Abb. 3.9). Der Werfer dreht sich zunächst um seine eigene Achse und erteilt dann dem Diskus den auf diese Weise gewonnenen Drehimpuls. Der Drehsinn des Diskus entspricht also dem vorausgegangenen Drehsinn des Werfers, der Drehimpuls zeigt nach oben.

Da die Reibung der Diskusoberfläche mit der Luft während der Rotation klein ist, bleibt die Größe des Drehimpulses während des Fluges unverändert. Auf den Diskus wirken dabei drei Kräfte: die Schwerkraft $F_g = mg$, der Auftrieb F_A und die Reibung F_R. Alle drei Kräfte wirken auf den gesamten Diskus. Den Flug können wir nun berechnen, als ob der Diskus punktförmig wäre, da die genannten Kräfte am Schwerpunkt angreifen. Insgesamt wirkt kein Drehmoment auf den Diskus, der Drehimpuls bleibt unverändert, bis der Diskus auf dem Boden landet.

3.4 Drehmoment

Das Drehmoment definieren wir mit Hilfe des Hebelgesetzes (Abb. 3.10). Ein Hebel ist nichts anderes als ein mechanisches System, das Kräfte überträgt. Die Idee hinter einer solchen Konstruktion ist, dass der Punkt, an dem die Kraft angreift, nicht mit dem Punkt zusammenfällt, an dem die jeweilige Last wirkt. Ein Hebel ist zumeist ein starrer Körper, der die Angriffspunkte von Kraft und Last über einen Drehpunkt miteinander verbindet. Auf diese Weise ist es möglich, schwere Lasten mit verhältnismäßig kleinem Kraftaufwand zu bewegen. Betrachten wir beispielsweise den Hebel in Abb. 3.10. Ein waagrecht liegender Stab ist drehbar in einer Halterung gelagert, ähnlich wie bei einer Wippe. Der Hebel ist im Gleichgewicht, wenn auf beiden Seiten des Drehpunktes das Produkt von Kraft mal Hebel (die Hebel sind in diesem Fall die Teilstücke der Längen $\vec{r}_1$ bzw. $\vec{r}_2$) vom Betrag her gleich ist. Der Drehsinn, in den die beiden Kräfte ziehen, ist entgegengesetzt. Auch in diesem Fall ist das Vektorprodukt das geeignete mathematische Hilfsmittel, um das Drehmoment formal zu definieren:

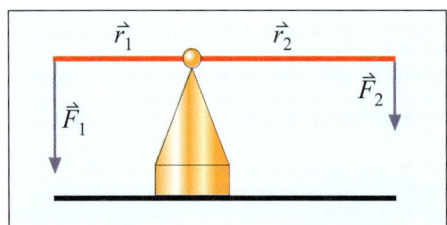

Abb. 3.10 Zu sehen ist die einfachste Konstruktion eines Hebels. Die beiden Drehmomente addieren sich zu Null, wenn das Produkt von Hebelarm und Kraft vom Betrag her gleich und der Drehsinn entgegengesetzt ist.

3.4 Drehmoment

$$\vec{M} = \vec{r} \times \vec{F}.\tag{3.31}$$

Die Hebelgesetze waren schon den Griechen bekannt. Angeblich hat Archimedes einmal gesagt: „Gebt mir einen Hebel, der lang genug, und einen Angelpunkt, der stark genug ist, dann kann ich die Welt mit einer Hand bewegen". Es gibt kaum ein physikalisches Gesetz, mit dem wir im täglichen Leben öfter konfrontiert werden, als das Hebelgesetz. Jede Körperbewegung wird von Muskeln betätigt, aber die Kraft, die die Muskeln erzeugen müssen, ist durch das Hebelgesetz gegeben.

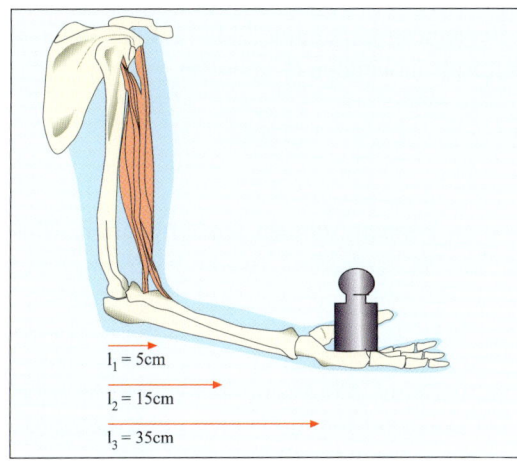

Abb. 3.11 Schematisch ist ein Unterarm der Länge $l_3 = 35$ cm gezeigt. Der Bizeps greift $l_1 = 5$ cm entfernt vom Ellbogengelenk. Die Masse des Unterarms beträgt $m_1 = 0{,}5$ kg, sein Schwerpunkt liegt etwa in der Mitte, $l_2 = 15$ cm vom Gelenk entfernt. Das Gewicht in der Hand beträgt $m_2 = 1$ kg.

Mit Hilfe von Abb. 3.11 berechnen wir die Kraft, die der Bizeps eines Gentleman erzeugt, wenn er ein Gewicht der Masse 1 kg trägt. Der Bizeps muss am 5 cm langen Hebel ein Drehmoment erzeugen, das das Drehmoment der Schwerkraft, welches auf die Hand wirkt, kompensiert. Dieses Drehmoment hat zwei Beiträge: den, den das Gewicht des Unterarms mit dem Hebel von 15 cm Länge bewirkt und den, der sich aus dem Gewicht der Masse mit dem Hebel von 35 cm Länge ergibt. Um die Masse in der Hand im Gleichgewicht zu halten, darf kein resultierendes Drehmoment wirken:

$$M = F \cdot l_2 - (m_1 g \cdot l_3 + m_2 g \cdot l_1) = 0.\tag{3.32}$$

Aufgelöst nach der Kraft F ergibt sich ein Wert von

$$F = \frac{0{,}5 \cdot 9{,}81 \cdot 0{,}15 + 1{,}0 \cdot 9{,}81 \cdot 0{,}35}{0{,}05} \frac{\text{Nm}}{\text{m}} = 83{,}4\,\text{N}.\tag{3.33}$$

Die Kraft, die der Bizeps erzeugt, ist also fast zehn mal so groß wie das Gewicht in der ausgestreckten Hand!

3.4.1 Bewegungsgleichung der Rotation

Wie bereits erwähnt, entspricht bei der Rotation die Drehimpulserhaltung der Impulserhaltung. Der Drehimpuls bleibt erhalten, wenn auf den sich drehenden Körper kein Drehmoment von außen wirkt. Wenn jedoch auf einen rotierenden Körper ein Drehmoment wirkt, lautet das zweite Newtonsche Axiom:

$$\frac{d\vec{L}}{dt} = \vec{M}. \tag{3.34}$$

Das Drehmoment ist also gleich der zeitlichen Änderung des Drehimpulses. In diesem Buch werden wir die Bewegungsgleichung (3.34) auf das Beispiel eines rotationssymmetrischen Kreisels anwenden (Kapitel 4).

3.5 Energie und Arbeit

Um den Begriff Arbeit einführen zu können, müssen wir ein weiteres mathematisches Konzept verstehen; das Skalarprodukt zweier Vektoren. Es ist definiert als

$$\vec{A} \cdot \vec{B} = |\vec{A}||\vec{B}|\cos\alpha, \tag{3.35}$$

wobei α der von den beiden Vektoren eingeschlossene Winkel ist. Man beachte, dass wegen $\cos 90° = 0$ das Skalarprodukt null wird, wenn die beiden Vektoren senkrecht aufeinander stehen. Sind die Vektoren parallel zueinander, so vereinfacht sich die Formel zu einer einfachen Multiplikation der Vektorbeträge.

Als Nächstes wollen wir uns der physikalischen Größe Arbeit zuwenden. Unter Arbeit versteht man in der Physik, im Gegensatz zum täglichen Gebrauch dieses Wortes, ausschließlich die mechanische Arbeit. Die geleistete Arbeit definieren wir mit dem Skalarprodukt aus Kraft und Weg:

$$W = \vec{F} \cdot \vec{s}. \tag{3.36}$$

Das Skalarprodukt bedeutet, dass nur die Kraft, die parallel zu dem Weg wirkt, die Arbeit leistet. Mathematisch ausgedrückt, die Projektion der Kraft an den Weg, $F \cdot \cos\alpha$, leistet die Arbeit.

Um das Gefühl für die Einheit Joule zu bekommen, betrachten wir die Arbeit beim Heben einer Masse m im Gravitationsfeld. Als Beispiel nehmen wir eine Masse von 1 kg, die wir um einen Meter anheben. Da die Kraft, die wir dafür aufbringen müssen, parallel zum zurückgelegten Weg ist, können wir diese Größen nun einfach multiplizieren und aus der Kraft von $F = mg = 9{,}81$ N folgt die geleistete Arbeit von 9,81 Nm. Die Einheit

3.5 Energie und Arbeit

der Arbeit benennen wir mit Joule (1 J = 1 Nm). Beim Anheben der Masse eines Kilogramms um einen Meter auf der Erde leisten wir also eine Arbeit von 9,81 Joule. Das Anheben einer Masse von 100 Gramm um einen Meter entspricht ≈ 1 Joule!

Hierbei sollte man sich nochmals verdeutlichen, dass aus physikalischer Sicht keine Arbeit geleistet wird, wenn die aufgewendete Kraft orthogonal zum zurückgelegten Weg wirkt. Dies mag paradox erscheinen, wenn man das Beispiel eines Kofferträgers betrachtet. Trägt dieser einer Dame einen Koffer hinterher, so kann er je nach Inhalt des Koffers ganz schön ins Schwitzen kommen. Sicherlich wäre er entrüstet, wenn die Dame ihm hinterher eröffnete, er habe ja gar keine Arbeit verrichtet. Es steht außer Frage, dass der Kofferträger Energie aufbringen musste, um seine Muskeln kontrahieren zu können. Aus physikalischer Sicht hat die Dame jedoch Recht: Da die Kraft vertikal wirkte um die Gravitationskraft zu kompensieren, der Koffer jedoch horizontal bewegt wurde, können wir bei diesem Vorgang aus physikalischer Sicht nicht von Arbeit sprechen!

Eine Masse auf der Höhe von h Metern kann ebenfalls mechanische Arbeit leisten. Sie besitzt eine potentielle Energie $E_{\text{pot}} = mgh$ Joule, genau soviel, wie wir beim Anheben an Arbeit geleistet haben. Als Masse nehmen wir eine Kugel, die ideal elastisch ist und lassen sie auf einen Boden fallen, der ebenfalls ideal elastisch ist. Wenn die Kugel den Boden erreicht, übergibt sie den doppelten Impuls dem Boden und fliegt wieder hoch, bis sie die Höhe h erreicht. Am Boden hat die Kugel die Geschwindigkeit (siehe Gln. 2.6) $v = \sqrt{2gh}$. Wir definieren die kinetische Energie mit

$$E_{\text{kin}} = \frac{mv^2}{2}. \tag{3.37}$$

Des Weiteren behaupten wir, dass die so definierte kinetische Energie der potentiellen entspricht:

$$\frac{1}{2}mv^2 = mgh, \tag{3.38}$$

wenn wir für die Geschwindigkeit die Beziehung (2.6) einsetzen. Da wir es hier mit Höhe und Erdbeschleunigung zu tun haben, haben wir s und a mit h und g ersetzt. Mit diesem Resultat lässt sich der Energieerhaltungsatz für die Mechanik formulieren:

$$E_{\text{pot}} + E_{\text{kin}} = \text{konst}. \tag{3.39}$$

Dieser Satz ist ein spezieller Fall des allgemeinen Energieerhaltungssatzes, der alle Formen der Energie, mechanische, thermische, elektromagnetische, chemische und die Kernenergie umfasst.

Analog lässt sich die Energie eines um die Symmetrieachse rotierenden Rades formulieren. Sie ist die Summe aller kinetischen Energien der jeweiligen virtuellen Massenstücke Δm:

$$E = \frac{1}{2}\sum_i \Delta m_i v_i^2 = \frac{1}{2}mv^2 = \frac{1}{2}I\omega^2 \,. \tag{3.40}$$

3.6 Mechanik und Sport

Als Anwendung der Impuls- und Energieerhaltung wollen wir zwei Beispiele aus dem Sport vorrechnen, bei denen der Sportler die physikalischen Gesetze bis zum Äußersten zu seinem Vorteil nutzt.

3.6.1 Stabhochsprung

Stabhochsprung gehört zu einer der anspruchsvollsten Sportarten, bei denen das Zusammenspiel vieler Muskeln zeitlich abgestimmt werden muss. Vereinfachen wir den Hochsprung nun so weit, dass wir ihn physikalisch beschreiben können (Abb. 3.12). Der Vorgang beruht auf der Umwandlung kinetischer Energie des Laufens in potentielle Energie der Elastizität des Stabes. Anschließend folgt die Umwandlung der Elastizitätsenergie in kinetische Energie der Rotation und des Anhebens des Springers. Wenn alle Stufen des Sprungs perfekt durchgeführt wurden und die Reibungsverluste vernachlässigt werden können, dann wird die gesamte kinetische Energie in potentielle Gravitationsenergie des Springers umgewandelt. Wir möchten nun eine großzügige Abschätzung der Höhe der besten Springer durchführen: ein Springer erreicht beim Anlauf eine Geschwindigkeit von etwa 10 m/s; aus der Energieerhaltung, $E_{\text{kin}} = E_{\text{pot}}$ erhalten wir

$$\frac{1}{2}mv^2 = mgh \,, \tag{3.41}$$

was eine Höhe von 5 m ergibt. Durch die Hubarbeit der Muskeln schiebt der Springer seinen Schwerpunkt in die entgültige Höhe. Der Weltrekord in Stabhochsprung hält mit 6,14 m Sergej Bubka. Er erreicht eine Geschwindigkeit von 9,77 m/s vor dem Abstoß.

3.6 Mechanik und Sport

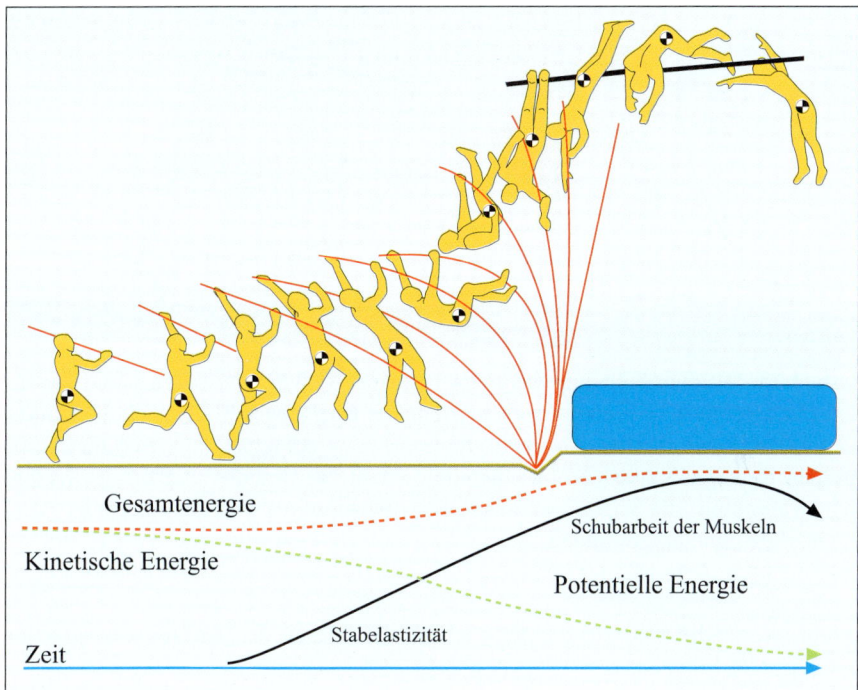

Abb. 3.12 Drei Phasen des Stabhochsprungs. Phase 1: In der ersten Phase gewinnt der Springer beim Laufen kinetische Energie. Phase 2: Der Springer wandelt die kinetische Energie in die Elastizitätsenergie des Stabes um. Phase 3: Durch die Ausnutzung der gespeicherten Elastizitätsenergie des Stabes und der Hubarbeit der Muskeln erreicht der Springer die endgültige Höhe.

3.6.2 Peitscheneffekt im Sport

Eine „knallende" Veranschaulichung der Energieerhaltung ist der sogenannte Peitscheneffekt. In der ursprünglichen Version wird der Peitscheneffekt heute nur noch im Zirkus vorgeführt. Der Pferdedompteur erzeugt mit der Peitsche einen Knall, der bei der Überschreitung der Schallgeschwindigkeit des letzten Stücks der Peitschenschnur zustande kommt. In Abb. 3.13 wird die Beschleunigung der Peitschenschnur bis zum Erreichen der Geschwindigkeit v_l skizziert. Wenn der Stiel stehen bleibt, rollt die Schnur weiter. Wenn wir die Reibung vernachlässigen, dann verlangen wir bei der Berechnung der Peitschendynamik nur die Energieerhaltung. Um die Impulserhaltung brauchen wir uns nicht zu kümmern. Während die Energie vollständig auf das Ende der Schnur übertragen werden kann, muss der Impuls von dem Pferdedompteur übernommen werden. Die Schallgeschwindigkeit wird er-

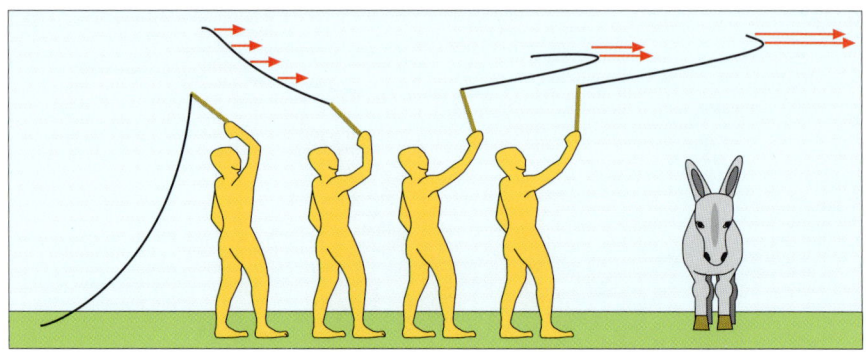

Abb. 3.13 Mit dem Schwung des Peitschenstiels wird der Peitschenschnur die kinetische Energie $E = \frac{1}{2}mv_l^2$ gegeben. Wenn der Stiel stehen bleibt, rollt die Schnur weiter. Die Kraft, die den Abschnitt $\Delta x = l - \Delta l$ abbremst, ist gleich der Kraft, die den Rest der Schnur Δl beschleunigt. Wenn die Geschwindigkeit des letzten Schnurabschnitts die Schallgeschwindigkeit überschreitet, wird die kinetische Energie in akustische umgewandelt.

reicht, wenn die Energie der Restschnur Δl gleich der Anfangsenergie der gesamten Schnur ist:

$$\frac{1}{2}mv_l^2 = \frac{1}{2}\left(\frac{\Delta l}{l}m\right)v_{\text{Schall}}^2, \qquad (3.42)$$

wobei $\left(\frac{\Delta l}{l}m\right)$ die Masse der Restschnur ist.

Auch alle Wurfsportarten nutzen den Peitscheneffekt zum Erreichen der maximalen Geschwindigkeit. Als Beispiele betrachten wir den Speerwurf (Abb. 3.14) und den Golfschwung (Abb. 3.15). Der Speerwurf bedarf keines detaillierteren Kommentars, wohingegen der Golfschwung in Abb. 3.15

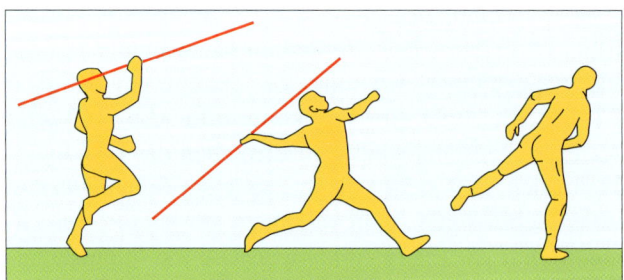

Abb. 3.14 Beim Speerwurf versucht der Athlet, so viel wie möglich von seiner kinetischen Energie und der in seinem Körper gespeicherten Elastizitätsenergie auf den Speer zu übertragen.

3.6 Mechanik und Sport   41

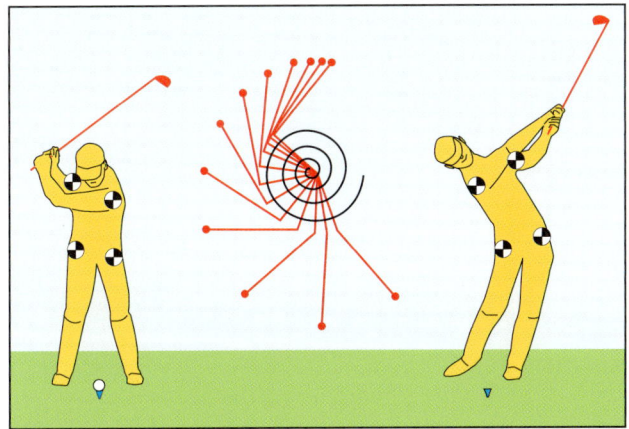

Abb. 3.15 Zweihebelmodell des Golfschwungs. Das Bild in der Mitte zeigt die Aufnahme des Schwunges in gleichen Zeitintervallen. Derselbe Mechanismus wie bei der Peitsche beschleunigt das Ende des zweiten Hebels.

etwas ausführlicher kommentiert werden sollte. Man mag sich die Frage stellen, worin hier die Analogie zur Peitsche liegt. In diesem Fall wird die „Peitsche" nicht mit der kinetischen Energie der Schnur „aufgeladen", sondern durch die Elastizitätsenergie, die in der Verdrehung des Golfers steckt. Der Golfer kann in diesem Modell durch drei elastisch gelagerte Scheiben, Rumpf, Arme und Schläger, wobei Arme und Schläger die Hebel sind, ersetzt werden. Die Rotationsenergie wird über die Schulter auf die Arme übertragen und die Arme tragen über die Handgelenke die Gesamtenergie auf den Schlägerkopf. Die Physik des Golfens ist einfach, die Physiologie hingegen ist komplex. Beim Beispiel des Golfers besteht die Feder unseres Modells in der Realität aus einigen großen und hunderten von kleinen Muskeln, die sehr koordiniert zusammenwirken müssen, um den Ball optimal zu treffen.

Wir haben diese Beispiele erwähnt, um zu zeigen, wie man in einem Modell den physikalischen Inhalt einer komplexen Bewegung auf das Wesentliche reduzieren kann. In erwähnten Beispielen haben wir nur die Energieerhaltung berücksichtigt. Das ist möglich, weil die Sportler an die Erde haften und sie zusammen mit der Erde beliebigen Impuls und Drehinpuls übernehmen können.

Kapitel 4
Stoß, Oszillator und Kreisel

In diesem Kapitel wollen wir einige Anwendungen der im letzten Kapitel eingeführten Energie- und Impulserhaltung behandeln. Als Beispiele aus der Mechanik wählen wir den Stoß, den Oszillator und den Kreisel aus, weil sie als Modell zur Beschreibung der Phänomene in den verschiedensten Domänen der Physik benutzt werden. Abgesehen von wohl bekannten makroskopischen Stößen ist der Stoß in der Atom-, Kern- und Teilchenphysik eine der Hauptmethoden zur Untersuchung dieser Systeme. Oszillation und Rotation treffen wir überall an, sowohl in der makroskopischen als auch in der atomaren Welt. In dieser Aufzählung fehlt offensichtlich die Beschreibung von Systemen, die durch gravitative, elektromagnetische und starke Wechselwirkung gebunden sind. Allen diesen drei Wechselwirkungen werden wir im Weiteren einzelne Kapitel widmen.

4.1 Elastischer und inelastischer Stoß

Bei einem elastischen Stoß bleibt die Summe von Impuls und kinetischer Energie vor und nach dem Stoß konstant. Wir betrachten nur zentrale Stöße, bei denen die Schwerpunkte der Stoßpartner auf einer Achse parallel zum Impulsvektor des einfallenden Körpers liegen. Somit müssen wir die Drehmomente und Rotationsenergien nicht berücksichtigen.

In Abb. 4.1 haben wir drei Fälle skizziert. Beim Stoß eines Balls auf eine Wand können wir wieder von Impuls- und Energieerhaltung ausgehen. Die „unendlich" schwere Wand in Abb. 4.1 oben übernimmt den doppelten Impuls. Dennoch wird aufgrund ihrer großen Masse keine kinetische Energie $E_{\text{kin}} = \frac{\vec{p}^2}{2m}$ auf sie übertragen. Der Ball bewegt sich nun in die entgegengesetzte Richtung mit $-\vec{p}$, enthält aber die gleiche kinetische Energie wie vor dem Stoß. Beim zentralen Stoß gleicher Kugeln (Abb. 4.1 Mitte) übernimmt die zweite Kugel den gesamten Impuls und die gesamte Energie der

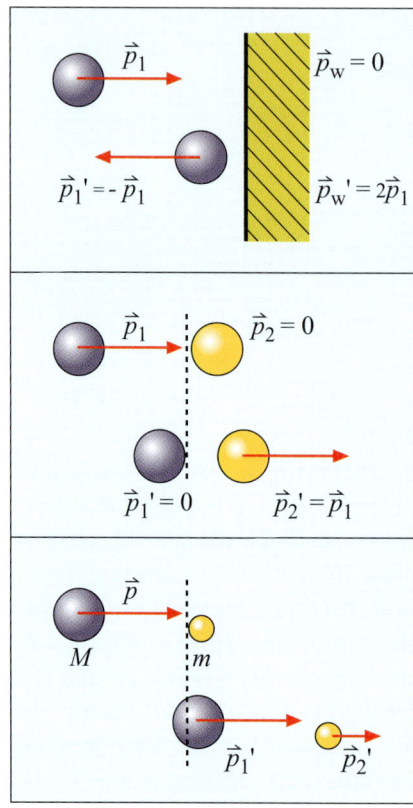

Abb. 4.1 *Oben:* Ein Ball trifft auf eine Wand. Da die Wand viel schwerer ist, kann man in guter Näherung sagen, dass keine kinetische Energie auf sie übertragen wird. Sie übernimmt allerdings den doppelten Impuls des Balls und gemäß der Impulserhaltung prallt der Ball mit entgegengesetztem Impuls von der Wand ab.
Mitte: Eine Kugel stößt eine andere Kugel gleicher Masse. Die zweite Kugel übernimmt beim Stoß sowohl den Impuls als auch die Energie der einfallenden Kugel. Während die erste Kugel nach dem Stoß ruht, rollt die zweite in die ursprüngliche Bewegungsrichtung der eintreffenden Kugel fort.
Unten: Eine schwere Kugel stößt eine ruhende, leichte Kugel. Nach dem Stoß rollen beide Kugeln in Einfallrichtung weiter, allerdings mit verschiedenen Impulsen und Energien. Diese teilen sich gemäß den Massen auf, so dass die Erhaltungssätze erfüllt sind.

ersten. Die erste Kugel ist nach dem Stoß vollständig in Ruhe. Beim Stoß von Kugeln verschiedener Masse (Abb. 4.1 unten) teilen sich die Impulse und Energien so auf, dass wieder gleichzeitig Impuls und Energie erhalten bleiben.

Impulserhaltung:

$$\vec{p}_1 + \vec{p}_2 = \vec{p}_1' + \vec{p}_2' \quad \text{mit} \quad \vec{p}_2 = 0 \Rightarrow \vec{p}_1 = \vec{p}_1' + \vec{p}_2'. \tag{4.1}$$

Energieerhaltung:

$$\frac{\vec{p}_1^{\,2}}{2m_1} = \frac{\vec{p}_1'^{\,2}}{2m_1} + \frac{\vec{p}_2'^{\,2}}{2m_2}. \tag{4.2}$$

Da wir nur zentrale Stöße untersuchen, betrachten wir die Impulse als Projektionen der Vektoren auf die Kollisionsachse. Die Lösung der beiden Gleichungen (4.1) und (4.2), aufgelöst nach $|\vec{p}_2'|$ und $|\vec{p}_1'|$, lautet:

$$p_2' = p_1 \left(\frac{2m_2}{m_1 + m_2} \right) \quad \text{und} \quad p_1' = p_1 \left(1 - \frac{2m_2}{m_1 + m_2} \right). \tag{4.3}$$

4.1 Elastischer und inelastischer Stoß

Für $m_1 \ll m_2$ reproduzieren wir den Stoß auf die Wand, für $m_1 = m_2$ ist $p_1' = 0$. Ein interessanter Fall ist $m_1 \gg m_2$. In dieser Näherung ergibt sich aus Gleichung (4.3)

$$v_2' = \frac{p_2'}{m_2} = 2\frac{p_1}{m_1} = 2v_1\,. \tag{4.4}$$

Dieses Prinzip findet bei verschiedenen Ballsportarten Anwendung. Stellen wir uns einen leichten, ruhenden Ball vor. Trifft ein verhältnismäßig schwerer Schläger auf ihn, so fliegt der Ball nach dem Stoß mit der doppelten Schlägergeschwindigkeit davon. Von Fußball über Tennis bis hin zum Golfspiel wird dieser Effekt genutzt.

Inelastischer Stoß Der Impuls beim Stoß bleibt immer erhalten! Das Gleiche gilt für die Gesamtenergie! Betrachtet man jedoch nur kinetische und potentielle Energie separat von der Wärmeenergie, bleibt beim inelastischen Stoß im Gegensatz zum vollständig elastischen Stoß die Summe aus kinetischer und potentieller Energie nicht konstant. In der Regel wird ein Bruchteil der mechanischen Energie in Wärmeenergie umgewandelt. Einen „ideal" inelastischen Stoß kann man heutzutage mit modernen Autos, die eine Knautschzone haben, gut simulieren. Nehmen wir an, bei einem Crashtest stoße ein Auto der Masse m_1 mit einer Geschwindigkeit $v_1 = 50$ km/h auf ein stehendes Auto der Masse m_2 ($v_2 = 0$ km/h). Nach dem Stoß bewegen sich beide Autos mit der gleichen Geschwindigkeit v' weiter (Abb. 4.2). Aus der Impulserhaltung folgt:

$$m_1 v_1 = (m_1 + m_2) v'\,. \tag{4.5}$$

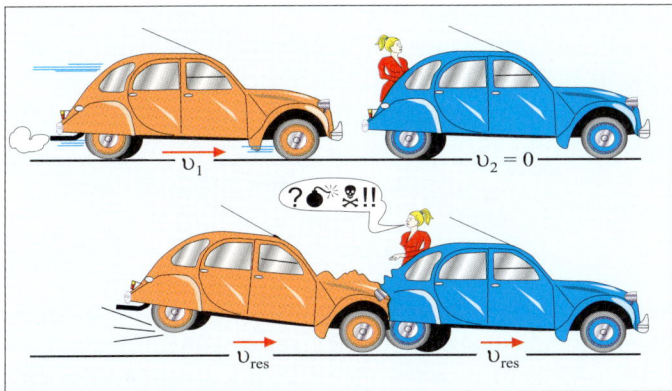

Abb. 4.2 Inelastischer Stoß zweier Autos. Vor dem Stoß bewegt sich das erste Auto mit der Geschwindigkeit $\vec{v}_1$ auf das stehende Auto zu. Nach dem Stoß bewegen sich beide Autos mit gleicher Geschwindigkeit weiter. Bei dem Stoß wurde die Hälfte der kinetischen Energie in Wärmeenergie umgewandelt.

Angenommen beide Autos haben die gleichen Massen, dann ist $v' = v_1/2$, in unserem Fall 25 km/h. Wie sieht es mit der kinetischen Energie aus? Vor dem Stoß hatte das erste Auto die kinetische Energie $E_{\text{kin}} = m_1 v_1^2/2$. Nach dem Stoß beträgt die Gesamtenergie der beiden Autos $E'_{\text{kin}} = (m_1 + m_2)v'^2/2$. Bei den Autos mit gleicher Masse ist $E'_{\text{kin}} = E_{\text{kin}}/2$. Die Hälfte der kinetischen Energie ist bei diesem Stoß in Wärme übergegangen!

4.2 Federpendel, Harmonischer Oszillator

Angeblich war es Galileo, der als erster eine periodische Schwingung anhand der Bewegung eines Kirchenkronleuchters beobachtet hat. Davon haben sich dann die üblichen Schwerependel, die unter Einfluss der Erdanziehung mit kleinen Auslenkungen periodisch schwingen, entwickelt. Wir wollen hier aber nur das Federpendel betrachten. Es ist als klassisches Analogon zu Anregungen von Atomen in Molekülen und Festkörpern sehr gut geeignet.

Betrachten wir nun eine Masse m, die an einer Feder aufgehängt ist (Abb 3.4). Die Feder dehnt sich so lange, bis die Schwerkraft durch die Federkraft kompensiert wird. Die Lage der Masse im Kräftegleichgewicht von Feder- und Schwerkraft wählen wir als Nullpunkt des Koordinatensystems, die positive x-Achse zeige nach unten. Ab hier brauchen wir die Schwerkraft nicht mehr zu berücksichtigen, sie beeinflusst die folgende Bewegung der Masse nicht. Nun lenken wir die Masse nach unten um die Strecke x_0 aus. Dazu müssen wir eine Kraft $F = kx$ gegen die Federkraft aufwenden und transferieren damit Energie in das System, worauf wir später noch im Detail eingehen werden. Nachdem wir die Masse m am Ort x_0 losgelassen haben, fängt sie an, periodisch zu schwingen. Die Bewegungsgleichung erhalten wir, indem wir Formel (3.15) anwenden. Die Gesamtkraft setzt sich zusammen aus der Federkraft und der Trägheitskraft. Die Federkraft $F_{\text{f}} = kx$ ist proportional zum Abstand vom Ruhepunkt. Die Trägheitskraft beträgt $F_{\text{t}} = ma$, wobei die Beschleunigung die zweite Ableitung des Weges x nach der Zeit, $a = \ddot{x}$, ist. Es ergibt sich somit folgende Bewegungsgleichung:

$$kx + m\ddot{x} = 0. \tag{4.6}$$

Dies ist die fundamentale Differentialgleichung der harmonischen Schwingung. Diese Gleichung ist schon unzählige Male gelöst worden, so dass wir die Rechnung an dieser Stelle nicht durchführen wollen. Wichtig ist uns allerdings die Lösung, die die Form eines Sinus hat:

$$x = x_0 \sin(\omega t + \varphi), \tag{4.7}$$

4.2 Federpendel, Harmonischer Oszillator

wobei x_0 die maximale Auslenkung (Amplitude) der Schwingung ist. Die Kreisfrequenz ω erhalten wir, indem wir die Lösung der Schwingungsgleichung (4.7) in die Differentialgleichung einsetzen unter Berücksichtigung, dass die zweite Ableitung der Sinusfunktion $\sin(\omega t)$, $-\omega^2 \sin(\omega t)$ ist:

$$k \cdot x_0 \sin(\omega t + \varphi) - m \cdot \omega^2 \cdot x_0 \sin(\omega t + \varphi) = k - m \cdot \omega^2 = 0. \quad (4.8)$$

Daraus folgt

$$\omega^2 = \frac{k}{m}. \quad (4.9)$$

Je steifer die Feder, desto höher und je größer die Masse, desto niedriger ist die Kreisfrequenz des Federpendels.

Der Phasenwinkel φ hat hier keine entscheidende Bedeutung. Er hängt nur von unserer Wahl des Nullpunktes der Zeit ab (siehe Abb. 4.3).

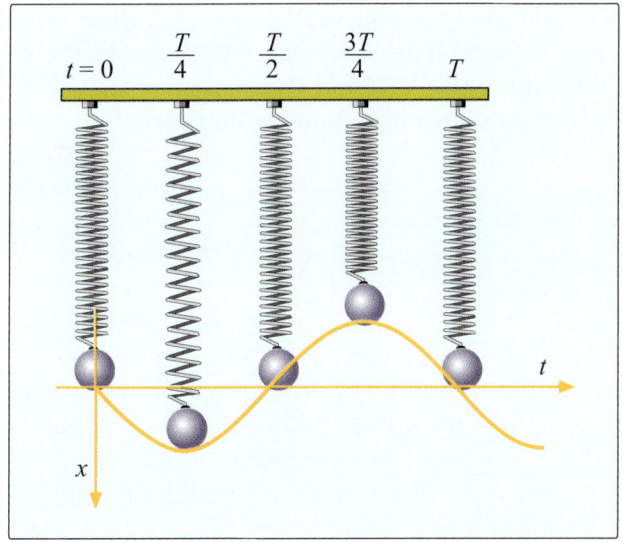

Abb. 4.3 Eine Sinusschwingung, $x(t) = x_0 \sin(\omega t + \pi)$ als Lösung der Differentialgleichung des harmonischen Oszillators. In dieser Abbildung ist T die Periode, die mit der Frequenz $\nu = 1/T$ zusammenhängt. In der Physik spricht man lieber von der Kreisfrequenz $\omega = 2\pi \nu$.

4.2.1 Potential des Harmonischen Oszillators

Am Beispiel des Federpendels wollen wir den Begriff des Potentials einführen. Betrachten wir, wie sich potentielle und kinetische Energie untereinander austauschen. Die kinetische Energie ist unter der Berücksichtigung, dass die Geschwindigkeit die erste zeitliche Ableitung des Ortes ist, wie folgt definiert:

$$E_{\text{kin}} = \frac{1}{2}mv^2 = \frac{1}{2}m\dot{x}^2. \quad (4.10)$$

Die potentielle Energie ergibt sich aus der „Kraft mal Weg" bis zur Auslenkung x_0. Da sich aber die Kraft auf dem Weg ändert, müssen wir den Weg in kleine Stücke zerlegen, über denen die Kraft als konstant angesehen werden kann und sich daher die einzelnen Beiträge vom Nullpunkt bis zur Auslenkung x aufaddieren. Lässt man die Länge der Wegstücke gegen 0 gehen, enspricht die Summe der einzelnen Stücke mathematisch einer Integration von 0 bis zum Ort x:

$$E_{\text{pot}} = \int_0^x kx\,\mathrm{d}x = \frac{1}{2}kx^2. \quad (4.11)$$

Die Ausdrücke (4.10) und (4.11) können graphisch sehr gut veranschaulicht werden. Wegen der Abhängigkeit der potentiellen Energie vom Quadrat der momentanen Auslenkung x ergibt sich graphisch eine mit x ansteigende Parabel für die potentielle Energie (Abb. 4.4). Ein Potential mit genau dieser quadratischen Abhängigkeit nennen wir harmonisches Potential.

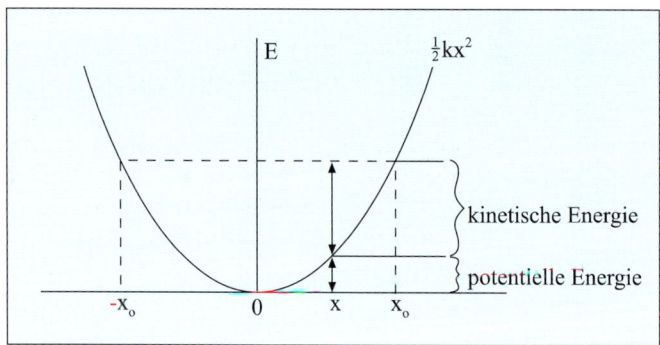

Abb. 4.4 Das Potential eines harmonischen Oszillators. Die Summe von kinetischer und potentieller Energie ist konstant. Bei der maximalen Amplitude x_0 hat der Oszillator nur potentielle, bei der Amplitude $x = 0$ nur kinetische Energie. Anhand der Potentialkurve kann man für beliebige Amplituden x ablesen, wie groß die Anteile der kinetischen und der potentiellen Energie sind.

Im Folgenden möchten wir anhand von Abb. 4.4 genauer untersuchen, wie sich die Energien ineinander umwandeln. Im Umkehrpunkt x_0 ist die Geschwindigkeit der Masse $v = 0$ und die gesamte Energie steckt in der potentiellen Energie:

$$E_{\text{ges}} = E_{\text{pot}} = \frac{1}{2}kx_0^2 = \frac{1}{2}m\omega^2 x_0^2, \qquad (4.12)$$

wobei wir für die letzte Beziehung Gleichung (4.9) verwendet haben. Hiermit wird auch deutlich, dass die maximale Auslenkung (Amplitude) x_0 durch die Gesamtenergie E_{ges} des Systems bestimmt wird. Nachdem die Masse den Umkehrpunkt erreicht hat, bewegt sie sich wieder zurück Richtung Nullpunkt. Hierbei nimmt ihre Geschwindigkeit zu, da die potentielle Energie nun in kinetische Energie umgewandelt wird. Quantitativ lässt sich dies recht einfach ermitteln, da die Gesamtenergie wegen der Energieerhaltung konstant sein muss:

$$E_{\text{kin}} + E_{\text{pot}} = E_{\text{ges}} \quad \Rightarrow \quad E_{\text{kin}} = \frac{1}{2}k\left(x_0^2 - x^2\right). \qquad (4.13)$$

Im Nullpunkt liegt die gesamte Energie in Form von kinetischer Energie vor, wie man anhand von Gleichung (4.13) erkennen kann, wenn man $x = 0$ setzt.

Im folgenden Verlauf nimmt die kinetische Energie wieder ab, bis sie bei $x = -x_0$ wieder 0 ist und die gesamte Energie in der potentiellen Energie $E_{\text{pot}} = \frac{1}{2}k(-x_0)^2$ gespeichert ist.

Damit haben wir nun eine halbe Schwingungsperiode beschrieben. Vom Ort $-x_0$ bewegt sich die Masse in der zweiten Hälfte der Periode wieder zurück zur Auslenkung x_0, wobei die Energiebetrachtung analog zur ersten Hälfte durchgeführt werden kann. Am Ort x_0 beginnt die Periode dann wieder von neuem.

4.3 Quantenmechanischer Harmonischer Oszillator

Wir hatten erwähnt, dass wir Molekülbindungen und Molekülschwingungen durch Federn repräsentieren können. Um dies zu verstehen, wollen wir zunächst kurz auf atomare Bindungen eingehen. Anschließend möchten wir betrachten, welche Auswirkungen die Quanteneigenschaft der Atome auf die möglichen Schwingungsenergien hat.

Um die molekulare Bindung zu erläutern, nehmen wir ein zweiatomiges Wasserstoffmolekül als Beispiel. Jedes der Atome besteht je aus einem Proton als Kern und einem Elektron in der Atomschale. Bringt man nun die beiden Atome sehr nahe aneinander, überlappen die Elektronenschalen der beiden Atome. Als Folge der Coulomb-Abstoßung (Kapitel 10) der identisch geladenen Elektronen stoßen sich die Atome im Nahbereich ab. Diese Situation entspricht der einer zusammengedrückten Feder, was mit einer hohen potentiellen Energie einhergeht, wie in Abb. 4.5 illustriert ist. Entfernen wir nun die Atome weit voneinander, passiert das genaue Gegenteil: Die chemische Bindung führt dazu, dass die Atome eine attraktive Wechselwirkung erfahren. Dies entspricht einer ausgedehnten Feder und die potentielle Energie steigt mit dem Abstand an.

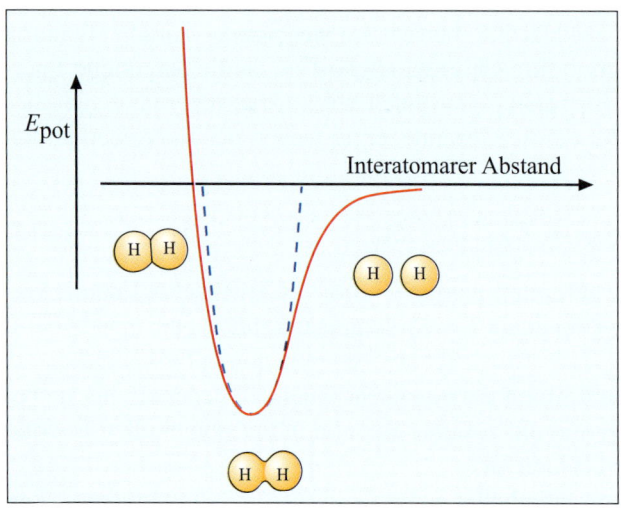

Abb. 4.5 Die Atome in einem Molekül haben einen Abstand r_0 voneinander, um den sie oszillieren. Dieser Abstand ergibt sich aus dem Zusammenspiel der Coulomb-Abstoßung bei starker Überlappung der Atomhüllen und einer Anziehung bei größerem Abstand aufgrund der chemischen Bindung. In der Nähe des interatomaren Abstands kann das interatomare Potential mit der Parabel eines harmonischen Potentials beschrieben werden. Dies ist der Grund, aus dem man die Bindungen zwischen Molekülen und Festkörpern durch elastische Federn simulieren kann.

Dazwischen liegt ein Abstand r_0, bei dem die potentielle Energie ein Minimum einnimmt. Analog zu einer Feder können die Atome um diesen Abstand oszillieren. Die Potentialform im Minimum aus Abb. 4.5 kann gut als harmonisches Potential genähert werden und die Oszillation als harmonische Schwingung.

Klassisch gesehen könnten wir das zweiatomige System nun mit jeder beliebigen Energie kleiner der Bindungsenergie anregen. Laut Beziehung (4.12) wäre dies:

$$E_{\text{ges}} = \frac{1}{2} m \omega^2 r_{\text{max}}^2 , \qquad (4.14)$$

wobei r_{max} die maximale Auslenkung von r_0 ist. Dies ist allerdings nicht ganz korrekt, da wir die Atome als quantenmechanische Objekte betrachten müssen. Wir können zwar nach wie vor das interatomare Potential aus

4.4 Klassischer Kreisel

Abb. 4.5 harmonisch nähern, aber das System kann nicht jede beliebige Energie annehmen. Vielmehr lassen die Lösungen der Quantenmechanik nur diskrete Werte für die Gesamtenergie zu – man sagt, die Energien sind quantisiert. Sie nehmen die Werte

$$\frac{1}{2}\hbar\omega, \ \frac{3}{2}\hbar\omega, \ldots, \left(n + \frac{1}{2}\right)\hbar\omega \tag{4.15}$$

an mit n als ganzer Zahl (Abb. 4.6). Die Quantisierung (4.15) ist experimentell gefunden worden. Die Größe des Planckschen Wirkungsquantums $\hbar$ hat als erster *Max Planck* bestimmt, als er das Spektrum der Schwarzkörperstrahlung gedeutet hat (Kapitel 11). In Kapitel 13 werden wir versuchen, die Quantisierung im Rahmen der Quantenmechanik zu deuten.

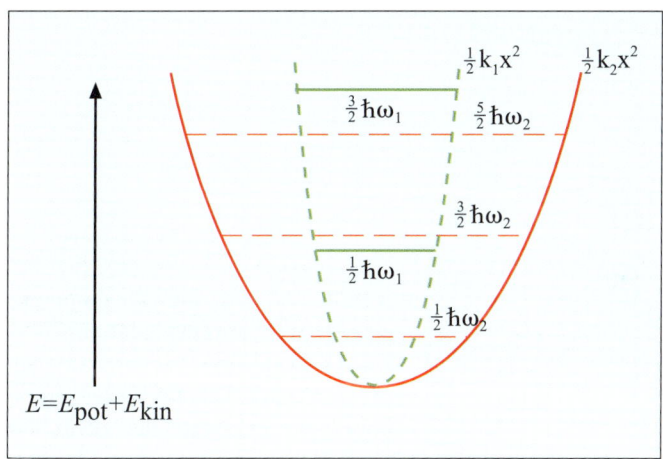

Abb. 4.6 Das harmonische Potential zweiatomiger Moleküle, dargestellt für den Fall einer starken Bindung ($\frac{1}{2}k_1x^2$) und einer weichen Bindung ($\frac{1}{2}k_2x^2$) ($k_1 \geq k_2$). Die Atome können nur mit festen Energien $\frac{1}{2}\hbar\omega, \frac{3}{2}\hbar\omega, \ldots, \left(n + \frac{1}{2}\right)\hbar\omega$ (n ganzzahlig) oszillieren.

Diese Quantisierungen haben auch entscheidenden Einfluss auf die makroskopischen Eigenschaften von Molekülen wie beispielsweise auf die spezifische Wärme eines Molekülgases (Kapitel 7).

4.4 Klassischer Kreisel

Wenden wir uns nun als weiteres Beispiel aus der Mechanik der Rotation von Körpern zu. In Abschnitt 3.4.1 haben wir gesehen, dass der Drehimpuls erhalten bleibt, solange kein Drehmoment auf den rotierenden Körper ausgeübt wird. Wirkt jedoch ein Drehmoment, so ist die zeitliche Änderung des Drehimpulses durch Gleichung (3.34) gegeben:

$$\frac{d\vec{L}}{dt} = \vec{M}. \tag{4.16}$$

Wir betrachten nun den Fall eines symmetrischen Kreisels, der unter Einfluss der Schwerkraft präzediert. Dieses Beispiel können wir später direkt auf die Elementarteilchen übertragen.

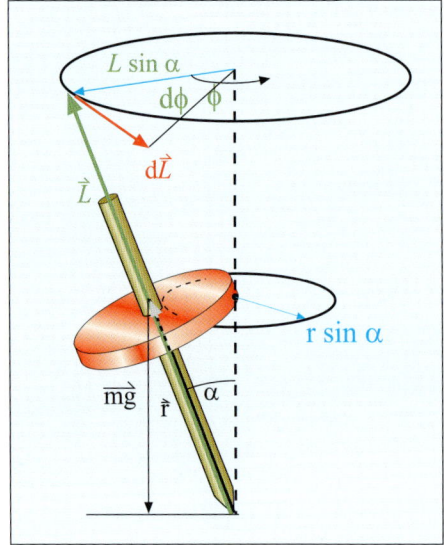

Abb. 4.7 Gezeigt ist ein symmetrischer Kreisel. Auf den Drehimpuls $\vec{L}$ des Kreisels wirkt das Drehmoment $\vec{M} = \vec{r} \times m\vec{g}$. Die Kreiselachse präzediert um die Vertikale mit $\omega_p = r\,mg/L = r\,mg/I\omega_l$.

Ein symmetrischer Kreisel besteht aus einem Rad, an welchem am Radmittelpunkt eine lange Achse orthogonal montiert ist (Abb. 4.7). Das Ende der Achse ist ortsfest am Auflagepunkt, die Achse kann aber frei in alle Richtungen verkippt werden. Der Abstand zwischen Rad und Auflagepunkt sei $\vec{r}$, der Winkel zwischen der Achse und der Vertikalen sei α. Das Rad habe die Masse m und das Trägheitsmoment I. Der in Rotation versetzte Kreisel habe laut Gleichung (3.25) den Drehimpuls $\vec{L} = I\vec{\omega}_l$ und rotiere um seine eigene Achse mit der Kreisfrequenz $\vec{\omega}_l$.

Wir untersuchen nun den Einfluss der Schwerkraft auf den Kreisel. Auf die Masse m wirkt die Schwerkraft $\vec{F}_g = m\vec{g}$, welche ein Drehmoment

$$\vec{M} = \vec{r} \times m\vec{g} \tag{4.17}$$

erzeugt. Dieses Drehmoment berechnet sich unter Berücksichtigung des Winkels α nach Beziehung (3.21) zu

$$|\vec{M}| = r\, mg\, \sin\alpha\,. \tag{4.18}$$

Die Richtung des Drehmoments $\vec{M}$ lässt sich mit der Drei-Finger-Regel (Kapitel 3.3) bestimmen und wurde in Abb. 4.7 eingezeichnet. Wie eingangs erwähnt, ändert sich der Drehimpulsvektor mit der Zeit, wenn ein Drehmoment vorhanden ist. Als Folge des Drehmoments rotiert deshalb die Kreiselachse um die Vertikale. Diese Drehung nennen wir Präzession.

Wir interessieren uns nun noch für die Kreisgeschwindigkeit ω_p der Präzession. Dafür müssen wir einen Ausdruck mit ω_p finden: In der Zeit dt ändert sich der Drehimpuls um dL. dL lässt sich mit Hilfe von Abb. 4.7 bestimmen zu

$$dL = L\, \sin\alpha\, d\phi\,. \tag{4.19}$$

Dividieren wir durch die Zeit dt, so erhalten wir

$$\frac{dL}{dt} = L\, \sin\alpha\, \frac{d\phi}{dt} = L\, \sin\alpha\, \omega_p\,, \tag{4.20}$$

wobei $\frac{d\phi}{dt}$ identisch mit der Kreisgeschwindigkeit der Präzession ist. Der Ausdruck für $\frac{dL}{dt}$ ist aber nach Gleichung (4.16) genau gleich dem Drehmoment M:

$$\frac{dL}{dt} = L\, \sin\alpha\, \omega_p = r\, mg\, \sin\alpha\,. \tag{4.21}$$

Lösen wir nach ω_p auf, erhalten wir für die Kreisfrequenz der Präzession

$$\omega_p = \frac{r\, mg}{L} = \frac{r\, mg}{I\omega_l}\,. \tag{4.22}$$

An dem Ergebnis sehen wir, dass die Präzessionsfrequenz unabhängig vom Winkel α und somit unabhängig von der Verkippung des Kreisels relativ zur Vertikalen ist.

4.5 Quantenmechanischer Kreisel

Mehratomige Moleküle können rotieren. Allerdings müssen wir die Rotation wieder quantenmechanisch betrachten. Nehmen wir den einfachsten Fall eines zweiatomigen Wasserstoffmoleküls an. Auf eine detaillierte Beschreibung der quantenmechanischen Rotation wollen wir hier verzichten. Es sei nur erwähnt, dass der Drehimpuls und die Rotationsenergien der Moleküle wieder nur diskrete Werte annnehmen können, wie in Abb. 4.8 anhand der

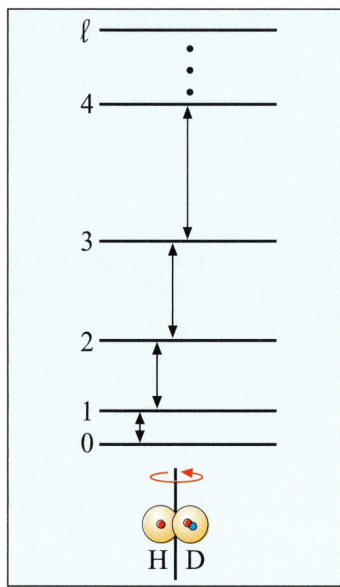

Abb. 4.8 Die Energieleiter von Rotationsanregungen des Wasserstoffmoleküls (HD). Wir wollen die quantenmechanischen Besonderheiten, die bei symmetrischen zweiatomigen Molekülen auftreten, außer Acht lassen. Aus diesem Grund zeigen wir hier die Rotationsleiter des Wasserstoffmoleküls, das aus einem Wasserstoffatom mit Proton und dem anderen mit Deuteron als Kern besteht. Die Drehimpulse der Leiter $L = l\hbar$ nehmen der Reihenfolge nach die Werte mit $l = 0,1,2,\ldots$ an; die diesen Drehimpulsen entsprechenden Energien lassen sich über $E = \frac{1}{2}\frac{l(l+1)\hbar^2}{I}$ bestimmen. Hierbei ist I das Trägheitsmoment des Wasserstoffmoleküls. Die Energieskala werden wir in Kapitel 7 aus der Messung der spezifischen Molwärme bestimmen.

Energieleiter von Rotationszuständen des Wasserstoffmoleküls dargestellt ist. Die Elementarteilchen, Elektronen und Quarks besitzen einen Eigendrehimpuls, den man als Spin bezeichnet. Auch dieser Eigendrehimpuls tritt nur mit diskreten Werten in Quanten der Planckschen Konstante $\hbar$ auf. Elektronen und Quarks haben beispielsweise den Spin $s = \frac{1}{2}\hbar$. Teilchen mit Spin besitzen ein magnetisches Dipolmoment. In einem magnetischen Feld erfahren die Teilchen eine Kraft, die die Spins zum Präzedieren bringen.

Kapitel 5
Gravitation

5.1 Sonne–Erde–Mond

Die erste Anwendung der Mechanik auf ein fast reibungsfreies System war die quantitative Beschreibung der Planeten- und Mondbewegungen und markierte somit den Anfang der modernen Astronomie. Betrachten wir einen Planeten unter dem Einfluss der Gravitation der Sonne. Wir bezeichnen die Masse der Sonne mit $M_\odot$ und die des Planeten mit m. Die Kraft, die die Sonne auf den Planeten ausübt, ist

$$\vec{F} = -\frac{GM_\odot m}{r^2} \cdot \left(\frac{\vec{r}}{r}\right). \tag{5.1}$$

Hier ist $(\vec{r}/r)$ der Einheitsvektor. Der Einheitsvektor ist der Vektor dividiert durch seine Länge. Er hat keine Dimension, zeigt nur die Richtung an. Das Minuszeichen bedeutet, dass sich die Sonne und die Planeten anziehen. Diese Beziehung ist auch bekannt als das Newtonsche Gravitationsgesetz. Die gleiche Kraft, die die Sonne auf die Planeten, üben die Planeten auf die Sonne aus. Die Sonne und die Planeten kreisen um den gemeinsamen Schwerpunt, die Bewegung der Sonne ist sehr gering, da $M_\odot \gg m$ ist. Newton hat gezeigt, dass sich die Planeten im Gravitationsfeld (5.1) auf elliptischen Bahnen bewegen (Erstes Keplersches Gesetz). Eine Ellipse (Abb. 5.1) wird durch die Angabe von Halbachsen beschrieben, der großen (a) und der kleinen (b) oder durch Angabe der großen Halbachse und der linearen Exzentrizität $e = \sqrt{a^2 - b^2}$. Die numerische Exzentrizität einer Ellipse ist definiert als $\varepsilon = e/a$ und liegt zwischen 0 und 1. Sie ist ein Maß für die Abweichung von der Kreisform. Ist $\varepsilon = 0$, so handelt es sich um einen Kreis. Je näher die Exzentrizität bei 1 liegt, desto abgeflachter ist die Ellipse. Graphisch entspricht die lineare Exzentrizität dem Abstand des Mittelpunktes von den

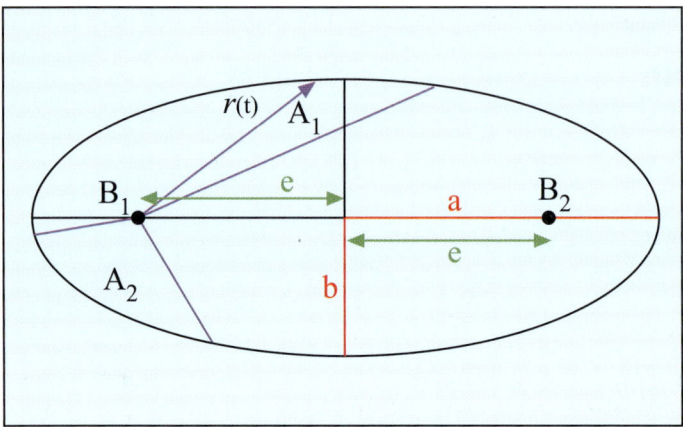

Abb. 5.1 Aus der Drehimpulserhaltung folgt, dass ein Planet in gleicher Zeit einen Bogen gleicher Fläche ($A_1 = A_2$) beschreibt (Zweites Keplersches Gesetz). Die Fläche ist hierbei durch das Bogenstück und die beiden Abstände vom Bogenanfang und -ende zur Sonne begrenzt.

Brennpunkten B_1 und B_2. Die Summe der Entfernungen von den beiden Brennpunkten ist konstant für alle Punkte der Ellipse. Dynamische Größen von Planeten, die sich auf Kreisbahnen bewegen, kann man leicht ausrechnen. Für die Bewegung der Erde ist die Annahme einer Kreisbahn eine gute erste Näherung, weil die Ellipse eine geringe Exzentrizität besitzt.

Wenn wir uns nur für die Umlaufzeit interessieren und nicht für die jeweilige Umlaufgeschwindigkeit, dann können wir die Ellipse durch einem Kreis ersetzen, indem wir den Radius gleich der großen Halbachse, $r = a$, setzen. Diese Näherung ist gut, wenn die Masse des Planeten klein gegenüber der Masse der Sonne ist – das bedeutet aber auch, dass man die Bewegung der Sonne um den gemeinsamen Schwerpunkt näherungsweise vernachlässigen kann.

5.1.1 Erde auf einer Kreisbahn

Der mittlere Abstand der Erde zur Sonne beträgt etwa 8,3 Lichtminuten. Um die Strecke in Metern zu erhalten, müssen wir die Zeit in Sekunden, die das Licht benötigt, mit der Lichtgeschwindigkeit $c = 3 \cdot 10^8$ m/s multiplizieren: $r = 8{,}3$ min $\cdot$ 60 s/min $\cdot$ $3 \cdot 10^8$ m/s. Daraus ergibt sich die Strecke der genäherten Kreisbahn zu $U = 2\pi r$. Die Umlaufdauer T der Erde beträgt 1 Jahr, umgerechnet in Sekunden ungefähr $T \approx \pi \cdot 10^7$. Somit können wir die mittlere Umlaufgeschwindigkeit der Erde bestimmen:

$$v = \frac{U}{T} = \frac{2\pi r}{T} \approx 30\,000\,\frac{\text{m}}{\text{s}} = 30\,\frac{\text{km}}{\text{s}}. \tag{5.2}$$

Für die zentripetale Beschleunigung der Erde erhalten wir nach (5.1)

$$a = \frac{GM_\odot}{r^2} = \frac{v^2}{r} \approx 0{,}006\,\frac{\text{m}}{\text{s}^2} \approx 6 \cdot 10^{-4} g\,. \tag{5.3}$$

Die Anziehung, die die Sonne auf eine Masse auf der Erde (also auch auf uns) ausübt, ist demnach $\approx 0{,}6$ Promille der Anziehung der Erde.

Wie bereits erwähnt konnte Newton zeigen, dass aus den Gravitationsgleichungen die elliptischen Planetenbahnen folgen. Wir verzichten auf eine Wiederholung der Newtonschen Herleitung, wollen aber zeigen, inwieweit sich die Bewegung eines Planeten um die Sonne auf einer Ellipse von der Bewegung auf einem Kreis unterscheidet. In Abb. 5.1 wird gezeigt, dass der Abstand des Planeten von der Sonne und die Umlaufgeschwindigkeit korreliert sind. Der Drehimpuls ist aber konstant:

$$\vec{L} = m\vec{r} \times \vec{p} = mr^2\vec{\omega} = \text{konst.}\,. \tag{5.4}$$

In Worten lässt sich dies auch folgendermaßen ausdrücken: Die Verbindungslinie zwischen dem Schwerpunkt des Planeten und der Sonne überstreicht bei der Rotation des Planeten um die Sonne in der gleichen Zeit die gleichen Flächen. In der Konsequenz bedeutet dies, dass ein Planet sich desto schneller bewegt, je kleiner seine Distanz zur Sonne ist und desto langsamer, je weiter er von ihr entfernt ist.

5.1.2 Ortsgebundener Satellit

Ein ortsgebundener Satellit dreht sich synchron mit der Erde. Dies kann nur der Fall sein, wenn er die Erde in der Äquatorebene umkreist. Im Folgenden wollen wir abschätzen, in welcher Entfernung von der Erde die Satellitenumkreisung synchron mit der Erddrehung ist. Für diese Abschätzung möchten wir nur Zahlen benutzen, die wir selbst bestimmen können, wie die Erdbeschleunigung $g = 9{,}81$ m/s^2 und den Erdradius $r_\text{E} = 6{,}367$ km. Den Radius kann man aus der Krümmung einer Wasserfläche mit optischen Geräten bestimmen. Die Genauigkeit wird dabei nicht so hoch sein, für unsere Rechnung ist aber schon ein Wert von $6{,}3 \cdot 10^3$ km ausreichend gut. Der Satellit kreist auf einer stabilen Bahn mit Radius r_S, wenn die Erdanziehung gleich der zentrifugalen Kraft ist:

$$\frac{Gm_E m_S}{r_S^2} = m_S \omega^2 r_S. \tag{5.5}$$

Der Satellit beschreibt in einem Tag einen vollen Kreis, was einem Winkel von 360° oder, in Radian ausgedrückt, einem Winkel von 2π entspricht. Für die Abschätzung brauchen wir die Kreisfrequenz in Sekundeneinheiten:

$$\omega = \frac{2\pi}{1\,\text{Tag}} = \frac{2\pi}{1\,\text{Tag} \cdot 24\,\frac{\text{h}}{\text{Tag}} \cdot 60\,\frac{\text{min}}{\text{h}} \cdot 60\,\frac{\text{s}}{\text{min}}} = 0{,}000072\,\frac{1}{\text{s}}. \tag{5.6}$$

Um die astronomischen Zahlen für die Gravitationskonstante G zu umgehen, benutzen wir die Beziehung der Erdbeschleunigung

$$\frac{Gm_E}{r_E^2} = g \Rightarrow G = \frac{g r_E^2}{m_E}. \tag{5.7}$$

In diesem Ausdruck haben wir stillschweigend angenommen, dass die Gravitationskraft außerhalb einer Kugel, deren Dichte kugelsymmetrisch verteilt ist, exakt dieselbe ist wie in dem Fall, in dem die Masse der Gesamtkugel im Mittelpunkt vereinigt ist.

Wenn wir die Zahlen aus (5.6) und die Konstanten aus (5.7) in Gleichung (5.5) einsetzen, wodurch sich die Massen wegkürzen, erhalten wir

$$\frac{g r_E^2}{r_S^2} = \omega^2 r_S. \tag{5.8}$$

Es ist immer günstig, das Resultat in einer anschaulichen Form anzugeben. In unserem Fall ist der Erdradius das geeignete Maß für die Angabe der Entfernung des Satelliten von der Erde. Der Erdradius ist eine anschauliche Größe – zumindest für diejenigen, die schon mal um die Erde geflogen sind:

$$\left(\frac{r_S}{r_E}\right)^3 = \frac{g r_E}{\omega^2}. \tag{5.9}$$

In Zahlen heißt dies, dass der ortsgebundene Satellit einen Abstand von sechs Erdradien vom Erdzentrum haben muss. Das entspricht fast genau der Äquatorlänge.

5.1 Sonne–Erde–Mond

5.1.3 Mondanziehung

Unser Mond ist ein Satellit der Erde und umkreist diese in ≈ 30 Tagen. Aus (5.9) bekommen wir sofort den Abstand Erde–Mond, wenn wir für $\omega = 2\pi/(30\,\text{Tage})$ einsetzen:

$$r_S^3 \propto \frac{1}{\omega^2} \Rightarrow r_S^3 \propto \sqrt[3]{T_{\text{Umlauf}}^2} \tag{5.10}$$

$$\Rightarrow \frac{r_{\text{Mond}}}{r_{\text{S.ortsg.}}} = \sqrt[3]{\frac{T_{\text{Umlauf-Mond}}^2}{T_{\text{Umlauf-S.ortsg.}}^2}} = \sqrt[3]{\frac{30\,\text{Tage}}{1\,\text{Tag}}} \approx 10. \tag{5.11}$$

Wir erhalten einen um einen Faktor 10 größeren Abstand als die Entfernung eines ortsgebundenen Satelliten, womit die Entfernung Erde–Mond 60 r_E beträgt. Die zentripetale Kraft der Erde auf den Mond ist dann $a = g/60^2$ mal die Masse des Mondes. Eine gleich große, entgegengesetzt orientierte Kraft übt der Mond auf die Erde aus. Die zentripetale Beschleunigung der Erde, die sich um den Schwerpunkt Erde-Mond bewegt, ist jedoch viel kleiner. Das Verhältnis der Massen Erde/Mond ist $m_E/m_{\text{Mo}} \approx 81$. Bei gleicher und entgegengesetzter Kraft ist die zentripetale Beschleunigung der Erde

$$a = \frac{m_{\text{Mo}}}{m_E} \frac{g}{60^2} = 3{,}3 \cdot 10^{-6} g. \tag{5.12}$$

Sie ist um einen Faktor 179 kleiner als die zentripetale Beschleunigung als Folge der Sonnenanziehung.

5.1.4 Gezeiten

Die Gezeiten sind eine schöne Demonstration der Wechselwirkung zwischen Sonne, Erde und Mond. Diese Effekte sind keine direkte Konsequenz der Anziehung, sondern resultieren aus der Differenz zwischen der Anziehung des Mondes bzw. der Sonne auf den Schwerpunkt der Erde und der Anziehung an der Erdoberfläche.

Mond und Erde rotieren um den gemeinsamen Schwerpunkt S, der sich innerhalb der Erdkugel befindet (Abb. 5.2). Im Zentrum der Erde kompensieren sich die Zentrifugalkraft F_Z und die gravitative Anziehung des Mondes F_G. Die Zentrifugalkraft, die Folge der Rotation der Erde um den Schwerpunkt S, ist überall auf der Erde gleich. Die Anziehung des Mondes, die vom Abstand des jeweiligen Punktes auf der Erde zum Mond abhängt, variiert. An der Mondseite der Erde ist $F_G > F_Z$, auf der gegenüberliegenden Seite ist

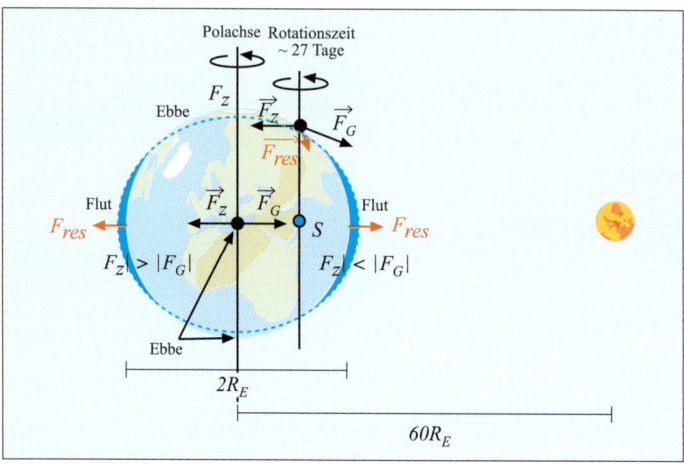

Abb. 5.2 Mond und Erde rotieren um den gemeinsamen Schwerpunkt S. Die Rotationsachse des Mond-Erde-Systems ist um etwa 5° gegenüber der Erdrotationsachse verschoben. Im Bild erscheinen die beiden Achsen parallel. Da die Erde um den Mond-Erde-Schwerpunkt rotiert, wirkt auf die Erde eine Zentrifugalkraft. Die Zentrifugalkraft F_Z und die Anziehung des Mondes F_G kompensieren sich im Erdzentrum. Die Zentrifugalkraft ist überall auf der Erde gleich, die Anziehung des Mondes aber nicht. Die Anziehung des Mondes ist vom Abstand des jeweiligen Punkts auf der Erde zum Mond abhängig. An der Mondseite der Erde ist $F_G > F_Z$, an der gegenüberliegenden ist $F_G < F_Z$. Für drei verschiedene Punkte der Erdoberfläche ist die resultierende Kraft, die Vektordifferenz $\vec{F}_Z - \vec{F}_G$, angezeigt. Der Vektor $\vec{F}_Z$ zeigt unabhängig vom Ort in Richtung Mond-Erde. Die Erde dreht sich einmal am Tag um 2π, jeder Punkt an der Erdoberfläche überquert zweimal das Maximum und das Minimum der Gezeitenkräfte. Ebbe und Flut nur mit der Mondanziehung zu erklären ist nicht möglich. Zu den vom Mond erzeugten Gezeiten kommen noch die von der Sonne erzeugten. Während die Periode der vom Mond erzeugten Gezeiten etwa 12 Stunden und 25 Minuten beträgt, ist die Sonnenperiode nur geringfügig größer als 12 Stunden.

$F_G < F_Z$. Die resultierende Kraft $\vec{F}_{res}$ ist für alle Punkte auf der Erdoberfläche die Vektordifferenz $\vec{F}_{res} = \vec{F}_Z - \vec{F}_G$, wobei der Vektor $\vec{F}_Z$ unabhängig vom Ort in Richtung Mond–Erde zeigt. In Abb. 5.2 ist die Vektordifferenz für 3 ausgewählte Punkte eingezeichnet.

Berechnen wir die Differenz zwischen der Mondanziehung und der Zentrifugalkraft für den Punkt, der dem Mond am Nächsten ist, so erhalten wir ein interessantes Ergebnis: Das Resultat ist $10^{-7}g$! Trotz dieser kleinen Änderung der Erdbeschleunigung kommt es zu gewaltigen Bewegungen des Meereswassers. Es gibt sogar viele Menschen, die sich über den angeblich großen Einfluss des Mondes auf ihr Befinden beklagen.

Eine ähnliche Kraftverteilung entsteht auch als Folge der Sonnenanziehung. Sie ist fast 200 mal größer als die des Mondes, ebenso ist die Zentrifugalkraft um denselben Faktor erhöht. Die beiden Kräfte kompensieren sich exakt im Mittelpunkt der Erde. Wegen des großen Abstands Sonne–Erde relativ zum Erdradius weicht die Anziehung an unterschiedlichen Orten auf der Erdoberfläche nur geringfügig ab. Die Differenz der Kräfte ist daher nur halb so groß wie im Fall des Mondes. Ebbe und Flut hängen von den relativen Positionen des Mondes, der Sonne und der Beschaffenheit der Kontinente ab.

5.2 Sonnensystem

Die Planeten sind durch die Gravitation an die Sonne gebunden. Das bedeutet, dass man die jeweilige Bindungsenergie zuführen müßte, um sie aus dem Sonnensystem zu entfernen:

$$E = E_{\text{kin}} + E_{\text{pot}} \tag{5.13}$$

Die Bindungsenergie ist negativ. Zwar ist die kinetische Energie selbstverständlich positiv, die anziehende potentielle Energie jedoch ist doppelt so groß und negativ. Dies ist leicht einzusehen, da bei der Kreisbewegung die Zentrifugalkraft durch die Anziehungskraft der Sonne kompensiert wird:

$$\frac{mv^2}{r} - \frac{GM_\odot m}{r^2} = 0, \tag{5.14}$$

oder

$$mv^2 = \frac{GM_\odot m}{r}. \tag{5.15}$$

Wenden wir uns nun der potentiellen Energie zu. Potentielle Energie ist gespeicherte Arbeit. Wenn ein Körper im Gravitationsfeld angezogen und seine Distanz zum Gravitationszentrum dadurch verringert wird, so verrichtet das Gravitationsfeld positive Arbeit an ihm. Der Körper verliert dadurch an potentieller Energie. Die Änderung der potentiellen Energie eines Planeten ist also vom Betrag her gleich der an ihm geleisteten Arbeit, jedoch entgegengesetzt gerichtet:

$$\Delta E_{\text{pot}} = -W. \tag{5.16}$$

Im Falle einer konstanten Kraft lässt sich die Arbeit gemäß Gleichung (3.36) berechnen. Die Gravitationskraft kann jedoch nicht als konstante Kraft angesehen werden, da sie vom Abstand abhängig ist. Um die Arbeit und damit die potentielle Energie zu erhalten, müssen wir das Wegintegral der Kraft aus Gleichung (5.1) berechnen:

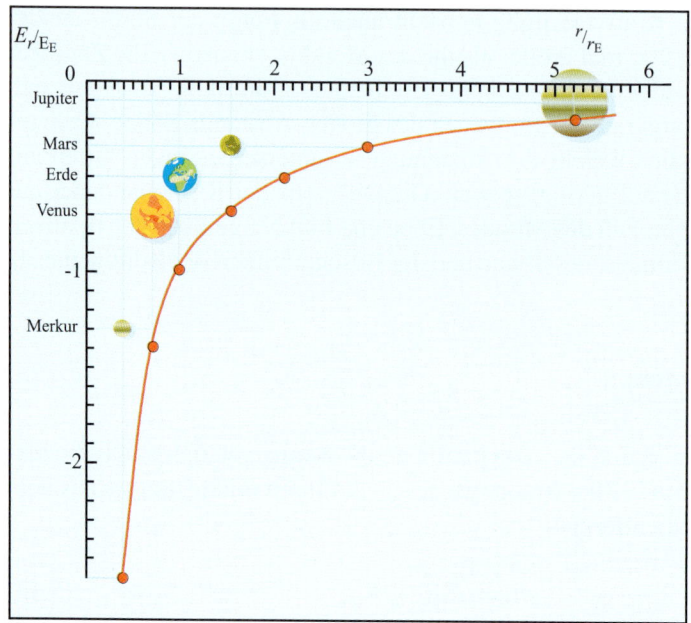

Abb. 5.3 Diese Abbildung zeigt die Abhängigkeit der Bindungsenergien von den Radien der inneren Planeten. Um das Bild möglich zu machen, schreiben wir allen Planeten die gleiche Masse, nämlich die Erdmasse, zu. Die Planeten sind am Kreisradius eingezeichnet. Elliptische Bahnen haben identische Bindungsenergien wie die Kreisbahnen, der Abstand von der Sonne oszilliert hierbei symmetrisch um den Kreisradius. Dabei fluktuieren E_{kin} und E_{pot}, die Summe $E_{pot} + E_{kin} = E$ bleibt jedoch erhalten.

$$E_{pot} = -W = \int \vec{F} \cdot d\vec{r} = -\frac{GM_\odot m}{r}. \quad (5.17)$$

Nun können wir (5.15) und (5.17) in (5.13) einsetzen und erhalten

$$E = \frac{1}{2}\frac{GM_\odot m}{r} - \frac{GM_\odot m}{r} = -\frac{1}{2}\frac{GM_\odot m}{r}. \quad (5.18)$$

Wir sehen also, dass die kinetische Energie vom Betrag her gleich der Hälfte der Bindungsenergie ist!

Um die Eigenschaft des Gravitationsfeld der Sonne zu veranschaulichen, zeichnen wir die Abhängigkeit der Bindungsenergie der Planeten vom Abstand zur Sonne. Eine solche Zeichnung funktioniert nur unter der Annahme, dass alle Planeten die gleiche Masse haben. Wir werden als Referenzmasse die Erdmasse m_E und als Referenzradius den Erdradius r_E verwenden. Die in Abb. 5.3 eingezeichnete Bindungsenergie E_r hängt mit der tatsächlichen Bindungsenergie des Planeten E_P zusammen:

$$E_r = \frac{m_E}{m_P} \cdot E_P. \qquad (5.19)$$

Diese Abhängigkeit der Bindungsenergie wird uns wieder beim Coulombfeld begegnen.

5.3 Milchstraße

Die Bewegung des Sonnensystems um das galaktische Zentrum kann aus Beobachtungen der Radialgeschwindigkeiten vieler Sterne bestimmt werden. Der Abstand R der Sonne zum galaktischen Zentrum beträgt etwa 25 000–28 000 Lichtjahre. Das galaktische Jahr (die Zeit, die die Sonne braucht, um die volle Umkreisung des galaktischen Zentrums abzuschließen) beträgt 2,2–2,4 $\cdot 10^8$ Jahre. Daraus folgt für die Umlaufgeschwindigkeit der Sonne $v_S = 220$ km/s. Versuchen wir, die Masse der Milchstraße abzuschätzen, die sich innerhalb der Kugel mit dem Radius R, dem Abstand Sonne-Galaxiezentrum, befindet (Abb. 5.4). Wir haben erwähnt, dass die Anziehung eines Körpers mit kugelsymmetrischer Massenverteilung so behandelt werden kann, als wäre die ganze Masse im Schwerpunkt vereinigt. Zwar ist die Massenverteilung der Milchstraße nicht kugelsymmetrisch, jedoch dominiert der Kern der Milchstraße die Verteilung, so dass wir mit der Annahme einer kugelsymmetrischen Milchstraße eine vernünftige Abschätzung der Gesamtmasse erwarten können.

Bezeichnen wir die Masse, die das Sonnensystem an die Milchstraße bindet, mit M_G, die Entfernung der Sonne vom Galaxiezentrum mit R. Wir erhalten für die Gleichheit von Gravitations- und Zentrifugalbeschleunigung analog zu Gleichung (5.5)

$$\frac{GM_G}{R^2} = \frac{v_S^2}{R}. \qquad (5.20)$$

Die entsprechende Gleichung für das System Sonne–Erde ist:

$$\frac{GM_\odot}{r^2} = \frac{v_E^2}{r}. \qquad (5.21)$$

Das Verhältnis der Massen der Milchstraße innerhalb des Sonnenumlaufradius und der Sonnenmasse erhält man durch Dividieren von (5.20) und (5.21)

$$\frac{M_G}{M_\odot} = \frac{v_S^2 \cdot R}{v_E^2 \cdot r}. \qquad (5.22)$$

Wie bereits erwähnt, ist $v_E = 30$ km/s und $r = 8{,}3$ Lichtminuten. Wenn wir diese Zahlen in (5.22) einsetzen, bekommen wir das Resultat

$$M_G \approx 10^{11} M_\odot. \tag{5.23}$$

Diesen Wert können wir sicher als die untere Grenze für die Gesamtmasse der Milchstraße annehmen.

Abb. 5.4 *Milchstraße*: So könnte die Milchstraße für einen Beobachter aus einer benachbarten Galaxie aussehen. Im Zentrum befindet sich ein schwarzes Loch mit der Masse von $3{,}6 \cdot 10^6$ Sonnenmassen. Eingezeichnet ist unsere Sonne im Abstand vom galaktischen Zentrum von 25 000–28 000 Lichtjahren. (Überlassen von NASA/JPL-Caltech).

5.3 Milchstraße

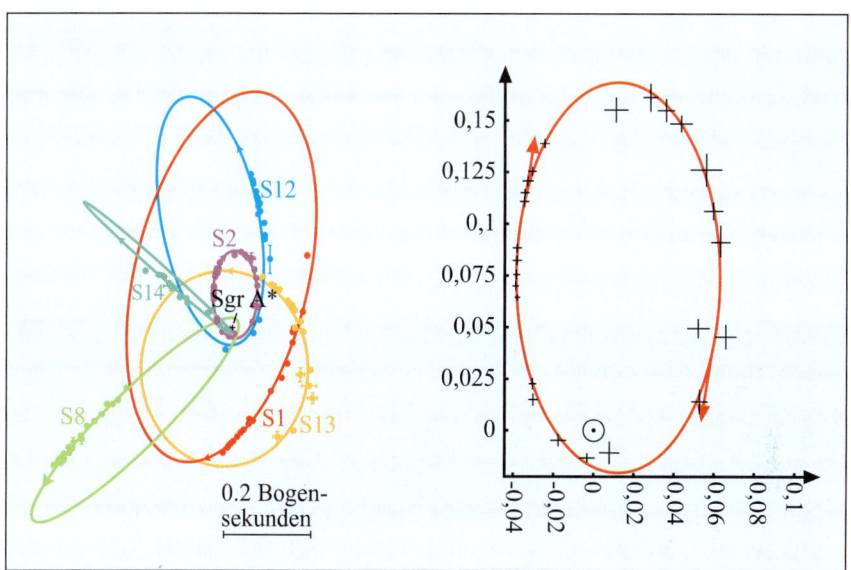

Abb. 5.5 Das linke Bild zeigt die Resultate zehnjähriger Messungen der Umlaufbahnen der Sterne um Sagittarius A*. Die Messungen wurden in schmalen Infrarotbereichen durchgeführt. Im rechten Bild ist die Umlaufbahn des S2 ausgewählt. Aus dem gemessenen Winkel von 0,22 Bogensekunden, unter welchen man die doppelte Halbachse beobachtet und dem Abstand zu Sagittarius A* von 25 000–28 000 Lichtjahren kann man die große Halbachse zu $a_{S2} = 5{,}4 \pm 0{,}5\,\text{(ld)}$ Lichttagen bestimmen.

5.3.1 Schwarzes Loch in der Mitte der Milchstraße

Der zentrale Bereich unserer Milchstraße ist dicht mit Sternen gepackt und im geometrischen Zentrum befindet sich ein supermassives schwarzes Loch mit einer Masse von etwa 3,6 Millionen Sonnenmassen. Astronomische Untersuchungen dieser Region im optischen Bereich sind wegen dichtem, absorbierendem Staub nicht möglich. Dieser Staub ist jedoch, ebenso wie unsere Atmosphäre, für Wellenlängen dreier schmaler infraroter Spektralbereiche durchlässig. Abb. 5.5 (links) zeigt das Resultat einer fast zehnjährigen Beobachtung der Sterne, die sich auf den Keplerschen Bahnen um das schwarze Loch bewegen.

Das schwarze Loch ist schon lange unter den Namen Sagittarius A* als eine sehr kompakte und intensive Quelle im Radiowellenbereich bekannt. Ein schwarzes Loch ist jedoch nicht ganz schwarz! Die Objekte, die vom Loch verschluckt werden, werden beschleunigt und entsenden elektromagnetische Wellen, besonders im Radiobereich. Wir wollen aus den Bahnen der Satelliten, die um das schwarze Loch kreisen, mit Hilfe der Keplerschen Formeln die Masse des schwarzen Loches bestimmen. Die beste Bestimmung lässt sich über den Stern S2 treffen, der das Loch mit kleinster Distanz umkreist. In Abb. 5.5 rechts ist die elliptische Bahn des S2 dargestellt. In dieser Abbildung sind die Messdaten, die Beobachtungswinkel, aufgetragen. Aus der Entfernung des galaktischen Zentrums von der Erde, 25 000 bis 28 000 Lichtjahre, und dem Winkelunterschied von 0,11 Bogensekunden auf der Hauptachse der Ellipse von S2 konnte die Länge der großen Halbachse zu $a_{S2} = 5,4 \pm 0,5$ (ld) Lichttagen bestimmt werden. Dies kann leicht mittels Strahlensatz nachgerechnet werden. Hierbei kann man ausnutzen, dass eine Bogensekunde fast genau dem Winkel entspricht, unter dem man im Abstand von einem Meter ein 5 Mikrometer großes Objekt sieht. Die Umlaufzeit ist direkt aus der Beobachtungszeit zu $T_{S2} = 15,24 \pm 0,36$ a (Jahre) bestimmt worden.

Mit Hilfe dieser Messwerte wollen wir die Masse des schwarzen Loches in Einheiten von Sonnenmassen $M_\odot$ ausrechnen. Um große Zahlenwerte zu vermeiden, werden wir die Rechnung in astronomischen Einheiten [ly] (Lichtjahren) durchführen. Wir machen diese Übung, um zu zeigen, dass sich mit geeigneten Einheiten eine Rechnung deutlich vereinfachen lässt. Wegen der stark elliptischen Bahn von S2 wollen wir im Folgenden für die Erdbahn statt wie bisher den Radius die große Halbachse a_E verwenden.

Für die Umlaufgeschwindigkeit der Erde um die Sonne erhalten wir

$$v_E = \frac{2\pi a_E}{T_E} \tag{5.24}$$

und analog die Umlaufgeschwindigkeit von S2 um das schwarze Loch:

$$v_{S2} = \frac{2\pi a_{S2}}{T_{S2}}. \tag{5.25}$$

Ähnliche Berechnungen wie wir sie im Zusammenhang mit der Bestimmung der Masse der Milchstraße angestellt haben (5.21) können auch für das Sonne-Erde-System

$$\frac{GM_\odot}{a_E^2} = \left(\frac{2\pi a_E}{T_E}\right)^2 \Big/ a_E \tag{5.26}$$

und für das SgrA*-S2 System

$$\frac{GM_\bullet}{a_{S2}^2} = \left(\frac{2\pi a_{S2}}{T_{S2}}\right)^2 \Big/ a_{S2} \tag{5.27}$$

angestellt werden. (Zusatzbemerkung: Beide Formeln, (5.26) und (5.27) sind Beispiele des dritten Keplerschen Gesetzes

$$\frac{a^3}{T^2} = \text{konst.} \tag{5.28}$$

für die Planeten bzw. Sterne, die einen weitaus massiveren Stern umkreisen. Dies trifft sowohl auf die Planeten der Sonne, wie auch auf die Sterne zu, die das schwarze Loch umlaufen.)

Die Masse des schwarzen Loches, $M_\bullet$, erhalten wir, wenn wir den Ausdruck (5.27) durch (5.26) dividieren

$$\frac{M_\bullet}{M_\odot} = \frac{a_{S2}^3}{T_{S2}^2} \cdot \frac{T_E^2}{a_E^3}. \tag{5.29}$$

Wenn wir nun in den Ausdruck (5.29) für $a_{S2} = 5{,}4\,\text{ld}$, für $T_{S2} = 15{,}24\,\text{a}$, für $a_E = 8{,}3\,\text{lm}$ und für $T_E = 1\,\text{a}$ einsetzen, ergibt sich für die Masse des schwarzen Loches

$$M_\bullet \approx 3{,}6 \cdot 10^6 M_\odot. \tag{5.30}$$

Das Zeichen $\approx$ für ungefähr haben wir gewählt, da wir uns nicht die Mühe gemacht haben, die Unsicherheiten genau auszurechnen.

5.4 Determinismus und Deterministisches Chaos

Die Erde und die anderen Planeten bewegen sich auf wohldefinierten *stabilen* Bahnen. Durch die Gravitation stören sich die Planeten gegenseitig. Diese Störung kann man jedoch leicht berechnen. Durch kleine Korrekturen der *stabilen* Bahnen wird die gegenseitige Wechselwirkung der Planeten berücksichtigt. Die mathematische Grundlage zur Berechnung dieser gegenseitigen Wechselwirkungen wurde von *Pierre Simon Laplace (1749–1827)* in seinem Buch *Traité de Méchanique Céleste* gegeben. Aus der Erfahrung, dass man die Bewegung der Planeten exakt berechnen kann, kam man zu der Überzeugung, dass das Universum im Prinzip deterministisch sei. Da die Frage des Determinismus im Universum auch Philosophen beschäftigt hat und noch beschäftigt, wollen wir die Geschichte des Sonnensystems etwas beleuchten.

Die bekannteste klassische Formulierung des physikalischen Determinismus stammt von Laplace: Ein alles erfassender *Weltgeist* – im Folgenden auch *Laplacescher Dämon* genannt –, der die Gegenwart mit allen Details (Ort und Impuls aller Teilchen) kennt, kann die Vergangenheit und Zukunft des Weltgeschehens in allen Einzelheiten beschreiben. In dieser Formulierung nimmt man an, dass der *Laplacesche Dämon* die Koordinaten und Impulse aller Körper unendlich genau kennt. Aus diesen Angaben könnte der

Dämon die zukünftigen Orte und Impulse aller Körper bestimmen und somit wäre die Zukunft deterministisch festgelegt. Heute wird der Determinismus durch das Heisenberg-Unschärfeprinzip prinzipiell ausgeschlossen (Abschnitt 13.3). Es besagt, dass man den Ort und den Impuls eines Teilchens nicht gleichzeitig beliebig genau bestimmen kann. Wir nehmen an, dass auch der *Laplacesche Dämon* das Unschärfeprinzip nicht überlisten kann.

In einem Vielkörpersystem mit periodischen Bewegungen seiner Komponenten kann man die Zukunft und die Vergangenheit berechnen, auch wenn man die Koordinaten und die Impulse nur mit einer endlichen Genauigkeit kennt. Die Genauigkeit der Berechnung ist hierbei mit den gleichen Fehlern behaftet wie die Messfehler, die wir eingegeben haben. Wenn aber das Vielkörpersystem keine periodische Bewegung aufweist, zeigt das System ein chaotisches Verhalten. Mit deterministischem Chaos bezeichnet man das Verhalten des Systems, wenn bei endlichen Anfangsmessfehlern der Koordinaten und Geschwindigkeiten die Fehler der Berechnung mit der Zeit exponentiell ansteigen.

Die Frage ist, warum gerade das Sonnensystem ein durchaus deterministisches Verhalten zeigt. Dieses Verhalten ist jedoch zeitlich begrenzt, aber für menschliche Begriffe trifft es zu.

Die heutige Vorstellung von der Entstehung des Sonnensystems ist, dass das System am Anfang chaotisch war. Nachdem die Sonne entstanden war, bildeten sich aus dem Staub und Gas Planetoiden, die sich anfänglich nur wenig störten und brav um die Sonne kreisten. Im inneren Bereich des Sonnensystems war die Temperatur so hoch, dass Wasser und andere flüchtige Substanzen nicht kondensieren konnten. In diesem Bereich konnten sich nur erdähnliche Planeten ohne flüchtige Substanzen bilden. Im Außenbereich sammelte der heutige Jupiter Wasser und andere flüchtige Substanzen und wurde zu einen Gasriesen mit einer Masse von etwa 300 Erdmassen. Unter dem Einfluss der Gravitation der Sonne und des Jupiters gerieten die Planetoiden in eine chaotische Bewegung. Sie stießen miteinander, verschmolzen oder zerstörten sich. Die meiste Materie endete in der Sonne und im Jupiter oder wurde aus dem Sonnensystem abgestoßen. Die heutigen erdähnlichen Planeten sind verschmolzene Planetoiden, die eine der stabilen Bahnen gefunden haben. Das Sonnensystem ist ein Beispiel dafür, wie aus dem Chaos Ordnung entstehen kann. Nicht nur die Planeten führen ein harmonisches Nebeneinander. Auch das Sonnensystem befindet sich in einer weitgehend staubfreien Oase an der Peripherie der sonst unfreundlichen Milchstraße, die man Lokale Blase nennt.

5.5 Die Masse des Lichts: $E = mc^2$

Als Einstein die berühmte Identität $E = mc^2$ mit seinen Gedankenexperimenten entdeckte, klang sie zunächst ziemlich exotisch. Heute wird sie in fast jedem physikalischen Praktikum anhand verschiedener Experimente vorgeführt. Die Identität $E = mc^2$ ist besonders leicht zu demonstrieren mit der elektromagnetischen Strahlung hoher Energien, z.B. Gammastrahlen. Als Beispiel betrachten wir die Paarerzeugung durch Gammastrahlen (Abb. 5.6).

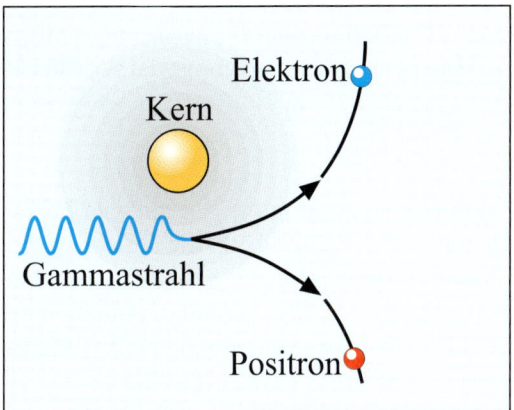

Abb. 5.6 Wenn man eine radioaktive Quelle, die Gammastrahlen ausreichend hoher Energie emittiert, vor eine Metallplatte stellt, dann beobachtet man auf der anderen Seite Elektron-Positron-Paare. Im Coulombfeld des Kerns können Gammastrahlen in Elektron-Positron-Paare umgewandelt werden. Elektron und Positron sind Teilchen und Antiteilchen, sie haben die gleiche Masse aber entgegengesetzte Ladungen. Die des Elektrons ist negativ, die des Positrons positiv. Unsere Materie besteht aus Atomen, positiven Kernen umgeben von negativen Elektronen. Das Positron ist stabil, das bedeutet, dass es, wenn isoliert, nicht zerfällt. Aber in unserer Welt kann es nicht lange überleben. Es wird von negativen Elektronen angezogen und die beiden vernichten sich mit der Emission von Gammastrahlen.

Wenn die Energie der Gammastrahlen größer ist als die doppelte Elektronmasse mal c^2, $E_\gamma > 2m_e c^2$, kann das Photon im Coulombfeld eines Atomkerns ein Elektron-Positron-Paar erzeugen. Die Energie-/Masse-Erhaltung ergibt für die Paarerzeugung folgende Beziehung:

$$E_\gamma = m_{e^-} c^2 + m_{e^+} c^2 + \frac{1}{2} m_{e^-} v_{e^-}^2 + \frac{1}{2} m_{e^+} v_{e^+}^2 , \qquad (5.31)$$

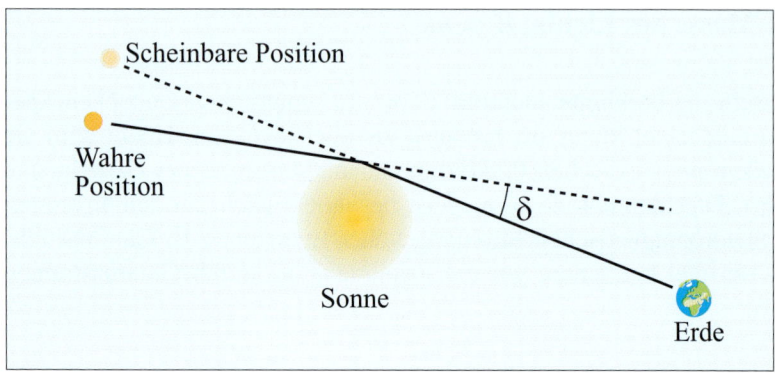

Abb. 5.7 Im Mai 1919 wurde bei einer Sonnenfinsternis die Ablenkung von Licht im Schwerfeld der Sonne beobachtet. Die Einsteinsche Vorhersage des Ablenkwinkels $\alpha = \frac{4GM_\odot}{R_\odot c^2}$ wurde bestätigt.

wobei wir das Elektron mit e^- und das Positron mit e^+ bezeichnet haben. Das Positron ist das Antiteilchen zum Elektron, hat exakt die gleiche Masse aber entgegengesetzte Ladung. Aus dem Photon mit der Energie E_γ wurden also zwei Teilchen mit gleicher Masse, $m_{e^-} = m_{e^+}$, erzeugt. Analog kann man ein freies Positron mit einem Elektron zu zwei energiereichen Photonen annihilieren. Der Grund aus dem wir diese Diskussion hier im Gravitationskapitel anführen, ist die heute mittels astronomischer Beobachtungen vielfach bestätigte Eigenschaft des Lichts, eine schwere Masse zu besitzen. Wenn wir bei unserem Beispiel der Elektron-Positron-Annihilation bleiben, würde die Annihilationsstrahlung genau die schwere Masse besitzen, die der Summe der Massen des Elektrons und des Positrons entspricht. Allgemein gilt für die schwere Masse jeder elektromagnetischen Strahlung der Energie E_γ

$$m = \frac{E_\gamma}{c^2}. \tag{5.32}$$

Wir haben gesehen, dass die Beschleunigung unabhängig von der Masse des Körpers ist, auf den die Gravitation wirkt. Wenn wir die in diesem Kapitel bereits mehrere Male verwendete Beziehung auf das Licht anwenden und annehmen, dass wir die nichtrelativistischen Gleichungen benutzen dürfen, dann ist die Ablenkung des Lichts leicht auszurechnen. Machen wir die Abschätzung für das Licht, das während einer Sonnenfinsternis die Sonne streift, aber ohne die Gravitationsablenkung an der Erde vorbei ginge (Abb. 5.7). Beim Passieren der Sonne wirkt senkrecht auf das Licht die Beschleunigung

5.5 Die Masse des Lichts: $E = mc^2$

$$a_\perp = \frac{GM_\odot}{R_\odot^2}, \quad (5.33)$$

wobei $R_\odot$ den Sonnenradius angibt. Nach Newton kann man die effektive Zeit in einem Gravitationsstoß mit $\Delta t = 2R_\odot/c$ angeben. Leider ist diese Rechnung zu aufwändig, um sie hier nachvollziehen zu können. Das Licht hat nach dem Verlassen des Sonnengravitationsfeldes eine Geschwindigkeitskomponente senkrecht zur ursprünglichen Richtung

$$v_\perp = a_\perp \Delta t = a_\perp \cdot \frac{2R_\odot}{c} = \frac{2GM_\odot}{R_\odot c}. \quad (5.34)$$

Den Ablenkwinkel α erhält man dann, indem man den Ausdruck (5.34) durch die Lichtgeschwindigkeit dividiert:

$$\alpha = \frac{2GM_\odot}{R_\odot c^2}. \quad (5.35)$$

Es stellt sich jedoch heraus, dass der gemessene Wert für die Ablenkung um einen Faktor 2 von dieser Vorhersage abweicht. Auch bei der ersten Einsteinschen Abschätzung hatte der Faktor 2 gefehlt. Nach der Messung des Ablenkwinkels während der Sonnenfinsternis 1919 hat er seine erste Abschätzung korrigiert. Um das richtige Resultat zu erhalten, muss man die Allgemeine Relativitätstheorie anwenden. Im Abschnitt 11.2 werden wir explizit zeigen, dass die Längen in bewegten Systemen kürzer werden und die Zeit langsamer läuft. Ähnlich wirkt die Gravitation auf die Systeme. In Abb. 5.8 versuchen wir das mit zwei Uhren, die sich in verschiedenen Abständen vom Schwarzen Loch befinden, zu veranschaulichen. Die Uhr weit weg vom Schwarzen Loch im schwachen Feld sieht so und tickt so wie die unsere. Die Uhr tief im Gravitationsfeld des Schwarzen Lochs sieht gestaucht aus und tickt langsamer. Das Licht, das sich im starken Feld bewegt, spürt deswegen die Gravitation stärker und länger als nicht relativistisch berechnet. Das richtige Resultat lautet

$$\alpha = \frac{4GM_\odot}{R_\odot c^2}. \quad (5.36)$$

Setzt man in (5.36) die Zahlen der Sonnenmasse, des Radius und der Gravitationskonstante G ein, erhält man für die Ablenkung des Lichtes beim Streifen der Sonne $\alpha = 8,6 \cdot 10^{-6}$ rad.

Ein weiterer Effekt, der zeigt, dass das Licht eine Masse hat und somit in Gravitationsfeldern abgelenkt wird, ist der sogenannte Linseneffekt. Er wird verursacht durch die Gravitation großer Galaxienhaufen, wie in Abb. 5.9 schön zu sehen ist.

5.5.1 Schwarzschildradius und Ereignishorizont

Ein Schwarzes Loch ist ein Objekt, dessen Anziehung so groß ist, dass kein Licht dem Objekt entweichen kann. Das bedeutet, dass die kinetische Energie des Lichts kleiner ist als die potentielle Energie an der Emissionsstelle. Nehmen wir eine Punktmasse M und fragen uns, bei welchem Radius das emittierte Licht die Gravitation der Punktmasse nicht mehr überwinden kann. Dieser Radius wird nach *Karl Schwarzschild* benannt, der ihn 1916 erstmals richtig ausgerechnet hat. Bei der Berechnung der Ablenkung des Lichts im Gravitationsfeld haben wir gesehen, dass die Gravitation um einen Faktor 2 unterschätzt wird, wenn man die Newtonsche Mechanik anwendet. Das wollen wir schon im voraus korrigieren und schreiben unter Verwendung von (5.17) und (5.32)

$$\frac{2GmM_\odot}{R_{\text{Schwarzschild}}} = mc^2, \tag{5.37}$$

woraus für den Schwarzschildradius folgt:

$$R_{\text{Schwarzschild}} = \frac{2GM_\odot}{c^2}. \tag{5.38}$$

Jetzt können wir auch eine Definition des Schwarzen Lochs formulieren: Ein Objekt mit der Masse *M*, dessen Ausdehnung kleiner ist als der Schwarzschildradius, wird Schwarzes Loch genannt. Wenn das Schwarze Loch rotiert, ist die Emissionsgrenze des Lichtes nicht mehr kugelsymmetrisch, son-

Abb. 5.8 Die Uhr, die weit weg vom Schwarzen Loch ist, spürt keinen Einfluss der Gravitation. Die Uhr nahe des Schwarzen Lochs wird gestaucht und läuft langsamer als die erste.

5.5 Die Masse des Lichts: $E = mc^2$

Abb. 5.9 Galaxy Cluster Abel 1689 aufgenommen von Hubble Space Telescope. Im Zentrum der Abbildung ist Galaxienhaufen Abel 1689 zu sehen. Der Haufen wirkt als Gravitationslinse. Zentral hinter dem Haufen befindet sich eine starke Lichtquelle, deren Licht um den Haufen abgelenkt wird und im Bild als helle Flecken zu sehen sind. Da der Haufen nicht perfekt symmetrisch ist, entsteht als Bild kein abgeschlossener Kreis, sondern nur einzelne Teile des Kreises. (Überlassen von NASA, N. Benitez (JHU), T. Broadhurst (The Hebrew University),H. Ford (JHU), M. Clampin (STScI), G. Hartig (STScI), G. Illingworth (UCO/Lick Observatory), The ACS Science Team and ESA).

dern hat die Form eines Ellipsoids. In dem Fall sprechen wir von einem Ereignishorizont, der die Emissionsgrenze eines Schwarzen Lochs angibt.

Kapitel 6
Flüssigkeit und Gas

Trotz des großen Dichteunterschiedes von Flüssigkeiten und Gasen – Flüssigkeiten sind um einen Faktor 1000 dichter als Gase – ist ihr Verhalten recht ähnlich. Das gilt besonders dann, wenn wir uns auf kleine Strömungsgeschwindigkeiten beschränken, da man Gase in diesem Fall als inkompressibel betrachten kann. Deswegen werden wir Flüssigkeiten und Gase in diesem Kapitel gemeinsam behandeln. Die Hydrodynamik und die Aerodynamik in ihrer vollen Komplexität sind bei Weitem zu aufwändig, um sie hier ausführlich behandeln zu können. So werden wir auf die Viskosität nicht explizit eingehen und auch die Turbulenz nur am Rande erwähnen.

6.1 Druck als Folge der Erdanziehung

6.1.1 Wasserdruck

Betrachten wir das Druckverhalten in einem 30 Meter ($h_0 = 30$ m) tiefen See (Abb. 6.1). Der Boden trägt das gesamte Gewicht des über ihm liegenden Wassers. Die auf der Fläche A des Bodens lastende Gewichtskraft entspricht der Masse des Wassers im Volumen $A \cdot h_0$ multipliziert mit der Erdbeschleunigung g. Wenn wir die Dichte von Wasser mit ρ bezeichnen, dann berechnet sich die Gewichtskraft der Wassersäule, die auf die Fläche A drückt, zu

$$F = A \cdot h_0 \cdot \rho \cdot g. \tag{6.1}$$

Da Druck Gewichtskraft pro Fläche ist, lautet das Ergebnis für den Druck auf den Boden

$$P = \frac{F}{A} = h_0 \cdot \rho \cdot g. \tag{6.2}$$

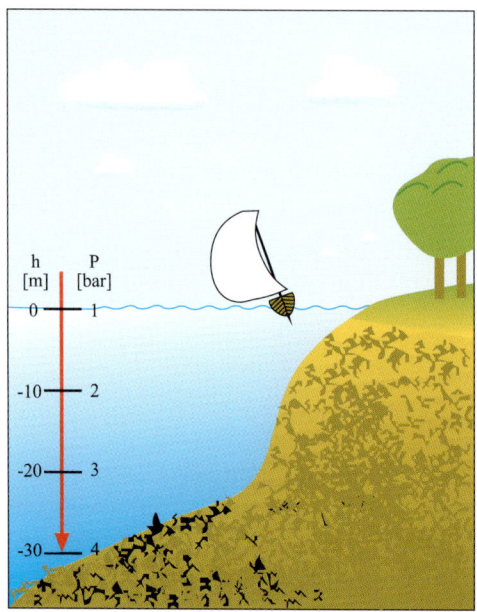

Abb. 6.1 Bis vor kurzem wurde noch der atmosphärische Druck auf dem Meeresspiegel als Druckeinheit verwendet. In SI-Einheiten ist die alte Atmosphäre [atm] bis auf ein Prozent identisch mit der neuen Einheit Bar [bar]. In den heutzutage gängigen SI-Einheiten beträgt der Atmosphärendruck auf dem Meeresspiegel 1,01325 bar oder $1,01325 \cdot 10^5$ Pa (Pascal). Der Druck einer zehn Meter hohen Wassersäule ist ≈ 1 bar und entspricht somit dem atmosphärischen Druck.

Rechnen wir vorerst explizit aus, wie hoch der Druck einen Meter unter der Wasseroberfläche ist. Das Volumen einer ein Meter hohen Säule auf einem Quadratmeter Fläche ist ein Kubikmeter und enthält 1000 Liter Wasser. Ein Liter Wasser hat eine Masse von einem Kilogramm. Die Schwerkraft eines Kubikmeters Wasser ist Masse (1000 kg) mal Erdbeschleunigung $g = 9{,}81 \, \text{m/s}^2$, also $9{,}81 \cdot 10^3$ N. Der Druck einer 1 Meter hohen Wassersäule ergibt dann $9{,}81 \cdot 10^3 \, \text{N/m}^2 \approx 10^4 \, \text{N/m}^2$. Die offizielle Druckeinheit ist Pascal [Pa]:

$$1 \, \text{Pa} = 1 \frac{\text{N}}{\text{m}^2} \,. \tag{6.3}$$

Das Pascal ist eine sehr kleine Einheit und wird daher nicht gerne benutzt. Aber 10^5 Pascal entsprechen ungefähr dem Druck, den die Erdatmosphäre auf die Meeresoberfläche ausübt. Deswegen verwendet man oft die Einheit Bar [bar] anstatt des Pascal. Der Atmosphärendruck beträgt also ≈ 1 bar. Vergleichen wir diesen Wert mit der oben durchgeführten Rechnung, so sieht man, dass 10 Meter Wasser den gleichen Druck erzeugen wie die Erdatmosphäre. Jetzt können wir den Gesamtdruck auf den Boden eines 30 Meter tiefen Sees angeben. Er beträgt 4 bar – 3 bar resultieren aus der Wassersäule und 1 bar aus der Erdatmosphäre.

6.1.2 Barometrische Höhenformel

Die Druckverteilung in der Atmosphäre zu berechnen ist etwas schwieriger. Unter dem Druck wird das Gas komprimiert. Wenn wir dafür sorgen, dass bei der Änderung des Drucks die Gastemperatur konstant bleibt, gilt eine besonders einfache Beziehung zwischen dem Druck und dem Volumen des Gases:

$$p \cdot V = k_1 \implies p = \frac{k_1}{V}. \tag{6.4}$$

Dies ist bekannt als das Gesetz von *Boyle-Mariotte* und wird in Abb. 6.2 veranschaulicht. Das Gesetz von Boyle-Mariotte gilt auch für die Dichte.

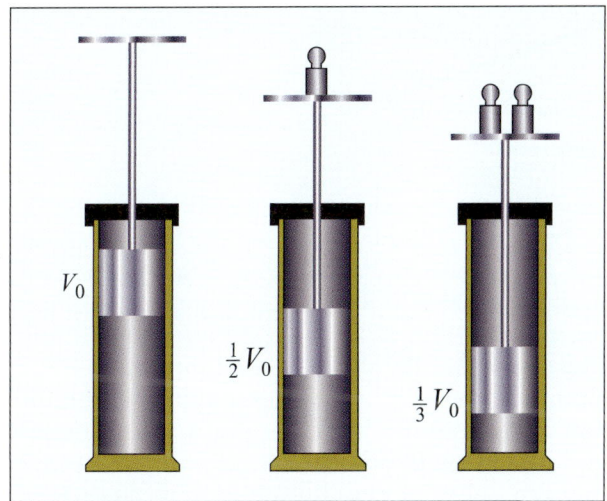

Abb. 6.2 Das Gesetz von Boyle-Mariotte, $p \cdot V =$ konstant, beschreibt das Verhalten von Gasen bei konstanter Temperatur. Die Abbildung zeigt die hyperbolische Abhängigkeit ($p \propto 1/V$) des Drucks vom Volumen bei konstanter Temperatur und konstanter Molekülzahl. Auch ohne zusätzliches Gewicht wirkt der Atmosphärendruck auf den Kolben des Gefäßes. Die Luft wird von diesem Druck auf das Volumen V_0 komprimiert (im Bild *links*). Verdoppeln wir nun den Druck, indem wir ein Gewicht hinzufügen. Dieses Gewicht ist so beschaffen, dass es einen zusätzlichen Druck von 1 atm auf das eingeschlossene Luftvolumen ausübt (Abb. *Mitte*). Wir sehen, dass das Gas auf die Hälfte des ursprünglichen Volumens komprimiert wird. Fügen wir ein weiteres Gewicht gleicher Masse hinzu (im Bild *rechts*), so wird das Volumen dementsprechend auf 1/3 seines Ausgangsvolumens verkleinert.

Bei konstanter Zahl der Moleküle im Volumen ist die Dichte ρ umgekehrt proportional zum Volumen und (6.4) bekommt die Form:

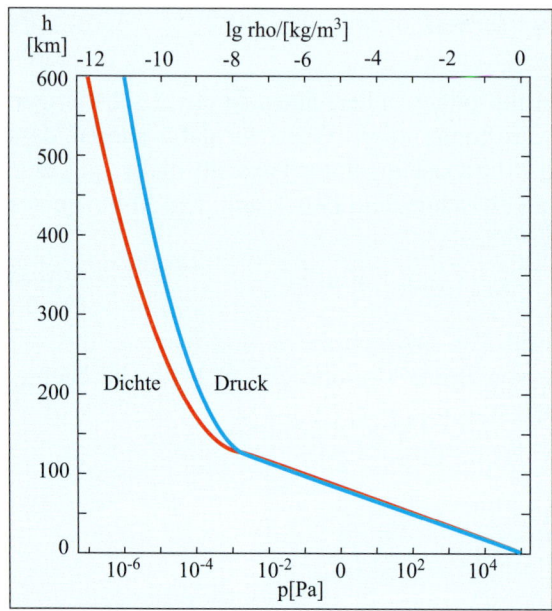

Abb. 6.3 Gemessene Abhängigkeit des atmosphärischen Drucks von der Höhe. Die Höhe ist linear aufgetragen, Druck und Dichte logarithmisch. Die Dichte berechnet sich aus dem Druck mit $\rho = p/k_2$, wobei k_2 die Einheit m^2/s^2 hat. Bis zur Höhe von 100 km ist die Abhängigkeit des Drucks von der Höhe exponentiell und folgt der barometrischen Höhenformel (6.8). Bei Höhen über 100 km setzt eine neue, ebenfalls exponentielle Abhängigkeit ein. Bei diesen Höhen haben wir es mit einer anderen Zusammensetzung der Atmosphäre zu tun – es liegen verstärkt leichte Atome und Ionen vor, womit die molare Masse sinkt. Auch der Temperaturverlauf ändert sich. Da sowohl die molare Masse als auch die Temperatur in die Konstante k_2 der Höhenformel einfließen, ändert sich der Kurvenverlauf ab dieser Höhe. Das Boyle-Mariotte-Gesetz in seiner ursprünglichen Form ist nicht mehr gültig und muss in diesem Bereich modifiziert werden.

$$\frac{p}{\rho} = k_2 ; \quad k_2 = \frac{RT}{M}, \tag{6.5}$$

wobei R die ideale Gaskonstante, T die Temperatur und $M \approx 0{,}02986$ kg/mol die molare Atmosphärenmasse ist. Bezeichnen wir die Höhe mit h und den Druck in dieser Höhe mit $p(h)$. Wenn wir uns um das Wegstück dh nach oben bewegen, dann wird der auf uns wirkende Druck um den Anteil verringert, den die Gewichtskraft der Luftschicht zwischen h und $h + \mathrm{d}h$ beiträgt:

$$\mathrm{d}p = -\rho \cdot g \cdot \mathrm{d}h. \tag{6.6}$$

6.1 Druck als Folge der Erdanziehung

Wenn wir die Dichte ρ durch den Druck (6.5) ersetzen, erhalten wir die Differentialgleichung

$$\frac{dp}{p} = -\frac{1}{h_s} dh \; ; \quad h_s := \frac{k_2}{g}, \tag{6.7}$$

worin die Konstante h_s die Skalenhöhe von ≈ 8 km bezeichnet. Als Lösung von (6.7) ergibt sich durch Integration die barometrische Höhenformel

$$p(h) = p_0 e^{-\frac{h}{h_s}}. \tag{6.8}$$

Aus dieser Formel können wir nun berechnen, dass der Luftdruck auf dem Mount Everest nur knapp ein Drittel des Luftdrucks auf dem Niveau des Meeresspiegels beträgt! Experimentell gewonnene Daten des Luftdrucks sind in Abb. 6.3 dargestellt.

6.1.3 Archimedisches Prinzip

Bestimmt haben wir uns schon als Kinder darüber gewundert, dass Dinge, die wir unter normalen Bedingungen nie tragen könnten, unter Wasser merkwürdig leicht erscheinen. Dies ist in der Tat seltsam, da die Masse von Gegenständen ja unabhängig ist von dem Medium, das sie umgibt. Ob in Luft oder im Wasser – die Masse bleibt gleich, somit ändert sich auch an der nach unten wirkenden Gewichtskraft $m \cdot g$ nichts. Dennoch ist es selbst für ein kleines Kind ein Leichtes, im Schwimmbecken seinen Vater auf den Arm zu nehmen, während dies an Land undenkbar wäre.

Mit derartigen Phänomenen beschäftigte sich bereits vor über 2000 Jahren der griechische Mathematiker Archimedes. Er fand schließlich des Rätsels Lösung – das Gesetz, das uns heute als Archimedisches Prinzip bekannt ist: Die Kraft, die auf einen Körper in einem Medium wirkt, ist gleich der Gewichtskraft des von ihm verdrängten Mediums. Für unser Beispiel bedeutet dies, dass der in Wasser eingetauchte Vater mit seinem Körpervolumen V ein äquivalentes Wasservolumen V verdrängt. Als Konsequenz wird er von der Auftriebskraft nach oben gedrückt, die gleich der Gewichtskraft des von seinem Körper verdrängten Wassers ist. So muss das Kind nur die Differenz zwischen der nach unten gerichteten Gewichtskraft des Vaters und der nach oben gerichteten Auftriebskraft aufbringen, um den Vater tragen zu können – und das ist kein Problem! In Abb. 6.4 ist ein Gasballon dargestellt. Auch hier spielt das Archimedische Prinzip eine zentrale Rolle.

Abb. 6.4 Ein mit Heliumgas gefüllter Ballon. Bei gleichem Druck und gleicher Temperatur haben Heliumgas und Luft gleiches Volumen und gleiche Molekülzahl. Dies gilt zwar streng genommen nur für ideale Gase, aber näherungsweise auch für die Luft bei atmosphärischem Druck. Die Dichten von Heliumgas und Luft unterscheiden sich jedoch gewaltig. Das Heliumgas besteht aus Heliumatomen, die Luftmoleküle hingegen aus N_2 und O_2. Die Heliumatome haben eine Masse von 4 atomaren Einheiten, die zweiatomigen Stickstoff- und Sauerstoffmoleküle dagegen haben Massen von 28 und 32 atomaren Einheiten. Die Dichte des Heliums ist also ≈ 8 mal kleiner als die Dichte der Luft. Der Heliumballon verdrängt mit seinem Volumen also eine größere Masse als seine Eigenmasse und somit bewirkt der Auftrieb eine nach oben gerichtete Nettokraft, die den Ballon schweben oder sogar aufsteigen lässt.

6.2 Strömung nach Bernoulli und Venturi

Wir wenden uns nun der Strömung inkompressibler Flüssigkeiten und Gase zu. Wasser stellt in guter Näherung eine inkompressible Flüssigkeit dar. Aber auch für Gase bei Strömungsgeschwindigkeiten kleiner als die Schallgeschwindigkeit ist dies eine gute Annahme. Das bedeutet, dass Flugzeugbauer bei der Konstruktion von Flugzeugen, die die Schallgeschwindigkeit von ≈ 1000 km/h nicht überschreiten, mit den unten angeführten Formeln auskommen.

Die Strömungen von Flüssigkeiten und Gasen unterliegen den gleichen physikalischen Gesetzen wie die Dynamik der festen Körper. Das bedeutet, dass wir den Energieerhaltungssatz auch auf Flüssigkeiten anwenden können. Da Flüssigkeiten ihre Form an ihre Umgebung anpassen, ist es für die folgenden Überlegungen günstig, die Strömungen durch Röhren verschiedener Querschnitte zu betrachten (Abb. 6.5). Weiterhin nehmen wir an, dass

6.2 Strömung nach Bernoulli und Venturi

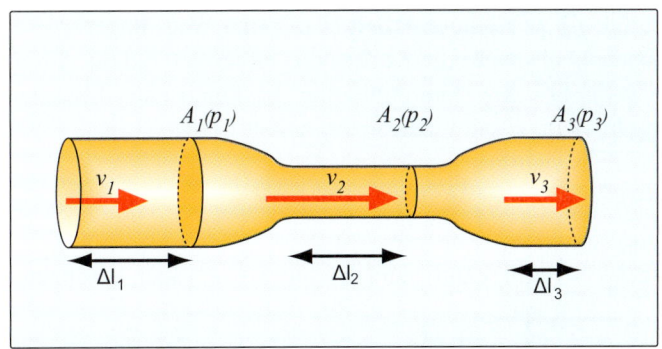

Abb. 6.5 Da Flüssigkeiten und Gase bei Geschwindigkeiten unter der Schallgeschwindigkeit als nicht kompressibel gelten, muss der Durchfluss unabhängig vom Querschnitt sein. Es fließen also pro Zeit die gleichen Volumina durch die Querschnitte, so dass $A_1 \cdot v_1 = A_2 \cdot v_2 = A_3 \cdot v_3$. Als Konsequenz erhöht sich die Fließgeschwindigkeit bei einer Verringerung des Querschnitts. Die Energieerhaltung nach Bernoulli verlangt, dass $p_1 + \rho \cdot v_1^2/2 = p_2 + \rho \cdot v_2^2/2 = p_3 + \rho \cdot v_3^2/2$ (Bernoulli-Gleichung) ist.

die Flüssigkeiten und Gase ideal sind, dass sie also weder innere Reibung (Viskosität), noch Turbulenzen aufweisen. Für inkompressible Flüssigkeiten und Gase gilt die Kontinuitätsbedingung

$$v_1 A_1 = v_2 A_2 = v_3 A_3. \tag{6.9}$$

Unabhängig vom Querschnitt fließt also stets die gleiche Menge an Flüssigkeit durch das Rohr (Abb. 6.5). Diese Entdeckung geht zurück auf *Giovanni Battista Venturi* (18. Jahrhundert) .

Der Energiesatz lautet $E_{\text{tot}} = E_{\text{pot}} + E_{\text{kin}}$. Um ihn auf Flüssigkeiten anwenden zu können, müssen wir ihn umformulieren. Wie wir wissen, ist die kinetische Energie die Hälfte von Masse mal Geschwindigkeit zum Quadrat. Die Masse der Flüssigkeit im Abschnitt A_1 und dem Volumen $A_1 \cdot \Delta l_1$ lässt sich berechnen mit $\rho \cdot A_1 \cdot \Delta l_1$. Die kinetische Energie ergibt sich dann zu

$$E_{\text{kin1}} = \rho \cdot A_1 \cdot \Delta l_1 \cdot \frac{v_1^2}{2}. \tag{6.10}$$

Für die kinetische Energie E_{kin2} im Abschnitt A_2 ergibt sich analog

$$E_{\text{kin2}} = \rho \cdot A_2 \cdot \Delta l_2 \cdot \frac{v_2^2}{2}. \tag{6.11}$$

Die Änderung der kinetischen Energie ist die Folge der von den Drücken p_1 und p_2 geleisteten Arbeiten. Druck ist Kraft pro Fläche. In Abschnitt A_1

beträgt die vom Druck p_1 verrichtete Arbeit (Kraft mal Weg) daher $W_1 = p_1 \cdot A_1 \cdot \Delta l_1$. In Abschnitt A_2 wirkt die Kraft entgegengesetzt und die Arbeit ist somit $W_2 = -p_2 \cdot A_2 \cdot \Delta l_2$. Die Änderung der kinetischen Energien entspricht der vom Druck insgesamt geleisteten Arbeit

$$\rho \cdot A_2 \cdot \Delta l_2 \cdot \frac{v_2^2}{2} - \rho \cdot A_1 \cdot \Delta l_1 \cdot \frac{v_1^2}{2} = p_1 \cdot A_1 \cdot \Delta l_1 - p_2 \cdot A_2 \cdot \Delta l_2. \tag{6.12}$$

Da $A_1 \cdot \Delta l_1 = A_2 \cdot \Delta l_2 = V$ gilt, kann man Gleichung (6.12) auch kompakter schreiben als:

$$\rho \cdot \frac{v_2^2}{2} - \rho \cdot \frac{v_1^2}{2} = p_1 - p_2. \tag{6.13}$$

Dies ist die Bernoulli-Gleichung. Das Verhalten von Flüssigkeiten und Gasen wird durch die Schwerkraft dominant beeinflusst. In dem Fall, dass das Rohr nicht völlig waagrecht verläuft, muss in Gleichung (6.13) noch der von der Erdanziehungskraft bewirkte Schweredruck $\rho \cdot g \cdot h$ berücksichtigt werden. Die Bernoulli-Gleichung erweitert sich dann um eben diesen Term und bekommt die gängige Form

$$p_1 + \rho \cdot g \cdot h_1 + \rho \frac{v^2}{2} = p_2 + \rho \cdot g \cdot h_2 + \rho \frac{v^2}{2}. \tag{6.14}$$

Dieser Zusammenhang zwischen Druck und dem Quadrat der Geschwindigkeit wurde im 18. Jahrhundert von Daniel Bernoulli hergeleitet. In den folgenden beiden Unterkapiteln wollen wir uns zwei Anwendungen der Bernoulli-Gleichung widmen: Dem Blutkreislauf ,der Physik des Fliegens und dem Druckverhalten in einem Hurrikan.

6.2.1 Blutkreislauf

Die Zahlen, die wir im Folgenden ausrechnen werden, sollten nur als grobe Abschätzung verstanden werden. Die Unterschiede zwischen Menschen sind groß und die Bernoulli-Gleichung vernachlässigt zudem die in der Realität vorhandene Reibung des Blutes.

Zunächst wollen wir die mechanische Leistung des Herzens eines durchschnittlichen Menschen abschätzen, der physisch nicht besonders belastet, sondern relativ entspannt ist. Das Herz pumpt jede Sekunde 0,1 Liter $= 0,1 \cdot 10^{-3}$ m³ Blut unter einem Druck von 17 100 Pa (1/6 bar) durch die Aorta. Die Leistung ist dann

$$Leistung = \frac{p \Delta V}{\Delta t} = 17\,100 \cdot 0,1 \cdot 10^{-3} \approx 1,3\,\text{W}. \tag{6.15}$$

6.2 Strömung nach Bernoulli und Venturi

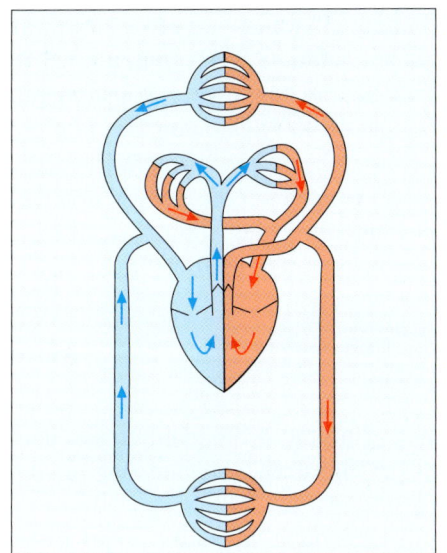

Abb. 6.6 Blutkreislauf: das Herz schlägt 60–80 Mal pro Minute und pumpt dabei 5–6 Liter Blut durch die Aorta, Arterien und Kapillaren. Der Druck, den das Herz beim Zusammenziehen erzeugt und der das Blut durch die Arterien presst, heißt systolischer Druck; er beträgt 130 mmHg. In SI-Einheiten entspricht das $\approx 17\,100$ Pa. Die Aorta hat einen Radius von ≈ 1 cm und die Blutgeschwindigkeit in der Aorta beträgt 0,3 m/s. Die Kapillaren haben Radien von $\approx 4 \times 10^{-4}$ cm und das Blut fließt mit einer Geschwindigkeit von $\approx 5 \cdot 10^{-4}$ m/s.

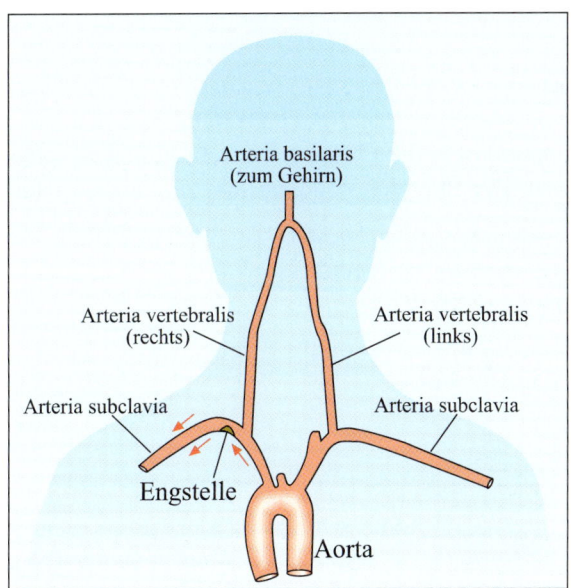

Abb. 6.7 Verengt sich eine Arterie, so fließt an dieser Stelle das Blut schneller als in Abschnitten mit größerem Durchmesser und der Druck nimmt ab. Das kann schwerwiegende Folgen haben, wenn die Verengung wie im Bild gezeigt in der Nähe einer Abzweigung liegt. Befindet sie sich beispielsweise direkt vor der Abzweigung zu der Vertebralis, der Hauptleitung des Blutes zum Gehirn, so wird aufgrund des absinkenden Drucks der Transport durch diese Arterie und somit die Durchblutung des Gehirns vermindert. Dies kann zu einem Schlaganfall führen!

Die mechanische Effizienz des Herzes beträgt allerdings nur etwa 10%, was bedeutet, dass das Herz ≈ 13 W (Energie pro Sekunde) verbrennt, um 1,3 W zu leisten. Die empfohlene Menge an Energie, die man täglich konsumieren sollte, liegt bei 8 000–10 000 kJ. Der Tag hat 86 400 Sekunden, der mittlere Energieverbrauch pro Sekunde unseres Körpers ist daher ≈ 100 W!

Mit Hilfe der Kontinuitätsbedingung (6.9) können wir die Zahl N von Kapillaren im Blutkreislauf berechnen. Der Fluss durch die Aorta $v_{\text{aorta}} \cdot \pi r_{\text{aorta}}^2$ ist gleich dem Fluss in den Kapillaren $N \cdot v_{\text{kap}} \cdot \pi r_{\text{kap}}^2$. Es folgt

$$N = \frac{v_{\text{aorta}} \cdot r_{\text{aorta}}^2}{v_{\text{kap}} \cdot r_{\text{kap}}^2}. \tag{6.16}$$

Wenn wir die Angaben von Radien und Blutgeschwindigkeiten aus dem Bildtext von Abb. 6.6 in Gleichung (6.16) einsetzen, erhalten wir für die Anzahl der Kapillaren $N \approx 4 \cdot 10^9$.

Eine direkte Anwendung der Bernoulli-Gleichung im Blutkreislauf findet man bei einer Verengung der Arterien (Abb 6.7).

6.2.2 Physik des Fliegens

Die Vögel haben ihre Flugtechnik und die Flügel selbst sehr gut an die physikalischen Gesetze angepasst. Der Flug der Vögel besteht zum größten Teil

Abb. 6.8 Schwäne sind ausgezeichnete Segler. Im Bild unten ist das Profil eines Schwanenflügels zu sehen. Der Unterschied in den Luftgeschwindigkeiten oberhalb und unterhalb des Flügels erzeugt eine Nettokraft nach oben. Die leichte Rauigkeit des Flügels aufgrund der Federn sorgt dafür, dass die laminare Strömung der Luft nicht erhalten bleibt.

6.2 Strömung nach Bernoulli und Venturi

aus dem Segelflug und ihre Leistung kann sich durchaus mit der von Segelflugzeugen messen. In Abb. 6.8 ist das Profil eines Schwanenflügels gezeichnet. Die Form des Flügels ist derart beschaffen, dass durch die an ihm vorbeifliegenden Luftmassen ein Auftrieb erzeugt wird. Der Flügel ist an der oberen Seite stärker gekrümmt als an der Unterseite. Außerdem ist er an der Vorderseite abgerundet, während er nach hinten spitz zuläuft. Diese Form führt dazu, dass sich die Luft an der Oberseite schneller vorbeibewegt als an der Unterseite. Hierdurch erniedrigt sich der Druck über und erhöht sich unter dem Flügel. Durch den Unterdruck wird der Flügel nach oben gesogen und durch den Überdruck nach oben geschoben, so dass beide Drücke zu der resultierenden Auftriebskraft beitragen.

Bei der Betrachtung des Auftriebs haben wir stillschweigend angenommen, dass die Luftströmung um den Flügel des Vogels laminar (wirbelfrei) erfolgt. Das wäre jedoch für den Vogel katastrophal. In diesem Fall würden am Flügelende zwei Gebiete unterschiedlichen Drucks aufeinandertreffen. Die Luft aus dem Hochdruckbereich würde in den Tiefdruckbereich strömen und dabei große Wirbel erzeugen. Dies würde einen Widerstand hervorrufen, der zu einer schlagartigen Reduzierung der Fluggeschwindigkeit und damit zu einem Abbruch des Fluges führen würde. Der Vogel würde vom Himmel fallen! Dies passiert dem Vogel jedoch nicht, da die laminare Strömung durch die raue Flügeloberfläche zerstört wird. Der Flügel ist nicht glatt, sondern hat Federn. An ihnen bilden sich kleine Wirbel, die zu einer gleichmäßigen Reibung führen.

Auch auf einen sich im Flug drehenden Ball wirken Kräfte, die auf Über- und Unterdruck zurückzuführen sind (Abb. 6.9). Ein Fußballspieler kann die Fluglinie des Balles entscheidend beeinflussen, indem er dem Ball ein bestimmtes Drehmoment gibt. So kann er bestimmen, ob der Ball besonders weit fliegen oder in einem kurzen, hohen Bogen schon bald wieder auf dem Boden auftreffen soll. Auch Links- und Rechtskurven lassen sich mit einigem Geschick erzeugen.

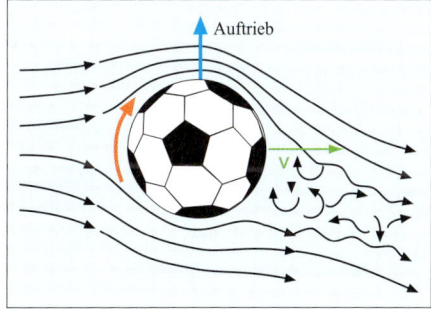

Abb. 6.9 Ein im Flug mit dem Uhrzeigersinn rotierender Fußball nimmt die Luft in der Nähe seiner Oberfläche in Drehrichtung mit. Dies führt zu einer zusätzlichen Geschwindigkeitskomponente, die die Luftgeschwindigkeit an der Oberseite des Balles erhöht und an der Unterseite erniedrigt. Die resultierende Auftriebskraft zeigt in diesem Fall nach oben.

6.2.3 Wind-Druck-Abhängigkeit

Das Wetter ist bekanntlich ein äußerst komplexes Phänomen und trotz großer Bemühungen nur schwer und nicht sehr zuverlässig vorauszusagen. Es handelt sich um ein dissipatives chaotisches System. Als dissipativ bezeichnen wir ein System, in dem Energie in ungeordnete, thermische Molekülbewegung übergeht. Im folgenden Beispiel betrachten wir nur die Beziehung zwischen Druck und Windgeschwindigkeit, so wie die Bernoulli-Gleichung es vorgibt. Die lokalen Winde enstehen durch Temperaturunterschiede zwischen Berg und Tal. Morgens, wenn sich die Luft auf dem Berg schneller erwärmt als im Tal, weht ein schwacher Wind bergauf, abends beobachten wir einen bergab gerichteten Wind.

Global enstehen Luftströmungen durch die Bildung von Bereichen mit hohem atmosphärischem Druck (Antizyklon, Hoch) und von Bereichen mit niedrigem atmosphärischem Druck (Zyklon, Tief). In einem Antizyklon herrscht ein Druck, der bis zu 25 Pa höher ist als der Durchschnittsdruck, in einem Zyklon ist dieser um etwa 25 Pa niedriger als der Durchschnittsdruck. Dementsprechend entstehen Winde von bis zu 10 m/s (40 km/h).

Bei einem Hurrikan treten Geschwindigkeiten auf, die eine ganze Größenordnung höher sind. Die damit verbundenen Druckabfälle sind äußerst stark und sehr gefährlich. Abb. 6.10 zeigt die Fotografie eines Hurrikans. Die typischen Merkmale eines Hurrikans, das Hurrikanauge und der sich um

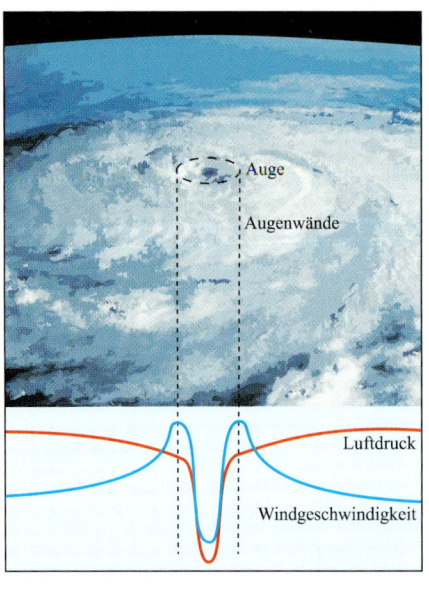

Abb. 6.10 *Oben:* Typisches Bild eines Hurrikans. Hurrikans erreichen Höhen von bis zu 10 km. Auf dem Bild ist das „Hurrikanauge" in der Mitte zu sehen, umgeben von dem Wirbel feuchter Luft. *Unten:* Geschwindigkeits- und Druckprofil des Wirbelsturms in Abhängigkeit von der Entfernung zum Hurrikanauge. Die Bernoulli-Gleichung ist direkt anwendbar, der Druckabfall beträgt $\Delta p = \rho \cdot v^2/2$. Es werden Windgeschwindigkeiten bis zu 250 km/h (das entspricht 60 m/s!) erreicht. Diese großen Geschwindigkeiten erzeugen einen Druckabfall von $\Delta p = 1{,}3 \cdot 60^2/2 \text{ N/m}^2 = 2340 \text{ Pa} \approx 0{,}024$ bar. Hier haben wir für die Luftdichte 1,3 kg/m^3 eingesetzt.

das Auge drehende Wolkenwirbel, sind deutlich zu erkennen. Das Beispiel des Hurrikans ist sehr gut geeignet, um die Beziehung zwischen Druckabfall und Geschwindigkeit mit Hilfe der Bernoulli-Gleichung zu demonstrieren (Abb. 6.10 unten).

6.3 Kohäsion und Adhäsion

Alle Phänomene, die wir bis jetzt besprochen haben, werden von der Gravitation dominiert: Druck und Auftrieb, die durch Dichte und Temperatur der Flüssigkeit und Gase bestimmt sind, gibt es in einem schwerelosen Raum nicht.

Die Kohäsion ist die Anziehung zwischen den Molekülen einer Substanz. Die Bindungskräfte zwischen Molekülen in Feststoffen sind stärker als die in Flüssigkeiten – Flüssigkeiten sind daher verformbar. Die Wirkung von Kohäsionskräften äußert sich in der sogenannten Oberflächenspannung. Sie ist der Grund dafür, dass sich Wasser zu Tropfen formiert. Die Moleküle innerhalb des Tropfens sind umgeben von Nachbarn, so dass die zwischenmolekularen Kräfte in alle Raumrichtungen gleichermaßen wirken. Einem Molekül, das sich außen befindet, fehlen jedoch Nachbarn, was zu einem Kräfteungleichgewicht führt. Hierdurch baut sich an der Oberfläche eine Oberflächenspannung auf. Das Wasser bemüht sich, die energetisch günstigste Form einzunehmen – also eine Form zu finden, bei der die Oberfläche möglichst klein ist: Es bildet eine Kugel, den Wassertropfen.

Eines der schönsten Experimente zur Demonstration der Oberflächenspannung ist bereits in den 80er Jahren von der NASA durchgeführt worden. In einem Flugzeug herrschte für den Moment, in dem vom Aufstieg in den Senkflug gewechselt wurde, für eine Zeitspanne von 30 Sekunden Schwerelosigkeit. Während dieser Zeit konnte man eine Wasserkugel im Raum schwebend beobachten. Im schwerelosen Raum gibt es auch keinen Auftrieb, da sich heiße, dünne bzw. kalte, dichte Luft nicht verdrängen.

Auf eine Flüssigkeit in einem Behälter wirken jedoch noch andere Kräfte: Die Adhäsionskräfte. Sie treten an Grenzflächen zwischen Flüssigkeiten und anderen Medien auf und werden bewirkt durch die Bindungskräfte zwischen den Molekülen der beiden Medien. Abb. 6.11 zeigt die Auswirkung von Adhäsion und Kohäsion anhand der Formen, die Wasser bzw. Öl in einem Glas annehmen.

Adhäsion und Kohäsion führen zu einem Phänomen, das uns aus der Pflanzenwelt bekannt ist: Der Kapillarität. Bringt man eine Kapillare (Röhre) in einen Behälter mit Wasser, so erzeugen Kohäsion und Adhäsion die Oberflächenspannung, die eine nach oben gerichtete Komponente hat (Abb. 6.11). Dadurch steigt das Wasser in der Kapillare an, bis die nach oben gerichtete

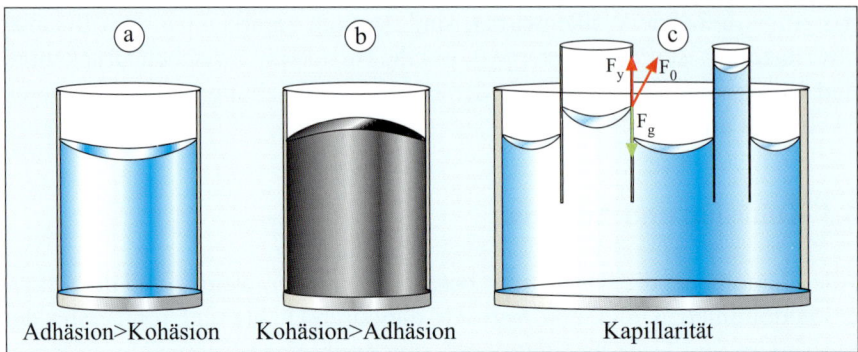

Abb. 6.11 (**a**) Betrachten wir Wasser in einem Glas genauer, so sehen wir, dass sich das Wasser an der Glaswand etwas nach oben wölbt. Dies ist darauf zurückzuführen, dass die Adhäsionskräfte, die die Anhaftung der Wassermoleküle an die Wand bewirken, größer sind als die Kohäsionskräfte, die die Wassermoleküle untereinander zusammenhalten. (**b**) Tauschen wir das Wasser gegen Öl aus, so sehen wir, dass sich die Oberfläche des Öls an den Glaswänden nach unten wölbt, da in diesem Fall die Kohäsionskräfte die Adhäsionskräfte überwiegen. (**c**) Zwei Röhren (Kapillaren) unterschiedlichen Durchmessers werden in einen mit Wasser gefüllten Behälter getaucht. Da die Adhäsion größer ist als die Kohäsion, hat die Oberflächenspannung F_o eine Komponente F_y nach oben. Das Wasser steigt daher in der Röhre (Kapillare) nach oben, bis Kohäsionskraft und Schwerkraft F_g im Gleichgewicht sind. Je dünner die Kapillare, desto höher steigt das Wasser in ihr!

Komponente der Oberflächenspannung von der nach unten gerichteten Gewichtskraft kompensiert wird. Die Adhäsion bindet die Wassermoleküle an die Wand, die Kohäsion bildet die Oberfläche und so halten die beiden Kräfte die Wassersäule entgegen der Schwerkraft im Gleichgewicht.

Wir wollen uns nun mit einem spektakulären Phänomen befassen: Der passiven Versorgung von Pflanzen mit Wasser. Jeder hat sich bestimmt schon gefragt, wie ein über 100 Meter hoher Baum das Wasser bis in seine Krone transportiert. Wasser und Mineralien gelangen durch Osmose (Abschnitt 7.9) in die Wurzeln. Um das Wasser auf 100 Meter Höhe zu befördern, braucht man normalerweise eine Pumpe, die mindestens 10 bar (also einen zehnfachen Erdatmosphärendruck) erzeugt. Ein Baum kann sich solch eine Pumpe allerdings nicht leisten. Der Trick besteht in der Nutzung der zwischen den Wassermolekülen bestehenden Kohäsionskräfte und der Adhäsion des negativ geladenen Sauerstoffatoms an die Zellwand der Xylems, der aus verholzten Zellen bestehenden Wasserzufuhrleitung der Bäume (Abb. 6.12). Die Blätter verdampfen bis zu 90 % des Wassers; nur etwa 10 % wird für die Photosynthese benutzt. Der durch die Verdampfung erzeugte Abfall der Wasserkonzentration in den Blättern zieht das Wasser aus dem Xylem.

6.3 Kohäsion und Adhäsion

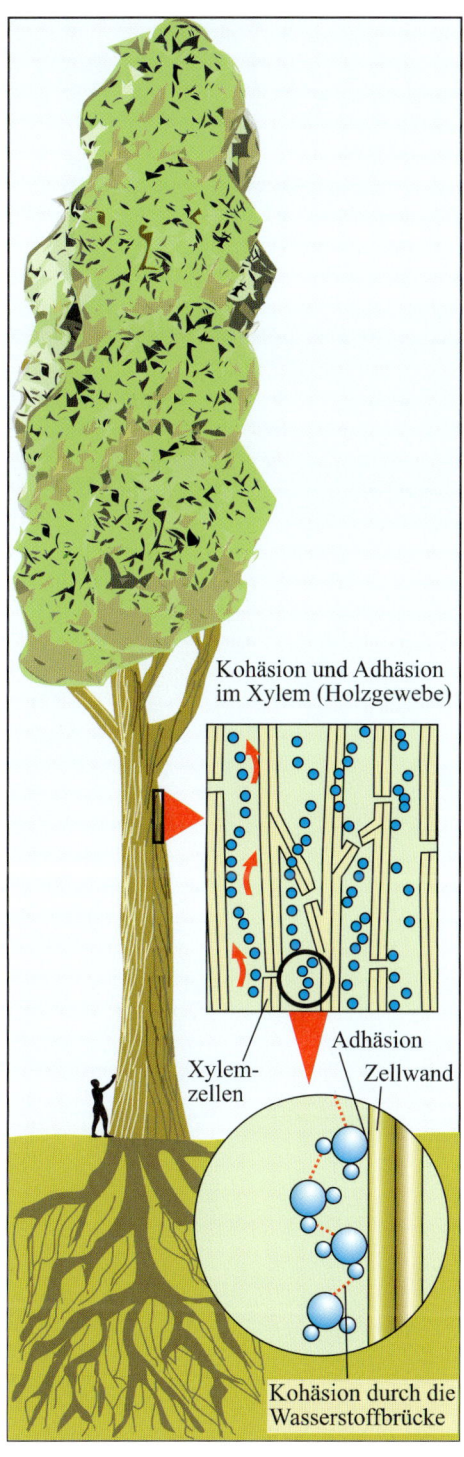

Abb. 6.12 Die Versorgung von Pflanzen mit Wasser und Mineralien findet ausschließlich auf passivem Wege statt. Mit Hilfe von Osmose (Abschnitt 7.9) gelangt das Wasser ins Xylem. Am oberen Ende verdampft ein Großteil des Wassers der Blätter. Nur ein kleiner Teil der Wassermenge wird für die Photosynthese verbraucht. Der Abfall der Wasserkonzentration in den Blättern wird durch die Zufuhr von Wasser aus dem Xylem kompensiert. Die zentrale Frage ist jedoch: Wie überbrückt das Wasser die 100 Meter Höhenunterschied? Die Wasserstoffmoleküle klettern das Xylem entlang. Während sich die negativ geladenen Sauerstoffatome an die Xylemwand haften (Adhäsion), sorgt die Wasserstoffbrückenbindung (Abschnitt 15.2) für die Anziehung der Wassermoleküle dazwischen (Kohäsion). Das Wasser kann trotz der auf es wirkenden Erdanziehung eine beachtliche Höhe emporklettern und selbst die obersten Blätter mit Wasser versorgen!

Kapitel 7
Kinetische Theorie der Wärme

Nach der Entwicklung der Mechanik und der Astronomie im 17. Jahrhundert hat sich das Interesse der damaligen Naturforscher auf die Thermodynamik gerichtet. Nach ihrer Komplexität zu urteilen sollte dieses Kapitel im Grunde besser am Ende eines einführenden Buches über Physik als am Anfang stehen. Wir führen die Grundlagen der Thermodynamik bereits an dieser Stelle ein, da sie essentiell für das Verständnis der heutigen Energie- und Umweltprobleme ist. Die biologischen Systeme funktionieren lediglich in einem sehr kleinen Temperaturbereich, der Mensch sogar nur bei einer Körpertemperatur zwischen 36° und 37° Celsius. Die Umwelt, in der sich das Leben entwickelt, wird durch die physikalischen Prozesse bestimmt.

Die klassische Thermodynamik ist im 18. und 19. Jahrhundert entwickelt worden, in einer Zeit also, in der man noch nichts von Atomen und Molekülen wusste. Damals stellte man sich die Wärme als eine Art Flüssigkeit vor. Dementsprechend ist die klassische Thermodynamik relativ abstrakt und in weiten Teilen mathematisch formal gehalten. Wir verzichten in diesem Buch auf die klassische Thermodynamik und wollen stattdessen so tun, als sei es selbstverständlich, dass die Materie aus Atomen und Molekülen besteht.

7.1 Ideales Gas

Die mechanische oder elektrische Energie, die durch Reibung oder einen elektrischen Widerstand in Wärme umgewandelt wird, findet man in der thermischen Bewegung der Atome bzw. Moleküle wieder. Das wahrscheinlich einfachste Beispiel hierfür ist die thermische Bewegung des Gases. Die Atome bzw. Moleküle bewegen sich frei im Raum. Nur wenn sie in die Nähe anderer Moleküle kommen oder auf Wände stoßen, tauschen sie ihre Energie und ihren Impuls aus. Ein besonders einfacher Spezialfall ist hierbei das ideale Gas. Ein ideales Gas besteht aus Atomen, deren Größe klein ist verglichen mit dem mittleren Abstand zwischen ihnen und deren einzige Wechselwirkung in elastischen Stößen miteinander besteht. Die Edelgase bei niedrigen Drücken können in guter Näherung als ideale Gase betrachtet werden.

Wir bezeichnen im Folgenden die Summe aller kinetischen Energien der N Atome im Volumen V als innere Energie U:

$$U = \sum_{i=1}^{N} \frac{mv_i^2}{2} = N \cdot \int_0^\infty \frac{m \cdot v^2}{2} \cdot W(v) \cdot dv = N \cdot \frac{m\bar{v}^2}{2}. \quad (7.1)$$

Hier haben wir die Summe durch ein Integral über die Geschwindigkeitsverteilung $W(v)$ ersetzt. $W(v) \cdot dv$ ist der Anteil aller Atome mit einer Geschwindigkeit im Intervall $[v, v + dv]$. $\bar{v}^2$ bezeichnet den Mittelwert der quadrierten Geschwindigkeit.

Wir möchten nun die Beziehung zwischen der inneren Energie des Gases und den makroskopischen Größen Druck P und Temperatur T finden.

Um den Druck P der Teilchen auf die Wand auszurechnen, betrachten wir ein kleines Volumen an einem Teil A der Wandoberfläche (Abb. 7.1). Die Moleküle, deren x-Komponente der Geschwindigkeit $v_x > 0$ ist, treffen auf die Wand und übertragen auf sie den doppelten Impuls, $2mv_x$ (Gleichung

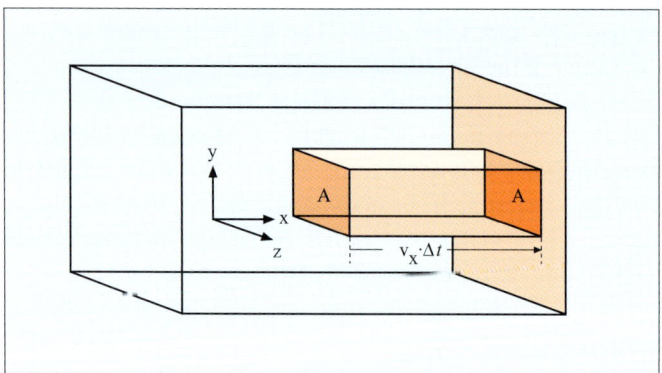

Abb. 7.1 Diese Zeichnung definiert die Größen, die zur Berechnung des Drucks, den die Atome auf die Wand ausüben, verwendet werden. Einfachheitshalber betrachten wir nur die Atome, die sich mit $v_x > 0$ auf die Wand zubewegen. Im Zeitintervall Δt treffen die Fläche A alle Moleküle im Volumen $A \cdot v_x \cdot \Delta t$. Der an die Wand abgegebene Impuls ist jeweils $2mv_x$, da es sich um elastische Stöße handelt. Mit der Teilchenzahldichte N/V ergibt sich für den Impulsübertrag $\Delta p = N/V \cdot 2mv_x \cdot A \cdot v_x \cdot \Delta t$. Die Integration über alle Geschwindigkeiten mit $v_x > 0$ führt zu $\Delta p = N/V \cdot 2/3 \cdot m\bar{v}^2/2 \cdot A \cdot \Delta t$. Die Kraft auf die Wand ist $\Delta p/\Delta t$ und da Druck Kraft pro Fläche ist, berechnet er sich zu $P = \Delta p/(A \cdot \Delta t) = N/V \cdot 2/3 \cdot m\bar{v}^2/2$.

7.1 Ideales Gas

(4.4)), behalten aber ihre Energie (elastischer Stoß). In einem Zeitintervall Δt stoßen alle Atome in dem Volumen $A \cdot v_x \cdot \Delta t$ auf die Wand. Da die Zahl der Atome pro Volumeneinheit N/V ist, ist der auf die Wand übertragene Impuls Δp

$$\Delta p = \frac{N}{V} \cdot 2mv_x \cdot A \cdot v_x \cdot \Delta t = \frac{N}{V} \cdot 4 \cdot \frac{mv_x^2}{2} \cdot A \cdot \Delta t. \quad (7.2)$$

Nun müssen wir noch über alle Geschwindigkeiten v mit $v_x > 0$ integrieren:

$$N \int_{v_x > 0} \frac{mv_x^2}{2} \cdot W(v) \cdot dv = N \frac{1}{2} \cdot \frac{1}{3} \int \frac{mv^2}{2} \cdot W(v) \cdot dv = \frac{N}{6} \frac{m\bar{v}^2}{2} = \frac{1}{6} U. \quad (7.3)$$

Hier haben wir ausgenutzt, dass die Hälfte der Atome die Geschwindigkeit $v_x > 0$ haben. Der Faktor $\frac{1}{3}$ ergibt sich aus $v^2 = v_x^2 + v_y^2 + v_z^2$ und der Tatsache, dass alle drei Richtungen den gleichen Anteil zum Integral beitragen. Jede Raumrichtung stellt einen Freiheitsgrad der Bewegung dar und jeder Freiheitsgrad trägt den gleichen Anteil zur Energie bei.

Für den Impulsübertrag ergibt sich somit

$$\Delta p = \frac{N}{V} \cdot \frac{4}{6} \cdot \frac{m\bar{v}^2}{2} \cdot A \cdot \Delta t = \frac{1}{V} \cdot \frac{2}{3} \cdot U \cdot A \cdot \Delta t. \quad (7.4)$$

Die Kraft auf die Wand ist $\Delta p / \Delta t$ und der Druck P ist definiert als die Kraft pro Fläche:

$$P = \frac{1}{A} \frac{\Delta p}{\Delta t} = \frac{N}{V} \frac{2}{3} \frac{m\bar{v}^2}{2} = \frac{1}{V} \cdot \frac{2}{3} \cdot U. \quad (7.5)$$

Aus (7.5) wird ersichtlich, dass das Produkt $P \cdot V$ direkt proportional ist zu der inneren Energie und somit auch zu der Zahl der Atome bzw. Moleküle N.

Schon im 17. und 18. Jahrhundert wurden für (ideale) Gase die Gesetze von Boyle-Mariotte ($P \propto 1/V$ bei T = konst.) und Gay-Lussac ($P \propto T$ bei V = konst.) experimentell gefunden. Diese führten auf die Beziehung

$$P \cdot V = n \cdot R \cdot T. \quad (7.6)$$

Gleichung (7.6) ist die Zustandsgleichung für ideale Gase. Die Konstante R ist so definiert, dass sie für $6{,}022 \cdot 10^{23}$ Moleküle gilt. Die Menge von Materie, die diese Anzahl von Atomen bzw. Molekülen enthält, nennen wir ein Mol. n ist die Stoffmenge, also die Anzahl an Molen im Volumen V.

Der italienische Physiker *Amadeo Avogadro* erkannte bereits 1811, dass die Zahl der Atome verschiedener Edelgase im gleichen Volumen bei gleichem Druck und gleicher Temperatur eine Konstante ist. Ihm zu Ehren nennen wir die Zahl der Moleküle in einem Mol

$$N_a = 6{,}022 \cdot 10^{23} \text{mol}^{-1} \quad (7.7)$$

die Avogadrozahl. Die Avogadrozahl ist so definiert, dass die Masse eines Wasserstoffatoms mit der Avogadrozahl multipliziert gerade 1 Gramm ergibt. Da das Wasserstoffgas aus Molekülen mit zwei Atomen besteht, hat ein Mol Wasserstoffgas eine Masse von zwei Gramm. Im Allgemeinen hat ein Mol einer Substanz eine Masse von Molekülmassenzahl Gramm, wobei die Molekülmassenzahl für die Summe der Atommassen steht. So hat beispielsweise das Sauerstoffgas (O_2) eine Masse von $2 \cdot 16 = 32$ Gramm.

Vergleichen wir die mikroskopische Definition des Drucks P (7.5) mit der makroskopischen Definition (7.6) für ein Mol Gas, so erhalten wir

$$N_a \cdot \frac{2}{3} \cdot \frac{m\bar{v}^2}{2} = R \cdot T. \qquad (7.8)$$

Die Temperatur T wird in Kelvin (K) gemessen. $T = 0$ entspricht dem tiefsten möglichen Zustand (absoluter Nullpunkt), bei dem alle Bewegungen zum Stillstand kommen:

$$\frac{m\bar{v}^2}{2} \equiv 0. \qquad (7.9)$$

Der Schmelzpunkt von Eis (0 °C) entspricht der Temperatur $T = 273{,}15$ K und der Siedepunkt des Wassers (100 °C) der Temperatur $T = 373{,}15$ K. Die in (7.8) eingeführte Konstante R nennt man die Gaskonstante. Sie hat den Wert

$$R = 8{,}31 \frac{\text{J}}{\text{K} \cdot \text{mol}}. \qquad (7.10)$$

Wir werden uns vorwiegend für den Zusammenhang zwischen der mittleren kinetischen Energie der Translation und der Temperatur interessieren:

$$\frac{U}{N_a} = \frac{m\bar{v}^2}{2} = \frac{3}{2} \cdot \frac{R}{N_a} \cdot T = \frac{3}{2} \cdot kT = \frac{f}{2} \cdot kT. \qquad (7.11)$$

Der Faktor $f = 3$ steht für die Zahl an Freiheitsgraden (siehe Gleichung 7.3).

Die Konstante k nennt man Boltzmannkonstante, nach dem österreichischen Physiker Ludwig Boltzmann. Boltzmann war es, der die kinetische Theorie der Wärme neu aufstellte und die Statistische Mechanik und mit ihr die Konstante k einführte. Die Größe von k kann man aus R und N_a selbst ausrechnen. Wir werden sie aber in dieser Form nie benutzen, da die Energieeinheit Joule in der atomaren Welt aufgrund ihrer Größe ungeeignet ist. In der Molekül-, Atom-, Kern- und Teilchenphysik benutzt man als Energieeinheit das Elektronvolt [eV]. Diese Energieeinheit ist 19 Größenordnungen kleiner als die Einheit Joule: $1 \, \text{eV} = 1{,}6 \cdot 10^{-19}$ J.

Im Grunde genommen ist es eine Schande, dass man für Atome und andere noch kompaktere Systeme eine so krumme Einheit wie das Elektronenvolt benutzt. Angebrachter wäre selbstverständlich eine Einheit, die kompatibel mit dem SI-System ist, wie z.B. 10^{-20} J. Aber das Elektronenvolt ist so allgemein akzeptiert und in Gebrauch, dass für eine Rückkehr zum SI-System ein Konsens von Physikern vieler verschiedener Gebiete nötig wäre – und dies erscheint unter den gegebenen Umständen kaum möglich.

Die Moleküle eines Gases bei einer Temperatur von 11 605 K haben die mittlere Energie von einem eV. Bei Zimmertemperatur (20 °C) beträgt die mittlere kinetische Energie der Gasmoleküle 25 meV (milli-Elektronenvolt).

7.2 Reales Gas

In der Realität verhalten sich die meisten Gase nicht wie ideale Gase – sie sind nicht punktförmig, sondern haben eine Ausdehnung und wechselwirken nicht nur über elastische Stöße miteinander. Deswegen ist es eindrucksvoll, dass bereits eine kleine Korrektur der Zustandsgleichung für ideale Gase (7.6) ausreichend ist, um die wesentlichen Eigenschaften der realen Gase treffend wiederzugeben.

Wenn die Moleküle in die Nähe der anderen kommen, spüren sie eine Anziehung, die zu einer Erhöhung der Häufigkeit der Stöße und der dabei wirkenden Kräfte führt. Daher macht sich die Wechselwirkung zwischen den Molekülen in einer zusätzlichen Druckkomponente, dem sogenannten Binnendruck, bemerkbar. Der Druck muss also um eben diese Komponente erweitert werden

$$P \to \left(P + \frac{a}{V^2}\right). \tag{7.12}$$

Das Volumen V ist zu r^3 proportional, was bedeutet, dass die Wechselwirkung zwischen Molekülen sehr steil, nämlich mit $(1/r)^6$ bei kleinen Radien zunimmt. Die zweite Korrektur berücksichtigt die Tatsache, dass die Moleküle eine endliche Ausdehnung haben und sich somit das spezifische Volumen, in dem sich die Teilchen bewegen können, um das Eigenvolumen b verringert. Für das Volumen V können wir daher schreiben

$$V \to (V - b). \tag{7.13}$$

Wenn wir die beiden Korrekturen in die Zustandsgleichung für ideale Gase einfügen, erhalten wir die sogenannte Van-der-Waals-Gleichung für reale Gase

$$P \cdot V = R \cdot T \to \left(P + \frac{a}{V^2}\right) \cdot (V - b) = R \cdot T. \tag{7.14}$$

Abb. 7.2 zeigt das Verhältnis von Druck und Volumen realer Gase bei konstanten Temperaturen. Die Linien gleicher Temperatur nennt man auch Isothermen.

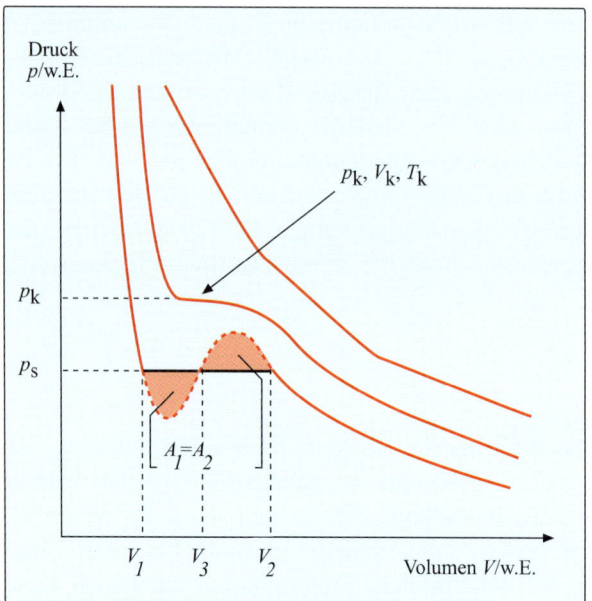

Abb. 7.2 Isothermen im pV-Diagramm gemäß der Van-der-Waals-Gleichung. Die Gleichung beschreibt exzellent den Übergang einer Flüssigkeit in die Gasphase. Gezeigt ist der Verlauf von Isothermen (bei der Messung halten wir die Temperatur konstant!) im pV-Diagramm von Wasser. Bei Temperaturen oberhalb der sogenannten kritischen Temperatur $T_k = 374\,°C$ ($p_k = 221$ bar) kann man Wasser nicht verflüssigen (oberste Kurve im Bild), egal wie hoch der angewandte Druck ist. Unterhalb der kritischen Temperatur (unterste Kurve im Bild) ist Wasser bei kleinem Druck $p < p_S$ und großem Volumen $V > V_2$ gasförmig. Komprimiert man den Wasserdampf, so steigt der Druck bis zu dem Punkt $p = p_S$ und $V = V_2$ an. Danach kondensiert der Dampf, d.h. eine weitere Kompression fürt zu keiner Druckerhöhung (schwarzer Teil der Kurve), bis alles Wasser bei $V = V_1$ kondensiert ist. Eine weitere Komprimierung führt dann zu einem schnellen Druckanstieg ($V < V_1$). Die Van-der-Waals-Gleichung ergibt den gestrichelten Verlauf. Die Werte V_1 und V_2 ergeben sich aus der Bedingung, dass die Flächen A_1 und A_2 gleich groß sein müssen.

7.3 Maxwellsche Geschwindigkeitsverteilung

Die Geschwindigkeitsverteilung von Gasmolekülen kann man sowohl experimentell vermessen als auch theoretisch herleiten. Wir verzichten jedoch auf beides und zeigen in Abb. 7.3 lediglich die Verteilung für Heliumgas bei einigen ausgewählten Temperaturen. Diese vier Temperaturen sind $T = 100$ K ($T_C = -173\,°C$), $T = 293$ K (Zimmertemperatur $T_C = 20\,°C$), $T = 1000$ K und $T = 6000$ K (Temperatur an der Sonnenoberfläche). Bei der Tem-

7.3 Maxwellsche Geschwindigkeitsverteilung

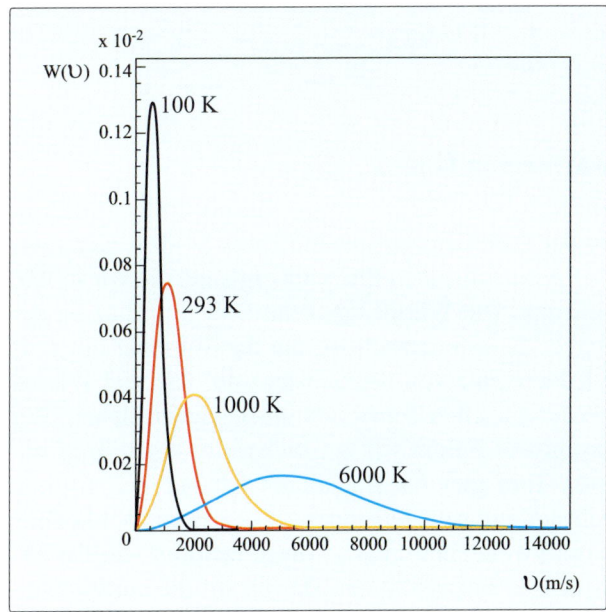

Abb. 7.3 Zu sehen sind die Verteilungen der Atomgeschwindigkeiten im Heliumgas bei $T = 100$ K, bei Zimmertemperatur, bei $T = 1000$ K und bei der Oberflächentemperatur der Sonne ($T = 6000$ K). Wir haben Helium gewählt, da es über den gesamten Temperaturbereich hinweg als Gas existiert. Helium wurde erstmalig in Spektren der Sonnenoberfläche entdeckt, weswegen sich der Name vom griechischen Wort *Helios* (Ἥλιος = Sonne) ableitet. Aus der Abbildung wird deutlich, dass sich die Geschwindigkeitsverteilung bei höheren Temperaturen verbreitert und sich die wahrscheinlichste Geschwindigkeit (der Maximalwert der Kurve) gleichzeitig zu höheren Werten verschiebt. Da die Maxwellsche Geschwindigkeitsverteilung $W(v)dv \propto \exp(-v^2)$ ist, ist der Anteil der Atome mit großen Geschwindigkeiten geringer als der mit kleinen Geschwindigkeiten.

peratur $T_C = -173\,°C$ sind nur noch leichte Gase nicht flüssig. Die Temperatur der Sonnenoberfläche bestimmt das Energiespektrum der emittierten elektromagnetischen Strahlung. Die Kurven wurden mit Hilfe der Formel der Maxwellschen Geschwindigkeitsverteilung gewonnen:

$$W(v)dv = \sqrt{\frac{2}{\pi}} \left(\frac{m}{kT}\right)^{3/2} v^2 \exp\left(-\frac{mv^2}{2kT}\right) dv\,. \tag{7.15}$$

Die Formel (7.15) gibt die Wahrscheinlichkeit an, ein Atom mit der Geschwindigkeit v im Intervall $[v, v + dv]$ zu finden. Die Wahrscheinlichkeit, die Atome im gesamten Geschwindigkeitsbereich zu finden, ist 1:

$$\int_0^\infty W(v)\mathrm{d}v = 1\,. \tag{7.16}$$

7.4 Spezifische Molwärme von Gasen

Wie wir wissen, steigt in der Regel die Temperatur eines Stoffes, wenn wir ihm Wärme zuführen. Die Ausnahme sind Phasenübergänge, die wir in Abschnitt 7.7 besprechen werden. Die Wärmekapazität einer Substanz ist definiert als die Wärmemenge, die erforderlich ist, um die Substanz um 1 °C zu erwärmen. Es hängt jedoch ganz von der Substanz ab, wie viel Wärme wir zuführen müssen, um den gleichen Temperaturanstieg zu erreichen. Wir können dies leicht ausprobieren: Füllen wir beispielsweise einen Topf mit Wasser und einen anderen Topf gleicher Bauart mit Öl und stellen diese bei gleicher Temperatureinstellung nebeneinander auf den Herd. Wir können feststellen, dass das Wasser zweieinhalb mal so lange benötigt wie das Öl, bis es eine Temperatur von 100 °C erreicht hat. Das ist auf die unterschiedlichen spezifischen Wärmen (Wärmekapazität pro kg Masse der Substanz) zurückzuführen. Die spezifische Wärme von Wasser ist nämlich um einen Faktor 2,5 höher als die von Öl. Mit anderen Worten: Das Wasser kann bei gleicher Temperatur mehr Wärme speichern als das Öl.

Im Folgenden wollen wir uns mit spezifischen Molwärmen (auch: *molaren Wärmekapazitäten*) befassen. Die spezifische Molwärme ist die Wärmekapazität pro Mol einer Substanz mit den Einheiten J/(mol · K).

7.4.1 Spezifische Molwärme bei konstantem Volumen c_V

Die spezifische Wärme eines idealen Gases bei konstantem Volumen ist einfach zu bestimmen. Die innere Energie eines idealen Gases ist (Gleichung 7.11)

$$U = N \cdot \frac{3}{2} \cdot kT \tag{7.17}$$

und um ein Mol eines idealen Gases bei konstantem Volumen um ein Grad ($\Delta T = 1$) zu erwärmen, benötigt man die spezifische Molwärme

$$c_V = N_a \frac{3}{2} k = \frac{3}{2} R\,. \tag{7.18}$$

Die Edelgase haben in der Tat eine spezifische Molwärme von $c_V = 3/2\,R$. Wie wir im letzten Abschnitt gesehen haben, ist thermische Energie mikroskopisch gesehen nichts anderes als Teilchenbewegung – je höher die

7.4 Spezifische Molwärme von Gasen

Temperatur eines Stoffes ist, desto schneller bewegen sich die Atome. Da die Bewegungen in allen drei Raumrichtungen x, y, z gleichermaßen zu der kinetischen Translationsenergie beitragen, ist der Beitrag pro Freiheitsgrad $1/2\,kT$. Dies ist die Aussage des sogenannten Gleichverteilungssatzes: Im Gleichgewicht entfällt auf jeden Freiheitsgrad eine mittlere Energie von $1/2\,kT$ pro Teilchen bzw. $1/2\,RT$ pro Mol.

Interessanter ist der Verlauf der spezifischen Molwärme von mehratomigen Molekülen, da sie um die Molekülachsen rotieren bzw. gegeneinander schwingen können. Betrachten wir zunächst Wasserstoffgas H_2 (Abb. 7.4). Bei niedrigen Temperaturen hat die spezifische Molwärme den gleichen Wert wie für Edelgase. Bereits bei $T = 150$ K erreicht sie jedoch einen Wert von $c_V = 5/2\,R$. Offensichtlich wird oberhalb von 150 K Energie nicht nur in Form von Translationsenergie gespeichert, sondern auch in anderen Freiheitsgraden wie Rotationen oder Vibrationen.

Sowohl der Abstand zwischen den Wasserstoffatomen im Molekül ist bekannt, als auch die Masse des Wasserstoffatoms. Damit ist es ein Leichtes, das Trägheitsmoment zu berechnen und man erkennt, dass die Anregung der Rotation entspricht. Es stellt sich jedoch die Frage, warum die spezifische Molwärme gerade um R ansteigt und nicht um $3/2\,R$. Im Gegensatz zur Translation, bei der sich die Moleküle in drei Richtungen bewegen können, kann ein zweiatomiges Molekül nur um die zwei Achsen senkrecht zur Molekülachse rotieren. Die Rotation um die dritte Achse, die Verbindungs-

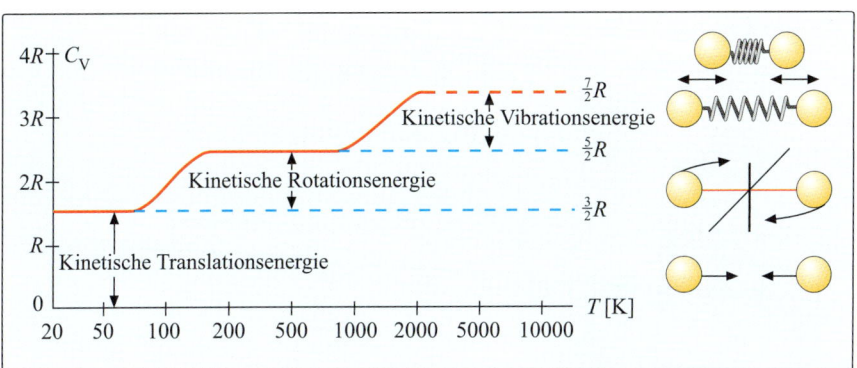

Abb. 7.4 Die spezifische Molwärme von Wasserstoffgas H_2. Bei den Temperaturen unter 100 K beträgt die spezifische Molwärme $3/2\,R$. Weder die Rotationszustände noch die Vibrationszustände sind angeregt. Oberhalb von 150 K werden auch die Rotationszustände angeregt. Das bedeutet, dass der niedrigste Rotationszustand eine Energie von $kT \approx 10$ meV hat. Die spezifische Molwärme hat den Wert $5/2\,R$. Erst bei Temperaturen über 2000 K werden auch die Vibrationszustände angeregt und die spezifische Molwärme steigt auf $7/2\,R$.

achse der beiden Atome, ist nicht möglich. Das zweiatomige Molekül ist um die Verbindungsachse axialsymmetrisch und die Rotation eines solchen Moleküls um seine Verbindungsachse ist im Prinzip nicht messbar. Bei einem klassischen Kreisel ist das anders: Man kann eine Markierung auftragen und die Rotation mit Hilfe dieser Markierung messen, ohne dabei die Axialsymmetrie zu brechen. Bei den Quantensystemen gibt es keine Markierung, die die Symmetrie nicht zerstören würde. Wir gehen stets von dem positivistischen Standpunkt aus: Was man nicht messen kann, gibt es nicht!

7.4.2 Spezifische Molwärme bei konstantem Druck c_p

Bei der Erwärmung bei konstantem Druck muss neben der Energie, die für die Erhöhung der inneren Energie des Gases notwendig ist, auch Arbeit vom Gas gegen den Außendruck geleistet werden (Abb. 7.5). Die geleistete Arbeit W ist Kraft mal Weg und die Kraft berechnet sich aus Druck mal Fläche ($F = P \cdot A$). Für einen kleinen Weg Δx ergibt sich somit

$$W = F \cdot \Delta x = P \cdot A \cdot \Delta x = P \cdot \Delta V . \qquad (7.19)$$

Aufgrund der Gasgleichung (7.6) ist bei konstantem Druck $\Delta V = V \cdot \Delta T / T$ und somit

$$W = P \cdot \Delta V = P \cdot V \cdot \frac{\Delta T}{T} = n \cdot R \cdot \Delta T . \qquad (7.20)$$

Im letzten Schritt haben wir wieder (7.6) benutzt. Die Arbeit ist somit unabhängig vom Druck und bei der Erwärmung von einem Mol um ein Grad

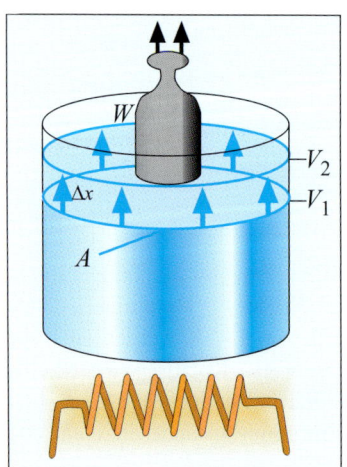

Abb. 7.5 Temperaturänderung bei konstantem Druck P. Beim Erwärmen um ein Grad leistet das Gas die Arbeit $W = P \cdot \Delta V$ gegen den Außendruck. Diese Arbeit ist unabhängig vom Druck immer R.

muss die Arbeit $W = R$ verrichtet werden. Somit folgt für die spezifische Wärme bei konstantem Druck

$$c_p = c_V + R \,. \tag{7.21}$$

7.5 Spezifische Molwärmen kristalliner Substanzen

In einem Kristall schwingen die Atome in drei Richtungen. In jeder Richtung speichert der harmonische Oszillator $1/2\,kT$ in kinetische und $1/2\,kT$ in potentielle Energie. Deswegen wird für jede Richtung eine Energie von kT benötigt, für drei Richtungen demnach $3\,kT$. Daraus ergibt sich nach dem Gleichverteilungssatz eine Anzahl von $f = 6$ Freiheitsgraden. Auf ein Mol entfällt also die Energie von $3\,RT$ und die spezifische Molwärme ist dann $3\,R$. Die Dulong-Petit-Regel besagt, dass dieser Wert der spezifischen

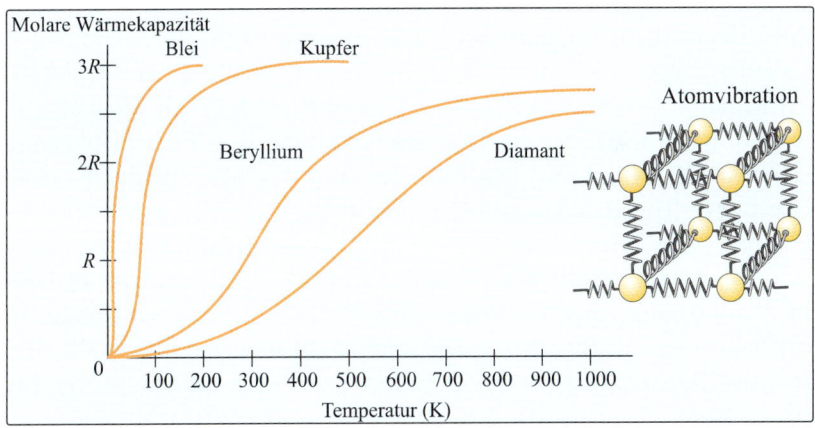

Abb. 7.6 Spezifische Molwärmen kristalliner Substanzen. In einem Kristall schwingen die Atome in drei Richtungen. In jeder Richtung speichert der harmonische Oszillator $1/2\,kT$ als kinetische und $1/2\,kT$ als potentielle Energie. Deswegen wird für jede Richtung kT benötigt, für drei Richtungen $3\,kT$ ($f = 6$). Die spezifische Molwärme ist dann $3\,R$. Diesen Wert, der laut der Dulong-Petit-Regel für alle Festkörper konstant ist, erreichen die Kristalle erst ab bestimmten Temperaturen. Diese Grenztemperaturen sind die Debye-Temperaturen, bei denen die thermische Energie ausreicht, um die Atome zum Oszillieren anzuregen. Die Anregungsenergie der Kohlenstoffatome in Diamant ist von allen Kristallen die größte. Das liegt daran, dass die interatomare Bindung (kovalente Bindung) sehr steif ist und die Kohlenstoffatome zu den leichtesten Atomen gehören, die monoatomare Kristalle bilden. Blei ist das andere Extrem. Die metallische Bindung ist weich und die Bleiatome sind 20 mal schwerer als Kohlenstoffatome.

Molwärme für alle Festkörper ungefähr gleich ist und dem dreifachen Wert der Gaskonstante R entspricht. Diesen Wert der spezifischen Molwärme erreichen die Kristalle jedoch erst bei einer bestimmten Grenztemperatur, der sogenannten Debye-Temperatur Θ_D. Bei sehr niedrigen Temperaturen geht die Wärmekapazität gegen Null. Erst wenn die Debye-Temperatur erreicht ist, ist genügend thermische Energie vorhanden, um die Atome zum Oszillieren anzuregen (Abb. 7.6). Das bedeutet, dass die thermische Energie der Atome in Kristallen gleich der Anregungsenergie des harmonischen Oszillators ist:

$$k\Theta_D = \hbar\omega. \tag{7.22}$$

7.6 Spezifische Molwärme von Flüssigkeiten

Es ist nicht schwer zu erraten, dass die spezifische Molwärme von flüssigem Helium, einer einatomigen Flüssigkeit, wie bei den Edelgasen $c_V = 3/2\,R$ ist. Bei mehratomigen Flüssigkeiten ist es aber nicht so einfach, ihre spezifischen Molwärmen vorauszusagen. Die meisten Werte für mehratomige Flüssigkeiten liegen zwischen $c_V = 5/2\,R$ (entsprechend der Translation und Rotation der Moleküle) und $c_V = 9\,R$ im Fall von Wasser. Ein Mol Wasser hat eine Masse von 18 g und besitzt die spezifische Molwärme $c_V = 9\,R \approx 75\,\mathrm{J/(mol \cdot K)}$. Das bedeutet, dass das Wassermolekül neben der kinetischen Translations- und Rotationsenergie noch weitere Freiheitsgrade haben muss, die mit $13/2\,R$ zur spezifischen Molwärme beitragen. Der wesentliche Grund für diesen hohen Wert ist die sogenannte Wasserstoffbrückenbindung zwischen Wasserstoffmolekülen, die wir in Kapitel 15 behandeln werden. Diese hohe spezifische Molwärme ist eine der Eigenschaften des Wassers, die für die Erde und das Leben auf ihr von großer Bedeutung ist.

Damit wir uns eine Vorstellung davon machen können, was diese überaus hohe spezifische Molwärme des Wassers in der Praxis bedeutet, wollen wir an dieser Stelle ein kleines Beispiel rechnen. Stellen wir uns ein Schwimmbecken der Abmessung (25 m × 10 m × 2 m) vor. Wieviel Energie bräuchten wir, um die Temperatur dieses Beckens um ein Grad zu erhöhen? Die molare Wärmekapazität von Wasser beträgt wie oben erwähnt 75 J/(mol·K) und da ein Mol Wasser eine Masse von 18 g hat, entspricht ein Liter Wasser (= 1 kg) 55,6 Mol. Das Schwimmbad hat ein Volumen von 500 m³, es sind also 500 000 Liter im Becken enthalten. Somit erhalten wir für die Wärmekapazität des gesamten Schwimmbeckens

$$500\,000\,\mathrm{l} \cdot 55{,}6\,\frac{\mathrm{mol}}{\mathrm{l}} \cdot 75\,\frac{\mathrm{J}}{\mathrm{mol \cdot K}} \approx 2 \cdot 10^9\,\frac{\mathrm{J}}{\mathrm{K}}. \tag{7.23}$$

Um die Temperatur des Schwimmbeckens um 1°C zu erhöhen, werden also ungefähr 2 Gigajoule gebraucht. Eine normale Glühbirne hat eine Leistung von 100 W, benötigt also 100 Joule, um eine Sekunde lang zu brennen. Mit der Energie, die wir bräuchten, um die Temperatur des Schwimmbades um 1 Grad zu erhöhen, könnten wir die Glühbirne also $(2 \cdot 10^9 / 100)$ s $= 2 \cdot 10^7$ s betreiben. Das sind beinahe acht Monate!

7.7 Phasenübergänge

Wie bereits erwähnt, weist Wasser durchaus von üblichen Flüssigkeiten abweichende Eigenschaften auf, die man „Anomalie des Wassers" nennt. Aber auch Eis und Wasserdampf weichen in ihren Eigenschaften ab von normalen Festkörpern und Gasen. Da Wasser für das Leben die wichtigste aller Flüssigkeiten ist, wollen wir uns nun verstärkt mit den Phasenübergängen des Wassers auseinandersetzen. In Abb. 7.7 ist die Wassertemperatur gegen die zugeführte Wärme aufgetragen. Wie man sehen kann, bleibt die Temperatur während der Phasenübergänge trotz steigender Wärmemenge konstant!

Abb. 7.8 zeigt das Phasendiagramm von Wasser. Der Punkt O in der Abbildung wird als Tripelpunkt bezeichnet; an diesem Punkt sind alle drei Pha-

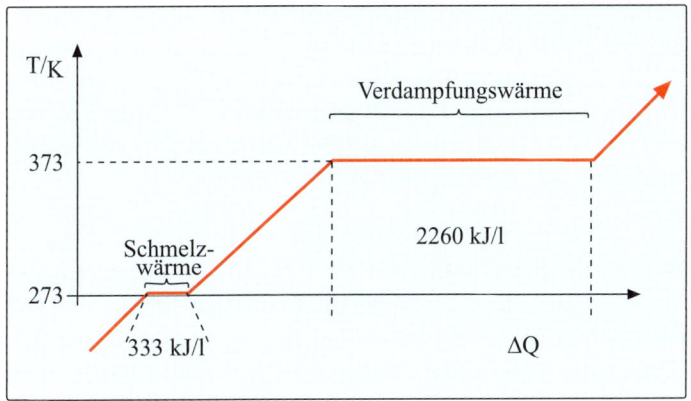

Abb. 7.7 Wenn wir Eis beim Druck von einer Atmosphäre erwärmen, steigt seine Temperatur stetig bis zu der Temperatur $T = 273$ K (0 °C). Bei dieser Temperatur fängt das Eis an zu schmelzen, aus der festen Phase geht es in die flüssige über. Während dieses Übergangs bleibt die Temperatur konstant! Um ein Kilogramm Eis zu verflüssigen, benötigt man 333 kJ Schmelzwärme. Bis $T = 373$ K (100°C) muss man zur Erwärmung von einem Kilogramm Wasser für jedes Grad 4,16 kJ zuführen. Der Übergang eines Kilogramms Wasser in die Gasphase verbraucht 2260 kJ.

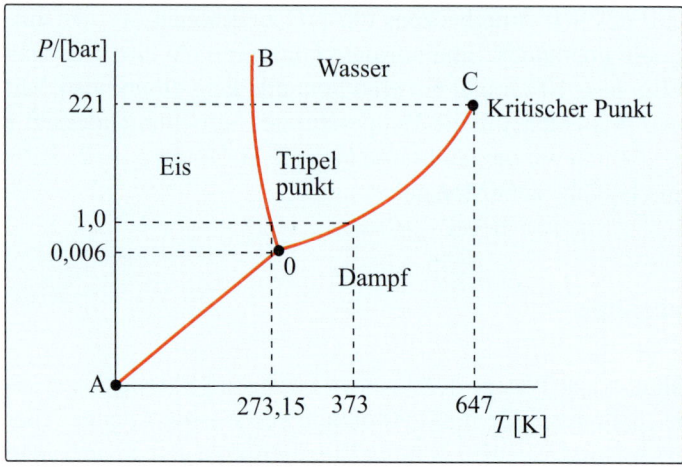

Abb. 7.8 Das Phasendiagramm Eis-Wasser-Dampf. Der Punkt O ist der sogenannte Tripelpunkt; hier befinden sich alle drei Phasen im Gleichgewicht. Den Punkt C nennt man kritischen Punkt. Die Kurve zwischen Tripel- und kritischem Punkt ist die Dampfdruckkurve. Auf ihr liegen die Temperatur- und Druckwerte, bei denen Wasser und Wasserdampf im Gleichgewicht existieren. Befinden wir uns mit Druck und Temperatur auf der Dampfdruckkurve und erhöhen die Temperatur oder erniedrigen den Druck, so verdampfen wir einen Teil des Wassers. Ebenso können wir aber auch durch Verringern der Temperatur oder Erhöhen des Drucks Dampf zu Wasser kondensieren. Nach dem kritischen Punkt bricht die Dampfdruckkurve jedoch ab – so sehr wir den Druck auch erhöhen, wir werden keinen Wasserdampf mehr verflüssigen können! Die Kurve AO bezeichnet die Sublimationskurve – bei den auf dieser Kurve liegenden Druck- und Temperaturwerten existiert kein Wasser, sondern nur Eis und Dampf. Die Kurve zwischen O und B schließlich ist die Schmelzkurve. Die Schmelzkurve weist im Gegensatz zu den meisten anderen Stoffen eine negative Steigung auf, was sich in der „Anomalie des Wassers" manifestiert.

sen – Gasphase (Wasserdampf), Flüssigkeit (Wasser) und Festkörper (Eis) im Gleichgewicht. Das bedeutet, dass bei dem Druck und der Temperatur, die an diesem Punkt herrschen, alle drei Phasen gleichzeitig vorliegen und sich ihr Mengenverhältnis nicht ändert. Zwar finden ständig Umwandlungen von Wasser zu Wasserdampf (Verdampfung), von Eis zu Wasserdampf (Sublimation) und von Eis zu Wasser (Schmelzen) statt, aber gleichzeitig kondensiert Wasser auch zu Dampf, friert Wasserdampf oder Wasser zu Eis, so dass sich die Nettomengen von Eis, Wasser und Dampf nicht ändern.

Den Punkt C nennt man kritischen Punkt. Die Kurve zwischen Tripel- und kritischem Punkt ist die sogenannte Dampfdruckkurve. Auf ihr liegen die Temperatur- und Druckwerte, bei denen Wasser und Wasserdampf im Gleichgewicht existieren. Zwischen den beiden Endpunkten der Dampfdruckkurve O und C lässt sich durch eine Temperaturerhöhung bzw. Druckverringerung stets Wasser in Dampf umwandeln und umgekehrt durch eine Temperatursenkung oder einen Druckanstieg Dampf zu Wasser kondensieren. Ab dem kritischen Punkt kann Wasserdampf nicht mehr kondensiert werden, so sehr wir den Druck auch erhöhen.

Die Kurve AO ist die Sublimationskurve – bei den auf dieser Kurve liegenden Druck- und Temperaturwerten existiert kein Wasser, sondern nur Eis und Dampf, die sich im Gleichgewicht befinden. Den Prozess der Sublimation – den Übergang eines Festkörpers in die Gasphase – kann man z.B. bei Trockeneis beobachten. Es handelt sich dabei um Kohlenstoffdioxid, das bei Temperaturen unter $-78,5\,°C$ fest ist. Wird es über diese Temperatur hinaus erwärmt, so geht es direkt in die Gasphase über.

Die Kurve zwischen O und B bezeichnet die Schmelzkurve. Die Schmelzkurve spiegelt die Anomalie des Wassers deutlich wider: Während sich die Schmelztemperatur bei anderen Substanzen mit ansteigendem Druck erhöht, ist beim Wasser das Gegenteil der Fall; die Temperatur sinkt mit steigendem Druck! Dies hat den Effekt, dass sich die Dichte von Wasser beim Frieren verringert anstatt sich – wie die meisten anderen Stoffe – zu vergrößern. Das ist der Grund dafür, dass im Winter nur die obere Schicht auf den Seen einfriert – aufgrund der kleineren Dichte schwimmt das Eis an der Oberfläche, anstatt abzusinken. Darunter bleibt das Wasser flüssig, so dass nicht der gesamte See einfriert – ein Glück für die Fische!

7.8 Wärmemaschinen

Wie eingangs erwähnt, stellte man sich Wärme im 18. und dem ersten Drittel des 19. Jahrhunderts noch als eine stoffliche Größe vor. In den 40er Jahren des 19. Jahrhunderts beschäftigten sich allerdings sowohl der deutsche Arzt *Julius Robert Mayer* als auch der britische Physiker *James Prescott Joule* mit dem Begriff der Wärme und gelangten beide unabhängig voneinander zum gleichen Ergebnis: Durch mechanische Arbeit lässt sich einem System eine bestimmte Wärmemenge zuführen! Dies klingt für uns aus heutiger Perspektive keineswegs spektakulär. Für damalige Verhältnisse bedeutete die Entdeckung des sogenannten Wärmeäquivalents allerdings einen gewaltigen Fortschritt – Wärme ist eine Energieform!

Auf dieser Erkenntnis gründet der kurz darauf formulierte erste Hauptsatz der Thermodynamik: Die Energiemenge in einem abgeschlossenen System bleibt immer gleich. Führt man einem System eine Wärmemenge zu, wird diese in innere (kinetische und potentielle) Energie und in Arbeit umgewandelt, die das System verrichtet. Es ist also möglich, Energien in andere Formen umzuwandeln. Diese Aussage erinnert stark an den fundamenta-

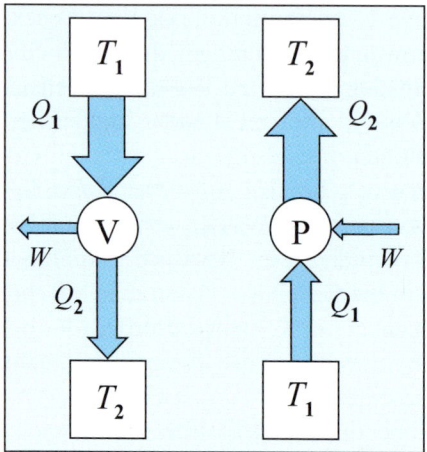

Abb. 7.9 *Links:* idealisierte Wärmemaschine. Aus dem Wärmereservoir der Temperatur T_1 wird die Wärmemenge Q_1 mittels eines Wärmeträgers abgeführt. Durch die Vorrichtung V wird die mechanische Arbeit W geleistet. Dabei sinkt die Temperatur des Wärmeträgers auf die Temperatur T_2 des zweiten Wärmereservoirs. Dem zweiten Reservoir wird die Wärmemenge Q_2 zugeführt. Bei einer idealen Wärmemaschine ohne jeglichen Reibungsverlust gilt aufgrund der Energieerhaltung (1. Hauptsatz) $Q_1 = W + Q_2$. Der zweite Hauptsatz der Thermodynamik besagt, dass es keine Maschine gibt, die ohne Temperaturdifferenz der Wärmereservoire betrieben werden kann. *Rechts:* idealisierte Wärmepumpe P. Den Zyklus einer Wärmemaschine kann man umkehren; das Resultat ist die rechts abgebildete Wärmepumpe.

len Energieerhaltungssatz der klassischen Mechanik und ist prinzipiell auch äquivalent – die einzige wirkliche Neuheit lag darin, dass Wärme erstmals als Energieform definiert wurde. Wir müssen an dieser Stelle allerdings darauf hinweisen, dass der Energieerhaltungssatz der Thermodynamik ein Axiom ist und nicht bewiesen werden kann. Er ist allerdings experimentell viele Male überprüft und bisher noch nicht widerlegt worden.

Zur damaligen Zeit stand besonders ein Anliegen im Brennpunkt physikalischer Bemühungen: Maschinen zu konstruieren, bei denen man sich die Umwandlung von Energieformen zunutze machen konnte. Die Aufmerksamkeit war auf die Entwicklung von Wärmemaschinen gerichtet. Eine Wärmemaschine ist eine Maschine, die Wärme in mechanische Arbeit umwandelt. In Abb. 7.9 ist eine idealisierte Wärmemaschine dargestellt. Sie besteht aus zwei Wärmereservoiren bei verschiedenen Temperaturen, $T_1 > T_2$, und einer Vorrichtung, die beim Wärmedurchlauf die mechanische Arbeit leistet. Ein Beispiel für eine Wärmemaschine ist der Verbrennungsmotor. Wenn wir den Zündschlüssel in unserem Auto herumdrehen, dann wird im Zylin-

7.8 Wärmemaschinen

der das komprimierte Benzin-Luft-Gemisch durch eine Funkenbildung der Zündkerze entzündet. Das Gemisch verbrennt schlagartig und durch den ansteigenden Gasdruck wird der Kolben nach unten gedrückt, es wird Arbeit verrichtet! Die Bewegung des Kolbens wird durch eine mechanische Vorrichtung (die sogenannte Kurbelwelle) in eine Drehbewegung umgesetzt und das Auto fährt. Da die Wärmeerzeugung innerhalb des Arbeitsvolumens (dem Benzin-Luft-Gemisch) erfolgt, ist der Motor eine Wärmemaschine mit innerer Verbrennung. Wie in Abb. 7.9 wird durch die Verbrennung im Zylinder die Wärme Q_1 zugeführt. Während der Kolben nach unten gedrückt und Arbeit geleistet wird, kühlt das Gas durch die Expansion ab, es wird die Wärme Q_2 abgegeben.

Wärmekraftmaschinen gibt es viele – worauf kommt es bei einer solchen Maschine aber eigentlich an? Wir entnehmen einem Reservoir eine Wärmemenge Q_1 und wandeln diese zum Einen in nützliche Arbeit, zum Anderen aber auch in das Abfallprodukt – nämlich in die Wärmemenge Q_2 – um. Natürlich will man erreichen, dass ein möglichst hoher Anteil der Wärme Q_1 ausschließlich in Arbeit investiert wird. Am günstigsten wäre es sogar, wenn die gesamte Wärme Q_1 in Arbeit umgewandelt würde, so dass $Q_2 = 0$ ist. Dies ist bei nicht zyklisch ablaufenden Prozessen wie z.B. bei der isothermen Expansion eines Gases durchaus möglich. Allerdings können wir diesen Vorgang nicht ohne Weiteres in einer Maschine ausnutzen, da wir das Gas erst wieder komprimieren (und damit Arbeit investieren) müssten, damit das Gas erneut Arbeit verrichten kann. Wird das Gas allerdings komprimiert, so gibt es Wärme ab! Eben dies ist die Aussage des 2. Hauptsatzes der Thermodynamik: Eine zyklisch arbeitende Wärmemaschine kann die dem Wärmereservoir entzogene Wärme niemals vollständig in Arbeit umwandeln.

Dennoch ist es essentiell, den Anteil der abgeführten Wärmemenge, aus der Arbeit gewonnen wird, so groß wie möglich zu halten. Dieser Anteil ist definiert als der Wirkungsgrad η einer Wärmemaschine:

$$\eta = \frac{|W|}{|Q_1|}. \tag{7.24}$$

Der Wirkungsgrad ist laut dem zweiten Satz der Thermodynamik eine Zahl $0 \leq \eta < 1$.

Wir wollen den Wirkungsgrad nun für den idealisierten Fall abschätzen, bei dem alle Schritte zur Gewinnung der Arbeit durch die Wärmemaschine reversibel (umkehrbar) sind. Das bedeutet, dass dem kälteren Reservoir die Wärme Q_2 entnommen und gleichzeitig die Arbeit W von der Umgebung verrichtet werden kann, um dem Reservoir der höheren Temperatur wieder die Wärmemenge Q_1 zuzuführen. Unter diesen Umständen gilt $Q_1 = W + Q_2$ und wir können schreiben

$$\eta = \frac{|W|}{|Q_1|} = \frac{Q_1 - Q_2}{Q_1}. \tag{7.25}$$

Die Wärmemenge des Wärmeträgers ist der Temperatur proportional. Man kann Beziehung (7.25) somit in die bekannte Form für den Wirkungsgrad einer idealen Wärmemaschine bringen:

$$\eta = \frac{T_1 - T_2}{T_1}. \tag{7.26}$$

Der französische Ingenieur *Sadi Carnot* beschäftigte sich 1824 eingehend mit solchen reversibel arbeitenden Maschinen und fand heraus, dass es keine Wärmemaschine geben kann, deren Wirkungsgrad höher ist als der einer reversibel arbeitenden Wärmemaschine. Dieses Prinzip ist das Carnot-Prinzip.

Ein Beispiel für eine realistische Wärmemaschine ist die in Abb. 7.10 gezeigte Dampfmaschine, die auf einer zyklischen Arbeitsweise basiert.

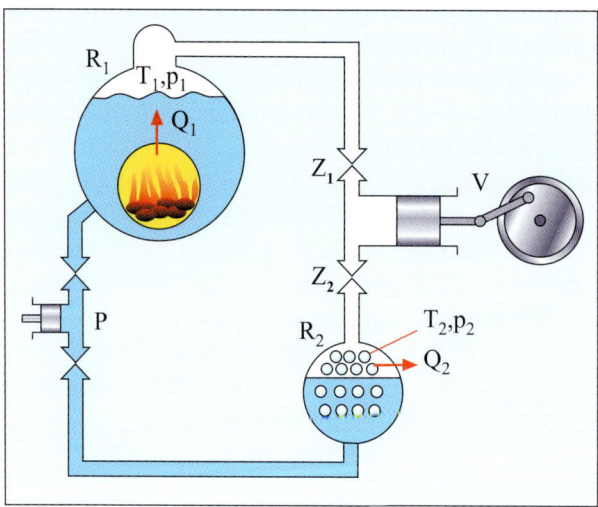

Abb. 7.10 Prinzip einer Dampfmaschine: In dem Behälter R_1 wird Wasser unter hohem Druck p_1 auf die Temperatur T_1 erhitzt. Der aufsteigende Wasserdampf wird durch eine Leitung und das Einlassventil Z_1 zu einem Kolben geführt, der von dem Gasdruck nach außen gedrückt wird. Diese Arbeit wird durch die mechanische Vorrichtung V in eine Drehbewegung umgesetzt. Bei der Expansion kühlt sich der Wasserdampf ab und wird durch das Ventil Z_2 in die Kühlvorrichtung R_2 der niedrigeren Temperatur T_2 geleitet, wobei die Wärme Q_2 an das Reservoir abgegeben wird. Der Wasserdampf kondensiert und wird durch die Pumpe P als Wasser wieder zurück in den Behälter R_1 gepumpt, so dass der gleiche Prozess erneut ablaufen kann.

7.8.1 Wärmepumpe

Eine idealisierte Wärmepumpe (auch: *Kältemaschine*) ist in Abb. 7.9 rechts gezeigt. Die Wärmepumpe arbeitet wie eine Wärmemaschine, allerdings in umgekehrter Richtung. So wird dem kälteren Reservoir der Temperatur T_1 die Wärme Q_1 entnommen und mit Hilfe der Arbeit W dem wärmeren Reservoir der Temperatur T_2 die Wärme Q_2 zugeführt. Die Arbeit $W = Q_1 - Q_2$ muss hierbei von außen in das System eingespeist werden. So funktionieren beispielsweise Klimaanlagen oder Kühlschränke!

Der Wirkungsgrad η einer Wärmepumpe ist definiert als

$$\eta = \frac{Q_1}{W} \qquad (7.27)$$

und ist immer größer als 1. Selbstverständlich gilt der zweite Hauptsatz der Thermodynamik auch für Wärmepumpen – niemals wird es jemandem gelingen, eine zyklisch arbeitende Wärmepumpe zu konstruieren, die ausschließlich Wärme von einem kälteren Reservoir in ein wärmeres Reservoir abführt. Für diesen Vorgang ist immer Arbeit von außen nötig. Die Konsequenz daraus ist, dass der Wirkungsgrad von Wärmepumpen nicht unendlich groß werden kann. Wäre dies der Fall, so wäre schon lange der energiesparendste Kühlschrank aller Zeiten auf dem Markt erhältlich – nämlich der, der gar keinen Strom benötigt!

7.9 Diffusion und Osmose

Diffusion und Osmose sind Effekte, die auf der kinetischen Theorie der Wärme beruhen. Beide Phänomene treffen wir tagtäglich unzählige Male an und ohne sie wäre das Leben auf unserer Erde in der uns bekannten Form nicht möglich. Die Diffusion beruht auf der thermischen Bewegung der Teilchen. Abb. 7.11 zeigt, was geschieht, wenn wir einen Farbpinsel in ein Wasserglas tauchen: Der Farbstoff diffundiert im Wasser, bis er gleichmäßig im Behälter verteilt ist. Die Durchmischung braucht Zeit – sie hängt von der Temperatur und der Göße der Farbmoleküle ab. Die Vermischung läuft umso schneller ab, je höher die Temperatur und damit die Geschwindigkeit der Moleküle ist. Je kleiner die Moleküle sind, desto seltener stoßen sie aneinander (Abb. 7.12). Bei kleinen Molekülen ist daher die mittlere freie Weglänge groß, was die ungehinderte Verteilung ebenfalls erleichtert.

Diffusion spielt in unserem Körper eine wichtige Rolle. Durch Diffusion gelangt der Sauerstoff, den unsere Zellen dringend benötigen, aus den Kapillaren in die Zellen. Andererseits diffundiert Kohlendioxid aus den Zellen

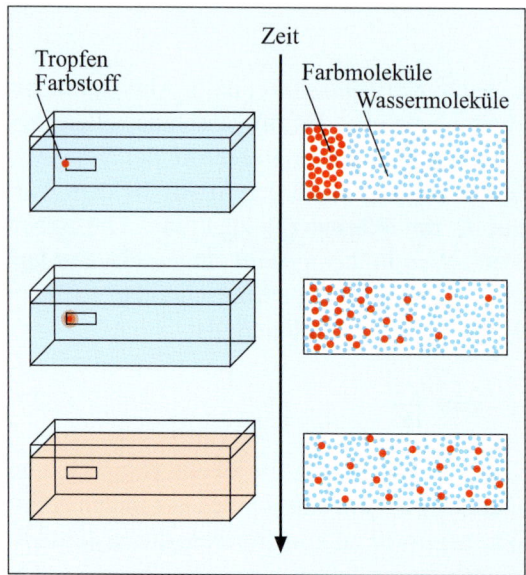

Abb. 7.11 Diffusion von roter Farbe in Wasser: Geben wir einen Tropfen Farbstoff in einen Behälter mit Wasser, so können wir beobachten, wie sich die Farbe allmählich gleichmäßig im ganzen Behälter verteilt. Die Ursache für dieses Phänomen ist die thermische Bewegung der Teilchen. Je höher die Temperatur der Teilchen ist, desto schneller bewegen sie sich (siehe Abschnitt 7.3), was die Durchmischung erleichtert. Eine weitere für die Durchmischungszeit wesentliche Größe ist die Ausdehnung der Moleküle – große Moleküle erreichen den durchmischten Zustand langsamer als kleine (siehe Abb. 7.12).

in die Zellzwischenräume und von dort in die Blutgefäße. Diese transportieren es in die Lunge, so dass es schließlich ausgeatmet werden kann. Aber auch bei der Reizweiterleitung der Nervenzellen spielt Diffusion eine große Rolle. Die Weiterleitung findet in vielen Fällen durch einen Transmitter statt, der durch die Zellzwischenräume von einer zur anderen Zelle diffundiert und somit den Nervenreiz weiterträgt.

Es gibt allerdings auch Bereiche, in denen die Diffusion ein Problem darstellt. Nehmen wir an, wir wollen ein Haus bauen. Dabei müssen wir beachten, dass im Hausinneren in der Regel eine höhere Luftfeuchtigkeit herrscht als draußen. Dies kommt durch ganz alltägliche Dinge wie Kochen, Duschen und Atmen zustande. Der Wasserdampf diffundiert aus dem Bereich hoher Konzentration (den Innenräumen) durch die Hauswand in den Bereich niedriger Konzentration (nach draußen). Dies ist nicht das Problem, gegen eine ungehinderte Diffusion von Wasserdampf durch die Wände ist nichts auszusetzen. Problematisch wird es erst, wenn der Dampf auf seinem Weg nach

7.9 Diffusion und Osmose

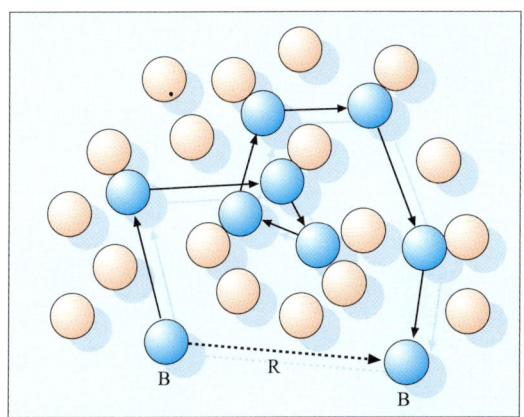

Abb. 7.12 Gezeigt ist eine Vergrößerung des sich im Wasser (*blau*) verteilenden Farbstoffs (*rot*) aus Abb. 7.11. Bei der Durchmischung stoßen die Moleküle aneinander und werden somit in ihrer Bewegung behindert. Je größer der Durchmesser der Moleküle, desto wahrscheinlicher kommt es zum Stoß. Die Wegstrecke, die das Molekül B zurücklegen kann, ohne dabei zu stoßen, nennt man mittlere freie Weglänge R. Folglich ist die mittlere freie Weglänge für kleine Moleküle größer als für große, womit die Durchmischung schneller vonstatten geht.

draußen so stark abkühlt, dass er mitten in der Wand kondensiert. Wenn das passiert, kommt es zu feuchten Wänden und es dauert nicht lange, bis sich Schimmel bildet. Aus diesem Grund müssen wir bei unserem Hausbau unbedingt daran denken, Diffusionssperren einzubauen, damit eindringende Feuchtigkeit besser nach außen als nach innen diffundieren kann. Zudem müssen wir bei der Dämmung der Wände darauf achten, dass die besser wärmedämmende Bauschicht außen liegt, die schlechter wärmedämmende Schicht innen. Damit verhindern wir, dass sich der Dampf auf seinem Weg bereits zu stark abkühlt, bevor er die Außenmauer erreicht hat.

Ohne große Einschränkung betrachten wir im Folgenden nur die Diffusion von Gasen und Flüssigkeiten in Wasser. Mit J wollen wir die sogenannte Teilchenstromdichte bezeichnen. Die Teilchenstromdichte ist der Diffusionsstrom – die Zahl von Fremdmolekülen, die in einer Sekunde durch die Fläche von einem Quadratmeter diffundiert. Die Konzentration der Moleküle am Ort x nennen wir $c(x)$. Dann lässt sich J zwischen dem Ort x_1 und x_2 durch

$$J = D \frac{c(x_2) - c(x_1)}{x_2 - x_1} \rightarrow D \frac{\mathrm{d}c(x)}{\mathrm{d}x} \qquad (7.28)$$

berechnen. Die Konstante D kann man aus der chaotischen Bewegung der Fremdmoleküle und deren Größe (Radius r) berechnen:

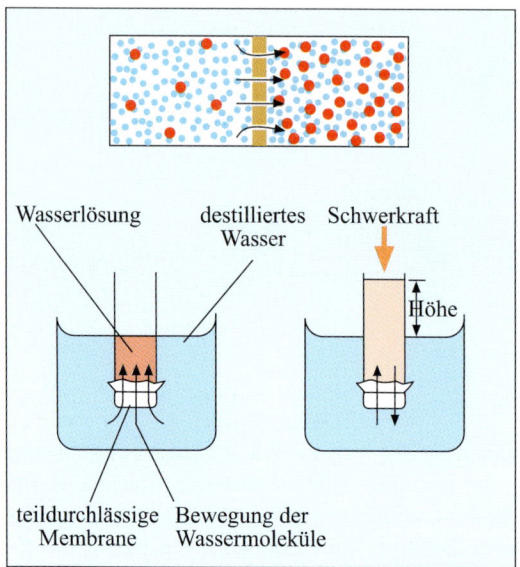

Abb. 7.13 Osmose beruht auf zwei Prinzipien: Der Diffusion und einer semipermeablen Trennschicht. Im Bild oben ist ein Behälter zu sehen, der zwei unterschiedlich große Molekülsorten enthält. Gibt es einen Konzentrationsunterschied einer Molekülsorte innerhalb des Behältnisses (Konzentrationsgradient), so diffundieren die Moleküle entlang ihres Konzentrationsgradienten, also in den Bereich niedriger Konzentration. Während aber die eine Molekülsorte (*blau*) klein genug ist, um ungehindert durch die Öffnungen der Trennschicht zu diffundieren, können die größeren Moleküle (*rot*) die Schicht nicht passieren. Tauchen wir nun ein semipermeables Reagenzglas mit einer Wasserlösung in ein Gefäß mit destilliertem Wasser (Abb. *unten*). Während die normale Wasserlösung Salze enthält, ist das destillierte Wasser ganz frei von Ionen. Durch die Wand des Reagenzglases strömen nun Wassermoleküle ein, die Ionen können die Wand allerdings nicht passieren und bleiben im Reagenzglas eingeschlossen. Durch das Einströmen der Wassermoleküle baut sich ein osmotischer Druck auf, der der Schwerkraft entgegenwirkt, so dass die Wassersäule im Reagenzglas steigt!

$$D = \frac{kT}{6\pi \eta r}, \qquad (7.29)$$

wobei η die sogenannte Viskosität ist. Sie ist ein Maß dafür, wie zähflüssig eine Flüssigkeit ist. Beziehung (7.29) wird Stokes-Einstein-Gleichung genannt.

Die Diffusion von Molekülen durch semipermeable (halbdurchlässige) Trennschichten wird als Osmose bezeichnet. Abb. 7.13 zeigt was passiert, wenn zwei Gase verschiedener Größen durch eine semipermeable Wand ge-

7.10 Wärmetransport

trennt sind. Die Moleküle, die durch die Membran wandern können, verteilen sich gleichmäßig in beiden Teilen des Gefäßes. Die großen Moleküle streben ebenfalls danach, das Konzentrationsgleichgewicht herzustellen und in den Bereich niedriger Konzentration zu diffundieren. Für sie ist die Wand jedoch nicht durchlässig (permeabel), weswegen sie einen Druck auf diese ausüben: den sogenannten osmotischen Druck.

Das Phänomen der Osmose begegnet uns häufig in der Form des passiven Transports von Wasser und Mineralien in den Wurzeln von Pflanzen. Wenn in den Wurzeln die Konzentration von Wasser kleiner ist als die in der umgebenden Erde, so diffundiert das Wasser aus der Umgebung in die Wurzel. Die Membrane der Wurzeln sind also permeabel für Wassermoleküle. Pflanzen besitzen kein Salz. Wenn man eine normale Balkonpflanze in einen salzhaltigen Boden pflanzt, so gelangt kein Wasser von außen mehr in die Wurzeln, ganz im Gegenteil – das Salz zieht das Wasser aus der Wurzel. Das Wasser diffundiert nach außen und die Pflanze vertrocknet.

Nun wissen wir auch, warum ein Salzwasserfisch nicht in Süßwasser überleben kann. Ein Fisch im Meer hat in seinem Körper zwar Salze, jedoch ist die Konzentration der Salze weitaus niedriger als die im Meerwasser. Die Haut des Fisches ist durchlässig für Wasser, nicht aber für Salzmoleküle – diese sind einfach zu groß. Somit wird dem Fisch kontinuierlich Wasser entzogen. Der Fisch würde buchstäblich mitten im Meer verdursten, wenn er nicht speziell an das salzige Milieu angepasst wäre. Seine Kiemen fungieren als Salzfilter: das Salz wird aus dem Meerwasser gefiltert, so dass der Fisch durch seine Kiemen ausschließlich Süßwasser zu sich nimmt und somit seinen Wasserbedarf decken kann. Nähmen wir aber nun diesen Fisch und ließen ihn in Süßwasser schwimmen, so befände er sich plötzlich in einem Medium, das weniger Salz enthält als er selbst. Er würde also durch seine Membran ständig das Wasser von außen ziehen und zusätzlich auch noch durch seine Kiemen Süßwasser aufnehmen. So würde sich im Inneren des Fisches ein hoher osmotischer Druck aufbauen – und was passiert, wenn dieser Druck zu hoch wird, können wir uns wohl alle lebhaft vorstellen.

Auch unsere Zellenmembranen sind semipermeabel. Der Transport von Ionen durch die Membrane ist jedoch nicht nur von passivem Charakter – die Zelle regelt den Durchfluss der Ionen selektiv nach ihrer Art durch Kanäle, wie wir in Kapitel 10 sehen werden.

7.10 Wärmetransport

Wärmeenergie wird auf verschiedene Weisen transportiert. Auf kurzen Distanzen wird die Wärme durch die Wärmeleitung der Materie übertragen. Diese Art der Wärmeübertragung ist meistens unerwünscht und wir werden sie als Wärmeisolation behandeln. Um Häuser zu heizen wird neuerdings die Wärme durch heißes Wasser von benachbarten Stromerzeugern beliefert. Das heiße Wasser ist ein Nebenprodukt der Stromerzeugung. Dies scheint die Energie in dicht besiedelten Gebieten effizienter zu benutzen als die Hausheizungen.

Die Konvektion ist die dominierende Art Wärme global zu transportieren.

Die elektromagnetische Strahlung ist die einzige Möglichkeit die Wärme durch das Vakuum zu transportieren.

7.10.1 Wärmeleitung

Die Wärmeleitung in Materialen kann als Resultat der thermischen Bewegung der Moleküle aufgefasst werden. Auf der wärmeren Seite eines Körpers bewegen sich die Moleküle schneller und durch die Kollisionen diffundiert die Wärme zur kälteren Seite. Da es sich bei der Wärmeleitung um einen statistischen Prozess handelt, wird der Wärmefluss eine zur Diffusionsgleichung (7.28) analoge Form haben:

$$\frac{Q}{t} = kA\frac{\Delta T}{l}. \qquad (7.30)$$

In (7.30) haben wir den Teilchenstrom J der (7.28) mit dem Wärmefluss und die Differenz der Konzentrationen mit dem Temperaturunterschied ersetzt. A ist die dem Fluss zur Verfügung stehende Fläche und k eine Material spezifische Konstante. Die Wärmeleitungskonstanten für Metalle, Glas und Gas variieren um 5 Größenordnungen: k = 429 (Silber), 401 (Kupfer), 0,96 (Fensterglas), 0,024 (Luft), 0,016 (Argon) [W/m^{2}K].

Als Beispiel rechnen wir den Wärmefluss durch ein Fenster mit einfacher Verglasung (Abb. 7.14) aus. Bei der Spezifizierung der Isolation eines Fensters gibt man den Wärmefluss pro Quadratmeter und ein Grad Temperaturunterschied an. Während bei einer einfachen Verglasung der Wärmefluss etwa

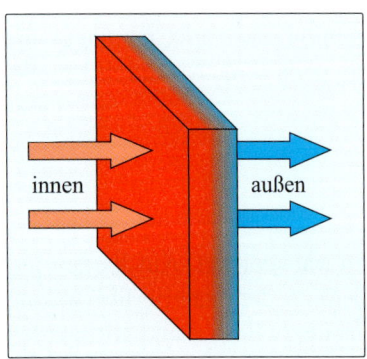

Abb. 7.14 Für die Qualität der Fensterisolierung wird der Energieverlust pro m^2 und der Temperaturunterschied von einem Grad angegeben. Ein drei Millimeter dickes Fensterglas leitet unter diesen Bedingungen (7.30) 32 W ins Freie.

32 W beträgt, ist dieser Fluss bei modernen doppelt verglasten Fenstern nur etwa 1 W pro m² und einem Grad Temperaturunterschied. Dieser Gewinn beruht auf der Isolationseigenschaft des Gases zwischen den Glasscheiben. Als Isolationsgas wird meistens Luft genommen, möglich sind auch Argon oder sogar Krypton. Je schwerer das Gas desto besser isoliert es.

7.10.2 Konvektion

Flüssigkeiten und Gase sind schlechte Wärmeleiter. Aber durch die Konvektion sind sie für den lokalen wie auch für den globalen Wärmetransport verantwortlich (Abb. 7.15).

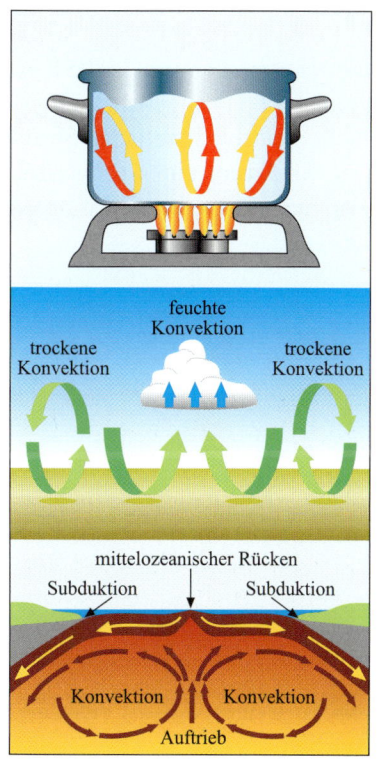

Abb. 7.15 Konvektion im Topf: Das warme Wasser steigt durch den Auftrieb, das kältere sinkt. Ähnliche Verhältnisse herrschen in der Atmosphäre und den Meeren. Die Konvektion in der Atmosphäre und den Ozeanen ist, neben der Rotation der Erde um die eigene Achse und um die Sonne, der Hauptparameter, der das Klima und das Wetter bestimmt. Auch die Erdwärme wird im Erdmantel durch die Konvektion transportiert. Die Kontinente schwimmen auf dem Mantel und werden verschoben zu immer neuen geographischen Lagen. Die Konvektionsströme sind für Erdbeben verantwortlich.

7.10.3 Strahlung

Jeder Körper, dessen Temperatur über $T = 0\,\text{K}$ liegt, emittiert Wärmestrahlung. Theoretisch ist die Berechnung der Emission eines schwarzen Körpers exakt. Ein schwarzer Körper ist ein idealisierter Körper, der alle auf ihn treffende Strahlung vollständig absorbiert. Die Sonne und selbstverständlich andere Sterne können in guter Näherung als schwarze Körper betrachtet werden. Wir werden in Kapitel 11 die kosmische Hintergrundstrahlung, die auch die ideale Form eines schwarzen Körpers hat, erwähnen.

Die Strahlungsleistung P eines schwarzen Körpers wurde von *Josef Stefan* experimentell in der zweiten Hälfte des 19ten Jahrhunderts bestimmt und später von seinem Schüler *Ludwig Boltzmann* theoretisch hergeleitet:

$$P = \sigma \cdot A \cdot T^4. \tag{7.31}$$

Die Stefan-Boltzmann-Konstante ist eine Naturkonstante und beträgt

$$\sigma = 5{,}67 \cdot 10^{-8} \frac{\text{W}}{\text{m}^2 \text{K}^4}. \tag{7.32}$$

Bei niedrigen Temperaturen, z.B. bei Zimmertemperatur strahlen die Körper – auch wir Menschen – weniger stark als die, in (7.31) angegebene Leistung. Der Grund dafür, dass unsere Körper nicht elektromagnetische Strahlung aller Frequenzen, die bei $T \approx 300\,\text{K}$ im Spektrum eines schwarzen Körpers vorhanden sind, abstrahlt ist, dass er nur Frequenzen abstrahlen kann, die er auch absorbiert.

Kapitel 8
Entropie

8.1 Abgeschlossene Systeme

Als abgeschlossenes System wird in der Physik ein vollständig isoliertes System definiert, das mit seiner Umgebung weder Teilchen noch Energie austauschen kann. Im 19. Jahrundert widmeten sich die Physiker eingehend der Thermodynamik abgeschlossener Systeme. Ziel ihrer Untersuchungen war es, herauszufinden, inwieweit eine Umwandlung von thermischer Energie in andere Energieformen möglich ist. Wie bereits erwähnt, ist der erste Hauptsatz der Thermodynamik nur eine andere Form des fundamentalen Energieerhaltungssatzes. Er besagt, dass die Summe aller Energien eines abgeschlossenen Systems erhalten bleibt. Dass eine Umwandlung von Energien bei gleichbleibender Gesamtenergie möglich ist, war demnach schon im 19. Jahrhundert bekannt. Es stellte sich allerdings die Frage, ob alle Energieformen gleich verwertbar sind.

Energie ist nicht gleich Energie – sie kann in den unterschiedlichsten Formen auftreten. Ein Joule kinetische Energie trägt genau so viel zur Gesamtenergie bei, wie ein Joule Wärmeenergie. Kinetische Energie lässt sich durch Reibung leicht in Wärme umwandeln. Dieser Effekt wird zum Beispiel genutzt, wenn man im Winter die Hände aneinanderreibt um sie zu wärmen. Dabei wird die kinetische Energie der Handbewegung durch Reibung in Wärmeenergie umgewandelt und den Handflächen zugeführt. Umgekehrt hat aber sicher noch niemand erlebt, dass an einem heißen Sommertag die Wärme der Handflächen zum Bewegen und somit Abkühlen der Hände eingesetzt werden kann. Schön wäre ein solches Ereignis in der Tat und nach Aussage des Energieerhaltungssatzes auch durchaus denkbar, aber in der Realität unmöglich. Die Umwandlung von Wärmeenergie in kinetische Energie ist nur teilweise möglich und auch nur unter der Voraussetzung, dass eine geeignete Wärmemaschine (zum Beispiel eine Klimaanlage) zur Verfügung steht.

Aber auch ein Joule Wärmeenergie wie es die $T = 6000\,\text{K}$ heiße Sonne ausstrahlt, ist einem Joule Wärmeabstrahlung der Erde bei $T \approx 300\,\text{K}$ nicht äquivalent. Wir haben es mit einem Qualitätsunterschied zweier Energien zu tun – und eben dieser Qualitätsunterschied ist es, von dem unsere Umwelt und wir Erdenbewohner leben.

Zur Beschreibung dieses Qualitätsunterschiedes hat *Rudolf J. E. Clausius* den Begriff der Entropie eingeführt. Die Entropie ist eine Größe, die die Güte der Wärmeenergie bewertet. Wenn wir einem System die Wärmemenge ΔQ zuführen, so steigt seine Gesamtenergie um ΔQ und seine Entropie um

$$\Delta S = \frac{\Delta Q}{T}. \tag{8.1}$$

Die Entropie ist also das Verhältnis von übertragener Wärme ΔQ in Joule und absoluter Temperatur T in Kelvin. Je höher die Temperatur bei gleicher Änderung der Wärmemenge ist, desto geringer und wertvoller wird die Wärme. Die Entropie jedoch wird kleiner.

Für die weitere Diskussion werden wir allerdings die statistische Definition der Entropie benutzen, da sie einen tieferen Einblick in die physikalische Bedeutung der Entropie gewährt. Die statistische Definition der Entropie wurde von dem berühmten Wiener Physiker *Ludwig Boltzmann* 1880 formuliert:

$$S = k \ln \Omega. \tag{8.2}$$

Die Boltzmannkonstante k hat die Dimension $\left(\frac{\text{Energie}}{\text{Temperatur}}\right)$ und Ω ist eine Zahl, so dass die von Clausius eingeführte Entropie (8.1) und die von Boltzmann definierte Entropie (8.2) gleiche Einheiten haben. Die Größe Ω nennt man thermodynamische Wahrscheinlichkeit. Sie ist nicht wie typische Wahrscheinlichkeiten auf eins normiert. Ω gibt die Zahl der möglichen inneren Mikroverteilungen der Moleküle bei unverändertem Makrosystem an.

Der Begriff der thermodynamischen Wahrscheinlichkeit Ω mag nach dieser Erklärung noch sehr abstrakt und nebulös erscheinen. Um dem Abhilfe zu schaffen, wollen wir den in Abb. 8.1 gezeigten geschlossenen Behälter betrachten. In der Mitte des thermisch isolierten Gefäßes ist eine Trennwand angebracht, die es in zwei Kammern unterteilt. In der linken Kammer befinden sich Moleküle einer einzigen Sorte, während die rechte Seite leer ist. Die Moleküle können sich ungehindert in der linken Kammer bewegen und ihre Plätze beliebig untereinander tauschen, ohne dass sich eine Änderung des Gesamtzustandes feststellen lässt. Schließlich handelt es sich um nicht unterscheidbare Moleküle. Mit anderen Worten: Das Makrosystem (der Kasten, gefüllt mit N Teilchen) bleibt unverändert, aber es gibt viele mögliche

8.1 Abgeschlossene Systeme

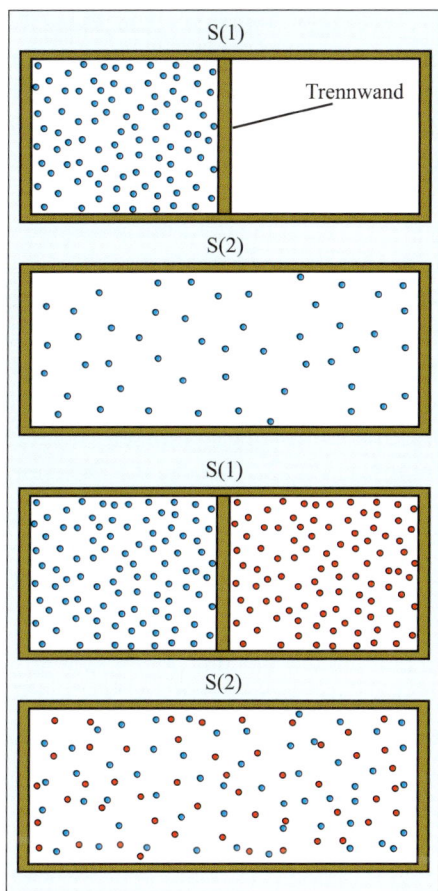

Abb. 8.1 Das oberste Bild zeigt einen Behälter, der durch eine Trennwand in zwei gleiche Teile separiert ist. Im linken Teil befindet sich ein Gas der Temperatur T, der rechte Teil ist evakuiert. Das System hat die Entropie S_1. Nach Entfernung der Trennwand verteilt sich das Gas in beiden Teilen gleichmäßig. Das Gefäß ist gut isoliert und die Temperatur des Gases bleibt unverändert, so dass die Geschwindigkeitsverteilung der Moleküle gleich bleibt. Das Einzige, was sich geändert hat, ist der zur Verfügung stehende Platz. Jedes Molekül hat nun doppelt so viele Möglichkeiten, sich im Raum einzuordnen. Deswegen ist die Zunahme der Entropie pro Molekül $k \ln 2$. Da sich in unserem Gefäß allerdings N Moleküle aufhalten, beträgt der Gesamtzuwachs der Entropie nach Beseitigung der Trennwand $\Delta S = N \cdot k \cdot \ln 2$. Im unteren Teil der Abbildung liegt eine etwas veränderte Situation vor: Es stehen zwei verschiedene Molekülsorten zur Verfügung, die in der linken bzw. rechten Gefäßhälfte eingeschlossen sind. Der Zuwachs der Entropie nach Entfernung der Trennwand kann für beide Molekülsorten unabhängig voneinander analog zu obigem Fall berechnet werden. Die Entropie ist additiv, d.h. der Gesamtzuwachs der Entropie berechnet sich dann aus der Summe der beiden Teilentropien zu $\Delta S = 2 \cdot N \cdot k \cdot \ln 2$.

Mikroverteilungen (die Positionen der jeweiligen Teilchen). Die Frage ist jedoch, was geschieht, wenn die Trennwand entfernt wird. Den Molekülen steht nun doppelt so viel Platz zur Verfügung wie zuvor und sie verteilen sich im gesamten Gefäß. Da der Behälter thermisch isoliert ist, bleibt die Temperatur gleich, wenn sich das Gas aus der linken in die rechte Hälfte ausbreitet. Das bedeutet, dass sich an der Geschwindigkeits- und folglich der Impulsverteilung der Moleküle nichts ändert. Bei der Berechnung der Entropie müssen wir daher nur die räumliche Verteilung der Moleküle berücksichtigen.

Wir wollen nun den Unterschied in der Entropie berechnen, der sich durch die Ausdehnung des zu Anfang in der linken Hälfte eingeschlossenen Gases im gesamten Behälter ergibt. Die Entropiedifferenz können wir leicht ausrechnen, ohne den absoluten Wert von Ω ermitteln zu müssen. Wenn wir die Situation, in der das Gas in der linken Gefäßhälfte eingeschlossen ist $\Omega(1)$ nennen und die nach Entfernung der Trennwand $\Omega(2)$, dann ist die Differenz der Entropien

$$\Delta S = S(2) - S(1) = k \ln \Omega(2) - k \ln \Omega(1) = k \ln \frac{\Omega(2)}{\Omega(1)}. \qquad (8.3)$$

Um das Verhältnis $\frac{\Omega(2)}{\Omega(1)}$ auszurechnen, müssen wir uns nur fragen, wie groß die Wahrscheinlichkeit dafür ist, dass sich alle N Moleküle in der linken Hälfte des Gefäßes aufhalten. Für jedes Molekül ist die Wahrscheinlichkeit $\omega = \frac{1}{2}$, sich in der linken und $\omega = \frac{1}{2}$, sich in der rechten Hälfte zu befinden. Um diese Wahrscheinlichkeiten von der thermodynamischen Wahrscheinlichkeit Ω zu unterscheiden, bezeichnen wir die auf eins normierte Wahrscheinlichkeit mit ω. Da der Behälter geschlossen ist, kann kein Molekül entweichen- - die Wahrscheinlichkeit, alle Moleküle in einer der beiden Hälften zu finden, ist demnach 1. Wenn wir verlangen, dass ein bestimmtes Molekül links zu finden ist, so ist die Wahrscheinlichkeit dafür $\omega = \frac{1}{2}$. Sollen sich zwei Moleküle links aufhalten, so ist die Wahrscheinlichkeit $\omega = \frac{1}{2} \cdot \frac{1}{2}$, wenn es drei sein sollen $\omega = \frac{1}{2} \cdot \frac{1}{2} \cdot \frac{1}{2}$ und so weiter. Sollen alle N Moleküle in der linken Hälfte lokalisiert sein, dann ist die Wahrscheinlichkeit dafür

$$\omega = \left(\frac{1}{2}\right)^N. \qquad (8.4)$$

Daraus folgt, dass

$$\frac{\Omega(1)}{\Omega(2)} = \left(\frac{1}{2}\right)^N \qquad (8.5)$$

und damit haben wir bereits die Entropieänderung berechnet:

$$\Delta S = k \ln 2^N = Nk \ln 2. \qquad (8.6)$$

8.1 Abgeschlossene Systeme

Was können wir aus diesem Beispiel lernen? Wir stellen genau das fest, was auch die Physiker des 19. Jahrhunderts im Zuge ihrer Forschung herausfanden: Da unser Ausdruck in Gleichung (8.6) nicht negativ werden kann, bleibt die Entropie in einem abgeschlossenen System entweder konstant oder nimmt zu. Dieses Resultat ist nichts anderes als eine weitere Formulierung des zweiten Hauptsatzes der Thermodynamik:

$$\Delta S \geq 0. \tag{8.7}$$

Nur im idealen Fall ohne Reibung bleibt in einem abgeschlossenen System die Entropie gleich. Man nennt diese Prozesse auch reversibel (umkehrbar). Es gibt aber keinen Prozess, bei dem die Entropie abnimmt. Im realistischen Fall wird ein Teil der Energie durch Verluste in Wärme umgewandelt (irreversibler Prozess).

Eine dritte Formulierung der Entropie kann man mit Hilfe des Konzepts der Ordnung eines Systems machen. Abb. 8.2 verdeutlicht den Begriff der Entropie am Beispiel von Legobausteinen. In unserem Beispiel mit dem Behälter aus Abb. 8.1 ist die Ordnung größer, wenn alle Moleküle in einer Hälfte des Gefäßes lokalisiert sind, als wenn sie sich in beiden Hälften verteilt haben. Dies liegt daran, dass es mehr Variationsmöglichkeiten (und somit mehr Unordnung) gibt, wenn sich der den Molekülen zur Verfügung ste-

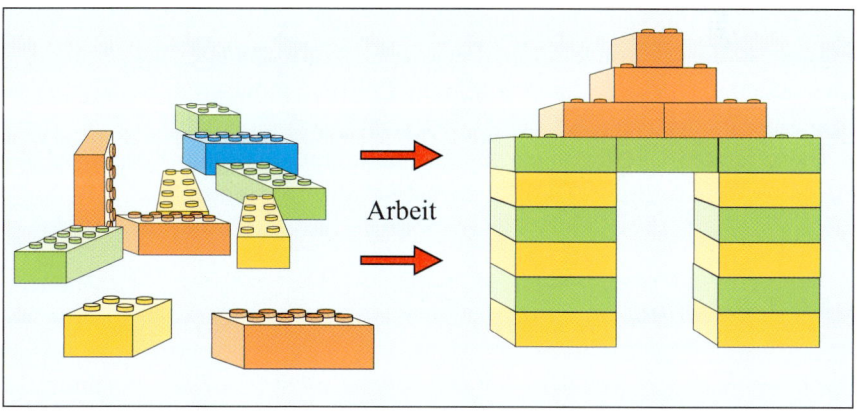

Abb. 8.2 Der Cartoon verdeutlicht die längst bekannte Tatsache, dass Ordnung durch Arbeit geschaffen wird. Links liegen die Legobausteine ungeordnet auf einem Haufen, während sie rechts zu einem Tor zusammengesetzt sind. In dem Haufen kann man die Bausteine ohne Änderung der Form des Haufens in wesentlich mehr Variationen anordnen als in dem einer strengen Ordnung unterliegenden Tor. Dem Haufen schreiben wir daher eine größere Entropie zu als dem Tor. Um die Ordnung des Tors zu erreichen, musste Arbeit geleistet werden.

hende Raum vergrößert. Somit ist eine kleine Entropie gleichbedeutend mit wenig Unordnung und große Entropie mit einem großen Maß an Unordnung.

Die Ordnung in unserem Behältersystem können wir wieder herstellen, indem wir das Gas langsam in die rechte Hälfte komprimieren. Dabei halten wir die Temperatur konstant. Bei konstanter Temperatur ist der Druck

$$p = \frac{NkT}{V}. \tag{8.8}$$

Hier haben wir die Zustandsgleichung für ideale Gase (7.6) verwendet. Beim Komprimieren müssen wir selbstverständlich Arbeit leisten. Da der Druck vom Volumen abhängig ist, müssen wir bei der Berechnung der Arbeit W über das Volumen integrieren. Mit der Beziehung $W = p \cdot dV$ (7.19) ergibt sich für die zu leistende Arbeit:

$$W = \int NkT \frac{dV}{V} = -NkT \ln 2. \tag{8.9}$$

Wir haben also durch Komprimieren des Gases in unserem Behälter die zuvor herrschende Ordnung wieder hergestellt und haben damit die Entropie in unserem Behälter verringert. Dies klingt zunächst wie ein Widerspruch zum zweiten Hauptsatz der Thermodynamik, ist es jedoch nicht! Man darf nicht vergessen, dass die Entropiebilanz nicht auf den Behälter beschränkt ist, sondern die Umgebung mit einbezogen werden muss. Es handelt sich bei dem Behälter um kein abgeschlossenes System mehr: Um die Temperatur konstant halten zu können, mussten wir die Wärmemenge $\Delta Q = |-W|$ nach außen ableiten. Dadurch wurde die Entropie in unserem Behälter zwar erniedrigt, die Entropie der Behälterumgebung jedoch erhöht!

Diese letzten Überlegungen führen uns unmittelbar zum Kernpunkt des folgenden Abschnittes, der Untersuchung offener Systeme.

8.1.1 Zeitrichtung

Die Frage nach der Richtung der Zeit scheint nicht besonders tiefsinnig zu sein. Wir wissen alle, dass wir vor uns eine unsichere Zukunft haben, dass hinter uns mehr oder weniger verpasste Vergangenheit liegt, und dass die schnell fortschreitende Grenze zwischen den Beiden die Gegenwart heisst. Dass sich Physiker mit der Frage der Zeitrichtung befassen, liegt zum einen daran, dass man eine objektive Vorschrift für die Feststellung der Zeitrichtung benötigt. Zum anderen sind elementare physikalische Phänomene unabhängig davon, ob die Zeit vorwärts oder rückwärts läuft. In anderen Worten bedeutet diese Tatsache, dass wir in Formeln das Vorzeichen vor der Zeit t frei wählen dürfen, ohne dass sich das Resultat ändert.

In der Thermodynamik, bei Objekten die viel größer als Atome und Moleküle sind, also wo nur makroskopische Größen zulässig sind, bestimmt der zweite Hauptsatz der Thermodynamik die Zeitrichtung. Der zweite Hauptsatz ist das Gesetz des Zerfalls. Er besagt, dass ein abgeschlossenes System mit der Zeit zu steigender Unordnung tendiert. In anderen Worten lautet die Aussage, dass sich Temperaturunterschiede stets ausgleichen, dass sich Maschinen abnutzen und dass der Mensch, wie jedes biologische Wesen letztendlich verendet. Gerade diese Erfahrungen geben uns ein subjekives Gefühl der Zeitrichtung.

Die kinetische Theorie der Wärme kann alle thermodynamischen Phänomene mit der Bewegung der Atome und Moleküle erklären. Für die Bewegung der Atome und Moleküle sind die elementaren physikalischen Gesetze, die von der Zeitrichtung unabhängig sind, maßgebend. Die Richtung der Zeit wird erst dann maßgeblich, wenn wir Systeme mit vielen Teilchen betrachten. Am Beispiel der Diffusion haben wir gezeigt, dass sich komplexe Systeme zum statistisch wahrscheinlichsten Zustand entwickeln. Diese Tendenz wird durch die Entropie quantitativ angegeben. Das ist nur eine etwas vornehmere Art zum Ausdruck zu bringen, dass abgeschlossene Systeme unaufhaltsam zum Zerfall verurteilt sind.

8.2 Offene Systeme

Abgeschlossene Systeme sind eine Idealisierung. Die Physiker des 19. Jahrhunderts haben die Thermodynamik in abgeschlossenen Systemen experimentell und theoretisch untersucht um die Erhaltung aller Energieformen zu ergründen. Aber abgeschlossene Systeme sind langweilig, da sie sich immer zum statistisch wahrscheinlichsten Zustand, dem „Tod", entwickeln. Offene Systeme hingegen stehen in ständigem Energieaustausch mit ihrer Umgebung und dadurch kann die Entropie sich erniedrigen. Das kann zeitlich begrenzt zu einer höheren Ordnung des Systems führen und letztendlich zur Entstehung von Leben.

Zu Ende des 19. Jahrhunderts hat man die Erkenntnisse von abgeschlossenen Systemen auf das Universum übertragen und das Ende des Universums als Wärmetod bezeichnet. Heute sind wir viel vorsichtiger bzgl. des Universums, aber für die Erde glauben wir zu wissen, dass sie durch einen Hitzetod verenden wird (Kapitel 17). Denn in einigen Milliarden Jahren wird die Sonne ihren Wasserstoff verbraucht haben und in die Phase des Heliumbrennens übergehen. Dabei wird sich die Temperatur des Sonnenkerns um das zehn-

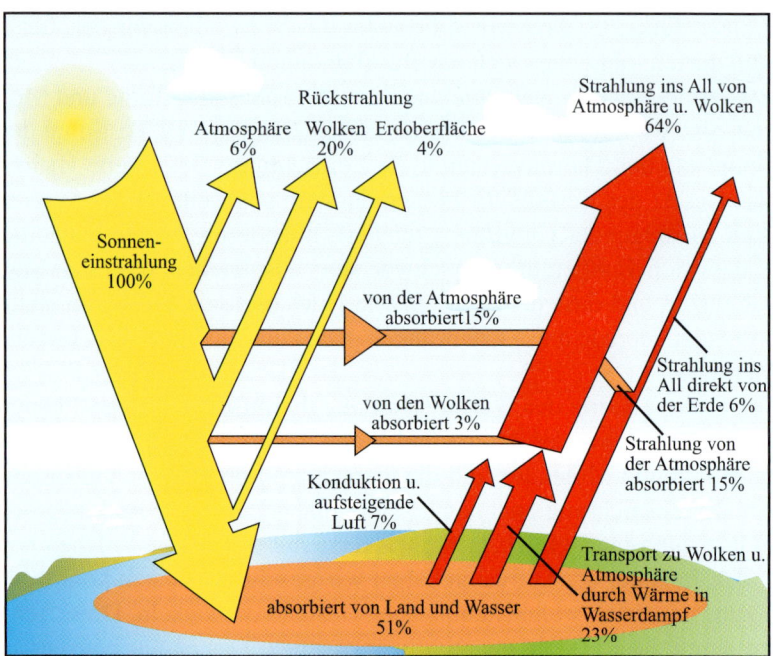

Abb. 8.3 Bisherigen Messungen zufolge bekommt die Erde von der Sonne konstant eine Energie von 174 Petawatt (PW = 10^{15} W) geliefert. Diese Energie wird durch Sonnenstrahlung auf die obere Schicht der Atmosphäre übertragen. Etwa 30% dieser Energie wird sofort reflektiert. Die restlichen 70% werden von Wolken ($\approx 20\%$), Ozeanen und dem Festland ($\approx 50\%$) absorbiert. In der Abbildung ist die eingestrahlte und die reflektierte Strahlung *gelb* markiert, um das Maximum des Sonnenspektrums im optischen Bereich zu kennzeichnen. Das von Ozeanen und dem Festland absorbierte Licht hat sein Maximum im optischen Bereich. Die von der Erde abgestrahlte Strahlung liegt hingegen im fernen Infrarotbereich (*rot* markierte Strahlung). Diese Strahlung wird teilweise wieder von Treibhausgasen in der Atmosphäre absorbiert und zurück auf die Erde reflektiert. Dies führt zu einer Erwärmung der Erde und der Atmosphäre, man spricht vom sogenannten Treibhauseffekt. Die mittlere Erdtemperatur ist konstant. Dies bedeutet, dass die Erde genau so viel Energie abstrahlt, wie sie von der Sonne her bekommt. Die kleinen Variationen der Erdtemperatur, die jedoch große Klimaveränderungen verursachen, bedeuten lediglich, dass sich das Temperaturgleichgewicht auf der Erde verschoben hat.

fache erhöhen und die Sonne bläht sich auf und verbrennt die Erde. So lange es geht, und das wird noch einige Milliarden Jahre dauern, sollen wir unser Interesse auf die Thermodynamik offener Systeme konzentrieren.

Die Erde und insbesondere ihre Oberfläche mit dem darauf befindlichen Leben sind von der Energiezufuhr der Sonne abhängig. Offensichtlich kann

8.2 Offene Systeme

man dem heutigen Zustand der Erde und im Speziellen der Erdbiosphäre mehr Ordnung zuschreiben als der aus dem solaren Nebel entstandenen Urerde. Das bedeutet, dass sich die Entropie auf der Erde mit der Zeit verringert hat. Dies verletzt allerdings keineswegs den für abgeschlossene Systeme geltenden Entropiesatz (8.7). Bei der Erde handelt es sich nicht um ein abgeschlossenes, sondern ein offenes System. Ein Austausch von Teilchen und Energie mit der Umgebung ist demnach durchaus möglich und im Fall der Erde auch notwendig, um unsere Lebensgrundlage zu sichern. Die lokale Abnahme der Entropie auf der Erde wird nach heute geltenden Theorien mit einer Zunahme der Entropie im Rest des Universums kompensiert.

In Abb. 8.3 wird gezeigt, welche Parameter die Erdtemperatur definieren. Ein winziger Teil der Sonnenenergie wird von Pflanzen genutzt, um

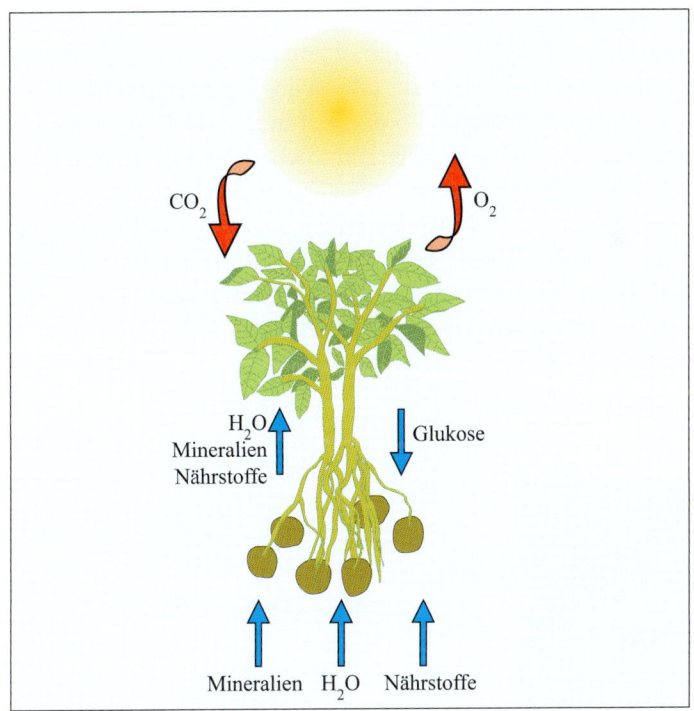

Abb. 8.4 Die Photosynthese ist der Träger des Lebens auf der Erde. Hier wird sie am Beispiel der Kartoffel demonstriert. Die Strahlung der Sonne hat ihr Maximum im optischen Bereich. Um welche Wellenlänge es sich dabei handelt, ist der Pflanze allerdings egal. In der Photosynthese wird mit Hilfe von Licht aus CO_2 und Wasser Zucker und O_2 produziert. Die Energie der Sonnenstrahlung wird bei diesem Prozess mit Hilfe einer chemischen Reaktion in chemische Energie der neu gebildeten Bausteine umgewandelt.

Photosynthese zu betreiben. Hierbei wird aus CO_2 und Wasser Zucker synthetisiert, wobei der molekulare Sauerstoff O_2 entsteht. Der Sauerstoff ist für die Pflanzen ein Abfallprodukt und in hoher Konzentration sogar giftig für sie. Für Tiere und Menschen hingegen ist es eine lebensnotwendige Voraussetzung. Die Sonne ermöglicht somit den Prozess der Photosynthese (Abb. 8.4). Ohne die während des Prozesses der Photosynthese gespeicherte Energie könnten Menschen und Tiere nicht „funktionieren". Zucker, Eiweiß und Fett verbrennen mit eingeatmetem Sauerstoff zu Kohlenstoffdioxid, das wir ausatmen. So läuft der auf das Wesentliche reduzierte Zyklus der Biosphäre ab.

8.2.1 Selbstorganisation

Unter Selbstorganisation verstehen wir die charakteristischen Eigenschaften von Vielteilchensystemen, die sich auf Grund des Zusammenwirkens ihrer Bausteine zu komplexen Strukturen organisieren. Dieser Begriff wird in allen Naturwissenschaften und auch außerhalb, beispielsweise in der Wirtschaft, benutzt. Es scheint, dass es eine Universalität der Strukturbildungsgesetze gibt, die man in ganz verschiedenen physikalischen, chemischen und biologischen Systemen findet. Hinter dem großen Interesse an den Gesetzen der Strukturbildung steckt allerdings die Frage, wie es zum heutigen Zustand der Erde und vor allem zu Leben auf der Erde gekommen ist. Es ist sozusagen die Geschichte der Erde, die es zu klären gilt. Kann die Sonnenenergie das Leben auf der Erde geschaffen haben?

Abb. 8.5 Die bildschönen Formen, die Eiskristalle formen, werden gerne als Vorzeigebeispiele der Selbstorganisation in der Natur angeführt.

8.2 Offene Systeme

In der Physik ist der Begriff der Selbstorganisation solide definiert. Ordnung entsteht bei Phasenübergängen, wenn sich ein System abkühlt. Woher kommt die Ordnung? Ein Beispiel von Selbstorganisation ist der Eiskristall in Abb. 8.5.

Als Modell der Selbstorganisation in vielen Systemen dient die spontane Orientierung der Elektronenspins, wenn sich Eisen unter die Curie-Temperatur abkühlt. Die Spins sind oberhalb der Curie-Temperatur symmetrisch in alle Richtungen gleichmäßig orientiert, unterhalb in eine Richtung aufgereiht. Da das System aus einem rotationssymmetrischen Zustand in einen nicht symmetrischen übergeht, bezeichnet man solche Übergänge als *Spontane Symmetriebrechung*.

Das Universum entstand und entwickelt sich immer noch durch Prozesse der Selbstorganisation: Formierung des Planetensystems, der Galaxien und Sterne (siehe Abschnitt 5.4).

Kapitel 9
Mechanische Wellen

Jeder ist aus dem täglichen Leben mit dem Verhalten von Oberflächenwellen des Wassers vertraut. Diese Erfahrung lässt sich auf viele Phänomene in der Physik übertragen. In diesem Kapitel werden wir die Eigenschaften mechanischer Wellen in Gasen, Flüssigkeiten und festen Körpern studieren. Außerdem wird es einen Abschnitt über Wasseroberflächenwellen geben. Die Ausbreitung mechanischer Wellen erfolgt über oszillierende Atome, die um ihre Gleichgewichtslage schwingen und ihren Impuls und ihre Energie an benachbarte Atome übertragen.

Im Kapitel 11 werden wir uns mit der Wellenausbreitung elektrischer und magnetischer Felder im Vakuum beschäftigen. Mit elektromagnetischen Wellen, zu denen auch das Licht gehört, können Energie und Informationen übertragen werden. Allerdings benötigen sie im Gegensatz zu den mechanischen Wellen kein Medium zur Ausbreitung.

In der Quantenmechanik (Kapitel 13) werden wir es mit einer noch exotischeren Art von Wellen zu tun bekommen, den sogenannten Wahrscheinlichkeitswellen. Damit kann man die Bewegung von mikroskopischen Teilchen beschreiben.

Es gibt sehr wahrscheinlich noch eine vierte Art von Wellen, die Gravitationswellen. Mit irdischen Detektoren konnte man sie noch nicht nachweisen, aber astronomische Beobachtungen weisen stark auf die Existenz von Gravitationswellen hin.

Trotz großer Unterschiede der physikalischen Systeme, in denen die Wellenphänomene auftreten, ist die formale Beschreibung der Wellenbewegung sehr ähnlich.

9.1 Eindimensionale, longitudinale und transversale Wellen

Die wesentlichen Charakteristika von Wellen können sehr gut an eindimensionalen mechanischen Modellen demonstriert werden. In Abb. 9.1 sehen wir die mechanische Repräsentation einer transversalen und einer longitudinalen Welle. Die Anregung der Welle findet durch eine periodische Bewegung am Ende der langen Feder statt. Die Feder ist so lang, dass man die Befestigung am anderen Ende nicht berücksichtigen muss. Die externe Anregung der Feder soll eine zeitliche Abhängigkeit von $\sin(\omega t)$ haben. Dann besitzt auch die erregte Welle Sinusform. Die einzelnen Segmente der Feder oszillieren um ihre Ruhelage mit $A(t) = A_0 \sin(\omega t)$. Die reine x-Abhängigkeit der Welle erhalten wir, wenn wir die Welle zu einer festen Zeit t betrachten. Die x-Abhängigkeit wird in diesem Fall Sinusform haben. Das Argument müssen wir gerade so wählen, dass die Amplitude gleich bleibt, wenn wir die Koordinate um λ verschieben: $x \rightarrow x + \lambda$. Die x-Abhängigkeit der Welle ist dann

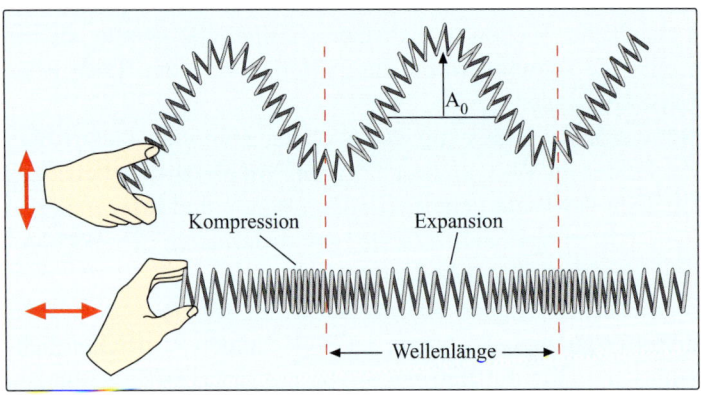

Abb. 9.1 *Oben*: Erzeugung einer transversalen Welle. Eine lange Feder wird am Ende periodisch mit einer sinusförmigen Kraft angeregt. Die Auslenkung pflanzt sich mit konstanter Geschwindigkeit entlang der Feder fort. Die entstandene periodische Struktur charakterisieren wir durch Angabe der Wellenlänge λ und der Amplitude A_0. Die Wellenlänge ist der Abstand zwischen benachbarten Maxima und die Amplitude entspricht der größten transversalen Auslenkung der Feder. *Unten*: Erzeugung einer longitudinalen Welle. Hier wird die Feder am Ende periodisch longitudinal mit einer sinusförmigen Kraft angeregt. Die longitudinale Verschiebung breitet sich mit konstanter Geschwindigkeit entlang der Feder aus. Die Wellenlänge der longitudinalen Welle ist der Abstand zwischen benachbarten maximalen Verdichtungen. Die maximale Verdichtung gibt die Amplitude der longitudinalen Welle an.

9.1 Eindimensionale, longitudinale und transversale Wellen

$$A(x) = A_0 \sin\left(2\pi \frac{x}{\lambda}\right) = A_0 \sin(kx). \tag{9.1}$$

In Gleichung (9.1) haben wir $2\pi x/\lambda$ mit der Wellenzahl k ersetzt, so wie es in der Physik üblich ist. Den endgültigen Ausdruck für die Wellenamplitude $A(x, t)$, abhängig von der Zeit t und der Koordinate x bekommen wir, wenn wir beide in das Sinusargument einbauen:

$$A(x, t) = A_0 \sin(kx - \omega t). \tag{9.2}$$

Den Wert des Arguments, $(kx - \lambda t)$ nennen wir die Phase der Welle. Die Geschwindigkeit, mit der sich diese Phase bewegt, nennen wir die Phasengeschwindigkeit. Die Phase $(kx - \omega t)$ bewegt sich mit der Phasengeschwindigkeit v

$$v = \frac{x}{t} = \frac{\omega}{k} = \nu\lambda. \tag{9.3}$$

In (9.3) haben wir wieder ω mit $2\pi \nu$ und k mit $2\pi/\lambda$ ersetzt. Das Resultat (9.3) ist trivial: Die Phase bewegt sich in einer Sekunde um die Länge, die der Zahl der Schwingungen pro Sekunde (ν) multipliziert mit der Wellenlänge (λ) entspricht.

9.1.1 Phasengeschwindigkeit

Die Wellengeschwindigkeit wollen wir nicht exakt herleiten, aber eine plausible Erklärung der Formel geben. Das wollen wir für die longitudinale Welle, die sich auf einer langen Feder ausbreitet, zeigen. Im Abschnitt 4.2 haben wir gezeigt, dass die Geschwindigkeit v einer an der Feder aufgehängten Masse folgendermassen geschrieben werden kann:

$$v = \omega x_0 \cos(\omega t) = \sqrt{\frac{k}{m}} x_0 \cos(\omega t). \tag{9.4}$$

Wir nehmen an, dass sich die Welle in der Feder mit der Phasengeschwindigkeit c_s ausbreitet, die der Geschwindigkeit v der Federsegmente proportional ist. Die Welle sollte sich in positive x-Richtung ausbreiten. Deswegen betrachten wir ein Segment der Länge Δl, das sich in positive Richtung mit der Geschwindigkeit v (9.4) bewegt. Wenn wir die Formel (9.4) für die Feder ohne angehängte Masse benutzen wollen, müssen wir die Masse der Feder berücksichtigen. Das tun wir, indem wir die Masse pro Länge ρ_l einführen. Das Segment Δl hat eine Masse $\rho_l \Delta l$. Ein Federsegment wird bei konstanter Phase immer dieselbe Länge Δl und dieselbe Auslenkung haben. Zur Vereinfachung nehmen wir auch für die Auslenkung Δl. Dann können wir die Formel (9.4) für die Phasengeschwindigkeit benutzen, wenn wir für die Masse $\rho_l \Delta l$ und statt $x_0 \to \Delta l$ in (9.4) setzen:

$$c_f = \sqrt{\frac{k}{m}} \cdot \Delta l = \sqrt{\frac{k \cdot \Delta l^2}{\rho_0 \cdot \Delta l}}. \tag{9.5}$$

Das Produkt $k \cdot \Delta l$ ist die antreibende Kraft F und das Endergebnis lautet dann:

$$c_f = \sqrt{\frac{F}{\rho_l}}. \tag{9.6}$$

Die Phasengeschwindigkeit ist gleich der Wurzel aus dem Verhältnis von Federkraft und Massendichte. Die Formel (9.6) ist allgemein gültig für kleine Wellenamplituden. Man kann sie leicht umformen und für alle mechanischen Wellen, die durch elastische Spannungen des Mediums entstehen, benutzen.

Noch eine Bemerkung zur Nomenklatur: Die Phasengeschwindigkeit der mechanischen Wellen bezeichnen wir mit c_f um sie von der mechanischen Geschwindigkeit v der oszillierenden Segmente zu unterscheiden. Der Buchstabe c ist für die Lichtgeschwindigkeit reserviert.

Bis jetzt haben wir von der Phasengeschwindigkeit gesprochen. Sie ist für eine ideale Sinuswelle definiert, die weder Anfang noch Ende hat. Um experimentell die Geschwindigkeit zu messen, müssen aber die Zeiten beim Durchlauf der Welle in verschiedenen Abständen gemessen werden. Das geht mit einer unendlich langen Sinuswelle nicht. Um die Zeit des Durchgangs zu messen, muss mindestens der Anfang der Welle gut definiert sein. Eine zeitbegrenzte Welle besteht nicht aus einer reinen Sinuswelle, sondern aus einer Superposition vieler Sinuswellen. Die Geschwindigkeit, die man mit einer zeitbegrenzten Welle misst, nennt man die Gruppengeschwindigkeit. Im Unterschied zu der Phasengeschwindigkeit $c_f = \omega/k$ schreibt man die Gruppengeschwindigkeit c_s als

$$c_s = \frac{d\omega}{dk}. \tag{9.7}$$

Für die meisten Medien ist $\omega \propto k$ näherungsweise erfüllt und die Phasen- und die Gruppengeschwindigkeiten unterscheiden sich nicht wesentlich. Wir wollen in Zukunft einfach von der Wellengeschwindigkeit reden und meinen damit die Gruppengschwindigkeit. Nur wenn wir betonen wollen, dass es sich um die Phasengeschwindigkeit handelt, werden wir das explizit erwähnen. Die Wasserwellen haben eine sehr starke Abhängigkeit von der Phasengeschwindigkeit und von der Wellenlänge, so dass es meistens nicht zu einer langfristigen Bildung der Wellen kommt.

9.2 Energie und Impuls der Welle

Wellen transportieren Energie und Impuls, aber keine Masse. Die Energie und der Impuls werden durch die Oszillation des Mediums übertragen. Als Beispiel wollen wir die Energieübertragung auf einer langen Feder (Abb. 9.1) betrachten. Die Hand am Ende der Feder führt der Feder Energie zu, die dann entlang der Feder übertragen wird. Betrachten wir einen Abschnitt Δl der Feder: Die Masse des Abschnitts ist $\Delta m = \rho \Delta l$. Die Energie des Abschnitts ΔE ist nach (4.2)

$$\Delta E = \frac{1}{2} k x_0^2 = \frac{1}{2} \omega^2 \Delta m x_0^2. \tag{9.8}$$

In Formel (9.8) haben wir die Federkonstante k nach der Formel (4.2) mit $k = \omega^2 \Delta m$ ersetzt.

Unendlich lange Wellen lassen sich bequem beschreiben, haben aber wenig mit den Wellen in der Natur zu tun. Betrachten wir lieber eine Welle, die dadurch entsteht, dass man die Feder nur eine kurze Zeit Δt anregt. Eine solche zeitlich begrenzte Welle nennen wir ein Wellenpaket. Ein Wellenpaket besteht aus vielen benachbarten Sinusfrequenzen, die sich überlagern. Für unsere Behandlung werden wir das allerdings nicht berücksichtigen und nur einfache Sinuswellen betrachten.

Schallwellen werden vorwiegend zur Kommunikation und nicht zur Energieübertragung verwendet. Auch sie sind zeitlich begrenzt. Dagegen wird der für uns Erdbewohner lebenswichtige Transport der Sonnenenergie von elektromagnetischen Wellen in Form kleiner Wellenpakete, den sogenannten Photonen, geleistet.

Betrachten wir wieder unsere Feder, die wir mit einer zeitlich begrenzten (Δt) Sinuswelle angeregt haben. Jedes Segment der Feder innerhalb des Wellenpakets hat die Energie $E = 1/2 \cdot \omega^2 \Delta m$ (9.8). Die Gesamtenergie des Pakets ist die Summe aller Abschnitte Δl. Die Länge aller Abschnitte ist das Produkt aus der Zeit, Δt, die wir für die Anregung der Feder benötigt haben und der Wellengeschwindigkeit c_s. Wenn das Wellenpaket den Detektor an der rechten Seite der Feder erreicht, wird die Gesamtenergie des Pakets übergeben:

$$E = \frac{1}{2} \omega^2 \rho x_o^2 c_s \Delta t. \tag{9.9}$$

Eine analoge Überlegung gibt für den übertragenen Impuls des Wellenpaket als

$$p = \frac{1}{2} \omega^2 \rho x_o^2 \Delta t. \tag{9.10}$$

Die Beziehungen (9.9 und 9.10) zwischen der von Wellen übertragenen Energie und Impuls gilt für alle Formen der Wellenbewegung. Das bedeutet

$$E = c \cdot p, \tag{9.11}$$

wobei wir bei der Wellengeschwindigkeit den Index s weggelassen haben, um zu betonen, dass diese Beziehung eine allgemeine Gültigkeit für alle Wellenbewegungen hat.

9.3 Reflexion, Transmission und Absorption

Wenn eine Welle auf ein Hindernis trifft oder am Ende des Mediums ankommt, wird sie zumindest teilweise reflektiert. In Abb. 9.2 sehen wir das Verhalten der Welle, wenn der Strick an einer Wand befestigt ist und wenn das Ende des Stricks frei hängt, gezeigt. Betrachten wir nun die Energie- und Impulserhaltung: In beiden Fällen hat der reflektierte Puls die gleiche Amplitude wie der ursprüngliche; die Energie ist erhalten. Mit dem Impuls ist es

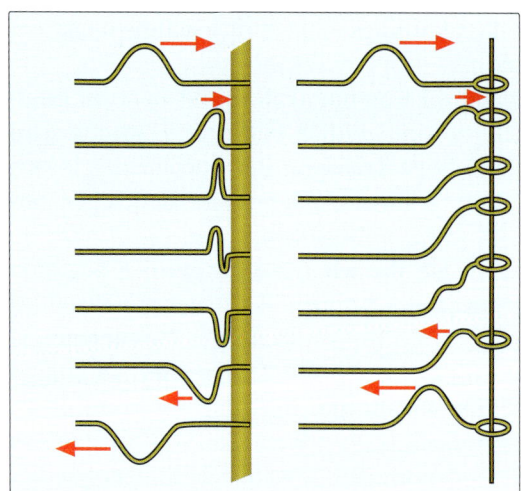

Abb. 9.2 Ist der Strick an einer Wand befestigt, übt er beim Erreichen des Pulses eine Kraft auf diese aus. Die Wand übt daraufhin eine in der Größe gleiche, aber in der Richtung entgegensetzte Kraft (Drittes Newtonsches Axiom) auf den Strick aus und dreht dadurch den Puls um. Man sagt, bei der Reflektion an einem harten Medium wird der Puls um eine Phase von 180° verschoben. Bei einem Strick mit frei hängendem Ende gibt es keine rückwirkende Kraft auf den Strick und die Amplitude vergrößert sich für kurze Zeit. Erreicht der Puls das Strickende, zieht er den Strick nach oben und der reflektierte Puls bewegt sich mit unveränderter Phase zurück.

9.4 Stehende Wellen

etwas komplizierter. Beim befestigten Ende ist die Situation analog zum Stoß einer Kugel gegen eine Wand. Die Wand übernimmt den doppelten Impuls, so dass der reflektierte Puls den engegengesetzten Impuls erhält. Beim frei hängenden Strick wird der Impuls vom Strick an die Befestigung an seinen Anfang übertragen.

Alle Überlegungen, die wir für einen solchen Puls gemacht haben, sind auf Sinuswellen übertragbar.

Wenn der Puls das befestigte Ende erreicht, wird er übrigens nicht vollständig reflektiert. Ein Teil der Energie übernimmt die Wand, zum einen als Energie des durchgelassenen Pulses, zum anderen wird sie als Wärme von der Wand absorbiert.

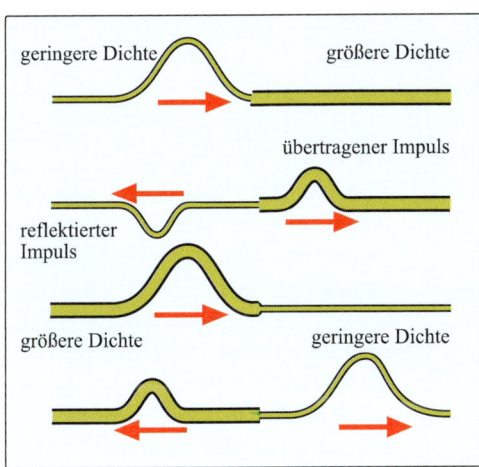

Abb. 9.3 Wenn der Puls die Verbindung zwischen leichtem und schwerem Strick erreicht, wird er teilweise reflektiert und breitet sich in dem schwereren Strick weiter aus. Je schwerer der zweite Strick ist, desto kleiner wird der durchgelassene Puls. Der reflektierte Puls ist so, als wäre er an einer Wand befestigt, um eine Phase von 180° verschoben. Der Übergang des Pulses vom schweren zum leichten Strick hingegen ähnelt dem Verhalten eines frei aufgehängten Stricks.

Veranschaulichen wollen wir dieses Verhalten in Abb. 9.3. Statt den an der Wand befestigten bzw. frei aufgehängten Strick, betrachten wir nun den Puls, der sich zunächst auf einem leichten Strick ausbreitet und in einen schwereren übergeht.

9.4 Stehende Wellen

Regt man, wie in Abb. 9.4 gezeigt, an einem Strick, der an einem Ende befestigt ist, eine Welle an, läuft diese zum befestigten Ende und wird dort reflektiert. Was man beobachtet, ist die Interferenz der hin- und rücklaufenden Welle. Das bedeutet, dass sich die Amplituden der beiden Wellen addieren. Im Allgemeinen entsteht eine neue, gemischte Welle. Bei bestimmten Anregungsfrequenzen bilden sich sogenannte stehende Wellen (Abb. 9.4) aus. Die Amplituden der hin- und der rücklaufenden Welle überlagern sich dann gera-

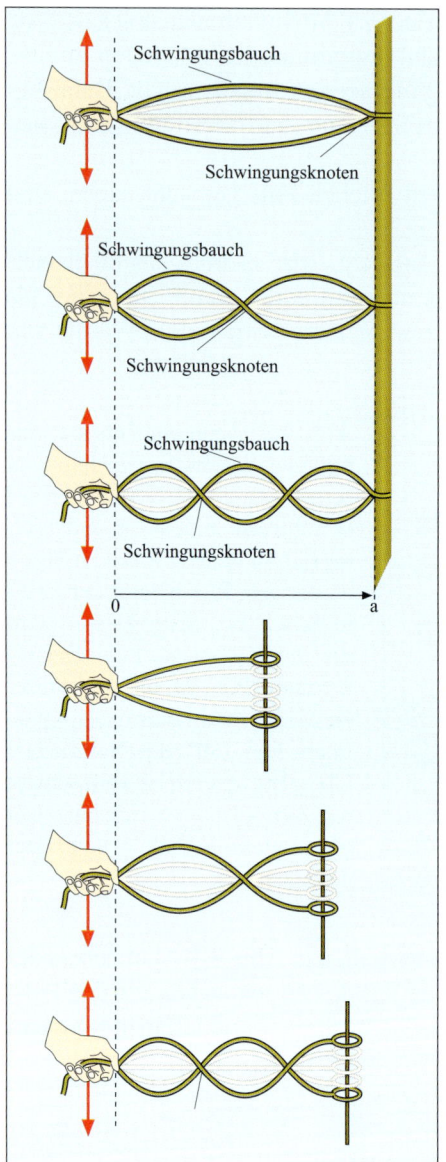

Abb. 9.4 Die stehenden Wellen entstehen bei verschiedenen Anregungsfrequenzen. Die stehende Welle mit der niedrigsten Frequenz besteht aus einem Schwingungsbauch und jeweils einem Knoten am Anfang und am Ende des Stricks. Die nächst höhere stehende Welle hat zwei Bäuche und drei Knoten u.s.w. Die stehenden Wellen bei nicht befestigtem Strickende haben immer einen Bauch am Ende. Um bei offenem Ende die gleichen Frequenzen für stehende Wellen zu erreichen wie mit befestigtem Ende, wird der Strick auf $a/2$, $3/4\,a$ und $5/6\,a$ verkürzt. Ganz allgemein wächst die Anzahl der Knoten und Bäuche mit der Frequenz.

de so, dass sie sich an einem Ort vollständig addieren, es entsteht ein Schwingungsbauch. An anderen Orten dagegen vernichten sich die Teilwellen vollständig, es werden Schwingungsknoten erzeugt. Die Beschreibung der stehenden Wellen ist einfach, da die Amplitude jeweils von dem Ort abhängig ist $A(x) = A_0 \sin(kx)$ und die zeitliche Abhängigkeit ist für alle gleich. Alle Amplituden schwingen mit $\sin(\omega t + \delta)$. Darin ist δ die Phasenverschiebung.

9.5 Wasserwellen

Die stehende Welle wird beschrieben als Produkt von Zeitabhängigkeit und Ortsabhängigkeit. Als Besipiel zeigen wir, wie man die stehende Welle in Abb. 9.4 beschreiben kann, von oben nach unten: Die niedrigste Frequenz, bei der eine stehende Welle entsteht, ist ω, sie hat ihre Knoten bei $x = 0$ und $x = a$. Diese Bedingung kann man erfüllen, wenn man für $k = \pi/a$ wählt:

$$A(x,t) = A_0 \cdot \sin(\omega t + \delta) \cdot \sin\left(\frac{\pi}{a}\right), \qquad (9.12)$$

Das darauf folgende Bild mit der nächst höheren Frequenz hat die Amplitude:

$$A(x,t) = A_0 \cdot \sin(2\omega t + \delta) \cdot \sin\left(\frac{2\pi}{a}\right). \qquad (9.13)$$

Wie man bereits erwarten könnte, hat die dritte Frequenz drei Knoten und die Amplitude:

$$A(x,t) = A_0 \cdot \sin(3\omega t + \delta) \cdot \sin\left(\frac{3\pi}{a}\right). \qquad (9.14)$$

Um die stehende Welle bei gleichen Frequenzen zu bekommen, haben wir die Stricklänge verkürzt: Im ersten Fall auf $a/2$, im zweiten auf $3/4\,a$ und im letzten Fall auf $5/6\,a$.

Die stehende Welle kann man auch als Oszillator betrachten: Alle Abschnitte des Stricks schwingen in der gleichen Phase, die Amplitude ist jeweils verschieden. Die Amplitude am Bauch ist maximal, während sie am Knoten Null ist. Im Gegensatz zum mechanischen Pendel mit nur einer einzigen Eigenfrequenz hat der Strick mehrere Eigenfrequenzen, die Resonanzfrequenzen. Auf solche stehenden Wellen treffen wir beim Schall, den elektromagnetischen Wellen und auch den Wahrscheinlichkeitswellen der Quantenmechanik.

9.5 Wasserwellen

Wasseroberflächenwellen unterscheiden sich wesentlich von den elastischen Wellen. Wenn sich das Wasser über die Gleichgewichtsebene erhebt, wirkt die Erdanziehung als rücktreibende Kraft. Da die Wasseroberfläche auf einer dicken Schicht Wasser aufliegt, können sich die Moleküle nicht vertikal bewegen, sondern sie kreisen um ihre Ruhelage. In Abb. 9.5 zeigen wir das Verhalten des Wassers in drei Bereichen. Wenn die Wellenlänge klein gegenüber der Wassertiefe ist, wird die Wellengeschwindigkeit c_W (eigentlich Phasengeschwindigkeit) beschrieben durch:

$$c_W = \sqrt{\frac{g \cdot \lambda}{2\pi}}. \qquad (9.15)$$

Die Phasengeschwindigkeit der Oberflächenwellen ist proportional zur Wurzel der Wellenlänge: $c_W \propto \sqrt{\lambda}$. Somit sind Wellen mit kleiner Wellenlänge langsam, solche mit großer schnell. Das ist der Grund dafür, dass die Wellen im Meer ihre Form dauernd ändern.

Wenn die Wellenlängen groß gegenüber der Tiefe d sind, dann hängt die Geschwindigkeit nur von der Tiefe ab:

$$c_W = \sqrt{g \cdot d}. \qquad (9.16)$$

Wenn die Wellen auf ansteigenden Boden in Küstennähe treffen, dann verlangsamen sie sich und werden von den hohen nachfolgenden Wellen überrollt.

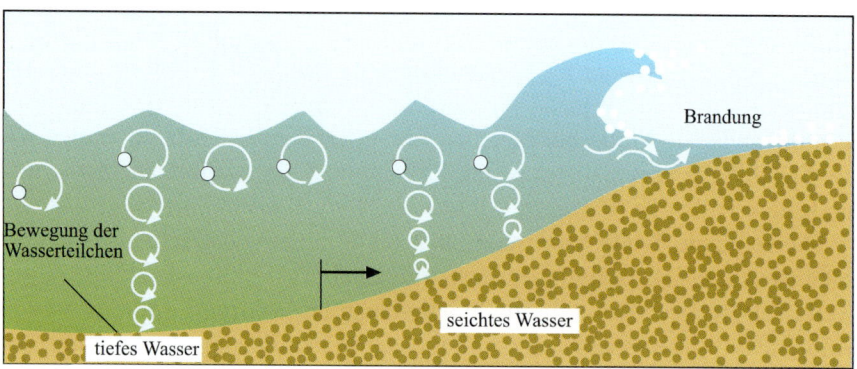

Abb. 9.5 Die drei Facetten von Wasserwellen. Wenn die Wellenlänge klein gegenüber der Wassertiefe ist, verhält sich die Phasengeschwindigkeit proportional zur Wurzel aus der Wellenlänge. Wenn die Wellenlänge groß gegenüber der Wassertiefe ist, dann ist die Phasengeschwindigkeit proportional zur Wurzel der Wassertiefe. Wenn die Wellen auf den schiefen Boden in Küstennähe treffen, werden sie gebrochen.

9.6 Interferenz und Beugung der Wasserwellen

Interferenz und Beugung können sehr schön mit Wasserwellen demonstriert werden. Sicher hat schon jeder diese Phänomene in der Natur beobachtet. In diesem Kapitel werden wir uns nur qualitativ damit beschäftigen. Quantitativ werden sie noch zweimal, in der Optik und der Quantenmechanik, behandelt werden.

In einem Becken mit horizontalem Boden haben die Wellen die gleiche Geschwindigkeit unabhängig von der Wellenlänge (siehe 9.16). Die Interfe-

9.6 Interferenz und Beugung der Wasserwellen

Abb. 9.6 Eine ebene Welle trifft auf eine Wand mit zwei schmalen Spalten. Schmal bedeutet in diesem Fall, dass die Spaltbreite kleiner ist als die Wellenlänge. Dann kann der Spalt als die Quelle einer neuen Welle, die sich radial mit gleicher Amplitude unabhängig vom Winkel ausbreitet, betrachtet werden. Wenn die beiden von den Spalten ausgehenden Wellen aufeinander treffen, dann addieren sich die Amplituden. Wenn sie in Phase sind, dann verdoppelt sich die Amplitude, wenn die Phasen entgegengesetzt sind, dann vernichten sie sich.

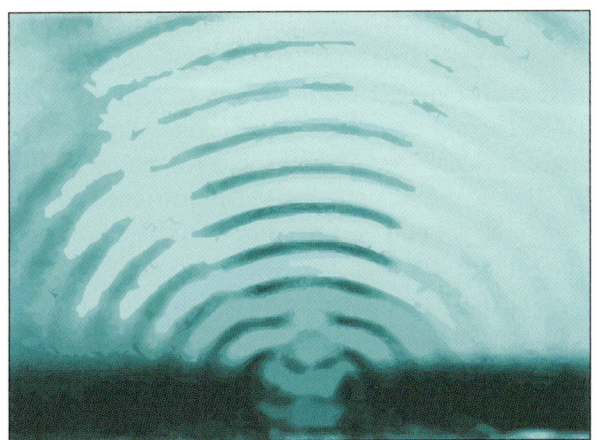

Abb. 9.7 Eine ebene Wasserwelle trifft auf einen Spalt. Nach dem Spalt breitet sich die Welle in alle Richtungen aus. Man spricht von Beugung. Da die Breite des Spalts mit der Wellenlänge vergleichbar ist, handelt es sich um keine Punktquelle mehr. Eine ausgedehnte Quelle erzeugt die Wellen so, als ob jeder Punkt innerhalb des Spalts eine eigenständige Punktquelle wäre. In unserem Fall kann der Spalt als Vereinigung der beiden Spalten von Abb. 9.6 betrachtet werden. Deswegen sieht man die Modulation der Wellenamplituden, die durch den Phasenunterschied innerhalb des Spalts entstehen.

renz zwischen zwei Wellen kann man mit Beugung an zwei schmalen Spalten erzeugen (Abb. 9.6).

In Abb. 9.7 zeigen wir die Beugung einer ebenen Wasserwelle an einem Spalt der Größe $\approx \lambda$. Dieses Beugungsbild könnte entstehen, wenn man die beiden Spalte von Abb. 9.6 zu einem einzigen vereinigt. Das Beugungsbild eines breiten Spaltes kann man als Interferenz einzelner Punktquellen innerhalb des Spalts auffassen.

9.7 Schall

Mit Ausnahme der Wasserwellen sind alle Wellen, die wir diskutiert haben, elastische Wellen. Diese Wellen breiten sich durch das Medium mit Geschwindigkeiten, die von den elastischen Eigenschaften des Mediums abhängig sind, aus. Solche elastischen Wellen werden Schallwellen genannt. Im täglichen Gebrauch benutzt man das Wort Schall für elastische Wellen im Frequenzbereich von 16 bis 20 000 Hertz. In diesem Bereich ist das Ohr empfindlich. Zunächst betrachten wir Schallwellen in Luft.

9.7.1 Schallwellen im Gas

Die Schallwellen entstehen durch die Kopplung von stehenden Wellen an das Medium. In Abb. 9.8 vibriert die Lautsprechermembrane und erzeugt die Schallwellen mit dem abwechselnden Überdruck und Unterdruck Phasen. Das Muster der Schallerzeugung ist immer gleich, Anregung der stehenden Welle, Schwingung des Schallsenders und seine Kopplung an das Medium. Es gibt unzählige Bücher, die sich mit den Musikinstrumenten und der Kunst der Menschen zu sprechen und zu singen beschäftigen; wir verzichten auf eine Abhandlung dieses Themas. Das Ohr, der Empfänger des Schalls, ist eines unserer kompliziertesten Organe. Die Schallwellen werden durch winzige Härchen, Knorpel und Knöchelchen zur Ohrschnecke geleitet. In der Ohrschnecke werden die Schallwellen analysiert. Das Frequenzspektrum des Schalls wird vom Hörnerv zum Gehirn übertragen und dort zum Hörbild geformt.

In Abb. 9.8 ist eine longitudinale Schallwelle im Gas abgebildet. Es ist offensichtlich, dass die rücktreibende Kraft im Gas der Druck ist. Deswegen ersetzen wir die uns bereits bekannte Federkonstante k mit dem Druck $k \to \kappa p$. Der Vorfaktor $\kappa = c_p/c_v$ kommt davon, dass die Druckveränderungen in der Luft sehr schnell sind und sich die Temperatur in Gebieten mit Bäuchen und Knoten nicht ausgleichen kann. Ohne eine ausführliche Begründung anzugeben, sollten Sie die Behauptung glauben. Dann kann die

9.7 Schall

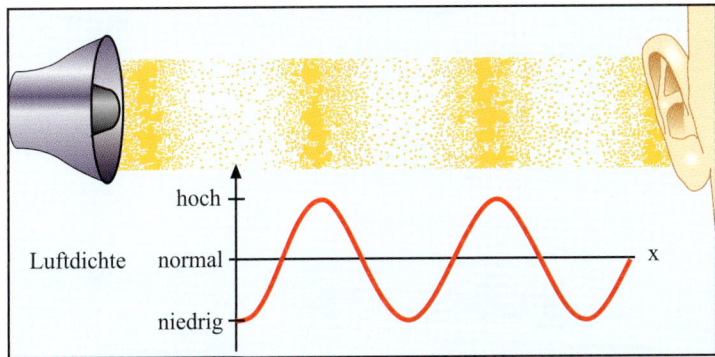

Abb. 9.8 Die Schallwellen im Gas sind Longitudinalwellen. Die Wellenlänge einer Schallwelle besteht zur einen Hälfte aus einem Bereich erhöhten Drucks und zur anderen Hälfte erniedrigtem Druck. Zur Veranschaulichung ist im unteren Teil des Bildes die Druck- bzw. Dichteamplitude aufgetragen.

Schallgeschwindigkeit in der Luft bei einem Druck von einer Atmosphäre $p = 1{,}013 \cdot 10^5$ Pa, einer Dichte von $\rho = 1{,}2$ kg/m^3 der Luft bei 20° und $\kappa = 7/5$ (die Luft besteht hauptsächlich aus zweiatomigen Molekülen und hat $c_V = 5/2$ und $c_P = 7/2$) ausgerechnet werden

$$c_s = \sqrt{\kappa \frac{p}{\rho}} = 343 \frac{\text{m}}{\text{s}}. \tag{9.17}$$

9.7.2 Dopplereffekt

Akustische Schallwellen breiten sich radial mit der Geschwindigkeit c_s aus. Deswegen hängt die vom Empfänger wahrgenommene Frequenz der Schallwelle von der relativen Geschwindigkeit zwischen Sender und Empfänger ab. Zur Veranschaulichung betrachten wir die Verhältnisse, wie in Abb. 9.9 skizziert: Ein Feuerwehrwagen sendet ein akustisches Signal mit einer Frequenz von 1000 Hertz aus. Oben: Der Wagen bewegt sich nicht. Die rechts und links am Straßenrand stehenden Personen hören das Signal mit der gleichen Frequenz. Unten: Der Wagen fährt mit 72 km/h (entspricht v=20 m/s) nach links. Die Personen, denen sich der Wagen nähert, hören eine höhere, die, von denen er sich entfernt, eine niedrigere Frequenz als die eigentlichen 1000 Hertz. Für die Welle mit ν=1000 Hertz beträgt die Wellenlänge $\lambda = c_s/\nu = 0{,}343$ Meter. Weil sich der Wagen bewegt, wird der Abstand zwischen Wellenbäuchen in Fahrtrichtung kleiner, die Wellenlänge verkürzt sich. Der Wagen mit $v = 20$ m/s bewegt sich in der Zeit einer Schwingungsperiode v/ν um 0,020 Meter. Die effektive Wellenlänge des Schalls beträgt

Abb. 9.9 Der ruhende Feuerwehrwagen sendet in alle Richtungen ein akustisches Signal mit gleicher Frequenz aus. Bei fahrendem Wagen erhöht sich die Schallfrequenz in Fahrtrichtung um $\Delta \nu = (v/c_s)\nu$, in entgegengesetzter Richtung erniedrigt sie sich um $\Delta \nu = (v/c_s)\nu$.

dann

$$\lambda = \frac{c_s}{\nu} - \frac{v_1}{\nu} = \frac{c_s}{\nu}\left(1 - \frac{v}{c_s}\right). \tag{9.18}$$

In unserem Fall erhalten wir $\lambda = 0{,}323$ Meter. Da die Schallgeschwindigkeit im Medium unabhängig von der Bewegung der Schallquelle ist, ist die Frequenz, die der ruhende Empfänger hört

$$\nu' = \frac{\nu}{1 - \frac{v}{c_s}}, \tag{9.19}$$

in unserem Fall $\nu' = 1062$ Hertz.

Analoge Überlegungen können wir für die Frequenz, die man vom sich entfernenden Wagen hört, anstellen. Die Schallwellenlänge wird in unserem Fall 20 cm länger, die Frequenz ν''

$$\nu'' = \frac{\nu}{1 + \frac{v}{c_s}}, \tag{9.20}$$

ergibt sich zu $\nu'' = 945$ Hertz.

Wenn sich die Schallquelle nur langsam bewegt, $v \ll c_s$, vereinfachen sich die Formeln (9.19) und (9.20), die Frequenzänderung $\Delta \nu$ beträgt

$$\Delta \nu = \nu' - \nu = \frac{\frac{v}{c_s}}{1 + \frac{v}{c_s}} \approx \pm \nu \left(\frac{v}{c_s}\right). \tag{9.21}$$

9.7.3 Schockwellen

Die Geschwindigkeit von Objekten, die sich mit annähernd und oberhalb der Schallgeschwindigkeit bewegen, geben wir mit der Mach-Zahl, Ma = v/c_s, an. Das liegt daran, dass sich in diesem Geschwindigkeitsbereich die aerodynamischen Eigenschaften der fliegenden Objekte dramatisch ändern. Wir wollen uns nun die Bildung der Schockwellen anschauen.

Wenn sich ein Objekt mit Schallgeschwindigkeit bewegt, kann sich der Schall nicht nach vorne ausbreiten (siehe (9.19)). Die Druckpulse stapeln sich so lange auf, bis sich der gestapelte Druck auf ein Mal mit einem Knall entlädt. Die Welle, die aus vielen gestapelten Druckamplituden besteht, bezeichnen wir als die Schockwelle. Wir haben schon erwähnt, dass der Dompteur, wenn er die Peitsche richtig schwingt, ihr Ende auf über Schallgeschwindigkeit bringt und den typischen Peitschenknall erzeugt. Auch beim Beifallklatschen, wenn man es richtig macht, wird die Luft zwischen den Handflächen zusammengedrückt und auf Überschallgeschwindigkeit kommen. Dadurch kommt die Lautstärke des Beifallklatschens zustande.

Viel eindrucksvoller sind die Schockwellen, die Flugzeuge erzeugen (Abb. 9.10). Den Schall hört man erst hinter dem Machkegel, also wenn uns das Flugzeug überflogen hat. Der Winkel des Machkegels ist $\sin(v/c_s)$.

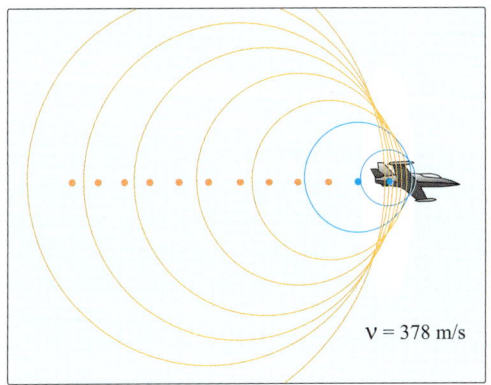

Abb. 9.10 Das Flugzeug fliegt mit Überschallgeschwindigkeit. An jeder Stelle, die es durchfliegt, ensteht eine neue Schallquelle. Die Schallfronten breiten sich kugelsymmetrisch in alle Richtungen aus. Am Machkegel stapeln sich die Amplituden verschiedenen Ursprungs zur Schockwelle.

9.7.4 Ultraschall

Als Ultraschall bezeichnet man Schall oberhalb der Hörgrenze von 20 kHz bis etwa 1 GHz. Die technische Anwendung im großen Stil begann in den 40er Jahren mit der Entwicklung der Geräte zur Ortung von U-Booten. In der Luft wird Ultraschall stark gedämpft, in Flüssigkeiten und Gewebe nur

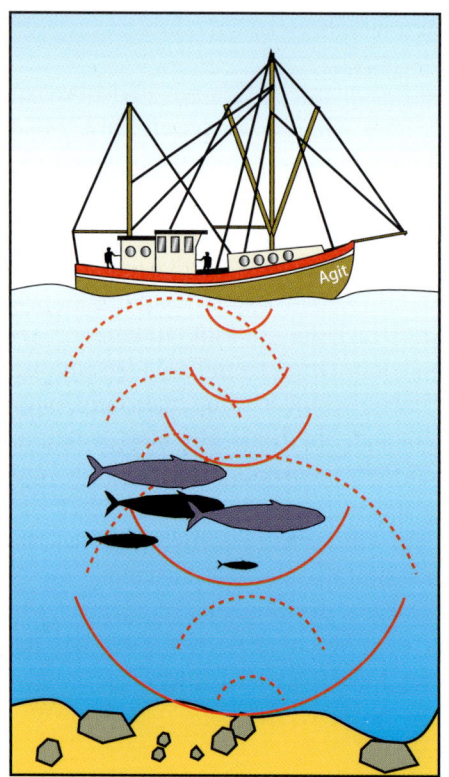

Abb. 9.11 Ein Ultraschallsender sendet gepulste Ultraschallsignale aus. Der Empfänger registriert die Ankunftszeit des reflektierten Signals. Aus der Zeitdifferenz zwischen gesendetem und reflektiertem Puls und der bekannten Ultraschallgeschwindigkeit im Wasser ≈ 1440 m/s berechnet man den Abstand zum reflektierenden Objekt. Der an Fischen reflektierte Puls kommt früher als der vom Boden an.

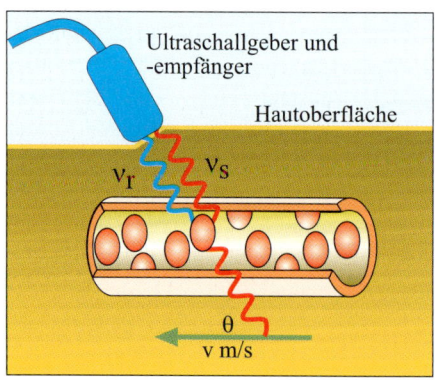

Abb. 9.12 Die Abbildung zeigt eine Messung des Blutflusses. Sonde, Sender und Empfäger sind dicht auf die Haut gedrückt um Verluste beim Übergang zum Gewebe zu vermeiden. Die Sonde sendet den Ultraschall unter 45° bezüglich des Blutflusses aus. Auch der reflektierte Strahl erreicht den Empfänger unter diesem Winkel.

schwach. In Abb. 9.11 zeigen wir eine friedliche Anwendung der ursprünglich für die Ortung der U-Boote entwickelten Geräte.

Von unzähligen Anwendungen in der Medizindiagnostik wollen wir uns nur die Messung des Blutflusses in den Arterien anschauen (Abb. 9.12). Für die Ortung des untersuchten Gewebes benutzt man die Zeitmessung des re-

9.7 Schall

flektierten Ultraschalls. Den Fluss des Blutes kann man messen, indem man zusätzlich die Dopplerverschiebung des an roten Blutkörperchen reflektierenden Ultraschalls misst. Um die Arterien zu lokalisieren, wählt man Ultraschall mit der Frequenz 5 MHz. Im Gewebe ist die Ultraschallgeschwindigkeit $\approx$1540 m/s. Den 5 MHz entspricht eine Wellenlänge $\lambda = c_s/\nu = 0{,}3\,\mu$. Diese ist kleiner als rote Blutkörperchen, die eine Standardgröße von 6–8 μ besitzen, wodurch die Beugung an den Körperchen vernachlässigbar klein ist. Ähnliche Überlegungen, die wir für die bewegte Schallquelle angestellt haben, wiederholen wir für die ruhende Quelle und das bewegte Objekt. Die sich bewegenden roten Blutkörperchen empfangen den Ultraschall mit einer um $\Delta\nu = v/c_s$ verschobenen Frequenz. Sie reflektieren den Schall als sich bewegende Quelle, wodurch sich eine weitere Verschiebung um $\Delta\nu = v/c_s$ ergibt. Die Dopplerverschiebung wird unter dem Winkel von $\phi = 45°$ gemessen. Die gesamte Verschiebung in der Anordnung, siehe Abb. 9.12, summiert sich zu

$$\Delta\nu = 2\nu\cos\phi\frac{v}{c_s}. \qquad (9.22)$$

Die typische Blutgeschwindigkeit in Arterien beträgt etwa 0,1 m/s. Wenn wir die Werte für die Ultraschallgeschwindigkeit $c_s = 1540$ m/s und die Ultraschallfrequenz in die Formel (9.22) einsetzen, bekommen wir $\Delta\nu = 460$ Hz. Das ist eine sehr kleine Zahl verglichen mit 5 MHz. Aber die Frequenzdifferenz kann man sehr genau messen. Denn wenn man die Sendewelle mit der reflektierten überlagert, oszilliert die Summe mit der Differenzfrequenz. Diese Methode ist sehr genau. Betrachten wir eine Stelle der Arterie, deren Radius sich auf 70% verkleinert hat. Der Arterienquerschnitt ist dann um einen Faktor 2 kleiner. Nach Bernoulli (6.2) ist die Durchflussgeschwindigkeit dann zwei mal größer und $\Delta\nu \approx 900$ Hz.

9.7.5 Infraschall

Mit Infraschall bezeichnen wir die mechanischen Wellen mit Frequenzen unter 16 Hz. Im Frequenzbereich zwischen 1 und 16 Hz liegen die mechanischen Wellen, die bei Erdbeben und unterirdischen Atombombenexplosionen entstehen. Diese Wellen,gewöhnlich als sesmische Wellen bezeichnet, zeichnen sich dadurch aus, dass sie viele Kilometer große Wellenlängen und vergliechen dazu kleine Amplituden haben. deswegen sind sie nur schwach gedämpft und breiten sich fast ungeschwächt durch das Innere der Erde und über die Erdoberfläche aus. Fast alles, was wir vom Inneren der Erde wissen, stammt von Messungen von seismischen Wellen.

Seismische Wellen Im homogenem Festkörper breitet sich der Schall mit longitudinalen und transversalen Wellen aus. Die Schallgeschwindigkeit der longitudinalen Wellen können wir leicht abschätzen, wenn wir uns an die Überlegungen, die wir im Abschnitt 9.1.1 gemacht haben, erinnern. Statt der rücktreibenden Kraft werden wir den rücktreibenden Druck K und statt der Längendichte ρ_l die dreidimensionale Dichte ρ in die Formel (9.6) einsetzen:

$$c_\text{P} = \sqrt{\frac{K}{\rho}}. \tag{9.23}$$

Der rücktreibende Druck wird als Kompressionsmodul bezeichnet und ist folgendermaßen definiert:

$$K = -\frac{\mathrm{d}p}{\mathrm{d}V/V}. \tag{9.24}$$

K ist also der Druck, der ensteht, wenn sich das Volumen um $\mathrm{d}V/V$ verkleinert. Wenn man in die Formel (9.23) K und ρ mit den Dimensionen einsetzt, sieht man sofort, dass die richtige Dimension der Geschwindigkeit rauskommt. Leider wäre die Formel (9.23) nur dann richtig, wenn sich die Wellen in einem Stab ausbreiten würden. Sie breiten sich, jedoch, in allen Richtungen aus und man muss auch den Seitendruck, die die longitudinale Welle ausübt, berücksichtigen. Den transversalen Druck beschreibt man mit dem Schermodul, μ, das selbsverständlich auch die Dimension des Druckes hat. Der endgültige Ausdruck für die longitudinale Schallgeschwindigkeit heißt dann

$$c_\text{P} = \sqrt{\frac{K + 4/3\mu}{\rho}}. \tag{9.25}$$

Die longitudinalen Wellen breiten sich am schnellsten aus und kommen als erste am Detektor an. Deswegen werden sie als P-Wellen, für primäre Wellen, bezeichnet. Das erklärt, warum wir ihre Geschwindigkeit mit c_P benannt haben.

Als zweites kommen die S-Wellen, für sekundäre Wellen, bei denen es sich um transversale Wellen handelt, an. Ihre Gschwindigkeit hängt nur vom Schermodul ab:

$$c_\text{S} = \sqrt{\frac{\mu}{\rho}}. \tag{9.26}$$

Wenn die longitudinalen oder die transversalen Wellen die Erdoberfläche erreichen, brechen sie und breiten sich als Oberflächenwellen über die Oberfläche aus. Sie sind die langsamsten und erreichen die Detektoren als die letzten. Die Schallgeschwindigkeit im Inneren der Erde ist größer als im Labor. Die Dichte ρ nimmt zu, die beiden Module, K und μ sind mehr als einfach proportional von der Dichte abhängig. In Abb. 9.13 wird gezeigt,

9.7 Schall

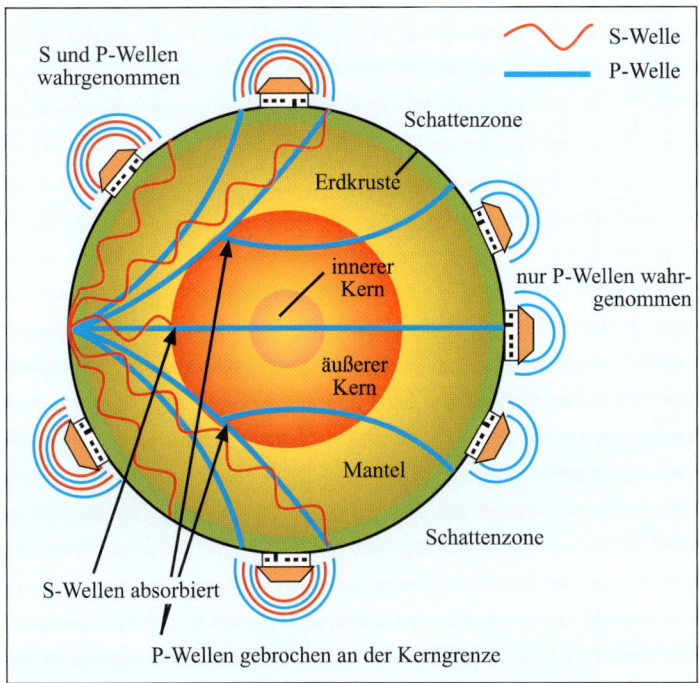

Abb. 9.13 Beim Erdbeben enstehen Longitudinalwellen, Transversalwellen und Oberflächenwellen. Alle drei breiten sich mit verschiedenen Geschwindigkeiten aus. Am schnellsten breiten sich die Longitudinalwellen, als P-Wellen (Primärwellen) bezeichnet, aus. Als zweites erreichen die Transversalwellen, S-Wellen (Sekundärwellen), den Detektor. Zuletzt kommen die Oberflächenwellen an. Dicht verteilt über den Globus messen Seismographen die seismischen Schwingungen. Aus der Ankunftszeit der seismischen Schwingungen und dem relativen Ort des Detektors zum Epizentrum kann der Weg des Infraschalls rekonstruiert werden.

wie durch Brechung und Reflexion der drei Typen von seismischen Wellen das Innere der Erde erfoscht wird.

Tsunamiwellen Zu den Erdoberflächenwellen gehören auch die berüchtigten Tsunamiwellen, die bei Erdbeben unter dem Meeresboden entstehen. Wenn sich beim Erdbeben der Meeresboden nach oben verschiebt, folgt dann auch eine großflächige Hebunung der Meeresoberfläche. Die entstandene Hebung breitet sich als Welle aus. Die Tsunamiwellen haben Wellenlängen von 100 bis 500 km, die Amplituden, jedoch, von nur einem Meter oder weniger. Auch wenn die Physik von den Wasserwellen und den elastischen Wellen verschieden ist, gült für die beiden, dass die Dämpfung von Wellen mit großen Wellenlängen und kleinen Amplituden klein ist. Die Wellenlängen von Tsunamiwellen sind viel größer als die Meerestiefe und breiten sich als Flachwasserwellen dispersionslos (Abschnitt 9.5, Formel (9.16)). Trifft die Welle die Brandung, tritt die Dispersion an, $c_s = \sqrt{g} \cdot d$. Die Welle in den offenen Meer hat größere Geschwindigkeit als die, die Brandung erreicht hat. Die Überlagerung von den schnellen Teilen der Welle auf die langsamen Teile findet statt. Auch wenn die Amplitude der Tsunamiwelle nur ein Bruchteil des Meters beträgt, kann sich die Welle in der Brandung zu einigen Metern Höhe aufbauen (Abb. 9.14).

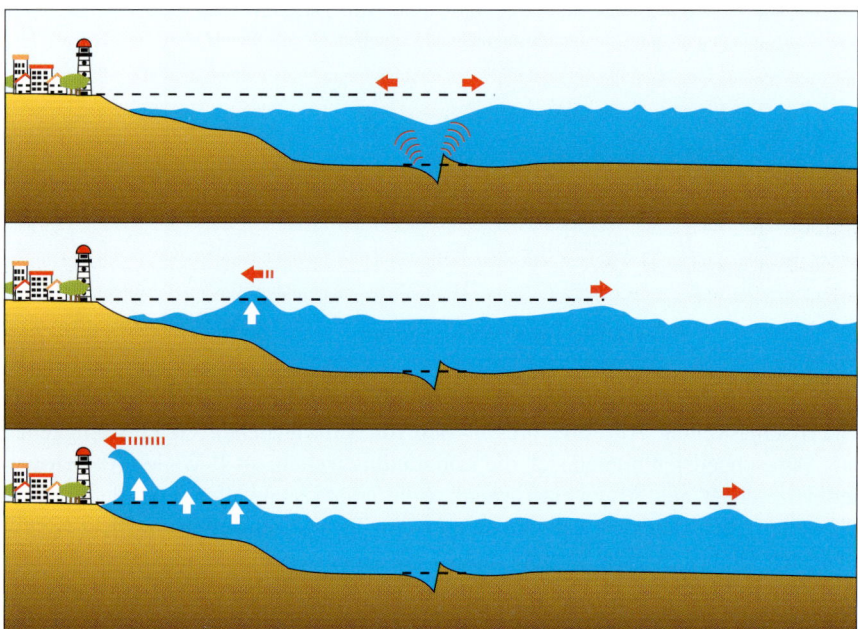

Abb. 9.14 Tsunamiwellen, die bei Erdbeben entstehen, haben Wellenlängen λ zwischen 100 und 500 km. Ihre Wellenlängen sind größer als die Meerestiefe und können als Flachwasserwellen betrachtet werden.

Kapitel 10
Elektromagnetische Wechselwirkung

Die meisten Lehrbücher beginnen die Einführung der Elektrodynamik mit der Betrachtung makroskopischer elektromagnetischer Phänomene. Wir sind jedoch der Meinung, dass es naheliegender ist, die Grundlagen der elektromagnetischen Wechselwirkung zwischen den elementaren Ladungen in Atomen zu studieren. Das Atom ist nicht nur das einfachste, sondern auch das fundamentalste System, in dem man diese Wechselwirkungen untersuchen kann. Hat man dieses System verstanden, so verfügt man auch über die nötigen Grundlagen für das Verständnis von komplexeren makroskopischen Systemen.

10.1 Elementarladung

Betrachten wir zunächst den einfachsten Fall des Wasserstoffatoms. Es besteht lediglich aus einem Proton der Ladung e^+ und einem an den Kern gebundenen Elektron der Ladung e^-. Die Ladung des Elektrons und des Protons ist eine physikalische Eigenschaft der Teilchen, die wir innerhalb des Einheitssystems Meter-Kilogramm-Sekunde nicht ausdrücken können. Die Elektron- bzw. Protonladung ist die kleinste in der Natur anzutreffende Ladungsmenge, man nennt sie daher auch *Elementarladung*. Es liegt also nahe, die Elementarladung als Einheit zu benutzen, was wir in der Atomphysik auch tun werden. Natürlich wäre es durchaus möglich, diese Einheit auch in makroskopischen Größenordnungen zu verwenden. Dies ist jedoch nicht üblich, da es sich um so große Ladungsmengen handelt, dass eine Verwendung der Elementarladung als Einheit zu astronomisch großen Ladungszahlen führen würde. Stattdessen verwendet man in diesen Fällen das SI-Einheitssystem, in dem als Einheit der Ladung das Coulomb (C) gewählt

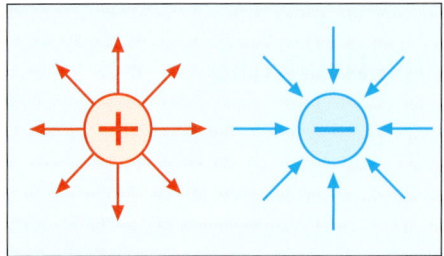

Abb. 10.1 Die positive Ladung erzeugt ein elektrisches vektorielles Feld $\vec{\mathcal{E}}$. Der Vektor $\vec{\mathcal{E}}$ zeigt immer radial weg von der positiven Ladungsquelle und seine Größe nimmt mit $1/r^2$ ab (im Bild *links*). Die negative Ladung erzeugt ein elektrisches vektorielles Feld, das radial nach innen gerichtet ist (im Bild *rechts*).

wird. Ein Coulomb besteht aus $6{,}24 \cdot 10^{18}$ Elementarladungen bzw. eine Elementarladung aus $1{,}602 \cdot 10^{-19}$ C.

Wir hatten gesagt, das negativ geladene Elektron ($q = \mathrm{e}^-$) sei an den positiven Kern ($q = \mathrm{e}^+$) gebunden. Wir wollen nun untersuchen, welche Kraft hinter dieser Bindung steckt. Die Wechselwirkung zwischen Proton und Elektron kann man auch interpretieren als die Wirkung des elektromagnetischen Feldes des Protons auf das Elektron. Das ruhende Proton erzeugt im Raum ein vektorielles elektrisches Feld $\vec{\mathcal{E}}$ (Abb. 10.1),

$$\vec{\mathcal{E}} = k_\mathrm{C} \frac{q}{r^2} \frac{\vec{r}}{r} = k_\mathrm{C} \frac{\mathrm{e}^+}{r^2} \frac{\vec{r}}{r}. \qquad (10.1)$$

Hierbei ist $\vec{r}$ der Verbindungsvektor der beiden Ladungen. Diese Beziehung ist das Coulombsche Gesetz. Da die Masse des Protons 2000 mal größer ist als die des Elektrons, wählen wir den Vektor $\vec{r}$ so, dass er vom Proton zum Elektron zeigt. Daher liegt der Schwerpunkt des Proton-Elektron-Systems näherungsweise im Proton (Abb. 10.2).

Die Konstante k_C in Formel (10.1) kann man aus Messungen in der Atomphysik bestimmen. Das Wasserstoffatom hat diskrete Zustände mit wohldefinierter potentieller und kinetischer Energie. Aus diesem System kann die Kopplungsstärke bestimmt werden. Sie ergibt sich zu

$$k_\mathrm{C} = \frac{1}{4\pi\varepsilon_0}. \qquad (10.2)$$

In diesem Ausdruck ist ε_0 die Dielektrizitätskonstante des Vakuums, auch elektrische Feldkonstante genannt. Sie hat den Wert $8{,}854 \cdot 10^{-12}$ C^2/(J · m). Der Vektor $\vec{\mathcal{E}}$ zeigt radial weg von der positiven Ladungsquelle und die Stärke des Feldes nimmt mit $1/r^2$ ab.

10.1 Elementarladung

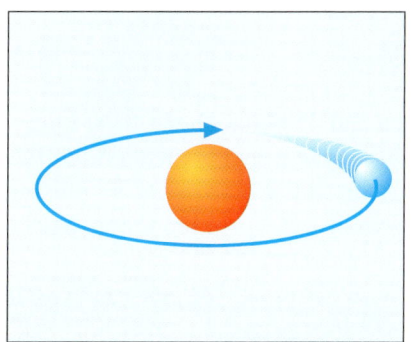

Abb. 10.2 Die Protonmasse ist ≈ 2000 mal größer als die Elektronmasse. Deswegen kann man annehmen, dass sich das Elektron mit der Ladung e^- im statischen Coulombfeld des Protons mit der positiven Ladung e^+ bewegt. Im klassischen Bild bewegt sich das Elektron auf einer der Keplerschen Bahnen, von einer Kreisbahn bis zu einer langgestreckten elliptischen Bahn. Das negative Elektron schirmt die positive Ladung des Protons ab, das Atom ist also elektrisch neutral.

Die Feldstärke ist so definiert, dass eine zweite Ladung im Coulombfeld $\vec{\mathcal{E}}$ der Ladung q die Kraft $\vec{F} = q\vec{\mathcal{E}}$ spürt. So übt das Proton auf das Elektron eine anziehende Kraft, $\vec{F} = -e\vec{\mathcal{E}}$, aus, während ein positiv geladenes Proton das gleichgeladene Positron (Positron ist das Antiteilchen des Elektrons und deswegen positiv) mit der Kraft $\vec{F} = +e \cdot \vec{\mathcal{E}}$ abstoßen würde.

Jetzt können wir die Anziehung zwischen dem Proton und dem Elektron, die sogenannte Coulombkraft, angeben:

$$\vec{F} = q \cdot \vec{\mathcal{E}} = k_\mathrm{C} \frac{q_1 q_2}{r^2} \frac{\vec{r}}{r} = -\frac{e^2}{4\pi\varepsilon_0} \frac{1}{r^2} \frac{\vec{r}}{r}. \quad (10.3)$$

Hierin sind q_1 und q_2 die Ladungen des Protons bzw. des Elektrons. In unserem Fall ist die Coulombkraft negativ und die Teilchen ziehen sich an. Setzt man zwei Ladungen mit gleichem Vorzeichen ein, so wäre die Coulombkraft positiv; gleichnamige Ladungen stoßen sich also ab.

In der Atomphysik, in der man beides, den Elektromagnetismus und die Quantenphysik benötigt, erscheint in den Formeln als die Kopplungskonstante der Ausdruck

$$\alpha = \frac{e^2}{4\pi\varepsilon_0 \hbar c}. \quad (10.4)$$

Das schöne an dieser Kopplungskonstanten ist, dass sie eine reine Zahl ist, unabhängig von den Einheiten. Ihr Wert ist

$$\alpha \approx \frac{1}{137}. \tag{10.5}$$

Das Coulombsche Gesetz (10.1) ist nur auf Punktladungen bzw. kugelsymmetrische, homogene Ladungsverteilungen anwendbar. Wollen wir das elektrische Feld einer beliebigen Ladungsverteilung berechnen, so müssen wir das Coulombsche Gesetz in einer allgemeineren Form schreiben. Sei

$$\Phi_e = \int_S \vec{\mathcal{E}} \cdot d\vec{A} \tag{10.6}$$

der elektrische Fluss des Feldes $\vec{\mathcal{E}}$ durch die Fläche A. Betrachten wir erneut die Elementarladungen in Abb. 10.1 und denken uns eine Kugeloberfläche um die Ladung. Der elektrische Fluss ist ein Maß für die Anzahl der elektrischen Feldlinien, die die Kugeloberfläche durchdringen. Je größer der elektrische Fluss, desto stärker ist auch das elektrische Feld.

Mit Hilfe des elektrischen Flusses lässt sich eine allgemeinere Form von (10.1) formulieren, das Gaußsche Gesetz:

$$\oint_S \vec{\mathcal{E}} \cdot d\vec{A} = \frac{Q}{\varepsilon_0}. \tag{10.7}$$

In Worten ausgedrückt bedeutet dies, dass der elektrische Fluss durch eine beliebige geschlossene Oberfläche S eines Volumens gleich der elektrischen Ladung Q im inneren dieses Volumens ist.

Im Fall einer Punktladung sind (10.1) und (10.7) äquivalent. Dies sehen wir, wenn wir einfache Symmetrieüberlegungen anstellen: Bei einer Punktladung (Abb.10.1) stehen die elektrischen Feldlinien an jeder Stelle senkrecht auf der Kugeloberfläche, die wir uns um die Ladung denken. Das elektrische Feld $\vec{\mathcal{E}}$ und der auf der Kugeloberfläche senkrecht stehende Normalenvektor $d\vec{A}$ liegen also parallel zueinander. Aus diesem Grund kann man das Skalarprodukt in (10.7) als normales Produkt schreiben. Zudem ist das elektrische Feld überall auf der Oberfläche gleich, so dass wir $\mathcal{E}$ vor das Integral setzen können:

$$\oint_S \vec{\mathcal{E}} \cdot d\vec{A} = \mathcal{E} \cdot \oint_S dA = \mathcal{E} \cdot 4\pi r^2 = \frac{Q}{\varepsilon_0}. \tag{10.8}$$

Im vorletzten Schritt haben wir das Integral über eine Kugeloberfläche, $S = 4\pi r^2$, eingesetzt. Wie wir sehen können, haben wir auf diese Weise aus dem Gausschen Gesetz das Coulombsche Gesetz für Punktladungen erhalten.

10.2 Das magnetische Feld und das magnetische Moment des Elektrons

Wir haben bei unseren bisherigen Betrachtungen völlig außer Acht gelassen, dass mit der Bewegung von Ladungsträgern ein weiterer wichtiger Effekt ins Spiel kommt – der Magnetismus (Abb. 10.3). Es existiert keine bewegende Ladung, die nicht von einem Magnetfeld begleitet wird! Selbst wenn eine Ladung in Ruhe ist und wir uns relativ zu ihr bewegen, sehen wir ein Magnetfeld. Wieviel Magnetfeld ein Elektron begleitet, hängt von der relativen Geschwindigkeit zwischen dem Beobachter und dem Elektron ab. Es gibt keinen absoluten Raum. Elektrische und magnetische Felder können wir nicht voneinander trennen. Die Quelle des elektrischen Feldes ist die Ladung, die Quelle des magnetischen Feldes ist der magnetische Dipol. Die Träger der elektrischen Ladung sind die geladenen Elementarteilchen, z.B. Elektronen. Die magnetischen Dipole stammen von rotierenden Ladungen.

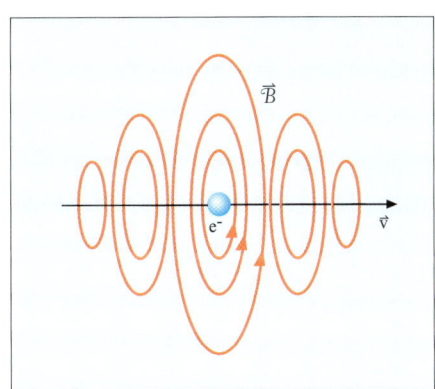

Abb. 10.3 Bei der Bewegung nach rechts streift das Elektron unsere magnetempfindliche Apparatur. Sie zeigt an, dass das Elektron von einem Magnetfeld umgeben ist, so wie symbolisch im Bild gezeichnet. Das elektrische Feld, das radial zu dem Elektron nach innen zeigt, ist im Bild unterdrückt worden. Die Intensität des Magnetfeldes entspricht dem, am Ort befindlichen, bewegenden elektrischen Feld.

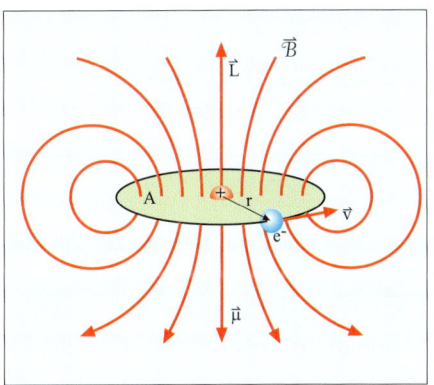

Abb. 10.4 Das Elektron dreht sich um das Proton und bildet eine Stromschleife. Sein Drehmoment $\vec{L} = \vec{r} \times m\vec{v}$ und zeigt nach oben. Das magnetische Moment $\vec{\mu} = -e/m\,\vec{L}$ und zeigt nach unten.

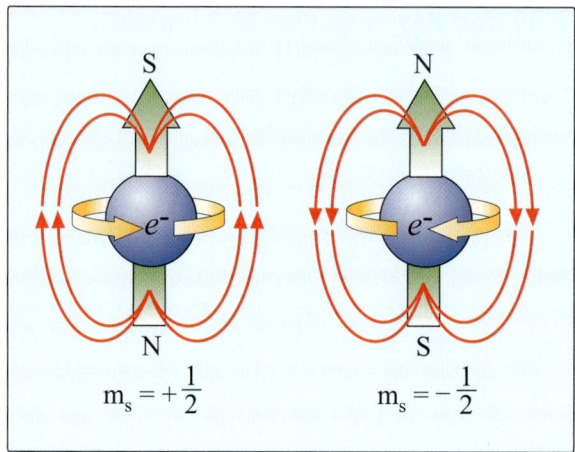

Abb. 10.5 Das Elektron besitzt einen intrinsischen Drehimpuls, den Spin. Eine drehende Ladung erzeugt ein Magnetfeld so, wie es für eine kreisende Ladung um den Kern der Fall ist. Das bedeutet, das Elektron hat auch ein magnetisches Moment. Wegen der negativen Ladung des Elektrons zeigt das magnetische Moment des Elektrons in die entgegengesetzte Richtung zu dem Elektronspin. Im Magnetfeld, eine Kaprice der Quantenmechanik, richtet sich das Elektron mit seinem Spin und magnetischen Moment entweder parallel oder antiparallel zu dem Feld.

Kehren wir zu der Betrachtung der Elementarladung zurück. Bewegte Ladungen finden sich bereits bei der Rotation der Elektronen um die Atomkerne (Abb. 10.4). Aber auch das Elektron selbst besitzt ungeachtet seiner Bewegung um das Proton ein magnetisches Moment (Abb. 10.5). Das magnetische Moment ist mit dem Spin des Elektrons über

$$\vec{\mu} = -\mu_B g \frac{\vec{s}}{\hbar} \tag{10.9}$$

verknüpft. Das magnetische Moment des Elektrons ist negativ wegen seiner negativen Ladung, $\vec{s}$ und m_e sind Spin und Masse des Elektrons und

$$\mu_B = \frac{e\hbar}{2m_e} \approx 9{,}27 \cdot 10^{-24} \frac{\text{A V s}}{\text{T}} \tag{10.10}$$

das Bohrsche Magneton. Der Faktor g_s ist der Landé-Faktor und ergibt sich aus der relativistischen Quantenmechanik für das Elektron zu $g \approx 2$.

Die Formel (10.10) ohne Einheiten hat keine Bedeutung. Das Produkt A V s ist die Einheit der Energie. Die Einheit des Magnetfeldes ist Tesla [T]. In unserem Einheitensystem ist

$$T = \frac{V\,s}{m^2}. \tag{10.11}$$

Die Einheit Tesla ist eine sehr große Einheit. Die Magnetfelder von einem Tesla werden in supraleitenden Spulen erzeugt. Die Magnetfelder dieser Stärke sind heutzutage routinemässig in Kernspintomographen verwendet. Im Kapitel 10.5.1 werden wir die zur Erzeugung der Teslafelder notwendiger Stromstärken ausrechnen. Die Dimension des magnetischen Moments ist $[A \cdot m^2]$.

Befindet sich ein Elektron in einem Magnetfeld B, so kann es sich entweder parallel oder antiparallel zum Magnetfeld einstellen. Es ergibt sich je nach Einstellrichtung eine potentielle Energie

$$E_{\text{pot}} = -\vec{\mu} \cdot \vec{B}, \tag{10.12}$$

wobei die Einstellung des magnetischen Moments parallel zum B-Feld energetisch günstiger ist als antiparallel zum B-Feld. Prüfen wir noch die Einheiten, was immer sehr nützlich ist, um die Richtigkeit der Formel zu überprüfen. In der Tat, das Produkt von dem magnetischen Moment und dem Magnetfeld ergibt die Einheit der Energie. Die Bewegung einer Kompassnadel im Magnetfeld der Erde beruht auf den vielen in ihr enthaltenen Elektronen, die alle ein magnetisches Moment besitzen. Auf diese Elementarmomente wirkt ein Drehmoment

$$\vec{M} = \vec{\mu} \times \vec{B}, \tag{10.13}$$

wodurch sie sich parallel zum Magnetfeld ausrichten – die Kompassnadel zeigt in den geografischen Norden. Das bedeutet, dass die Richtung des magnetischen Dipolfeldes der Erde der Richtung der Kompassnadel entgegengesetzt ist.

Selbstverständlich hat auch das Proton ein magnetisches Moment. Genau wie das Elektron handelt es sich auch bei dem Proton um ein Fermion mit Spin 1/2. Da das Proton jedoch ≈ 2000 mal so schwer ist wie das Elektron, folgt aus (10.9), dass das magnetische Moment des Protons um den Faktor $\approx 1/2000$ kleiner ist als das des Elektrons. Aus diesem Grund werden die magnetischen Momente der Atome dominiert durch die einzelnen Elektronenmomente.

10.3 Elektrische Spannung und elektrischer Strom

In diesem Abschnitt wollen wir uns auf Ladungen konzentrieren, die sich relativ zu uns nur sehr langsam bewegen, so dass wir das von ihnen erzeugte Magnetfeld vernachlässigen können.

Um die Elektronen, die in neutralen Atomen an den Kern gebunden sind, von diesem zu trennen, muss man Arbeit verrichten. Die damit verbundene elektrostatische potentielle Energie ist abhängig von der Wegstrecke Δs, um die die Elektronen mit der Gesamtladung Q vom Kern entfernt werden:

$$\Delta E_{\text{pot}} = -\vec{F} \cdot \Delta \vec{s} = Q \cdot \vec{\mathcal{E}} \cdot \Delta \vec{s}. \tag{10.14}$$

Das Resultat der Ladungstrennung sind zwei Ladungspole mit unterschiedlichen Vorzeichen – auf der einen Seite befinden sich die negativ geladenen Elektronen, auf der anderen der positiv geladene Kern. Die Energie, die für die Trennung der Ladungen aufgebracht wurde, ist dann in Form von potentieller Energie zwischen den Ladungspolen gespeichert.

Durch die Ladungstrennung wurde eine Potentialdifferenz – die *elektrische Spannung U* – erzeugt. Die Spannung berechnet sich durch die potentielle Energie pro Gesamtladung Q:

$$U = \frac{\Delta E_{\text{pot}}}{Q}. \tag{10.15}$$

Die Spannung U wird in Volt (V) gemessen; 1 V = 1 J/C.

Bei der Neutralisierung – wenn sich also die Elektronen wieder zum Kern bewegen – wird die zuvor in die Trennung investierte gespeicherte Energie wieder freigesetzt. Durch die Bewegung der Elektronen zum Kern entsteht ein elektrischer Strom, der definiert ist durch die Gesamtmenge an elektrischer Ladung, die pro Zeitintervall durch eine Querschnittsfläche tritt,

$$I = \frac{\Delta Q}{\Delta t}. \tag{10.16}$$

Die SI-Einheit des Stroms ist das Ampere (A) und hat die Dimension C/s.

10.3.1 Elektrischer Strom in Metallen

Um ein Gefühl dafür zu bekommen, wie langsam elektrischer Strom eigentlich fließt, wollen wir die Geschwindigkeit der Elektronen berechnen, die bei einer Stromstärke von 1 A durch einen Kupferdraht mit einem Durchmesser von 1 mm wandern. Die Leitungselektronen in einem Metall sind nicht fest an die Atomrümpfe gebunden, sondern können sich ähnlich wie in einem Gas frei bewegen. Diese Bewegung erfolgt in Abwesenheit einer Spannung ungeordnet und die Elektronen stoßen elastisch mit anderen Elektronen und mit den Atomrümpfen. Durch diese Stöße werden die Elektronen abgebremst und die resultierenden Driftgeschwindigkeiten sind dementsprechend klein.

10.3 Elektrische Spannung und elektrischer Strom

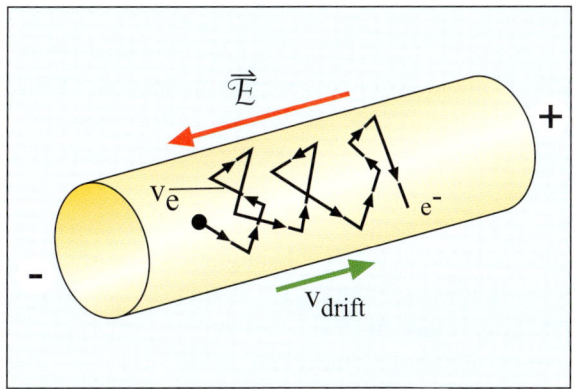

Abb. 10.6 Abgebildet ist ein Volumenelement eines Kupferdrahtes, in dem sich die Elektronen mit der Gesamtladung ΔQ während der Zeit Δt mit der mittleren Geschwindigkeit v fortbewegen. Das Volumenelement berechnet sich aus Grundfläche × Länge des Drahtabschnittes, $\Delta V = A \cdot v \cdot \Delta t$. Die Anzahl der Einzelladungen ist gleich der Ladungsträgerdichte n multipliziert mit dem Volumenelement ΔV, woraus sich eine Gesamtladung $\Delta Q = n \cdot q \cdot A \cdot v \cdot \Delta t$ ergibt. Nach (10.16) folgt daraus ein Strom $I = \Delta Q / \Delta t = n \cdot q \cdot A \cdot v$.

Beim Anlegen einer Spannung an den Kupferdraht stellt sich eine mittlere gerichtete Geschwindigkeit v der Ladungen ein. Betrachten wir den in Abb. 10.6 gezeigten Kupferdraht, so können wir mit Hilfe von (10.16) eine Beziehung zwischen der Driftgeschwindigkeit v der Leitungselektronen und der Stromstärke I herstellen:

$$v = \frac{I}{nqA}, \tag{10.17}$$

wobei $n \approx 8{,}5 \cdot 10^{28}$ Elektronen/m^3 die Dichte der beweglichen Elektronen (Leitungselektronen) in Kupfer, q die Elementarladung und A die Querschnittsfläche des Drahtes bezeichnet.

Setzen wir die angegebenen Werte für I, n, q und A in (10.17) ein, so erhalten wir für die Geschwindigkeit der Elektronen

$$v = \frac{1\,\text{A}}{8{,}5 \cdot 10^{28}\,\text{m}^{-3} \cdot 1{,}6 \cdot 10^{-19}\,\text{C} \cdot \pi \cdot \left(5 \cdot 10^{-4}\right)^2\,\text{m}^2} \approx 9{,}36 \cdot 10^{-5}\,\frac{\text{m}}{\text{s}}. \tag{10.18}$$

Wohl bemerkt, die ungeordnete Geschwindigkeit, mit der sich die Elektronen im Kupfer bewegen ist groß, so wie in einem Gas. Die Driftgeschwindigkeit, die wir ausgerechnet haben, ist die Geschwindigkeit, mit der sich die Gesamtladung der Elektronen verschiebt. Die Elektronen im Kupferdraht legen im Mittel pro Sekunde also weniger als 0,1 mm zurück!

10.3.2 Strom in Lösungen

Das reine Wasser ist nicht stromleitend. Mit dem Zusatz von Salz oder Säure wird es leitend. Zum Beispiel, wenn man NaCl in Wasser auflöst, dissoziieren die Moleküle und es bilden sich Ionen, Na^+ und Cl^-. Bei der angelegten Spannung (Abb. 10.7) bewegen sich die positiven Na^+-Ionen zur Kathode, die negativen Cl^--Ionen zur Anode. Bei einem Abstand zwischen den Elektroden wirkt auf die Ionen die elektrische Kraft $F_E = zeU/d$. Die Reibung durch die Viskosität ist geschwindigkeitsabhängig $F_V = 6\pi\eta r v$. Im Gleichgewicht, wenn die beiden Kräfte entgegengesetzt und in der Größe gleich sind, bewegen sich die Ionen mit der Geschwindigkeit

$$v = \frac{1}{6\pi\eta r}\frac{U}{d} = \mu\frac{U}{d}. \tag{10.19}$$

Die Ionenbeweglichkeit μ ist für eine Ionensorte charakteristisch, hängt vom Radius des Ions und der Viskosität ab. Die Zahl der positiven wie auch der negativen Ionen pro Volumeneinheit sei n. Dann ist die Zahl der positiven

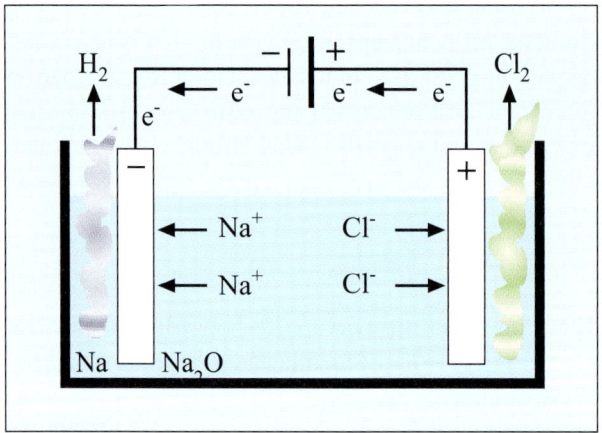

Abb. 10.7 Bei der angelegten Spannung U zwischen der Anode und Kathode fließen die positiven Ionen zur Kathode, die negativen zur Anode. Bei einem Abstand d zwischen den Elektroden beträgt die Feldstärke in der Lösung U/d. Die elektrische Kraft, die auf die Ionen wirkt, und die Kraft der Reibung durch die Viskosität sind im Gleichgewicht gleich groß und entgegengesetzt. Die Geschwindigkeit, mit der sich die Ionen im Gleichgewicht bewegen, ist proportional der Ionenbeweglichkeit und der elektischen Feldstärke: $v = \mu U/d$. Die Zahl der positiven wie auch der negativen Ionen pro Volumeneinheit sei n. Dann ist die Zahl der positiven Ionen, die in einer Sekunde die Kathode erreichen nv_+A und der negativen, die die Anode in einer Sekunde erreichen nv_-A.

10.3 Elektrische Spannung und elektrischer Strom

Ionen, die in einer Sekunde die Kathode erreichen nv_+A und der negativen, die die Anode in einer Sekunde erreichen nv_-A. Die Zahl n ist die Zahl der Ionen in einem Liter Wasser. Üblicherweise gibt man die Konzentration mit der Zahl von Molen in einem Liter Wasser an. In der Molkonzentration ausgedrückt ist dann $n = cN_A$, wobei N_A die Avogadrozahl ist. Der Strom, d. h. die Zahl der positiven Ladungen, die pro Sekunde die Kathode erreichen, ist

$$I_+ = zcN_A e\mu_+ \frac{U}{d}, \quad (10.20)$$

den Ausdruck für negative Ladungen erhält man entsprechend. Die Zahl z gibt die Zahl von Elementarladungen des Ions an. In der Chemie ist es üblich das Produkt von der Avogadrozahl und der Elementarladung zusammen zu fassen in der Faradaykonstante $F = eN_A$. Jetzt sind wir im Stande den Ausdruck für den Gesamtstrom auszuschreiben

$$I = I_+ + I_- = Fzc(\mu_+ v_+ + \mu_- v_-)A\frac{U}{d}. \quad (10.21)$$

Für die leichten Ionen in schwach konzentrierten Lösungen und bei Zimmertemperatur beträgt $\mu \approx 5 \cdot 10^{-8}$ m²/V s. Für eine Spannung von 100 V/m, das entspricht einer Spannung von 1 V bei einem Abstand von 1 cm zwischen den Platten, einer Ionendriftgeschwindigkeit von 0,005 mm. Das ist eine Größenordnung kleiner als die Driftgeschwindigkeit der Elektronen im Metall.

10.3.3 Batterie

Bereits im Jahr 1800 realisierte der italienische Physiker *Allessandro Volta* den Vorläufer der Batterie, wie wir sie heute kennen. Er legte abwechselnd Schichten von Zink und Kupfer übereinander, so dass Anfang und Ende der auf diese Weise entstandenen Säule aus verschiedenen Materialien bestanden. Er trennte die Schichten durch jeweils eine in Salzlösung getränkte Pappe und verband dann die beiden Enden der Säule mit einem Draht. Durch den Draht floss ein Strom! Je mehr Schichten er übereinander türmte, desto größer wurde die Spannung, die seine Konstruktion lieferte.

Das Prinzip basiert auf dem chemischen Prozess der Redoxreaktion. Das Zink stellt hierbei überschüssige Elektronen zur Verfügung und gibt diese über einen äußeren Stromkreis (den Draht) an das Kupfer ab. Das Zink gibt Elektronen ab (Oxidation), das Kupfer nimmt sie auf (Reduktion). Die beiden Elektroden sind durch einen Elektrolyten (die in Salzlösung getränkte Pappe) miteinander verbunden, so dass Ionen von einer zur anderen Elektrode wandern können und sich damit der Stromkreis schließt. Auf diese

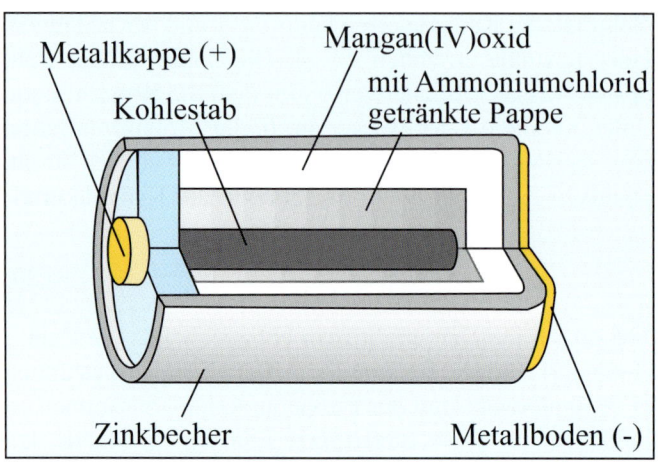

Abb. 10.8 *Zink-Kohle-Batterie:* Der Minuspol der Batterie wird von dem Zinkbecher gebildet. Dieser ist gefüllt mit einer Salmiaklösung, die als Elektrolyt dient. In der Mitte befindet sich der Pluspol in Form von Mangandioxidpulver (Braunstein). Im Kern des Braunsteins ist ein Kohlestift eingesetzt, der als elektrische Verbindung zwischen dem Braunstein und dem äußeren Stromkreis fungiert. Eine dünne, für Ionen durchlässige Separatorschicht trennt die negative von der positiven Elektrode, um einen Kurzschluss zu vermeiden. Das Zink löst sich in dem umgebenden Elektrolyt Salmiak auf. Dabei werden Zinkionen an die Lösung abgegeben und die Zinkelektrode erhält eine negative Überschussladung. Die frei gewordenen Zinkionen laden den Elektrolyten und damit den Kohlestift positiv auf, bis sich aufgrund der anwachsenden negativen Auflandung der Zinkelektrode keine Zinkionen mehr lösen können. Auf diese Weise ist eine Spannung von 1,5 Volt entstanden. Solange der Stromkreis nicht geschlossen wird, bleibt diese chemische Energie in der Batterie gespeichert! Verbinden wir nun die beiden Pole durch ein Kabel miteinander, so können die Elektronen vom Minus- zum Pluspol fließen und wir können mit der gespeicherten Energie ein Gerät betreiben. Während die Elektronen im äußeren Stromkreis vom Zink zum Braunstein wandern, driften positive Ionen im inneren Stromkreis von der Zink- zur Kohleelektrode; der Stromkreis ist geschlossen. Da ständig Elektronen von der Zinkelektrode abfließen, ist das Gleichgewicht dort gestört und es können sich wieder Zinkatome im Salmiak lösen, so dass aufs Neue Zinkionen frei werden und der Zinkbecher sich wiederum negativ auflädt.

Weise setzte Volta erstmals das Prinzip um, auf dem unsere modernen Batterien basieren. Abb. 10.8 zeigt einen Schnitt durch eine moderne Zink-Kohle-Batterie.

10.3.4 Widerstand

Schließen wir verschiedene Glühlampen an die gleiche Spannungsquelle an, so sehen wir, dass die Lampen unterschiedlich hell leuchten. Obwohl die gleiche Spannung anliegt, ist der durch die Glühbirnen fließende Strom nicht der gleiche. Dies liegt an dem Widerstand, den sie dem Strom entgegensetzen – und der hängt von der Bauweise der jeweiligen Glühlampe ab. Besteht die Glühwendel aus einem dünnen, eng gewickelten (und damit langen) Draht, so ist ihr Widerstand weitaus größer als der einer aus einem dicken, kurzen Draht gefertigten Glühwendel. Deswegen strahlt die eng gewickelte Glühwendel nicht so hell wie die andere.

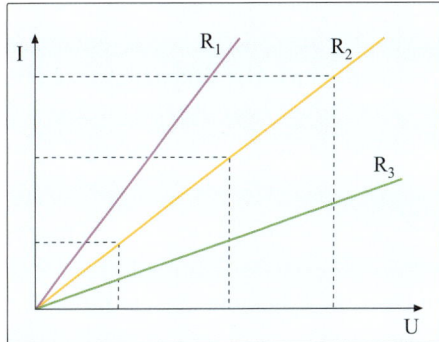

Abb. 10.9 Zu sehen ist das Strom-Spannungsverhalten dreier ohmscher Leiter $R_1 \leq R_2 \leq R_3$. Der durch den Leiter fließende Strom I wächst linear mit der angelegten Spannung U. Je kleiner der Widerstand R, desto größer ist die Steigung der Geraden.

Jeder Leiter, also auch jedes in einem Stromkreis zwischengeschaltete Gerät, besitzt einen Widerstand. Betrachten wir einen Metalldraht, der als Leiter in einem Stromkreis dient. Es lässt sich eine einfache Proportionalität beobachten zwischen der angelegten Spannung U und dem durch den Draht fließenden Strom I. Dieser Proportionalitätsfaktor heißt Leitwert G und der Kehrwert ist der Widerstand R,

$$R = \frac{1}{G} = \frac{U}{I}. \tag{10.22}$$

Diese Gesetzmäßigkeit ist auch bekannt als das Ohmsche Gesetz (Abb. 10.9). Die SI-Einheit des Widerstands ist das Ohm (Ω). Der Widerstand ist ein Maß dafür, wie stark der Stromfluss behindert wird. Ist der Widerstand groß, so fällt zwischen den beiden Endpunkten des Leiters eine höhere Spannung ab als bei einem vergleichsweise kleinen Widerstand.

10.3.5 Kondensator

Der Kondensator ist ein elektrisches Bauelement, mit dem Ladungen gespeichert werden können. Kondensatoren werden beispielsweise zur Speicherung der Bits in Computerchips eingebaut. Sie sind es auch, die das Blitzlicht in unseren Fotokameras möglich machen. Zwar ist genügend Energie in der Batterie des Fotoapparates gespeichert, sie hat jedoch einen sehr hohen Innenwiderstand. Deshalb sind die von ihr gelieferten Stromstärken für die Erzeugung des Blitzes nicht ausreichend. Um stärkere Ströme zu erhalten, wird ein Kondensator einige Sekunden lang von der Batterie aufgeladen. Nachdem wir den Auslöser betätigt haben, gibt der Kondensator die in ihm gespeicherte Energie innerhalb von wenigen Mikrosekunden an die Blitzröhre ab und es kommt zum Lichtblitz.

Kondensatoren bestehen aus zwei gegenüberliegenden Leitern, die durch eine isolierende Schicht voneinander getrennt sind. Die Kapazität C eines Kondensators gibt an, wieviel Ladung Q bei einer bestimmten angelegten Spannung U im Kondensator gespeichert werden kann. Die Kapazität wird in Farad (F) angegeben:

$$C = \frac{Q}{U}. \tag{10.23}$$

Die in einem Kondensator gespeicherte Energie E berechnet sich durch

$$E = \frac{1}{2}CU^2. \tag{10.24}$$

Wir wollen nun das Laden und Entladen eines Kondensators am Beispiel des Plattenkondensators besprechen (Abb. 10.10). Der Plattenkondensator besteht aus zwei gegenüberliegenden leitenden Platten der Fläche A, die in einem Abstand l voneinander angeordnet sind. Vor den Kondensator ist ein Widerstand R_V geschaltet. Sobald wir den Schalter schließen, fließen positive Ladungen auf die eine und negative Ladungen auf die andere leitende Platte und die Spannung zwischen den Leitern nähert sich asymptotisch der angelegten Batteriespannung U_0. Die Spannung zwischen den Platten bewirkt ein elektrisches Feld der Stärke

$$\mathcal{E} = \frac{U}{l} = \frac{Q}{\varepsilon_0 \cdot A}, \tag{10.25}$$

das von der positiv geladenen Platte zur negativ geladenen zeigt. Die Konstante ε_0 in (10.25) ist die elektrische Feldkonstante, $\varepsilon_0 = 8{,}85 \cdot 10^{-12}$ F/m. Setzen wir (10.25) in Beziehung (10.23) ein, so erhalten wir für die Kapazität des Plattenkondensators

10.3 Elektrische Spannung und elektrischer Strom

$$C = \frac{Q}{U} = \frac{\varepsilon_0 \cdot A}{l}. \tag{10.26}$$

Nutzen wir Beziehung (10.25), so erhalten wir

$$E = \frac{1}{2}CU^2 = \frac{1}{2}\varepsilon_0 \mathcal{E}^2 \cdot A \cdot l. \tag{10.27}$$

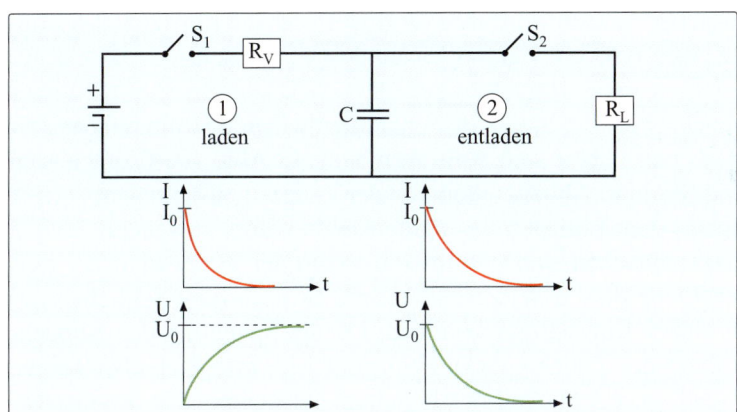

Abb. 10.10 *Laden und Entladen eines Plattenkondensators:* Schließen wir Schalter S_1, so fließt Strom durch Schaltkreis 1. Zu Beginn ist der Kondensator noch ungeladen, die Kondensatorspannung $U_C = 0$. Die am Vorwiderstand R_V anliegende Spannung ist gleich der Batteriespannung, $U_R = U_0$. Der durch die Schaltung fließende Strom ist dann $I = U_0/R_V$. Während des Ladevorgangs baut sich durch die Ladungstrennung auf den gegenüberliegenden Kondensatorplatten eine Spannung $U_C = U_0 \cdot (1 - e^{-t/\tau})$ mit $\tau = RC$ auf. Da $U_0 = U_R + U_C$ gilt (Kirchhoffsche Maschenregel), bewirkt das Anwachsen der Spannung zwischen den Kondensatorplatten eine Verringerung der über dem Widerstand abfallenden Spannung U_R. Dies führt zu einem Abklingen der Stromstärke $I = U_R/R_V$ gemäß $I = I_0 \cdot e^{-t/\tau}$. Die Strom- und Spannungskennlinien für den Ladevorgang sind links unten abgebildet. Am Ende des Ladevorgangs hat sich zwischen den Platten die Spannung $U_C \approx U_0$ aufgebaut. U_R ist daher null (Kirchhoffsche Maschenregel) und wegen $I = U_R/R_V$ fließt kein Strom mehr. Der aufgeladene Kondensator unterbricht den Stromkreis! Schließen wir nun Schalter S_1 und öffnen Schalter S_2, so entlädt sich der Kondensator über den Lastwiderstand R_L. Sowohl die Stromstärke als auch die Spannung nehmen exponentiell $\propto e^{-t/\tau}$ ab, bis die Ladungsgleichheit auf beiden Platten wieder hergestellt ist (rechts unten). Wie man sieht, hängt die Lade- und Entladezeit von der Kapazität des Kondensators und der Größe des Vorwiderstands ab: Je größer C und R sind, desto mehr Ladung kann der Kondensator aufnehmen und desto kleiner ist die Stromstärke. Zum Laden bzw. Entladen sind dann entsprechend längere Lade- bzw. Entladezeiten erforderlich.

Da $A \cdot l$ genau dem Kondensatorvolumen entspricht, ist die Energiedichte w des elektrostatischen Kondensatorfeldes

$$w = \frac{1}{2}\varepsilon_0 \mathcal{E}^2 \,. \tag{10.28}$$

Die Energie ist also im elektrischen Feld gespeichert! Hier haben wir angenommen, dass zwischen den Platten Vakuum ist. Meistens werden aber die Kondensatoren mit einer Isolierung zwischen den Platten verwendet. Durch die Polarisation der Atome im Isolator vergrößert sich die Kapazität des Kondensators um einen Faktor ε. Für das Vakuum ist $\varepsilon = 1$, sonst $\varepsilon \geq 1$, z.B. für Glas $\varepsilon = 6 - 8$.

Beim Aufladen sinkt der durch die Schaltung fließende Strom mit der Zeit exponentiell ab und nähert sich dem Wert null. In Abb. 10.10 unten sind Spannung und Strom in Abhängigkeit von der Ladezeit aufgetragen.

Bevor wir uns dem Entladen des Plattenkondensators zuwenden, sollten wir uns kurz klar machen, weshalb in Abb. 10.10 der Widerstand R_V vorgeschaltet ist. Ohne diesen Widerstand würde es nach dem Schließen des Schalters zu einem Kurzschluss kommen. Da die Spannung des Kondensators zu Anfang des Ladevorgangs noch null ist, verfügt er über keinen Innenwiderstand. Das Schließen des Schalters entspräche also der fast widerstandslosen Verbindung der beiden Pole der Batterie! Hierdurch würde der im Stromkreis fließende Strom nur durch den kleinen Innenwiderstand von Batterie und Kabel reduziert werden und der durch den Kondensator fließende Strom wäre so stark, dass er den Kondensator beschädigen könnte.

Stellt man zwischen den beiden Leitern eines aufgeladenen Kondensators eine leitende Verbindung her (Abb. 10.10), so wird die im Kondensator gespeicherte Energie frei. Es fließen so lange Ladungen von der einen zur anderen Platte, bis die Ladung auf beiden Platten gleich ist. Während dieses Vorgangs folgt die Stromstärke der gleichen Gesetzmäßigkeit wie bei der Aufladung, die Spannung fällt exponentiell ab und nähert sich der null an.

10.4 Elektrizität in der Biologie

Lebende Organismen sind elektrisch aktiv. Unser Gehirn steuert die Bewegung unserer Muskeln durch das Senden von Befehlen, die sich in elektrischen Impulsen kodiert entlang den motorischen Nervenfasern ausbreiten. Unser Körper ist ein wahres Wunder der Informationsvermittlung – alle unsere Nervenfasern zusammengenommen entsprechen einer Länge von 768 000 km. Ein Seil dieser Länge könnten wir einmal zum Mond und wieder zurück spannen! Unser Kontakt zu der physikalischen Welt durch Sehen,

10.4 Elektrizität in der Biologie

Hören, Riechen, Schmecken und Tasten wird dem Gehirn durch elektrische Signale übermittelt, die in sensorischen Nervenfasern erzeugt werden. Auch unsere Fähigkeit zu denken basiert auf komplexen elektrischen Wechselwirkungen von Neuronen in unserem zentralen Nervensystem. In Abb. 10.11 ist ein Neuron gezeigt.

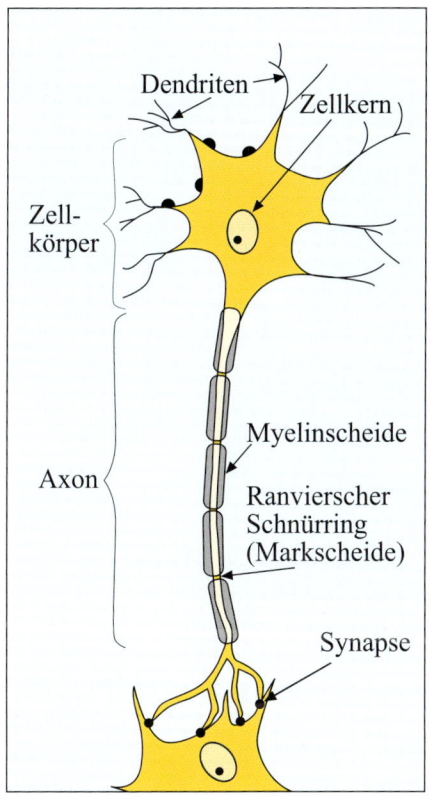

Abb. 10.11 Nervenzelle besteht aus einem Zellkörper und Zellfortsätzen. Die kleinen Dendriten transportieren die elektrischen Signale zum Zellkörper. Ist der elektrische Gesamtpuls groß genug, so wird eine weitere Erregung ausgelöst und entlang des Axons weitergeleitet. Gegen Ende verzweigt sich das Axon. Diese Verzweigungen sind mit den Dendriten benachbarter Neuronen vernetzt, so dass der Nervenstimulus weitergegeben werden kann. Die Schnelligkeit der Weiterleitung hängt von der Bauart der Nervenzellen ab. Nackte Axonen transportieren die elektrischen Pulse langsam, einige m/s. Wenn aber das Axon stückweise mit einer Isolationshülle aus Myelin umgeben ist, verringert sich die Kapazität der Membrane. Dies steigert die Ausbreitungsgeschwindigkeit auf bis zu 180 m/s.

Was aber haben alle diese Phänomene mit unseren Batterien, Widerständen und Kondensatoren gemeinsam? Recht viel. In den Nervenzellen unseres Körpers herrschen Mechanismen, die auf den Prinzipien chemischer Energetik und der Elektrodynamik beruhen. Die komplizierten elektrischen Vorgänge in den Zellen kann man erfolgreich mit elektrischen Ersatzschaltungen veranschaulichen. Die Elektrodynamik der Zellen unterscheidet sich doch etwas von der Elektrodynamik unserer technischen Geräte. Während in den Geräten der Strom von Elektronen geleitet wird, geschieht dies in der Zelle durch Ionen. Deswegen sind in Zellen die magnetischen Effekte vernachlässigbar und die Ersatzschaltbilder kommen mit Widerständen und Kondensatoren aus.

10.4.1 Elektrische Eigenschaften der Zellmembran

Für die elektrischen Eigenschaften der Zelle ist vor allem die Zellmembran verantwortlich. Sie besteht aus einer isolierenden Doppelschicht von Lipiden (Abb. 10.12). Im Inneren, wie auch im Außenraum, befinden sich Elektrolyte, die vorwiegend Na^+, K^+, Cl^- und organische Anionen enthalten. Die jeweiligen Konzentrationen im Innen- und Außenraum unterscheiden sich stark, wodurch im Ruhezustand eine Membranspannung von etwa –90 mV erzeugt

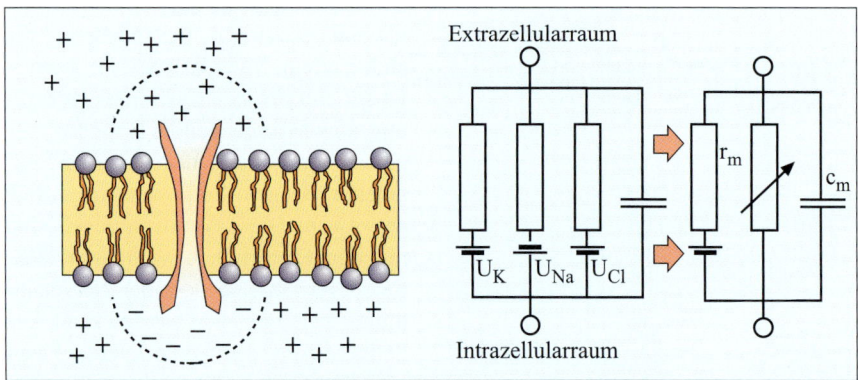

Abb. 10.12 *Links*: Die Membrane ist eine Lipiddoppelschicht, die den bei Abwesenheit eines Nervenpulses positiv geladenen Extrazellulärraum vom negativ geladenen Zellinneren isoliert und ist damit vergleichbar mit einem Kondensator. Die in die Membran eingebetteten Ionenkanäle leiten die geladenen Ionen und damit den Strom. Ihnen kann man also einen Widerstand R zuordnen. Das elektrische Feld über der Membran und der Ionenkonzentrationsgradient rufen zudem in Analogie zu einer Batterie ein Membranpotential hervor, das als Motor für die Ionenströme wirkt. Im Bild wird der K^+ Kanal gezeigt. Die Kaliumionen diffundieren nach außen, so dass das Zellinnere negativ geladen ist. *Mitte*: Elektrochemischer Gradient, Ionenkanäle und Membrane können, wenn kein Puls da ist, in einem elektrischen Schaltbild ersetzt werden durch, in Serie geschaltete Batterien und Widerstände. Die Kapazität der Membran wird durch einen parallel geschalteten Kondensator simuliert. Der elektrochemische Gradient wie auch der Gesamtwiderstand setzen sich zusammen aus den Gradienten bzw. Einzelwiderständen, die der jeweiligen Ionensorte entsprechen. Wie aus dem Bild zu entnehmen ist, transportieren die Na^+-Ionen die positive Ladung von außen nach innen. Wenn kein Impuls übertragen wird, ist der Na^+-Kanal zu. *Rechts*: Wenn man einen elementaren Baustein eines Axions mit einer Ersatzschaltung darstellen möchte, kann man dies auf eine parallel geschaltete Batterie mit einem Widerstand, variablem Widerstand und Kondensator reduzieren. Der variable Widerstand berücksichtigt die Funktion der aktiven Ionenkanäle in der Membrane, die den effektiven Widerstand der Membrane ändern.

10.4 Elektrizität in der Biologie

wird. Die Konzentrationsdifferenzen werden durch Ionenpumpen, speziellen in die Membran eingelagerten Proteinen, aufrecht erhalten. Die Membrane hat also die Funktion einer Batterie mit positiver Elektrode im Außenraum, negativer Elektrode im Innenraum und einer Spannung von etwa −90 mV. Da die Membrane ein guter Isolator ist und die Elektrolyten im Inneren und Äußeren elektrisch leitend sind, hat die Membran auch Eigenschaften eines Kondensators. Schließlich sind in die Membrane verschiedene Ionenkanäle eingebettet, die eine ionenspezifische Leitfähigkeit bewirken.

Aufbau von Nervenzellen und Ausbreitung von Signalen Eine Nervenzelle besteht aus dem Zellkörper, der den Zellkern enthält, und Zellfortsätzen, die erhebliche Längen erreichen können. Hier unterscheidet man Dendriten, über die eingehende Signale aufsummiert und an den Zellkörper weiter geleitet werden, und Axonen, die der Weiterleitung von Signalen dienen. Die sich verzweigenden Axonen enden an Synapsen, die eine Verbindung zu Dendriten weiterer Neuronen oder auch zu Muskelzellen, darstellen. Beim Eintreffen eines Signals werden an der Synapse sogenannte Neurotransmitter ausgeschüttet, die an dem Dendriten der folgenden Neuronen ionenspezifische Kanäle öffnen. Ein Dendrit kann als Serienschaltung von einem Widerstand und einem Elementarelement der Membrane dargestellt werden (Abb. 10.13).

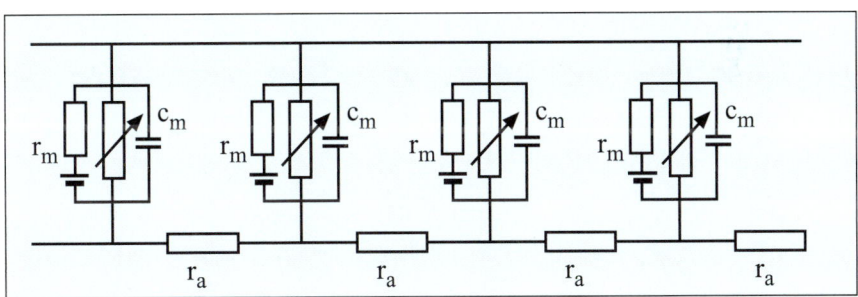

Abb. 10.13 Die elektrische Leitung eines Dendrits wird mit einer Ersatzschaltung simuliert. Die elementaren Bausteine der Membran (Abb. 10.12) sind mit Hilfe von Widerständen miteinander verbunden.

Die hier einströmende Ladung breitet sich diffusiv aus. Eine Abschätzung der Diffusionskonstante erhält man aus folgender Überlegung: Eine charakteristische Zeitskala erhält man aus dem Produkt von Kapazität der Membran und dem Widerstand der Membrane $\tau = RC$, wie wir in der Legende der Abb. 10.10 gezeigt haben. Da bei der Membrane die Kapazität und der Widerstand von der jeweiligen Flächengröße abhängen, ist es zweckmäßig mit der Kapazität pro Fläche c_m und der Leitfähigkeit (Leitfähigkeit = $1/R$) pro

Fläche σ_m zu arbeiten. Dann bekommt die Zeitskala $\tau = RC$ die Form

$$\tau_m = \frac{c_m}{\sigma_m}. \tag{10.29}$$

Die Zeitskala des Aufladens und Entladens in der Zellmembrane liegt bei $\tau_m \sim 20$ msec. Betrachtet man den Dendrit als Zylinder mit Durchmesser a und Länge l, ist die Leitfähigkeit G_m durch die Membrane (Fläche $\pi a l$ mal die Leitfähigkeit der Membrane pro Flächeneinheit σ_m

$$G_m = \pi a l \sigma_m. \tag{10.30}$$

Der Ionenstrom fließt auch innerhalb des Dendrits, die Leitfähigkeit pro Flächeneinheit entlang des Nervs ist σ_l. Die Leitfähigkeit entlang des Zylinders ist das Produkt von dem Nervquerschnitt $\pi a^2/4$, der Leitfähigkeit σ_l dividiert durch die Nervlänge l, da die Leitfähigkeit umgekehrt proportional zu der Länge ist:

$$G_l = \frac{a^2}{4l} \pi \sigma_l. \tag{10.31}$$

Der Puls entlang der Membrane und der Puls im Inneren des Nervs werden gleichmäßig abgeschwächt, so lange die beiden Leitfähigkeiten gleich sind:

$$G_m = G_l. \tag{10.32}$$

Daraus folgt

$$\pi a l \sigma_m = \frac{a^2}{4l} \pi \sigma_l, \tag{10.33}$$

was bei einer charakteristischen Länge ist $l = \lambda$

$$\lambda = \sqrt{\frac{a\sigma}{4\sigma_m}}. \tag{10.34}$$

Für Dendriten mit einem typischen Durchmesser $a \sim 1\,\mu\text{m}$ findet man $\lambda \sim 1$ mm. Als Abschätzung der Diffusionskonstante verwenden wir $D \sim \lambda^2/\tau_m$. Die Diffusionskonstante D hat die Dimension [m²/s] und gibt an, wieviel Moleküle pro Sekunde durch die Flächeneinheit kommen. Die Diffusionskonstante dividiert durch die Zeit ergibt das Quadrat der Geschwindigkeit dieser Teilchen. Bei einem typischen Abstand von 1 mm zwischen Synapse und Zellkörper benötigt die einströmende Ladung etwa 20 msec um eine Potentialänderung am Zellkörper hervorzurufen. Die Membrane des Axons enthält spannungsabhängige Ionenkanäle. Diese öffnen sich sobald das Potential eine Schwelle von etwa –20 mV übersteigt. Innerhalb einer Zeit von $\tau_S \sim$ 0,2 msec steigt dadurch das Potential auf positive Werte an (Abb. 10.13). Dieser Puls propagiert mit einer Geschwindigkeit

10.4 Elektrizität in der Biologie

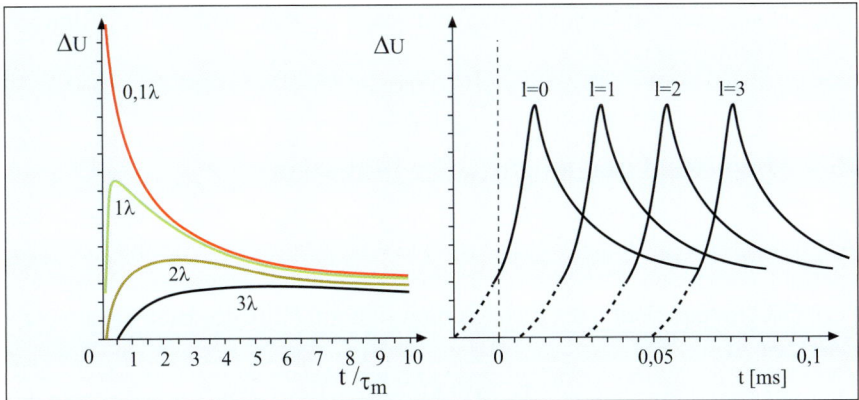

Abb. 10.14 *Links:* Erreicht ein Reiz die Synapse eines Neurons, öffnen sich auf den Dendriten des folgenden Neurons spezifische Ionenkanäle, zum Beispiel Na$^+$-Kanäle. Dadurch strömt kurzzeitig positive Ladung in das Innere der Zelle. Diese breitet sich diffusiv aus und führt zu den in Bild gezeigten Verläufen der Membranspannung. Mit wachsendem Abstand zum Ort der Synapse wird das Signal verzögert und geschwächt. Der zeitliche Verlauf ist in Einheiten der charakteristischen Zeit τ_m, der Abstand in Vielfachen der charakteristischen Länge λ gezeigt. Bei einer typischen Länge der Dendriten von wenigen Millimetern reicht dieser Mechanismus zur Signalübertragung aus. *Rechts:* Transport des Pulses enlang des Axions mit Myelinscheiden. Übersteigt die Membranspannung am Zellkörper eine Schwelle, öffnen spannungsabhändide Na$^+$-Kanäle und die einströmende Ladung bretet sich diffusiv aus. Die Myelinscheiden reduzieren die Kapazität der Membrane und damit die charakteristische Zeitskala, was zu einer beträchtlich beschleunigten Ausbretung führt. An den ranvierschen Schnürringen befinden sich wieder spannungsabhängige Na$^+$-Kanäle, die das Signal erneut verstärken. Erst dadurch wird eine schnelle und zuverlässige Ausbreitung der Signale über größere Distanzen hinweg erreicht.

$$u = \sqrt{\frac{D}{\tau_S}} = \sqrt{\frac{a\,\sigma}{4\,c_\mathrm{m}\,\tau_S}}, \qquad (10.35)$$

wobei seine Form durch die Wirkung spannungsabhängiger Ionenkanäle aufrecht erhalten wird. Typische Werte der Geschwindigkeit sind im Bereich von einigen m/sec. Längere Axonen, die verschiedene Bereiche des Gehirns oder andere Körperteile mit diesem verbinden, sind von einer zusätzlichen Isolationshülle aus vielen Lagen von Lipidmembranen, dem Myelin, umgeben. Dies reduziert die Membrankapazität σ_m etwa um einen Faktor 200, was die Ausbreitungsgeschwindigkeit entsprechend obiger Gleichung mehr als verzehnfacht. Erst dieser Mechanismus, der nur bei Wirbeltieren vorkommt, ermöglicht auch größeren Tieren eine hinreichend kurze Reaktionszeit. Die

Verstärkung des Pulses findet hier nur noch an den sogenannten Ranvierschen Schnürringen statt.

10.5 Magnetfeld und magnetische Induktion

Wie wir bereits gesehen haben, ist mit jeder Bewegung einer Ladung ein Magnetfeld verbunden. Das von der Ladung q erzeugte Magnetfeld hängt von ihrer Geschwindigkeit v ab. Es berechnet sich mit Hilfe des Biot-Savartschen Gesetzes zu

$$\vec{\mathcal{B}} = \frac{\mu_0}{4\pi} \frac{q\vec{v} \times \vec{r}/r}{r^2}. \tag{10.36}$$

Hierbei ist $\vec{r}$ der Verbindungsvektor zwischen der Ladung q und dem Aufpunkt, an dem das Magnetfeld berechnet werden soll. $\mu_0 = 4\pi \cdot 10^{-7}$ Tm/A ist die magnetische Feldkonstante. Aus (10.36) wird deutlich, dass das Magnetfeld sowohl senkrecht auf der Bewegungsrichtung der Ladung als auch auf $\vec{r}$ steht. Abb. 10.15 zeigt das Magnetfeld, das von einem stromdurchflossenen Draht erzeugt wird.

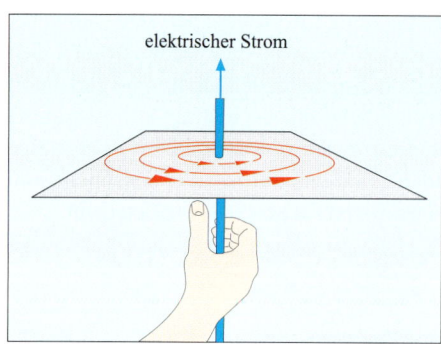

Abb. 10.15 Der durch einen Draht fließende Strom erzeugt ein Magnetfeld. Im Gegensatz zum elektrischen Feld, das ein Divergenzfeld ist (Abb. 10.1), handelt es sich beim Magnetfeld um ein Rotationsfeld. Die Richtung des $\mathcal{B}$-Feldes entspricht der Richtung, in die wir eine rechtsdrehende Schraube drehen müssten, damit sie sich in Stromrichtung bewegt.

Bewegt sich eine Elementarladung in einem Magnetfeld, so spürt sie eine Kraft, die Lorentzkraft:

$$\vec{F} = q\vec{v} \times \vec{\mathcal{B}}. \tag{10.37}$$

Die Lorentzkraft zeigt in die Richtung, in die sich eine rechtsdrehende Schraube bewegen würde, wenn wir den Vektor $\vec{v}$ unter dem kleinstmöglichen Winkel in Richtung $\vec{B}$ drehen würden.

Ebenso wie der elektrische Fluss Φ_e ein Maß für die Intensität des elektrischen Feldes ist, ist der magnetische Fluss Φ_m ein Maß für die Stärke des

10.5 Magnetfeld und magnetische Induktion

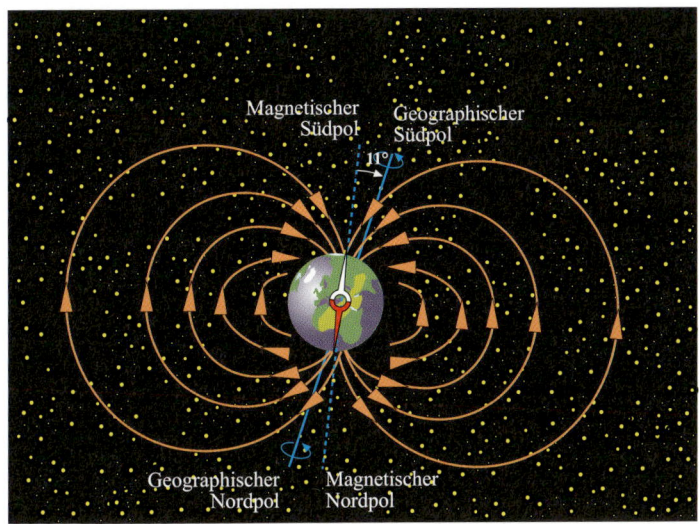

Abb. 10.16 Die Erde ist vergleichbar mit einem großen Permanentmagneten. Nach der Entdeckung des Kompass, hat man das Ende der Nadel, das nach Norden zeigt als den magnetischen Nordpol bezeichnet. Entsprechend ist der geographische Nordpol der magnetische Südpol. Wir haben keine magnetischen Monopole, aber ein Permanentmagnet ist ein Dipol und kann ohne Widersprüche als zwei zum Dipol zusammengesetzte Monopole betrachtet werden. Die Dipolachse des Magneten Erde ist um 11,5° relativ zur Erdachse geneigt. Im Außenraum laufen die Magnetfeldlinien vom magnetischen Nordpol zum magnetischen Südpol. Innerhalb der Erde laufen die Feldlinien dann wieder zum Nordpol, so dass die Magnetfeldlinien immer geschlossen sind. Der magnetische Fluss Φ_m durch eine Fläche A ist definiert als das Produkt aus der Fläche und der senkrecht auf ihr stehenden Komponente des Magnetfeldes, B_n: $\Phi_m = B_n \cdot A$. Das Erdmagnetfeld hat am Äquator eine Stärke von $\approx 30 \cdot 10^{-6}$ T. Das entspricht dem Magnetfeld, das ein mit 1,5 A durchflossener gerader Draht in einem Abstand von 1 cm erzeugen würde.

magnetischen Feldes. In Abb. 10.16 ist das Magnetfeld unserer Erde gezeigt. Der magnetische Fluss durch eine Fläche A ist gleich der Dichte der Magnetfeldlinien, die durch die Fläche treten:

$$\Phi_m = \int_S \vec{B} \cdot d\vec{A}. \tag{10.38}$$

Wichtig ist hierbei, dass der magnetische Fluss kein Anfang und kein Ende hat, die Magnetfeldlinien sind immer geschlossen. Es gibt also keine Quellen des Magnetfeldes.

Nachdem bekannt geworden war, dass bewegte Ladungsträger ein Magnetfeld verursachen, beschäftigte den englischen Physiker *Michael Faraday* eine weitere interessante Fragestellung: Wenn ein Strom ein Magnetfeld bewirken konnte – war es dann nicht auch umgekehrt möglich, mit Hilfe eines Magnetfeldes einen Strom zu erzeugen? In seinen ersten Experimenten ließ Faraday einen starken stationären Strom durch eine Leiterschleife fließen. Er hoffte somit, einen Strom in einem benachbarten Stromkreis erzeugen zu können. Diese Versuche blieben jedoch erfolglos. Schließlich aber stellte er fest, dass er eine Spannung und damit auch einen Strom in einer Leiterschleife erzeugen konnte, indem er diese in die Nähe eines sich mit der Zeit verändernden Magnetfeldes brachte. Damit hatte er das Prinzip der magnetischen Induktion entdeckt!

Der Effekt der magnetischen Induktion lässt sich auf die Lorentzkraft zurückführen. Die Atome der Metalle sind durch die metallische Bindung miteinander verbunden (siehe Abschnitt 15.1.2). Salopp gesagt schwimmen die Valenzelektronen (das sind ein oder zwei pro Atom) wie in einer Wanne in dem Gitter geordneter positiver Metallionen. Innerhalb dieser Wanne können die Elektronen frei wandern. Bewegt sich eine Leiterschleife in einem Magnetfeld, so wirkt nach (10.37) die Lorentzkraft auf die freien Ladungsträger in ihr und treibt die Elektronen in der Wanne des Metallgitters in eine Richtung. Somit wird eine Spannung in dem Metall erzeugt und es fließt ein Induktionsstrom. Die Lorentzkraft erzeugt ein elektrisches Feld $\vec{\mathcal{E}} = \vec{F}/q$ und die induzierte Spannung ist dann gleich dem Integral des elektrischen Feldes entlang der geschlossenen Leiterschleife. Die Induktionsspannung ist

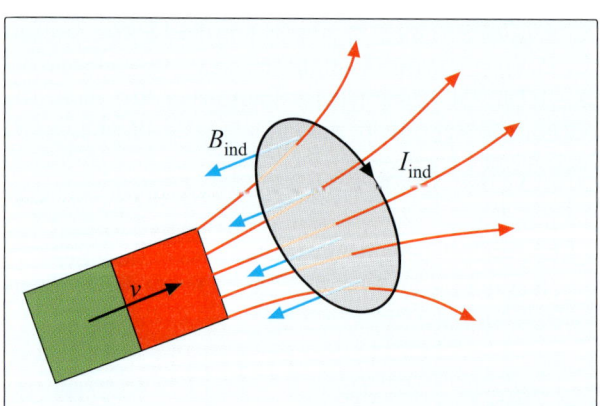

Abb. 10.17 Bewegen wir einen Stabmagneten auf eine Leiterschleife zu, so ändert sich die Dichte der Magnetfeldlinien, die durch die von der Leiterschleife umrandete Fläche A treten. Die damit verbundene Änderung des magnetischen Flusses Φ_m bewirkt eine Induktionsspannung $U_\mathrm{ind} = -\frac{\mathrm{d}\Phi_\mathrm{m}}{\mathrm{d}t}$, die einen Induktionsstrom I_ind in der Leiterschleife fließen lässt. Dieser Induktionsstrom erzeugt wiederum ein Magnetfeld $\mathcal{B}_\mathrm{ind}$, das der Änderung des Magnetfeldes $\mathcal{B}$ entgegenwirkt.

10.5 Magnetfeld und magnetische Induktion

der Änderung des magnetischen Flusses proportional und ihr entgegengerichtet (Faradaysches Gesetz):

$$U_{\text{ind}} = \oint_l \vec{\mathcal{E}} \cdot d\vec{s} = -\frac{d\Phi_m}{dt}. \tag{10.39}$$

Abb. 10.17 zeigt das Prinzip der Erzeugung von Induktionsströmen.

Faradays Entdeckung der elektromagnetischen Induktion war von größter Wichtigkeit. Sie resultierte unter anderem in der Entwicklung neuer Geräte zur Stromerzeugung: den Generatoren (siehe Abschnitt 10.5.4).

10.5.1 Spule

Eine Spule besteht im Grunde nur aus in Serie geschalteten Stromschleifen (Abb. 10.18) (siehe Abschnitt 10.4). Durch die Superposition der Stromschleifen ensteht in einer langen Spule ein homogenes Magnetfeld $\vec{B} = \mu_0(n/l)I$. Dabei ist n die Zahl der Windungen und l die Länge der Spule. Um ein Gefühl für die Magnetfeldstärke und den dazu nötigen Strom in der Spule zu bekommen, rechnen wir die notwendige Stromstärke aus um ein Magnetfeld von einem Tesla zu erzeugen. Solche Magnetfeldstärken werden routinemäßig in Kernspintomographen benutzt:

$$1\,\text{T} = \frac{\text{V\,s}}{\text{m}^2} = 4\pi\,10^{-7}\,\frac{\text{V\,s}}{\text{A\,m}} \cdot \frac{n\,I}{l}. \tag{10.40}$$

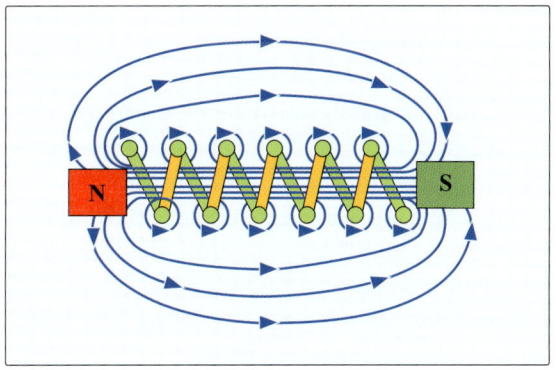

Abb. 10.18 In einer langen schmalen Spule entsteht ein homogenes Magnetfeld $\vec{B} = \mu_0(n/l)I$. Dabei ist n die Zahl der Windungen und l die Länge der Spule. Die magnetischen Eigenschaften einer Spule sind mit ihrer Selbstinduktivität $L = \mu_0(n/l)A$ charakterisiert. A ist der Querschnitt der Spule. Der Magnetfluss der Spule ist $\Phi_m = L \cdot I$.

Für eine Spule der Länge $l = 1$ Meter ist das Produkt nI

$$nI = \frac{10^7}{4\pi} \approx 10^6 \text{ A}. \qquad (10.41)$$

Eine gewaltige Stromstärke, die nur mit supraleitenden Magneten zu bewältigen ist.

Baut man eine Spule in eine Schaltung ein, so verhindert diese die sprunghafte Änderung des Stroms. Die Spulen in elektrischen Schaltungen entsprechen etwa der trägen Masse in der Mechanik. Der Strom, der durch den geschlossenen Stromkreis – und damit auch durch die Spule – fließt, erzeugt ein Magnetfeld (10.36) in der Spule. Für den magnetischen Fluss durch die Spule gilt

$$\Phi_\text{m} = LI\,, \qquad (10.42)$$

wobei L die Selbstinduktivität der Spule ist. Die SI-Einheit der Induktivität ist das Henry (H). Die Induktivität einer Spule steigt quadratisch mit ihrer Windungszahl an. Unterbrechen wir den Stromkreis, so bricht das Magnetfeld zusammen. Die im Magnetfeld gespeicherte Energie wird allerdings nicht vernichtet (das stünde im Widerspruch zum Energieerhaltungssatz!), sondern wird in die Erzeugung eines elektrischen Feldes gesteckt. Wie bereits besprochen, induziert die Änderung des Magnetfeldes eine Spannung, die dieser Änderung entgegenwirkt. Mit (10.39) und (10.42) erhalten wir für die induzierte Spannung

$$U_\text{ind} = -\frac{\text{d}\Phi_\text{m}}{\text{d}t} = -L\frac{\text{d}I}{\text{d}t}\,. \qquad (10.43)$$

Es ist wichtig, dass wir uns klar machen, dass jede beliebige Leiterschleife bereits eine Spule darstellt und daher jeder reale Schaltkreis eine Induktivität besitzt!

Eine Anwendung von Spulen, die wir häufig im Alltag antreffen, ist die Induktionsschleife an Ampelanlagen. Unter den Straßenbelag wird eine an Wechselspannung angeschlossene Spule eingelassen. Nähert sich ein Auto der Spule, so verstärkt die metallische Karosserie das von der Spule erzeugte Magnetfeld. Durch diese Änderung des Feldes wird ein Induktionsstrom hervorgerufen. Dieser Induktionsstrom kann nachgewiesen werden und die Ampel schaltet auf Grün um. Eine weitere wichtige Anwendung von Spulen ist der Transformator, den wir im Folgenden erklären wollen.

10.5.2 Transformator

Zwei Spulen sind durch einen ferromagnetischen Kern gekoppelt (Abb. 10.19). Der Wechselstrom (U_1, I_1) in der Primärspule erzeugt einen ma-

10.5 Magnetfeld und magnetische Induktion

gnetischen Wechselfluss, der ist proportional dem Primärstrom I_1 und der Zahl der Wicklungen n_1 der Primärspule. In der Sekundärwicklung wird eine Spannung proportional zu dem magnetischen Wechselfluss und der Zahl der Wicklungen n_2 induziert. Da der Primärstrom proportional zur Primärspannung ist, ist das Verhältnis zwischen der Primärspannung und der Sekundärspannung

$$\frac{U_1}{U_2} = \frac{n_1}{n_2}. \tag{10.44}$$

Wenn wir an den Transformator einen Wiederstand R anhängen, fließt durch ihn ein Strom I_2. Im Idealfall, wenn sich der Transformator durch den Betrieb nicht erwärmt, bleibt die elektromagnetische Energie erhalten

$$U_1 \cdot I_1 = U_2 \cdot I_2. \tag{10.45}$$

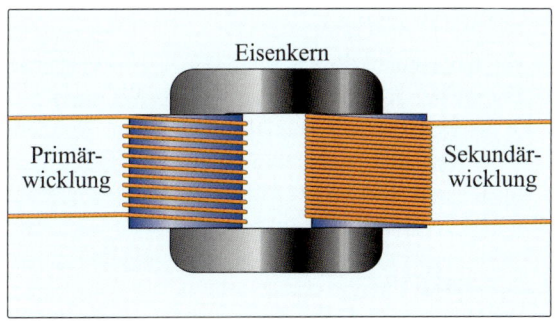

Abb. 10.19 Der Wechselstrom hat sich so erfolgreich durchgesetzt, weil man die Spannung mit einem Transformator fast beliebig manipulieren kann. Wenn die Windungszahl der ersten Spule n_1 ist und die der zweiten n_2, dann ist das Verhältnis zwischen Eingangs- und Ausgangsspannung: n_1/n_2. Es ist selbstverständlich, dass die Leistung auf dem Ausgang der Spule $I_2 \cdot U_2 \leq I_1 \cdot U_1$ ist. Da die Spulen einen ohmschen Widerstand haben und die ferromagnetischen Materialen im Kern der Spule einen magnetischen Widerstand darstellen, wird der Transformator immer Verluste haben.

10.5.3 Elektromagnetischer Schwingkreis

In Abb. 10.20 zeigen wir die verschiedenen Schwingungsphasen des elektromagnetischen Schwingkreises und die analogen Phasen eines Federpendels.

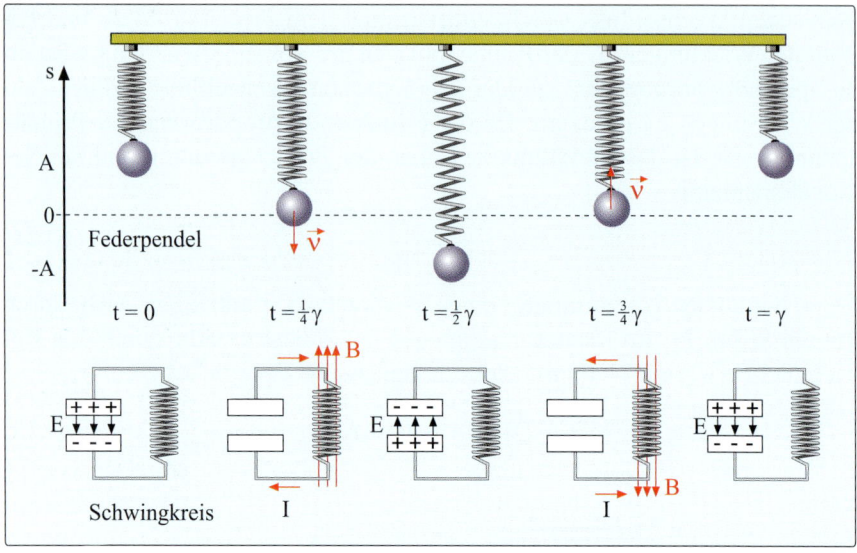

Abb. 10.20 Die vier Phasen des elektromagnetischen Schwingkreises im Vergleich zu dem Federpendel. Die erste Phase: der Kondensator ist aufgeladen, im Kreis fließt kein Strom. Die Energie ist als elektrische potentielle Energie im Kondensator gespeichert. Das Federpendel bewegt sich nicht, seine potentielle Energie ist als Elastizitätsenergie der Feder gespeichert. Die zweite Phase: die Entladung fängt an, die Spannung am Kondensator und der induktive Widerstand sind im Gleichgewicht. Der Strom erreicht das Maximum, wenn die Spannung auf null sinkt. Diese Phase entspricht der maximalen kinetischen Energie und der minimalen potentiellen Energie des Federpendels. Die dritte Phase entspricht der ersten mit umgekehrtem Vorzeichen der Spannung des Kondensators. Das Federpendel erreicht wieder die maximale potentielle Energie und die minimale kinetische Energie. Die vierte Phase ist der zweiten analog, nur der Strom fließt in umgekehrter Richtung. Analoges gilt für das Federpendel.

10.5.4 Stromgenerator

Stromgeneratoren wandeln unter Ausnutzung des Faradayschen Induktionsgesetzes mechanische Energie in elektrische Energie um. Die Funktionsweise eines Generators wird in Abb. 10.22 erläutert.

Durch mechanische Energie (beispielsweise durch Wasserkraft) wird eine Spule in einem Magnetfeld gedreht. Erfolgt diese Drehung mit einer konstanten Frequenz, so wird dadurch eine sinusförmige Wechselspannung erzeugt. Dies bedeutet, dass die Polarität der Spannung mit einem Sinusverlauf zwischen plus und minus wechselt.

10.5 Magnetfeld und magnetische Induktion

Das bekannteste Beispiel für Wechselspannung ist die Netzspannung von 230 V, die wir aus der Steckdose bekommen. Aus welchem Grund aber ist es sinnvoll, dass an der Steckdose Wechselspannung und keine Gleichspannung anliegt? Dies ist ein Thema, über das sich bereits 1890 die Meinungen der Experten entzweiten. Der Erfinder der Glühlampe, *Thomas Edison*, setzte sich für eine Versorgung mit Gleichspannung ein. Der amerikanische Großindustrielle *George Westinghouse* hingegen vertrat die Ansicht, dass Wechselspannung günstiger sei, da man sie besser über weite Entfernungen transportieren könne. Mit höheren Spannungen kann die elektrische Energie mit geringeren Verlusten und damit über weite Strecken transportiert werden. Aus diesem Grund werden die Spannungen für den Transport mit Hilfe von Transformatoren auf höhere Niveaus gebracht. Solche Transformatoren basieren aber auf dem Prinzip des Induktionsgesetzes und funktionieren daher nur mit Wechselspannung. Hätten wir Edisons Ratschlag befolgt, so müssten wir in jedem Stadtteil ein Kraftwerk bauen! In der Tat heute ist es nicht viel anders. Die Kraftwerke sind homogen über das Land verteilt. Das kommt davon, dass die Rohstoffe, Kohle, Öl und Gas auch für die Heizung benutzt werden. Diese Kraftwerke sind jedoch miteinander vernetzt.

Die Kraftwerke erzeugen Dreiphasenstrom (Abb. 10.21).

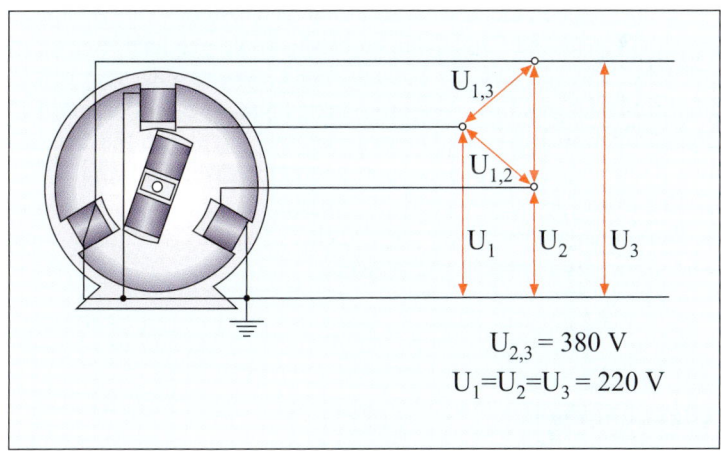

Abb. 10.21 Die Generatoren unserer Stromversorgung erzeugen gleichzeitig drei Wechselströme. Der Stator besteht aus drei Spulen, die um 120° versetzt sind. Der Rotor, ein Dipolmagnet, bewegt sich bei jeder vollen Umdrehung an diesen drei Spulen vorbei und induziert dabei drei Wechselströme. Ihre Phasen sind um jeweils 120° verschoben. Dieser dreiphasige Wechselstrom wird als Drehstrom bezeichnet. Die einzelnen Phasen gegen die Erde werden als 220 V Spannung an die Haushalte geliefert. Die schweren Elektromotoren in der Industrie verwenden dreiphasige Motoren.

10.5.5 Elektromotor

Ein Elektromotor ist nichts anderes als ein Stomgenerator, den man verkehrt herum betreibt (Abb. 10.22).

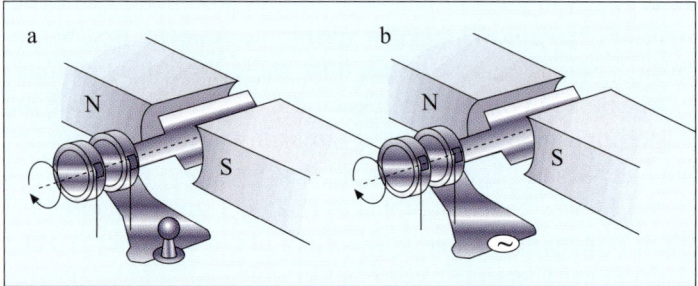

Abb. 10.22 (**a**) Eine Spule wird mechanisch angetrieben und mit der Geschwindigkeit v in einem statischen Magnetfeld gedreht. Hierdurch verändert sich der magnetische Fluss durch die Spule und aufgrund der Lorentzkraft $\vec{F} = q\vec{v} \times \vec{B}$ wird ein Induktionsstrom erzeugt. Es kommt hierbei nicht darauf an, ob sich der Magnet oder die Spule bewegt. Ausschlaggebend ist die Bewegung der beiden Komponenten relativ zueinander. Die induzierte Spannung erreicht ihre Extremwerte, wenn die von der Spule eingeschlossene Fläche senkrecht zum Magnetfeld steht. Bei dieser Einstellung wird die magnetische Flussdichte durch die Spule maximal. Bei waagrechter Spulenstellung bewegen sich die Ladungsträger parallel zum Magnetfeld, so dass die Lorentzkraft aufgrund des Vektorproduktes null wird – in diesem Fall wird keine Spannung induziert. Bei der Drehung um 180° dreht sich die Polarität der Spannung um, der skizzierte Stromgenerator liefert einen Wechselstrom.
(**b**) Skizze eines Elektromotors. Die prinzipielle Anordnung ist mit der des Generators identisch. Wenn man an den Motor eine Wechselspannung anschließt, dreht sich die Spule und verrichtet die mechanische Arbeit.

10.6 Maxwellgleichungen

Lange Zeit wurden die Bereiche Elektrizität, Magnetismus und Optik als streng getrennte Gebiete der Physik behandelt. Dies änderte sich schlagartig, als der schottische Physiker *James Clerk Maxwell* in den Jahren zwischen 1861 und 1864 die vier berühmten Maxwellschen Gleichungen aufstellte. Diese Gleichungen beschreiben die Quellen elektrischer und magnetischer Felder und ihre Wechselwirkung untereinander. Die ersten drei der Maxwellschen Gleichungen haben wir im Rahmen dieses Kapitels bereits besprochen.

10.6 Maxwellgleichungen

Bei der ersten Maxwellschen Gleichung handelt es sich um das Gaußsche Gesetz (10.7), demzufolge Ladungen ein elektrische Felder erzeugen.

$$\oint_S \vec{\mathcal{E}} \cdot d\vec{A} = \frac{Q}{\varepsilon_0}. \tag{10.46}$$

Das elektrische Feld auf einer beliebigen geschlossenen Oberfläche ist also gleich der von dieser Oberfläche eingeschlossenen Ladung.

Die zweite Maxwellgleichung haben wir im Zusammenhang mit dem magnetischen Fluss angesprochen. Wie wir in Abschnitt 10.5 erwähnten, hat der magnetische Fluss weder Anfang noch Ende. Wir können diese Feststellung auch etwas mathematischer formulieren als

$$\oint_S \vec{\mathcal{B}} \cdot d\vec{A} = 0. \tag{10.47}$$

Der magnetische Fluss, der durch eine geschlossene Oberfläche S tritt, ist null. Daraus folgt, dass es keine magnetischen Monopole gibt – ein Magnet hat immer Nord- und Südpol! Beziehung (10.47) ist die zweite Maxwellsche Gleichung.

Die dritte Maxwellgleichung ist das Faradaysche Induktionsgesetz, nach dem ein veränderliches Magnetfeld ein elektrisches Wirbelfeld erzeugt. Setzen wir (10.38) in (10.39) ein, so erhalten wir:

$$\oint_l \vec{\mathcal{E}} \cdot d\vec{s} = -\frac{d\Phi_m}{dt} = -\frac{d}{dt} \int_S \vec{\mathcal{B}} \cdot d\vec{A}. \tag{10.48}$$

In Worten ausgedrückt bedeutet dies: Verändert sich die Dichte der Magnetfeldlinien, die durch die von einer Kurve l (z.B. einer Leiterschleife) umrandete Fläche S treten, so entsteht ein elektrisches Feld. Das Integral des elektrischen Feldes entlang der Kurve l ist gleich dieser Änderung.

Maxwells Ziel war eine möglichst symmetrische Formulierung des Elektromagnetismus. Beziehung (10.48) sagt aus, dass ein veränderliches $\mathcal{B}$-Feld ein elektrisches Feld zur Folge hat. Maxwells vierte Gleichung ist die mathematische Formulierung dessen, dass nicht nur ein Strom I, sondern auch ein veränderliches elektrisches Feld $\vec{\mathcal{E}}$ ein Magnetfeld erzeugt:

$$\oint_l \vec{\mathcal{B}} \cdot d\vec{s} = \mu_0 I + \varepsilon_0 \mu_0 \frac{d}{dt} \int_S \vec{\mathcal{E}} \cdot d\vec{A}. \tag{10.49}$$

Abb. 10.23 zeigt eine graphische Illustration der vier Maxwellgleichungen, die das Gerüst der Elektrodynamik bilden. Mit Hilfe dieser Gleichungen konnte Maxwell eine vereinheitlichende Theorie von Elektrizität und Magnetismus beschreiben. Aus den Maxwellgleichungen gehen als Lösungen die elektromagnetischen Wellen hervor. Es gelang Maxwell nicht nur,

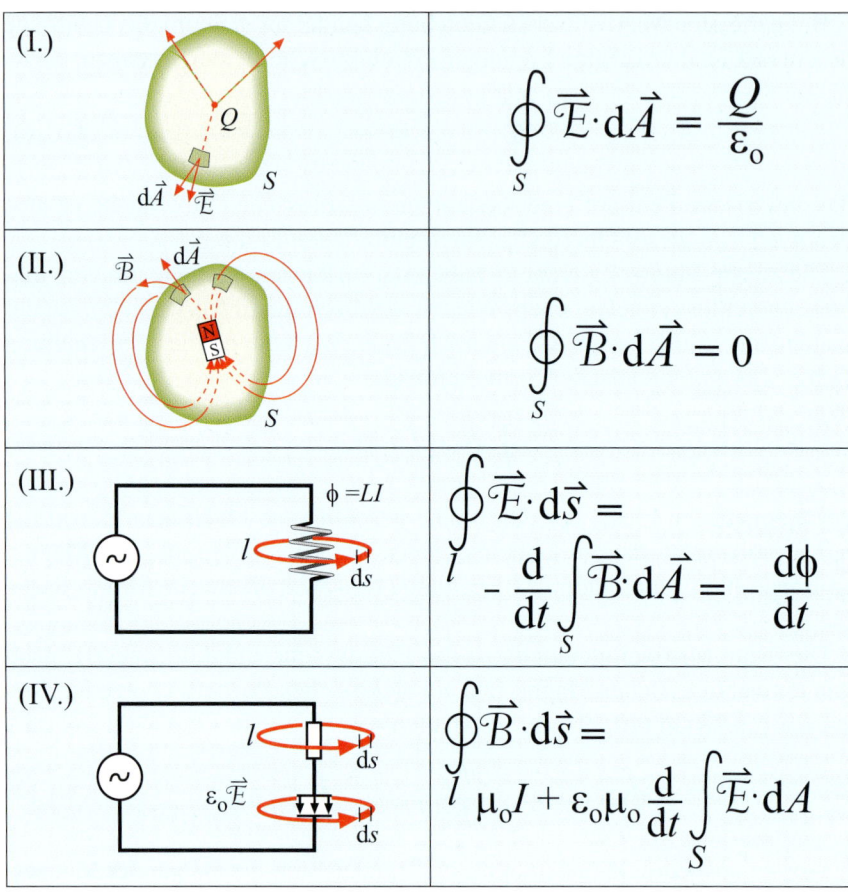

Abb. 10.23 *Graphische Veranschaulichung der Maxwellgleichungen.* Die Maxwellgleichungen spiegeln wider, dass es sich bei Elektrizität und Magnetismus um nicht voneinander zu trennende Phänomene der einheitlichen Theorie des Elektromagnetismus handelt. Aus ihnen folgt, dass Ladungen ein elektrisches Feld (I) erzeugen, das Magnetfeld (II) quellenfrei ist und dass aufgrund der Kopplung elektrischer und magnetischer Felder ein veränderliches Magnetfeld ein elektrisches Rotationsfeld (III) und umgekehrt ein veränderliches elektrisches Feld ein magnetisches Rotationsfeld erzeugt (IV).

die Existenz elektromagnetischer Wellen vorauszusagen, sondern auch, ihre Ausbreitungsgeschwindigkeit zu berechnen. Wie sich herausstellte, entsprach diese Geschwindigkeit der Lichtgeschwindigkeit, was Maxwell zu der Schlussfolgerung veranlasste, dass es sich bei Licht um eine elektromagnetische Welle handeln musste.

Diese Entdeckung schrieb Maxwell 1864 in seiner Arbeit über das elektromagnetische Feld nieder: "This velocity is so nearly that of light, that it seems we have strong reason to conclude that light itself (including radiant heat, and other radiation if any) is an electromagnetic disturbance in the form of waves propagated through the electromagnetic field according to electromagnetic laws."

10.7 Energietransport

Vor Beginn des Kohlebergbaus und der Erfindung der Dampfmaschine im 18. Jahrhundert sind Holz für die Heizung und Holzkohle für die Metallerzeugung benutzt worden. Im 19. Jahrhundert ist die Kohle per Schiene und Schiff zu den Abnehmern für die Heizung und den Betrieb der Dampfmaschinen transportiert worden. Mit der elektrischen Energie Ende des 19. Jahrhunderts ist eine neue Energiequelle auf den Markt gekommen, am Anfang durch lokale Stromerzeuger mit Gleichstrom und niedriger Spannung, im wesentlichen für Beleuchtung. Nach Erfindung des Transformators konnte man die elektrische Energie mit kleinen Verlusten über große Distanzen transportieren (Abb. 10.24). Da die Energiequellen mit Ausnahme des Wassers nicht nur zur Elektrizitätserzeugung sondern auch zur Heizung benötigt

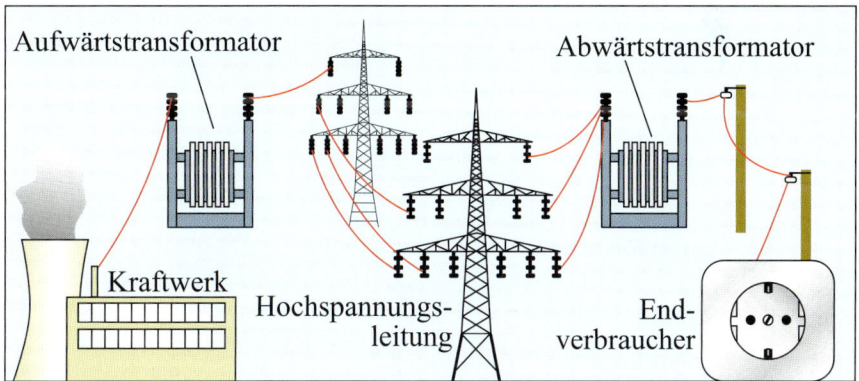

Abb. 10.24 Beim steigenden Leistungsbedarf zu Beginn der Industrialisierung hat sich der Wechselstrom gegenüber dem bis dahin verwendeten Gleichstrom durchgesetzt, weil er die Transformation der Spannungen ermöglichte. Die Abbildung zeigt schematisch den heutigen Aufbau der Versorgung: Elektrische Leistung wird in den Generatoren erzeugt, auf Hochspannung transformiert und in das Netz eingespeist. Über längere Entfernungen wird sie über Freileitungen transportiert und zunächst in den Umspannstationen in die Mittelspannungsverteilungsnetze eingespeist. Beim Verbraucher wird sie auf die geeignete Spannung reduziert.

werden, sind die elektrischen Kraftwerke geografisch gleichmäßig verteilt. Um die lokalen Schwankungen in der Strombelastung zu kompensieren, sind Kraftwerke regional und überregional vernetzt.

Für den Energietransport benötigt man hohe Spannungen und dies ist für Wechselstrom leicht zu erreichen. Erst zeigen wir, wie der Energieverlust von der Spannung abhängt. Es wird verlangt, eine Leitung aufzubauen, die eine durchschnittliche Energieleistung von $I \cdot U = W$ transportiert. Der durch die Leitung fließende Strom ist $I = W/U$. Beim Energietransport verliert man die elektrische Energie RI^2, wobei der Widerstand der Leitung R ist. Somit ist der Bruchteil der Energie $\Delta W/W$, der durch den ohmschen Widerstand verloren geht

$$\frac{\Delta W}{W} = \frac{R \cdot I^2}{W} = \frac{R}{U^2}! \qquad (10.50)$$

Der Energieverlust durch die Leitung sinkt beim rein ohmschen Widerstand umgekehrt proportional zu U^2. In (10.50) ist angenommen, dass die Energieverluste proportional zur Länge sind. Das ist jedoch für Wechselstrom nicht der Fall. Eine Leitung stellt für den Wechselstrom nicht nur einen ohmschen Widerstand dar, sondern ist auch ein Schwingkreis. Die Leitung bildet mit dem Boden eine Schleife und dadurch hat sie eine Induktivität L, einen kleinen Widerstand R und eine Kapazität C (Abb. 10.25).

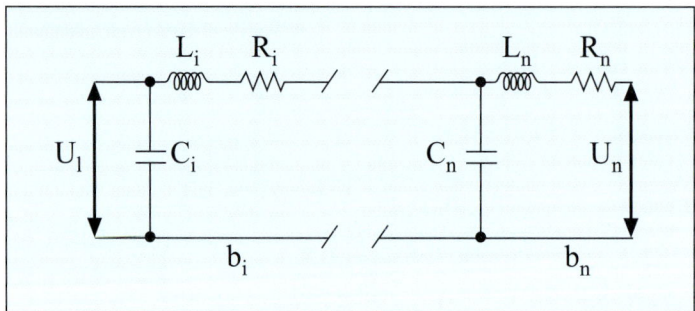

Abb. 10.25 Eine Hochspannungsleitung bildet eine Schleife mit einer Selbstinduktion, einem kleinen ohmschen Widerstand und einer Kapazität. Auch ohne Belastung fließen durch die Hochspannungsleitungen Blindströme, die teilweise durch den ohmschen Widerstand „aufgefressen" werden. Wechselstromübertragung über Strecken von mehr als 500 Kilometer ist wirtschaftlich ungünstiger als Gleichstromübertragung.

Kapitel 11
Elektromagnetische Wellen

Eine beschleunigte Ladung induziert ein zeitabhängiges Magnetfeld, das wiederum ein elektrisches Feld induziert (10.23) und immer so fort. Diese beschleunigten Ladungen können oszillierende Elektronen in einer Radioantenne, die Ladungen des 6000 K heißen Sonnenplasmas, oder das energetische Elektron in einer Anode der Röntgenröhre sein. Was in der Nähe der beschleunigten Ladung passiert, kann unter Umständen kompliziert sein und wir werden uns nicht damit befassen. Aber weit weg von jeder beschleunigten Ladung bildet sich eine elektromagnetische Welle. Sie breitet sich radial aus. Wenn wir sie weit entfernt betrachten, können wir sie als eine ebene Welle, die sich in einer Richtung ausbreitet, betrachten. In Abb. 11.1 ist

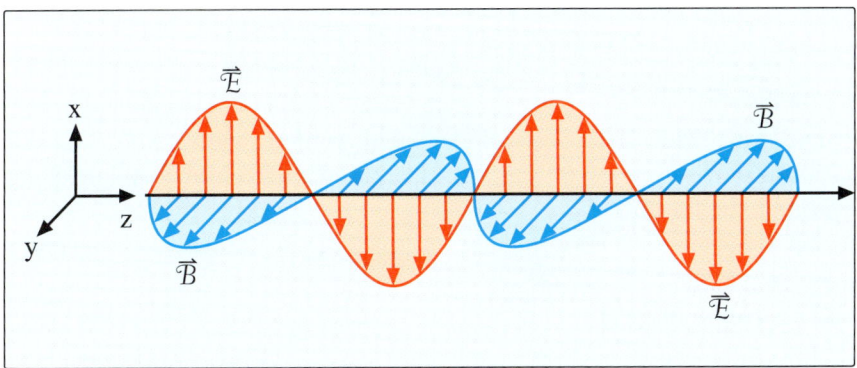

Abb. 11.1 Schematisch gezeichnete elektromagnetische Welle. Die drei Vektoren, Ausbreitungsrichtung, elektrisches Feld und magnetisches Feld stehen senkrecht aufeinander. Deswegen haben wir die Ausbreitungsrichtung in positive z-Richtung gewählt, das elektrische Feld soll die x-Komponente $\mathcal{E}_x$ haben, das magnetische die y-Komponente $\mathcal{B}_y$.

schematisch eine elektromagnetische Welle, die sich in positive z-Richtung ausbreitet, gezeichnet. Der Vektor des elektrischen Feldes steht immer senkrecht auf der Ausbreitungsrichtung. Der Vektor des magnetischen Feldes steht ebenfalls senkrecht auf der Ausbreitungsrichtung, wie auch auf dem Vektor des elektrischen Feldes.

11.1 Lichtgeschwindigkeit

Die Lichtgeschwindigkeit, als die größte Geschwindigkeit, mit der Informationen und Energie im Universum übertragen werden können, spielt in der Physik eine grundlegende Rolle. Deswegen wollen wir zeigen, wie sie inhärent mit den Maxwellgleichungen verbunden ist. Da sich die elektromagnetischen Wellen im ladungsfreien Raum ausbreiten, werden wir die Maxwellgleichungen (10.23) ohne den Ladungs- und Stromterm benutzen. Ohne diese zwei Terme bekommen die Maxwellgleichungen eine ästhetische, symmetrische Form:

$$\oint_S \vec{\mathcal{E}} \cdot d\vec{A} = 0$$
$$\oint_S \vec{\mathcal{B}} \cdot d\vec{A} = 0$$
$$\oint_l \vec{\mathcal{E}} \cdot d\vec{s} = -\frac{d}{dt} \int_S \vec{\mathcal{B}} \cdot d\vec{A}$$
$$\oint_l \vec{\mathcal{B}} \cdot d\vec{s} = \varepsilon_0 \mu_0 \frac{d}{dt} \int_S \vec{\mathcal{E}} \cdot d\vec{A} \qquad (11.1)$$

Die dritte und vierte Maxwellgleichung werden, wie in Abb. 11.2 und 11.3 skizziert, angewendet. Das linke Integral der dritten Maxwellgleichung bekommt die Form

$$\oint_l \vec{\mathcal{E}} \cdot d\vec{s} \longrightarrow d\mathcal{E}_x \Delta x, \qquad (11.2)$$

und das rechte Integral

$$\frac{d}{dt} \int_S \vec{\mathcal{B}} \cdot d\vec{A} \longrightarrow -\frac{d\mathcal{B}_y}{dt} \Delta x dz. \qquad (11.3)$$

Die dritte Maxwellgleichung angewendet auf die Schleife in Abb. 11.2 mit der Anwendung von (11.2) und (11.3) heißt dann

$$d\mathcal{E}_x \Delta x = -\frac{d\mathcal{B}_y}{dt} \Delta x dz. \qquad (11.4)$$

11.1 Lichtgeschwindigkeit

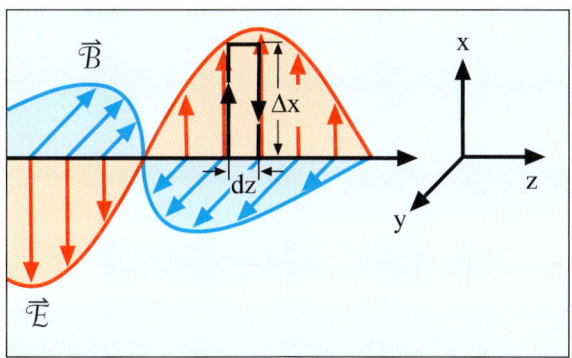

Abb. 11.2 Die zeitliche Änderung des magnetischen Flusses durch die Schleife $\Delta x \cdot dz$ ist $\frac{d}{dt} \mathcal{B}_y \cdot \Delta x \cdot dz$. Zu dem Linienintegral entlang der Schleifengrenzen tragen nur die Strecken Δx bei, wo die elektrische Feldrichtung parallel bzw. antiparallel zum Umlaufweg liegt. Die Strecken dz stehen senkrecht auf dem Feld $\mathcal{E}_x$ und tragen nicht zum Integral bei. Am Ort z hat das elektrische Feld den Wert $\mathcal{E}_x$, am Ort $z + dz$ den Wert $\mathcal{E}_x + d\mathcal{E}_x$. Das Linienintegral entlang der Schleifengrenze reduziert sich dann zu der Differenz $(\mathcal{E}_x + d\mathcal{E}_x)\Delta x - \mathcal{E}_x \Delta x = d\mathcal{E}_x \Delta x$.

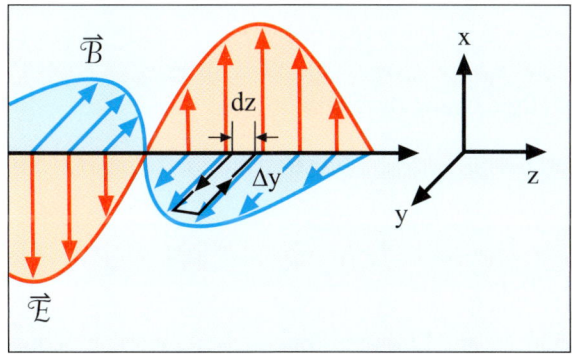

Abb. 11.3 Die zeitliche Änderung des elektrischen Flusses durch die Schleife $\Delta y \times dz$ ist $\frac{d}{dt} \mathcal{E}_x \cdot \Delta y \cdot dz$. Zu dem Kreisintegral tragen nur die Strecken Δy bei, wo die magnetische Feldrichtung parallel bzw. antiparallel zu dem Umlaufweg liegen. Die Strecken dz stehen senkrecht auf dem Feld $\mathcal{E}_y$ und tragen nicht zu dem Kreisintegral bei. Am Ort z hat das magnetische Feld den Wert $\mathcal{B}_y$, am Ort $z + dz$ den Wert $\mathcal{B}_y + d\mathcal{B}_y$. Das Kreisintegral reduziert sich dann zu der Differenz $(\mathcal{B}_y + d\mathcal{B}_y)\Delta_x - \mathcal{B}_x \Delta x = d\mathcal{B}_y \Delta y$.

Die Anwendung der vierten Maxwellgleichung auf die Schleife in Abb. 11.3 müssen wir nicht explizit durchführen. Die dritte und die vierte Maxwellgleichung sind symmetrisch beim Tausch $\mathcal{B}_y \to \mathcal{E}_x$, so können wir die Relation für die vierte Maxwellgleichung direkt hinschreiben:

$$d\mathcal{B}_y \Delta y = \varepsilon_0 \mu_0 \frac{d\mathcal{E}_x}{dt} \Delta y dz. \tag{11.5}$$

Jetzt wollen wir zeigen, dass sich das elektrische und das magnetische Feld bei der Lichtgeschwindigkeit und nur bei der Lichtgeschwindigkeit gegenseitig induzieren und als elektromagnetische Welle ausbreiten. Das werden wir mit Hilfe einer reinen Sinuswelle demonstrieren. Man kann nämlich jede Form der Welle als die Summe über reine Sinuswellen verschiedener Frequenzen darstellen.

Bei der elektromagnetischen Welle sind das elektrische und das magnetische Feld in Phase:

$$\mathcal{E}_x = \mathcal{E}_{x0} \sin(kz - \omega t) \tag{11.6}$$

und

$$\mathcal{B}_y = \mathcal{B}_{y0} \sin(kx - \omega t). \tag{11.7}$$

Für die Sinuswelle bekommt die dritte (11.4) Maxwellgleichung folgende Form:

$$k \cdot \mathcal{E}_{x0} \cos(kz - \omega t) = \omega \cdot \mathcal{B}_{y0} \cos(kz - \omega t) \tag{11.8}$$

oder, nach dem man die Cosinusfunktion weglässt,

$$k \cdot \mathcal{E}_{x0} = \omega \cdot \mathcal{B}_{y0} \tag{11.9}$$

und die vierte (11.5) Maxwellgleichung die Form:

$$k \cdot \mathcal{B}_{y0} \cos(kz - \omega t) = \omega \cdot \varepsilon_0 \mu_0 \mathcal{E}_{x0} \cos(kz - \omega t), \tag{11.10}$$

oder, nach dem man die Cosinusfunktion weglässt,

$$k \cdot \mathcal{B}_{y0} = \varepsilon_0 \mu_0 \cdot \omega \cdot \mathcal{E}_{x0}. \tag{11.11}$$

Die Größe, die wir suchen, ist die Lichtgeschwindigkeit. In einer Sinuswelle ist sie durch ω/k gegeben: ω gibt die mit 2π multiplizierte Zahl der Schwingungen pro Sekunde ($\omega = 2\pi \nu$) an und die Wellenzahl k ist 2π dividiert durch die Wellenlänge in Metern ($k = \frac{2\pi}{\lambda}$). Die Gleichungen (11.10) und (11.11) können einfach gelöst werden, wenn wir das Verhältnis $\mathcal{E}_{x0}/\mathcal{B}_{y0}$ aus einer in die andere einsetzen:

$$\left(\frac{\omega}{k}\right)^2 = c^2 = \frac{1}{\varepsilon_0 \mu_0} \approx 9 \cdot 10^{16} \frac{m^2}{s^2}, \tag{11.12}$$

oder

$$c = \frac{1}{\sqrt{\varepsilon_0 \mu_0}} \approx 3 \cdot 10^8 \frac{m}{s}. \tag{11.13}$$

Nach der Mühe um zu zeigen, dass die Lichtgeschwindigkeit durch das Produkt der zwei Naturkonstanten, ε_0 und μ_0, die in den Maxwellgleichungen vorkommen, vollkommen bestimmt ist, sollten wir das Resultat kommentieren. Die Konstanten ε_0 und μ_0 geben die Stärke der Kopplung der bewegten Ladung bzw. veränderlicher elektrischer Felder an das Magnetfeld an und umgekehrt. Die Werte der beiden Konstanten sind im Experiment bestimmt. Ihre Zahlenwerte sind von der Wahl des Einheitensystems abhängig. Das Produkt $\varepsilon_0 \mu_0$ ist jedoch unabhängig vom System gleich c^{-2}.

11.2 Relativitätstheorie

Von der Relativitätstheorie werden wir in diesem Buch explizit nur die Äquivalenz von Masse und Energie benutzen. Trotzdem wollen wir die elementaren Begriffe der Theorie einführen um die moderne Vorstellung von Raum und Zeit darzustellen. Dies sollte heute, nach hundert Jahren des Bestehens der Theorie, zu dem Weltbild jedes Intellektuellen gehören.

Nachdem *Maxwell* gezeigt hat, dass es elektromagnetische Wellen gibt, die sich mit Lichtgeschwindigkeit ausbreiten, kam nur das Licht als Kandidat für diese Wellen in Frage. Sonst waren keine anderen elektromagnetischen Wellen bekannt. Es ist verständlich, dass man versucht hat, die neuen Wellen mit der Physik der bekannten Schallwellen in Verbindung zu bringen. Die Schallwellen breiten sich durch ein Medium, Luft, Wasser oder Festkörper aus. Die Frage war, was ist das Medium, das das Licht transportiert. Schon seit Ende des 17. Jahrhunderts wurde ein hypothetisches Medium, der Äther (Griech. *Aither* = Αἰθήρ = der blaue Himmel), für den Transport des Lichtes verantwortlich gemacht, bevor man wusste, dass das Licht eine elektromagnetische Welle ist. Man hat den Äther auch als Medium der elektromagnetischen Wellen übernommen.

11.2.1 Es gibt keinen absoluten Raum

Im Jahre 1881 haben *Albert Abraham Michelson* in Potsdam und später 1887 *Edward Morley* in den USA versucht, den Äther experimentell nachzuweisen. Nach damaligen Vorstellungen bewegt sich das Sonnensystem durch den ruhenden Äther, was das Sonnensystem als Ätherwind empfindet (Abb. 11.4).

Die Erde, die sich um die Sonne dreht, bewegt sich je nach Jahreszeit mit verschiedenen relativen Geschwindigkeiten zum Äther. Eine genaue Messung der Lichtgeschwindigkeit in Richtung der Erdbewegung und senkrecht darauf sollte Aufschluss über den Äther geben. Der Äther wäre nachgewie-

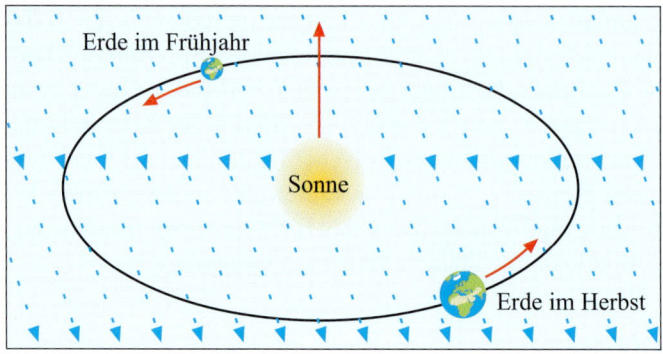

Abb. 11.4 Das Sonnensystem bewegt sich durch den stationären Äther, die Erde noch zusätzlich um die Sonne. Wenn es den Äther gäbe, dann müsste eine genaue Messung der Lichtgeschwindigkeit von der Jahreszeit abhängig sein.

sen, wenn die Lichtgeschwindigkeiten in Richtung der Erdbewegung und senkrecht darauf verschieden sind. Resultat der Messung war, es gibt keinen Unterschied in den Lichtgeschwindigkeiten, also auch keinen Äther.

Einstein hat dieses Resultat so gedeutet: Es gibt keinen absoluten Raum und die Physik, auch die Elektrodynamik, soll in allen Systemen, die sich mit gleichmäßiger Geschwindigkeit voneinander bewegen, gelten. Die Konsequenzen der endlichen Lichtgeschwindigkeit hat er im Rahmen seiner *Speziellen Relativitätstheorie* verfasst.

Zwei Prinzipien bilden die Basis der speziellen Relativitätstheorie: das erste Prinzip stammt von Galileo, das zweite von Einstein. Das erste besagt, dass die physikalischen Gesetze in allen gleichmäßig bewegten Systemen identisch sind, und das zweite, dass die Lichtgeschwindigkeit im Vakuum, c, unabhängig von der Bewegung der Lichtquelle und der Bewegung des Beobachters ist. Die Elektrodynamik ist identisch in allen gleichmäßig bewegten Systemen. In der Relativitätstheorie bezeichnet man das Gerät, das fest auf einem gleichmäßig bewegten System befestigt ist, und die Lichtsignale von überall empfängt, als Beobachter.

Die Beschränkung auf nicht beschleunigte Systeme ist keine gravierende Einschränkung. Die spezielle Relativitätstheorie versagt erst, wenn gewaltige Gravitationskräfte auf das System wirken, so wie Kräfte in der Nähe von Schwarzen Löchern. Mit diesem Problem befasst sich die Einsteinsche *Allgemeine Relativitätstheorie*.

Die Feststellung, dass die Lichtgeschwindigkeit im Vakuum eine absolute Größe, unabhängig von den Bewegungen der Quellen und des Beobachters ist, sollte für uns, die wir das vorige Kapitel (11.1) gelesen haben, keine Überraschung sein. In dem vorigen Kapitel haben wir gesehen, dass die Lichtgeschwindigkeit nur von zwei Naturkonstanten, ε_0 und μ_0 abhängig ist: $c^2 = (\varepsilon_0 \mu_0)^{-1}$. Die zwei Konstanten bestimmen die Kopplung zwischen dem elektrischen und dem magnetischen Feld. Entweder bewegt sich das Licht mit Lichtgeschwindigkeit oder es gibt kein Licht.

11.2.2 Es gibt keine absolute Zeit

Die zwei Prinzipien, auf denen die spezielle Relativitätstheorie basiert, erscheinen ziemlich harmlos, sind sie aber nicht. Die direkte Konsequenz der Unabhängigkeit der Lichtgeschwindigkeit von der Bewegung des Systems ist nicht nur, dass es keinen absoluten Raum gibt, aber auch keine absolute Zeit im Universum.

In Abb. 11.5 demonstriert man sehr anschaulich, wie die Messung der Zeit von der relativen Geschwindigkeit des Beobachters und des beobachteten Systems abhängig ist. Beobachter A bewegt sich relativ zu Beobachter B. B

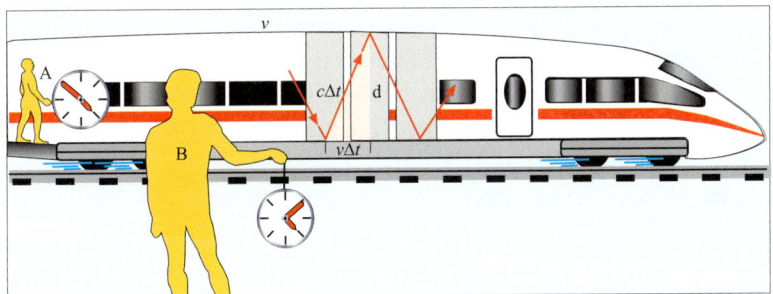

Abb. 11.5 Zwei Experimentatoren testen das Zeitverhalten in gleichmäßig bewegten Systemen. Die Zeit messen sie mit Hilfe der Laufzeit des Lichtes zwischen zwei Spiegeln. Das ist vernünftig, denn die beiden glauben Einstein, dass die Lichtgeschwindigkeit c unabhängig von dem System ist. Die beiden besitzen zwei identische Uhren. Der Experimentator auf dem Bahnsteig merkt jedoch, dass die Uhr am fahrenden Zug langsamer läuft als seine. Der Abstand zwischen den Platten ist d, so ist seine Zeiteinheit im ruhenden System $\Delta t' = d/c$. Die Zeit in dem bewegten Zug nennt er t und die Zeiteinheit Δt. Die langsamer laufende Zeit seines Kollegen im Zug erklärt er folgendermaßen. Der Zug bewegt sich mit der Geschwindigkeit v und in der Zeit Δt verschieben sich die Spiegel um die Länge $v \cdot \Delta t$. So ist die Strecke zwischen zwei Lichtreflexionen nicht d, so wie sie Experimentator A misst, aber $\sqrt{(v \cdot \Delta t)^2 + d^2}$. Die Länge der Hypotenuse, die der Experimentator B sieht, ist $c \cdot \Delta t$, da die Lichtgeschwindigkeit vom System unabhängig ist. Nach Pythagoras ist die Beziehung zwischen der Hypotenuse und den beiden Katheten in dem schraffierten Dreieck $(c \cdot \Delta t)^2 = (v \cdot \Delta t)^2 + d^2$. Die Gleichung kann man nach Δt lösen, $\Delta t = \frac{d}{c} \frac{1}{\sqrt{1-(v/c)^2}} = \Delta t' \frac{1}{\sqrt{1-(v/c)^2}}$.

stellt fest, dass die Zeit im bewegten System langsamer läuft als in seinem. Es gibt keine absolute Zeit! Das Resultat noch mal explizit geschrieben heißt

$$\Delta t = \Delta t' \frac{1}{\sqrt{1-\left(\frac{v}{c}\right)^2}}. \tag{11.14}$$

Der Beobachter B stellt fest, dass die Zeit im bewegten System langsamer läuft als in seinem:

$$t' = t\sqrt{1-\left(\frac{v}{c}\right)^2}. \tag{11.15}$$

11.2.3 Längenkontraktion

Wenn im bewegten System die Zeit langsamer läuft als im ruhenden und die Lichtgeschwindigkeit eine vom System unabhängige Konstante ist, dann sind die bewegten Systeme in Bewegungsrichtung kontrahiert. Um das zu zeigen, müssten wir ein ähnliches Experiment aufbauen, wie wir es für die Zeitdilatation gemacht haben. Wir sparen uns die Mühe und machen die folgende Überlegung. Unser Zug, in Ruhe, hat eine Länge von L Metern. Wenn er sich bewegt, hat er L' Meter. Der Experimentator in dem Zug schickt ein Lichtsignal in Bewegungsrichtung. B, auf dem Bahnsteig, misst die Zeit, die das Licht braucht um die Zuglänge zu überqueren. Sie beträgt t'. Die Lichtgeschwindigkeit im Zug ist

$$\frac{L'}{t'} = c. \tag{11.16}$$

Wenn wir die dilatierte Zeit aus (11.15) nehmen, dann ist die Gleichung (11.16) erfüllt, nur dann wenn

$$L' = L\sqrt{1-\left(\frac{v}{c}\right)^2} \tag{11.17}$$

ist.

In Abb. 11.6 zeigen wir eine Möglichkeit, die Zeitdilatation und die Längenkontraktion experimentell zu demonstrieren. Zeitdilatation und Längenkontraktion haben wir durch das Verlangen erklärt, dass die Lichtgeschwindigkeit in allen gleichmäßig bewegten Systemen gleich ist. In der speziellen Relativitätstheorie werden die Transformationen zwischen Systemen elegant beschrieben mit Hilfe von Vierervektoren. Neben den drei Ortskoordinaten führt man die Zeit als vierte Koordinate ein: (ct, x, y, z). Es gibt nichts Mystisches, wenn man den Raum und die Zeit als einen vierdimensionalen

11.2 Relativitätstheorie

„Raum" betrachtet. Es bedeutet nur, dass man in jedem System die spezifischen Orts- und Zeitkoordinaten anwenden muss. Um diese Tatsache zum Ausdruck zu bringen, redet man gerne von der Raumzeit des Systems.

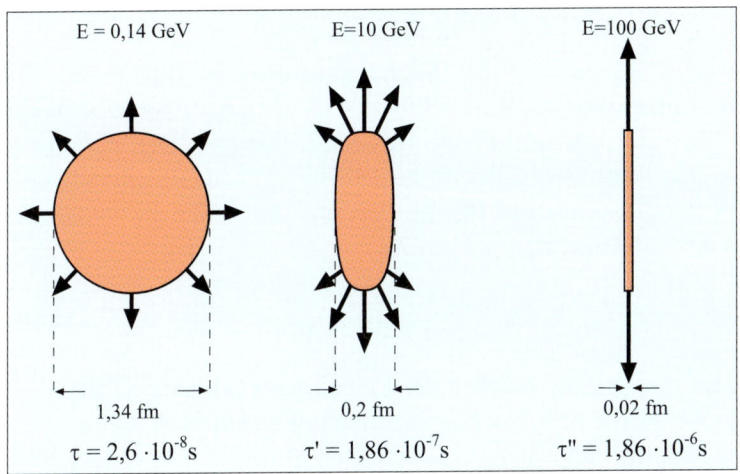

Abb. 11.6 Das bewegte positive Pion im Profil. Das positive Pion hat eine Ruhemasse von $0{,}140\,\text{GeV}/c^2$. In Ruhe hat das Pion die Energie $E = 0{,}140\,\text{GeV}$. Sein Durchmesser beträgt $L = 1{,}34$ fm und seine Lebensdauer $\tau = 2{,}6 \cdot 10^{-8}$ s. Das Pion mit der Energie von $E = 10\,\text{GeV}$ hat den Faktor $\gamma = 7{,}14$, sein kontrahierter Durchmesser in Bewegungsrichtung beträgt $L' = L/\gamma = 0{,}2$ fm und die dilatierte Lebensdauer $\tau' = \tau \cdot \gamma = 1{,}86 \cdot 10^{-7}$ s. Das 100 GeV Pion hat eine 10 mal längere Lebensdauer und einen 10 mal kleineren Durchmesser in Bewegungsrichtung als das 10 GeV Pion. Das bewegte Pion *en face* bleibt unverändert in der Form, nur die elektrische Feldstärke nimmt mit der Energie zu.

11.2.4 Äquivalenz von Masse und Energie

Über einen Zusammenhang zwischen Masse, Energie und Lichtgeschwindigkeit ist von vielen, bald nach Formulierung der Maxwellschen Elektrodynamik, nachgedacht worden. Die Lichtgeschwindigkeit ist nicht nur die Geschwindigkeit, mit der sich das Licht ausbreitet, sondern auch die höchste Geschwindigkeit überhaupt. Heute kann man sich auf unzählige Experimente berufen, die beweisen, dass die Teilchen mit einer endlichen Masse nie die Lichtgeschwindigkeit erreichen können. Aber, ausnahmsweise, berufen wir uns jetzt auf die Formeln (11.14) und (11.15), die experimentell bestätigt sind. Eine Geschwindigkeit $v \geq c$ führt zu unsinnigen Resultaten, einer imaginären Zeit. In der speziellen Relativitätstheorie 1905, konnte Einstein die Beziehung zwischen Energie und Masse formulieren, die im Einklang mit dem Experiment ist:

$$E = mc^2 = \frac{m_0 c^2}{\sqrt{1-\left(\frac{v}{c}\right)^2}}. \qquad (11.18)$$

Die Energie eines Körpers mit der Geschwindigkeit $v = 0$ ist $m_0 c^2$, dabei ist m_0 die Ruhemasse des Körpers. In der speziellen Relativitätstheorie gilt ausnahmslos die Äquivalenz von Masse und Energie. Die Beziehung (11.18) kann man folgendermaßen verstehen. Bei kleinen Geschwindigkeiten bekommt der Ausdruck (11.18) die bekannte Form für die kinetische Energie plus die Ruheenergie:

$$E = m_0 c^2 + \frac{1}{2} m_0 v^2 + \dots \qquad (11.19)$$

Wenn sich aber die Geschwindigkeit der Lichtgeschwindigkeit nähert $v \to c$, dann steigt die Masse bzw. Energie und die Geschwindigkeit kaum.

Für uns ist aber die Äquivalenz von Masse und Energie insoweit wichtig, dass wir wissen, dass sich die Ruhemasse eines Körpers durch die Bindung seiner Konstituenten verkleinert. Das wurde zum ersten Mal experimentell bei der Vermessung der Kernmassen festgestellt. Als Beispiel, die Masse des Eisenkerns ist fast ein Prozent kleiner als die Summe der Massen von Protonen und Neutronen, die den Kern ausmachen. So wird bei jeder Emission von elektromagnetischer Strahlung der Energie E_γ, die Masse des Emitters um $\Delta M = E_\gamma/c^2$ kleiner. Bei chemischen Reaktionen wird thermische Energie frei, sagen wir Q, dann wird die Masse des Moleküls um $\Delta M = Q/c^2$ kleiner als die Summe der Atome des Moleküls. Da die Bindungsenergien von Atomen in Molekülen etwa tausend mal kleiner sind als die Bindungsenergien von Nukleonen in Kernen, ist der experimentelle Nachweis bei Molekülen schwer.

11.3 Experimentelle Bestätigung von Dilatation und Kontraktion

Vor hundert Jahren, als Einstein seine Relativitätstheorie vorgeschlagen hat, gab es keine experimentellen Beweise für seine Theorie. Die Gedankenexperimente, wie das oben beschriebene (Abb. 11.5), haben nicht alle überzeugt. Er hat auch nicht den Nobelpreis für seine bedeutendste Arbeit, die Relativitätstheorie, sondern erst in den zwanziger Jahren für seine Erklärung des Photoeffekts bekommen. Max Planck hat Einstein immer wieder für den Preis vorgeschlagen, die Nominierung ist allerdings wegen der Opposition

11.3 Experimentelle Bestätigung von Dilatation und Kontraktion

von W. C. Röntgen nicht erfolgt. Röntgen erschien die Relativitätstheorie als reine Spekulation.

Heute ist die Situation ganz anders. Zeitdilatation und Längenkontraktion können in jedem Beschleunigerlabor demonstriert werden. Mit hochenergetischen Protonen erzeugt man kurzlebige Teilchen. Je schneller sie sind, desto länger leben sie in unserem Laborsystem. Als Beispiel betrachten wir die positiv geladenen Pionen, die in großen Mengen in Reaktionen mit Protonen entstehen. Die Pionen sind für diese Demonstration sehr gut geeignet. Sie sind ausgedehnte Teilchen mit einem Ladungsradius von 0,67 fm, die Kontraktion in Bewegungsrichtung kann sehr genau gemessen werden. Sie haben eine innere Uhr, dabei handelt es sich um ihre Lebenserwartung oder physikalisch genannt die Lebensdauer. Die Lebensdauer beträgt $\tau = 2{,}6 \cdot 10^{-8}$ Sekunden. Das bedeutet, die Pionen zerfallen exponentiell mit $\exp(-t/\tau)$. Die Teilchen können nicht auf Lichtgeschwindigkeit beschleunigt werden, aber fast. Ohne die Zeitdilatation und fast Lichtgeschwindigkeit würden die Pionen nicht viel weiter kommen als ≈ 10 Meter ($\tau \cdot c = 2{,}6 \cdot 10^{-8}\,\text{s} \times 3 \cdot 10^8\,\text{m/s} \approx 7{,}8$ Meter).

Die Geschwindigkeit ist keine gute Größe um die Relativitätstheorie zu testen. Die Tests der Relativitätstheorie funktionieren am besten, wenn die Geschwindigkeit des betrachteten Objekts in der Nähe der Lichtgeschwindigkeit ist. In allen Formeln erscheint die Wurzel $\sqrt{1 - \frac{v^2}{c^2}}$ und nicht explizit die Geschwindigkeit. Deswegen benutzen die Profis direkt die Wurzel, so definiert wie in (11.18):

$$\gamma = \frac{E}{m_0} = \frac{1}{\sqrt{1 - \frac{v^2}{c^2}}}. \qquad (11.20)$$

Experimentell ist der Impuls einfacher zu bestimmen als die Geschwindigkeit. Er kann durch Ablenkung im Magnetfeld bestimmt werden. Und in der relativistischen Näherung ist die Energie direkt proportional zum Impuls $E \approx pc$. In γ-Schreibweise ist die dilatierte Zeit $\tau' = \tau/\gamma$ und die kontrahierte Länge $L' = \gamma L$.

Es bleibt nur noch zu sagen, wie man die Zeitdilatation und die Längenkontraktion misst. Die Lebensdauer der fliegenden Pionen bestimmt man so, dass man die Zahl von Pionen in Abhängigkeit der erreichten Länge misst.

Mit Pionen haben wir experimentell die Zeitdilatation und die Längenkontraktion demonstriert. Aber ein experimentelles Resultat ist noch keine Physik. Physik wird es erst, wenn das Experiment innerhalb einer physikalischen Theorie interpretiert werden kann. Dabei haben wir heute auch nichts anderes zu bieten als die Einsteinschen Überlegungen, warum in den bewegten Systemen die Uhren langsamer laufen und die Längen kürzer erscheinen.

11.4 Strahlungsquellen

Die Maxwellschen Gleichungen in integraler Form und in Vektorschreibweise (10.23), so wie wir sie im vorigen Kapitel (10) hingeschrieben haben, sind transparent und leicht verständlich. Maxwell hat seine Gleichungen in Differentialform formuliert und die Vektoren wurden, so wie zu dieser Zeit üblich, jeweils mit drei Komponenten geschrieben. Anstatt der vier heute gängigen, gab es acht gekoppelte Gleichungen. Die alte Schreibweise war so kompliziert, dass es nicht viele gab, die den physikalischen Inhalt der Gleichungen vestanden haben. Einer von denen, die den physikalischen Inhalt verstanden haben, war *Heinrich Rudolf Hertz*. Er hat sich auch ein Experiment überlegt, um zu demonstrieren, dass eine oszillierende Ladung elektromagnetische Wellen produziert. In Abb. 11.7 ist der Originalaufbau des Hertzschen Experiments skizziert. Dieses Experiment ist eines von unzähligen Beispielen von Entdeckungen der Grundlagenforschung mit bescheidenen Mitteln, die eine industrielle Revolution ausgelöst haben. In wenigen folgenden Jahren haben das Radio und die drahtlose Telekommunikation die Welt erobert. Dass das Licht und die Wärmestrahlen elektromagnetische Wellen sind, ist auch in dieser Zeit verstanden worden.

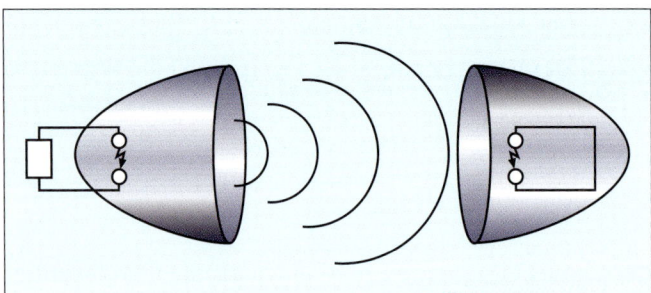

Abb. 11.7 1888 gab es keine elektromagnetischen Schwingkreise, um elektromagnetische Wellen zu erzeugen. Hertz hat gewusst, dass bei der Entladung von Hochspannung die Ladung zwischen plus und minus oszilliert. Die Hochspannungsentladung auf der linken Seite hatte einen Funken auf der rechten Seite erzeugt. Die ersten elektromagnetischen Wellen wurden gesendet und empfangen. Die Grundlage der modernen Telekommunikation wurde gelegt.

Mit der Entdeckung der Röntgenstrahlung Ende des 19. Jahrhunderts wurde das Gesamtspektrum der elektromagnetischen Strahlen bekannt. Das gesamte Spektrum elektromagnetischer Wellen ist in Abb. 11.8 skizziert.

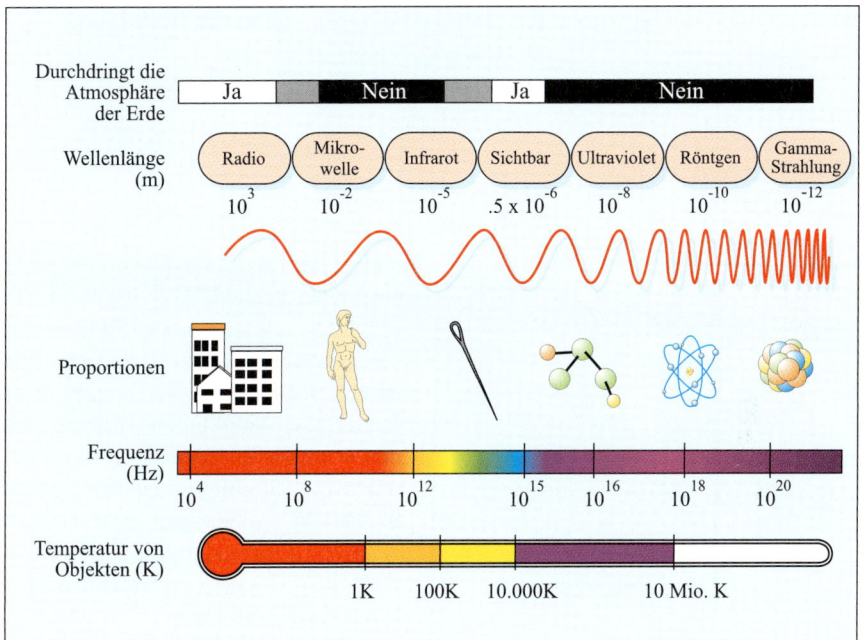

Abb. 11.8 Die Quellen der elektromagnetischen Wellen im unteren Frequenzbereich des Spektrums sind Radiosender. Die Radiowellen erstrecken sich von Frequenzen von 1000 Hertz (Wellenlängen ≈ 100 km) bis $\nu \approx 10^8$ Hertz ($\lambda \approx 3$ Meter). Der nächste Bereich, die Mikrowellen, wird für Fernsehen und Telekommunikation in Anspruch genommen. In diesem Frequenzbereich ist die berühmte kosmische Hintergundstrahlung angesiedelt. Durch Radio, Fernsehen und Telekommunikation herrscht in diesem Frequenzbereich auf der Erde ein intensiver Elektrosmog. Die Quellen infraroter, optischer und ultravioletter Strahlung sind Übergänge in molekularen und atomaren Systemen. Auch das Licht im optischen Bereich kommt durch Übergänge zwischen atomaren Zuständen zustande. Die natürlichen Quellen der Strahlung von noch höheren Frequenzen sind die Gammastrahlen, die den radioaktiven Zerfall begleiten und die kosmischen Strahlen. Für die Anwendung in verschiedensten Gebieten sind die Röntgenstrahlen und die Synchrotonstrahlung von großer Bedeutung. Die Erdatmosphäre ist nur im Radio-Mikrowellen- und im optischen Bereich für die elektromagnetische Strahlung durchlässig.

11.5 Atomspektren

Das meiste, was wir von der Struktur der Atome gelernt haben, kommt von Messungen der elektromagnetischen Übergänge in Atomen. Am einfachsten ist die Vermessung der Übergänge im optischen Bereich. Mit der Beugung an einem Gitter werden sich die Amplituden von Photonen mit verschiedenen

Wellenlängen nur in solche Richtungen addieren, wenn die Bedingung

$$\sin\Theta = n\frac{\lambda}{g} \tag{11.21}$$

erfüllt ist (Abb. 11.9).

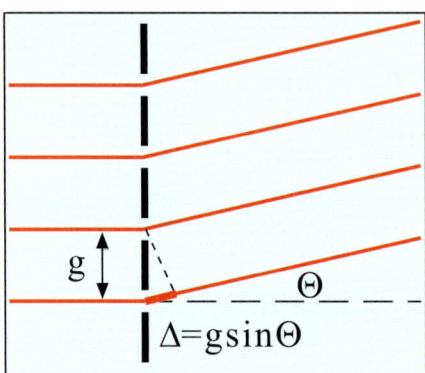

Abb. 11.9 Das Beugungsgitter besteht aus vielen Spalten, $N \geq 1000$, in Abständen von $g \approx 1\,\mu$. Die Spalten sollen so schmal sein, dass das Licht sich in alle Richtungen gleichmäßig ausbreitet. Die Amplituden addieren sich nur, wenn die Phasenunterschiede zwischen den Strahlen einzelner Spalten $0, 2\pi, 4\pi\ldots$ betragen. Das passiert nur beim Gangunterschied von $\Delta = g\sin\Theta = 0, \lambda, 2\lambda, \ldots$ zwischen zwei benachbarten Strahlen.

Abb 11.10 zeigt ein schematisch gezeichnetes Gitterspektrometer. Als Beispiel zeigen wir eine Anordnung zur Vermessung der Wasserstoffspektrallinien. *Johann Jakob Balmer*, ein Baseler Mathematik- und Physiklehrer, hat 1885 eine algebraische Beziehung zwischen den Wellenlängen der Wasserstofflinien im optischen Bereich gefunden. Diese Beziehung wurde auch auf die Linien im ultravioletten und infraroten Bereich erweitert. In unsere Redeart übersetzt, heißt die Beziehung zwischen den Energien der Wasserstofflinien

$$\hbar\omega_{m,n} = 13{,}6\left(\frac{1}{n^2} - \frac{1}{m^2}\right)\text{eV} = \text{Ry}\left(\frac{1}{n^2} - \frac{1}{m^2}\right), \tag{11.22}$$

wobei $n \geq m$ ist. Der Faktor vor der Klammer in (11.22) entspricht der Bindungsenergie des Elektrons im Wasserstoffgrundzustand und wird als Rydberg-Konstante, Ry = 13,6 eV, bezeichnet.

Die erste theoretische Interpretation der Wasserstofflinien folgte erst 1913, als *Niels Bohr* sein semiklassisches Atommodell vorgeschlagen hat. Semiklassisch deswegen, weil sich das Elektron auf einer klassischen Bahn bewegt, aber nur die Bahnen mit Drehimpulsen von ganzzahligen Vielfachen von $\hbar$ zugelassen sind. In Abb. 11.11 sind die Wasserstoffzustände nach dem Bohrschen Atommodell gezeigt und die elektromagnetischen Übergänge nach der Balmerformel (11.22) eingetragen. In Kapitel 13 werden wir die Annahmen von Bohr begründen.

11.5 Atomspektren

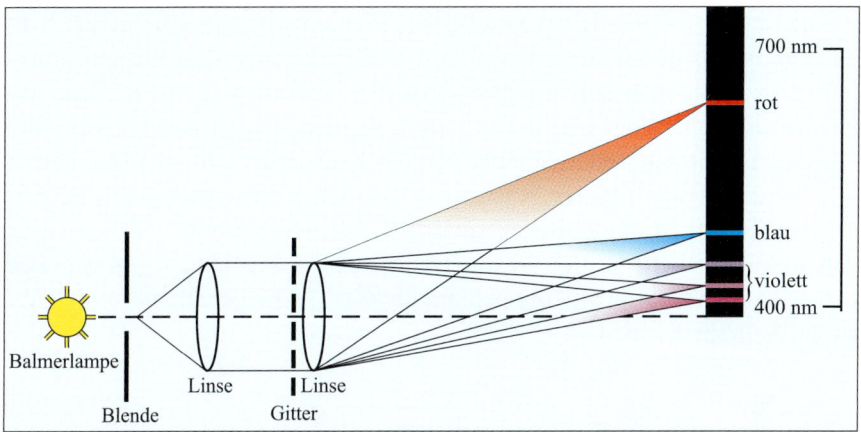

Abb. 11.10 Schematisch gezeichnetes Gitterspektrometer. Das Licht, das nach den Wellenlängen zerlegt werden soll, kommt von einer Balmerlampe. Die Balmerlampe ist ein Gefäß mit Wasserdampf. Eine Wechselstromspannung sorgt für die Zerlegung von Wasser und die Anregung von Wasserstoffatomen. Im optischen Bereich sind fünf Wasserstofflinien zu sehen. Sie sind als Balmerserie bezeichnet.

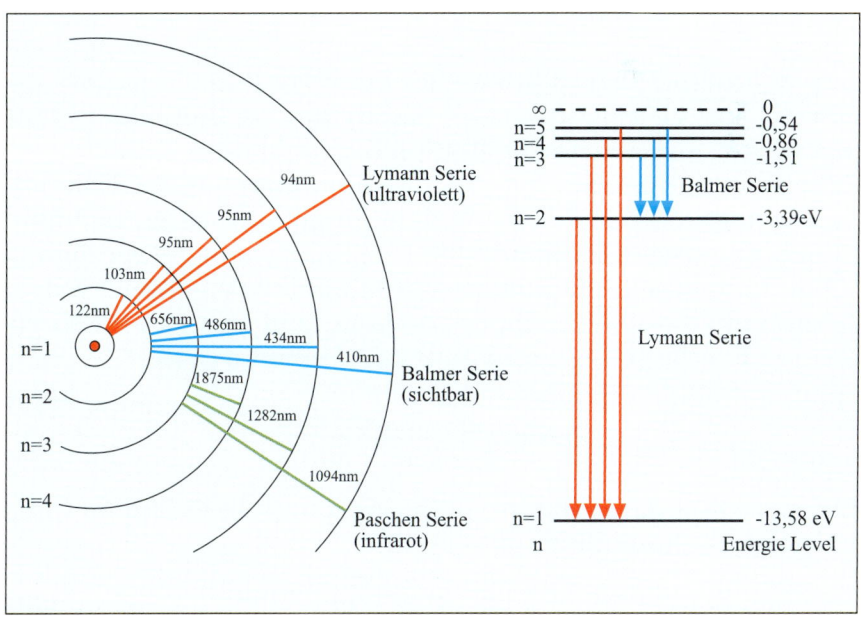

Abb. 11.11 Wasserstofflinien im Bohrschen Modell. *Links* sind die Übergänge zwischen den Bohrschen Bahnen gezeigt, *rechts* die entsprechenden Übergänge zwischen den Energieniveaus.

Die richtige Erklärung der Struktur des Wasserstoffatoms ist erst durch die Quantenmechanik möglich. Deswegen wollen wir uns nicht mit quasitheoretischen Annahmen durchmogeln, aber die experimentellen Resultate rein phänomenologisch deuten. Im Coulombfeld, sowie in dem $1/r$ Gravitationsfeld, ist die Bindungsenergie nicht von der Kreis- oder Ellipsenbahn abhängig, sondern vom mittleren Abstand der beiden wechselwirkenden Partner. Das liegt an der Drehimpulserhaltung (5.4), wie wir in Kapitel 5 demonstriert haben. Im $1/r$-Feld ist auch die kinetische Energie unabhängig von der Bahn in Betrag halb so groß wie die potentielle Energie. Die Bindungsenergie E_B ist die Summe der beiden:

$$E_B = \frac{1}{2}mv^2 - \frac{e^2}{4\pi\varepsilon_0 r} = -\frac{1}{2} \cdot \frac{e^2}{4\pi\varepsilon_0 r}. \qquad (11.23)$$

Den mittleren Abstand von Elektron und Proton im Grundzustand des Wasserstoffatoms bezeichnet man als den Bohrschen Radius a_0. Diesen können wir ausrechnen, wenn wir verlangen, dass die Bindungsenergie im Wasserstoffgrundzustand (11.23) E_B gleich Ry = 13,6 eV beträgt

$$\frac{1}{2} \cdot \frac{e^2}{4\pi\varepsilon_0 a_0} = \text{Ry}. \qquad (11.24)$$

Aus der Formel (11.24) können wir den Bohrschen Radius numerisch ausrechnen. Aber im atomaren Bereich benutzt man der Größe des Systems angemessene Einheiten. Die Feldkonstante ε_0 ist für makroskopische elektromagnetische Phänomene eingeführt worden. Genauso ist die Elektronladung in Amperesekunden ausgedrückt im Atombereich um das 10^{19}-fache zu groß. Es ist immer sehr nützlich, die Formeln möglichst viel mit dimensionslosen Konstanten zu formulieren. In der Quantenelektrodynamik und der Atomphysik können wir die Quantenmechanik nicht vermeiden, die dimensionslose Kopplungskonstante ist dabei folgendermaßen definiert:

$$\alpha = \frac{e^2}{4\pi\varepsilon_0 \hbar c} = \frac{1}{137}. \qquad (11.25)$$

Die zweite Zahl, das Produkt $\hbar c$ ist automatisch für die Größen der Quantensysteme angepasst: für die Atomphysik

$$\hbar c = 197\,\text{eV} \cdot \text{nm}, \qquad (11.26)$$

und für die Kernphysik

$$\hbar c = 197\,\text{MeV} \cdot \text{fm}. \qquad (11.27)$$

In der Atomphysik werden wir näherungsweise $\hbar c = 200\,\text{eV}\cdot\text{nm}$ und in der Kernphysik $\hbar c = 200\,\text{MeV}\cdot\text{fm}$ benutzen. Mit α und $\hbar c$ heißt die Formel (11.24)

$$\frac{1}{2}\frac{\alpha\hbar c}{a_0} = \text{Ry} \tag{11.28}$$

und wenn wir für α, $(\hbar c)$ und Ry die Zahlen einsetzen, ist der Bohrsche Radius

$$a_0 = \frac{\alpha\hbar c}{2\,\text{Ry}} = \frac{200}{2\cdot 137\cdot 13{,}6}\,\text{nm} = 0{,}053\,\text{nm}. \tag{11.29}$$

11.6 Laser

Das Wort Laser ist das Akronym der englischen Beschreibung *Light Amplification by Stimulated Emission of Radiation* und bedeutet sinngemäß „Verstärkung von Licht durch induzierte Abstrahlung".

Im Gegensatz zu klassischen Lichtquellen, wie beispielsweise Glühlampen, emittieren Laser monochromatisches, kohärentes und kaum divergentes Licht. Dabei reicht die Spanne möglicher Wellenlängen von Mikrowellen bis in den Röntgenbereich.

Der Laser findet heute auf einer Vielzahl von Gebieten Anwendung, sei es als handlicher Laserpointer, zum Auslesen und Beschreiben optischer Speichermedien (CD, DVD oder Blu-ray-Disc), genaues Schneidewerkzeug in Medizin und Technik oder zur hochpräzisen Spektroskopie in der Atom- und Kernphysik.

Obwohl die technische Realisierung eines Lasers mit sehr unterschiedlichen Techniken und Materialien erreicht werden kann, ist der zugrundeliegende physikalische Prozess immer derselbe: die stimulierte Emission.

Licht wird immer in Energiepaketen, sogenannten Photonen, abgestrahlt. In einer normalen Lichtquelle sind diese voneinander unabhängig, da jedes Atom unabängig von den anderen Atomen Photonen emittiert. Entsprechend sind Zeitpunkt und Richtung der Aussendung völlig zufällig. Dadurch sind die Phasen und die Richtungen der Lichtwellen unkorreliert, wir sprechen von inkohärentem Licht. Diese unabhängige Emission nennt man spontane Emission. Alle Interferenzphänomene, die wir besprochen haben, sind Interferenzen von jeweils einzelnen Photonen.

Dagegen ist das Licht eines Lasers kohärent. Viele Photonen schwingen mit gleicher Phase und gleicher Frequenz und gleicher Richtung. Dies kann durch stimulierte Emission erreicht werden. In Abb. 11.12 ist schematisch gezeigt, wie stimulierte Emission technisch realisiert werden kann.

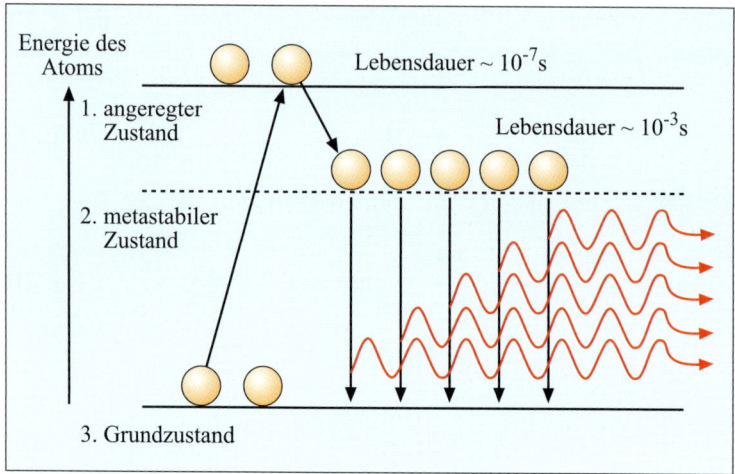

Abb. 11.12 Durch das Pumpen über den Zustand 1 erreicht man eine inverse Besetzung des Zustandspaares Grundzustand und angeregter Zustand. Wenn das erste spontan emittierte Photon das nächste Atom zur Emission stimuliert, wird das zweite Photon mit dem ersten in Phase sein. Die beiden Photonen stimulieren weiter die Emission angeregter metastabiler Zustände. Alle sind in Phase!

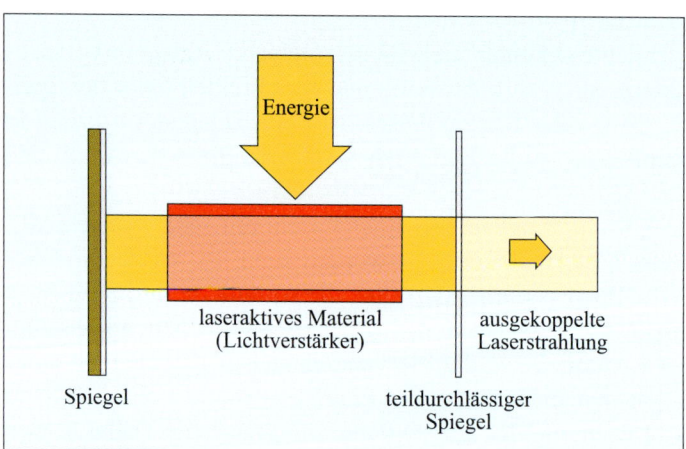

Abb. 11.13 Bei der technischen Umsetzung eines Lasers wird die Strahlung, die durch spontane Emission ausgelöst wurde, durch eine geeignete Anordnung zweier Spiegel immer wieder durch das Gebiet, in dem Besetzungsinversion herrscht, geleitet. Eine solche Anordnung, in der der Laserstrahl immer weiter verstärkt wird, nennt man Resonator. In ihm befindet sich ein sogenanntes aktives Medium, in welchem die stimulierte Emission stattfindet. Um schließlich einen Laserstrahl zu erhalten, muss das Licht aus dem Resonator ausgekoppelt werden. Dies geschieht z.B. durch teilweise durchlässige Spiegel.

Durch das sogenannte „Pumpen", d.h. durch Anregung der Elektronen durch externe Energiezufuhr, über den angeregten Zustand 1 in den metastabilen Zustand 2 erreichen wir, dass es mehr Elektronen im Zustand 2 als im Grundzustand 3 gibt.

Eine solche Konfiguration, mehr Elektronen in einem angeregten als im Grundzustand anzutreffen, nennen wir inverse Besetzung. Als Zustand 2 wählt man einen metastabilen Zustand, sodass dieser lang genug lebt und erst durch die Stimulation von Photonen abgeregt wird. Die Atomhülle schwingt unter dem Einfluss durch das einfallende Photon und stimuliert dadurch die Abregung des angeregten Zustands. Die beiden Photonen, das einfallende und das emittierte, haben die gleiche Richtung und Phase (Abb. 11.13).

11.7 Röntgenstrahlung

Im Jahre 1895 entdeckte *Wilhelm Conrad Röntgen* die nach ihm benannten Strahlen. Im Jahre 1901 bekam er als erster den neu gegründeten Nobelpreis. Weitere vier Nobelpreise für Physik werden für die Anwendung der Röntgenstrahlen in der Grundlagenforschung später verliehen. Die meisten Anwendungen der Röntgenstrahlen sind in der Medizin. Der letzte Medizinnobelpreis für die Anwendung der Röntgenstrahlen war für die Computertomographie im Jahre 1979.

In Abb. 11.14 sind die Bremsstrahlung und die charakteristische Röntgenstrahlung veranschaulicht.

11.7.1 Bremsstrahlung

In Abb. 11.15 sind zwei Röntgenspektren mit Wolframkathode bei zwei Anodenspannungen aufgenommen. Die kontinuierliche Bremsstrahlung kommt von der Emission elektromagnetischer Wellen bei der Abbremsung von Elektronen im elektrischen Feld von Kernen. Bei jedem einzelnen Prozess sind selbstverständlich die Energie und der Impuls erhalten. Bei der maximalen Photonenenergie $E_e = \hbar \omega_{max}$ sind der Elektronenimpuls und der Photonenimpuls nicht gleich! Der Kern mit seiner großen Masse kann Impulse übernehmen ohne sich an der Energiebilanz merklich zu beteiligen und der obige Ausdruck ist näherungsweise korrekt. Als Beispiel rechnen wir die minimale Wellenlänge der Röntgenstrahlen für die zwei Anodenspannungen 85 und 170 keV aus. Um das auszurechnen, brauchen wir nur eine Konstante zu wissen, $\hbar c = 200\,\text{eV} \cdot \text{nm}$. Fangen wir mit der Beziehung zwischen Elektronenenergie E_e und der maximalen Photonenenergie $\hbar \omega_{max}$ an

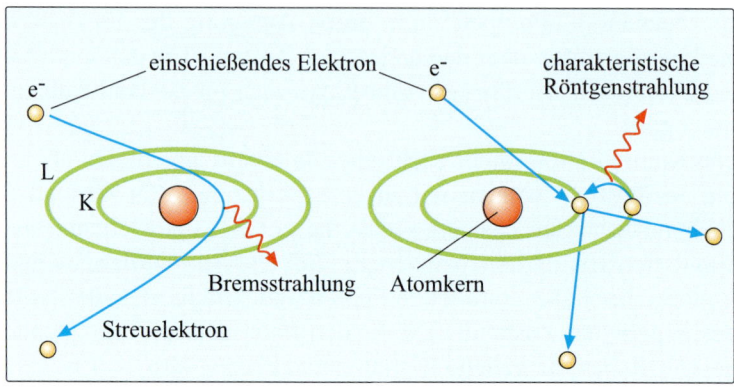

Abb. 11.14 In einer Röntgenröhre wird ein Elektron im elektrischen Feld beschleunigt. Wenn die Spannung der Beschleunigungsstrecke 85 kV beträgt, dann hat das Elektron beim Auftreffen auf die Anode eine Energie von 85 keV. Die Elektronen, die in der Nähe des Kerns vorbeifliegen (Abb. *links*), werden im Coulombfeld senkrecht zu ihrer Bahn beschleunigt und abgelenkt. Bei jeder Beschleunigung der Ladung wird elektromagnetische Strahlung emittiert. Die Energie der emittierten Strahlung wird desto höher, je stärker das Elektron abgelenkt wird. Das bedeutet, je näher das Elektron am Kern vorbeifliegt, desto höher ist der Energieverlust des Elektrons und die Strahlungsenergie. Das resultierende Spektrum ist deswegen kontinuierlich, die höchste Frequenz ist durch die Energieerhaltung gegeben. Die elektromagnetische Strahlung wird in Energiepaketen, Photonen, von $\hbar \cdot \omega$ bzw. $h \cdot \nu$ emittiert. Das bedeutet, dass die höchste Energie eines Bremsstrahlungsphoton $\hbar \cdot \omega = E_e$ durch die Elektronenenergie E_e begrenzt ist. In unserem Fall ist E_e = 85 keV. Die auftreffenden Elektronen können aber auch an den Elektronen des Atoms streuen und sie aus dem Atom werfen (Abb. *rechts*). Das fehlende Elektron wird durch eines aus der energetisch höher liegenden Elektronenbahn ersetzt. Dabei entsteht die charakteristische Röntgenstrahlung, charakteristisch für die Atome, aus der die Anode gemacht ist. Besonders interessant sind die charakteristischen Röntgenstrahlen, wenn das am stärksten gebundene Elektron der K-Schale nachgefüllt wird.

$$E_e = \hbar \,\omega_{\max} = \hbar 2\pi \nu_{\max} = \frac{2\pi \hbar c}{\lambda_{\min}}, \qquad (11.30)$$

und daraus folgt $\lambda_{\min}$

$$\lambda_{\min} = \frac{2\pi \hbar c}{E_e} = \frac{2\pi \cdot 200 \,\text{eV nm}}{170\,000 \,\text{eV}} = 7{,}4 \cdot 10^{-3} \,\text{nm} = 0{,}0074 \,\text{nm}. \qquad (11.31)$$

Die minimale Wellenlänge bei $E_e = 85\,\text{keV}$ ist zwei mal größer: $\lambda_{\min} = 0{,}0148\,\text{nm}$.

11.7 Röntgenstrahlung

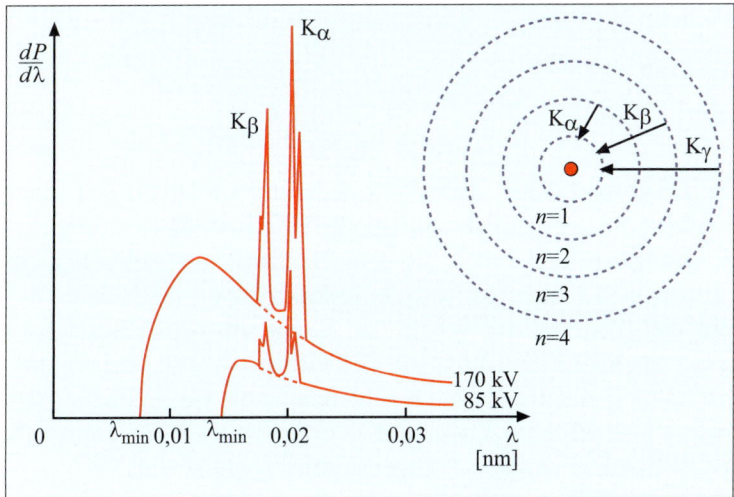

Abb. 11.15 Zwei Röntgenspektren aufgenommen mit einer Wolframkathode und verschiedenen Anodenspannungen. Die Wellenlängen der charakteristischen Linien sind unabhängig von der Anodenspannung. Ihre Bezeichnungen kann man aus der Einlage rechts entnehmen. Den Übergang vom ersten angeregten Zustand (L) zum Grundzustand bezeichnet man als K_α-Linie. In Wolfram ist die K_α-Linie gespalten. In schweren Atomen spaltet der erste angeregte Zustand in zwei energetisch getrennte Zuztände auf. Die Wellenlängen der gespalteten linie sind $\approx 0{,}021$ nm und $0{,}023$ nm. Die energetisch höher liegende K_β-Linie hat Wellenlängen zwischen $0{,}018$ nm und $0{,}02$ nm. Der Endpunkt des Bremsstrahlungsspektrums ist durch die Energieerhaltung bestimmt. Die minimale Wellenlänge, bei einer Elektronenenergie von $E_e = 170$ keV, ist $\lambda_{\min} = 7{,}4 \cdot 10^{-3}$ nm, die bei $E_e = 85$ keV ist doppelt so groß mit $\lambda_{\min} = 1{,}48 \cdot 10^{-2}$ nm.

11.7.2 Charakteristische Röntgenstrahlung

Die Emissionslinien in Spektrum (11.15) sind von der Elektronenenergie unabhängig. Beim Durchgang der Elektronen durch die Anode können Elektronen aus ihrer Bahnen gestoßen werden. Anschließend folgen die Übergänge von Elektronen aus höher liegenden in unbesetzte Zustände. Im folgenden wollen wir mit einfachen Überlegungen die Energien der charakteristischen Strahlen abschätzen.

Wasserstoffähnliche Atome Heute ist es keine große Kunst mehr auch bei den schwersten Atomen alle bis auf das letzte Elektron zu entfernen. So kommen wir bis zu Uran Ionen, die nur aus dem Kern und einem Elektron bestehen. Ihre Spektrallinien ähneln denen vom Wasserstoff, nur die Energien skalieren mit der quadratischen Kernladung Z^2. Die Balmersche Formel für wasserstoffähnliche Ionen mit der Kernladung Z heißt dann

$$\hbar\,\omega_{n,m} = Z^2 \mathrm{Ry} \left(\frac{1}{n^2} - \frac{1}{m^2} \right). \tag{11.32}$$

Der Vorfaktor Z^2 kommt daher, dass die Radien um den Faktor Z kleiner sind und die Feldstärke um den Faktor Z größer ist als im Wasserstoffatom. Wenn wir die Übergänge in Atomen, die beim Beschuss mit Elektronen ein gebundenes Elektron der innersten Schale verloren haben, betrachten, ändert sich nicht viel. Die innerste Schale der Atome, historisch bezeichnet man diese Schale als K-Schale, ist mit zwei Elektronen besetzt. Die Elektronen des nächst höher liegenden Zustands fühlen nicht die Gesamtladung des Kerns Z, sondern eine effektive Ladung $Z - 1$. Näherungsweise kann man die Energien der charakteristischen Röntgenstrahlen schreiben als (Moseley-Gesetz)

$$\hbar\,\omega \approx (Z - K)^2 \mathrm{Ry} \left(\frac{1}{n^2} - \frac{1}{m^2} \right). \tag{11.33}$$

Der Ausdruck (11.33) bedeutet, dass die charakteristischen Röntgenlinien etwa mit $(Z-K)^2$ skalieren. Für den K_α-Übergang, das ist der Übergang von der $m = 2 \to n = 1$ Schale, gilt sehr gut das Skalieren mit $(Z-1)^2$. Testen wir das für Wolfram: Im Wasserstoffatom hat der Übergang $m = 2 \to n = 1$ (Abb. 11.11) eine Wellenlänge von 122 nm. Die Ladungszahl von Wolfram ist $Z = 74$. Um die Wellenlänge der K_α-Linie in Wolfram auszurechnen, müssen wir 122 nm mit 73^2 dividieren, $\lambda_K = 0{,}023$ nm, nicht weit weg von dem Wert in (11.15).

11.7.3 Röntgenspektroskopie

Röntgenstrahlen sind fast ideal geeignet für die Untersuchung der Struktur der Materie. Die Wellenlängen im Bereich von 0,1 nm überlappen mit den zwischenatomaren Abständen in Molekülen. Besonders einfach ist die Röntgenspektroskopie an Kristallen. Im Jahre 1912 hat *Max von Laue* die Beugung von Röntgenstrahlen am Kristall demonstriert. Im Jahre 1914 hat er dafür den Nobelpreis bekommen. Die technische Realisierung der Beugung an Kristallen für dessen Spektroskopie ist der Familie Bragg, Vater *William Henry Bragg* und Sohn *William Laurence Bragg*, gelungen. Sie haben die Drehkristallmethode (Abb. 11.16) im Jahre 1913 entwickelt und dafür 1915 den Nobelpreis bekommen.

Aus Abb. 11.16 ist ersichtlich, dass sich beim Drehen des Kristalls nur dann die Amplituden addieren, wenn der Gangunterschied zwischen gestreuten Strahlen die Braggsche Beziehung erfüllt:

11.7 Röntgenstrahlung

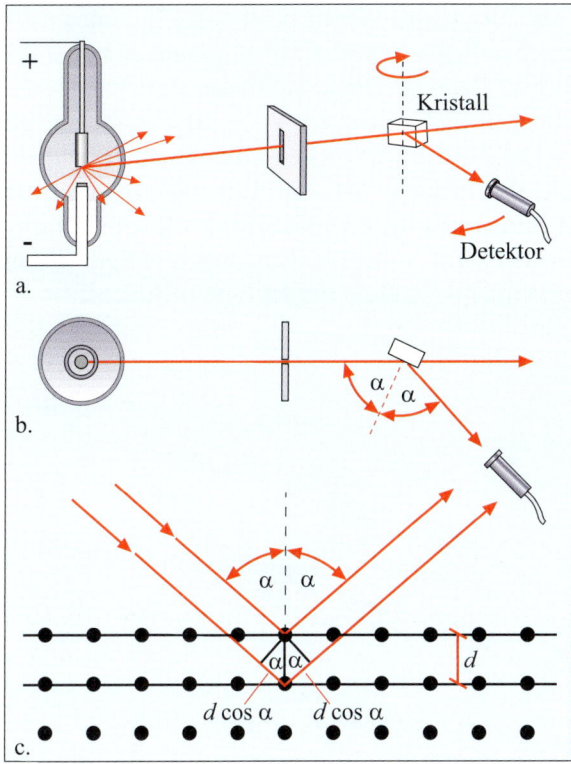

Abb. 11.16 Die von den Braggs entwickelte Drehkristallmethode. Die Röntgenstrahlen aus einer Röntgenröhre werden mit einer Blende gebündelt. Mit einem Absorber kann man erreichen, dass vorwiegend nur Photonen einer charakteristischen Linie durchgelassen werden. Die charakteristischen Röntgenstrahlen streuen an Kristallebenen. Was passiert, ist analog zur Beugung am Gitter. Die Kristallebenen entsprechen den Spalten des Gitters. Wenn der Gangunterschied, $\Delta = 2d \cos \alpha$, zwischen den gestreuten Strahlen an benachbarten Ebenen ein vielfaches der Wellenlänge beträgt, dann addieren sich die Amplituden, sonst nicht.

$$2d \cos \alpha = n\lambda. \quad (11.34)$$

Die Drehkristallmethode ist nur auf große Einkristalle anwendbar. Eine Apparatur zur Untersuchung polykristalliner Materialien ist noch einfacher als die für die Drehkristallmethode. Da die kleinen Kristalle in alle Richtungen orientiert sind, muss man die Probe nicht drehen. Die Röntgenreflexionen erscheinen überall dort, wo die Braggbedingung erfüllt ist.

Der Freie-Elektronen-Laser (FEL) (Abb. 11.17) Die Röntgenstrahlen gehören zu den wichtigsten Entdeckungen des 20. Jahrhunderts. Sie hatten sowohl in der Grundlagenforschung als auch in der Anwendung große Bedeutung. Ganz ideal sind sie aber nicht. Wegen der hohen Photonenenergien ist die Übergangswahrscheinlichkeit viele Größenordnungen höher als für die Übergänge im optischen Bereich. Die Lebensdauer der charakteristischen Röntgenübergänge liegen nicht mehr bei $\tau \approx 10^{-8}$ s so wie im optischen, sondern bei $\tau \approx 10^{-17}$ s. In dieser Zeit kommen die Photonen nur $l \approx \tau \cdot c = 3$ nm weit. Das bedeutet, dass die Kohärenzlänge für die Röntgenstrahlen im Nanometerbereich liegt. Diese Kohärenzlänge war ausreichend für die Strukturuntersuchung von Kristallen, aber nicht gut genug für die Untersuchungen der atomaren Struktur der Makromoleküle.

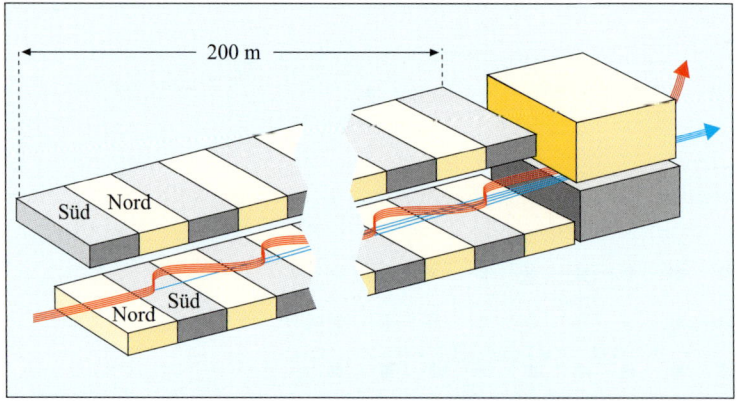

Abb. 11.17 Ein hochenergetischer Elektronstrahl durchläuft eine Undulatorstrecke. Ein Undulator besteht aus Magneten, die ihre Polung ständig wechseln. Das durchfliegende Elektron wird im Magnetfeld abgelenkt und vollführt eine Oszillation. Die beschleunigte Ladung emittiert elektromagnetische Strahlung. Im Freie-Elektronen-Laser (FEL) passiert dasselbe wie im optischen Laser. Die vorhandenen Photonen stimulieren die Emission der weiteren Photonen in gleicher Richtung und Phase. Im Energiebereich von 10 keV gibt es keine Spiegel, die so wie im optischen Bereich die Photonendichte erhöhen würden. Deswegen muss ein Laser im Röntgenbereich sehr lang sein, um in einem Durchgang die ausreichend hohe Photonendichte zu erreichen, um kohärente Röntgenstrahlen zu emittieren. Im Beschleunigerlabor DESY, Hamburg, ist ein Freie-Elektronen-Laser, XFEL, im Bau, der kohärente Photonen bis zu 10 keV erzeugen wird. Das X vor dem FEL steht für X-rays, englisch für Röntgenstrahlen.

Die Lösung des Problems ist der Laser im Röntgenbereich (Abb. 11.17). Die Wellenlänge von Photonen mit Energien von etwa 10 keV liegt bei $\approx$ 0,12 nm:

$$E = \hbar \omega = \hbar \frac{2\pi c}{\lambda} \implies \lambda = \frac{E}{2\pi \hbar c}. \tag{11.35}$$

Wenn man in die Formel 10 keV für die Röntgenstrahlung und $\hbar c = 200\,\text{eV} \times \text{nm}$ einsetzt, erhält man 0,12 nm. Diese Wellenlänge entspricht interatomaren Abständen und ist dadurch ideal geeignet für die Strukturuntersuchungen atomarer Bindungen.

11.8 Wärmestrahlung

Jeder Körper emittiert elektromagnetische Strahlung. Bei Festkörpern und Flüssigkeiten ist das Spektrum der emittierten Strahlung kontinuierlich und im wesentlichen nur von der Temperatur abhängig. In der zweiten Hälfte des 19. Jahrhunderts stellte die Wärmestrahlung eine der wichtigsten offenen Fragen der Thermodynamik dar. Experimentell und theoretisch interessant ist die Strahlung des schwarzen Körpers, das bedeutet, die Wärmestrahlung, die nicht von einzelnen Absorptions- und Emissionslinien überlagert ist. Eine experimentelle Anordnung eines fast idealen schwarzen Körpers ist in (Abb. 11.18) gezeigt. *Josef Stefan* hat 1879 die Temperaturabhängigkeit der Strahlungsleistung gemessen und die T^4-Abhängigkeit der Strahlungsleistung gefunden. Boltzmann hat die Messungen von Stefan theoretisch gedeutet. Das Resultat heißt *Stefan-Boltzmann-Gesetz*:

$$P = \sigma A T^4, \tag{11.36}$$

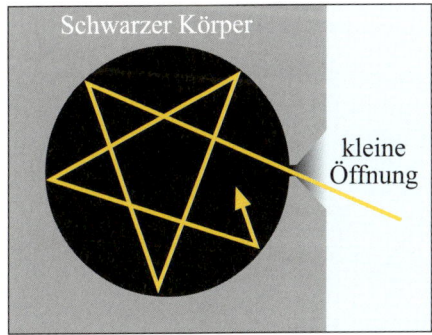

Abb. 11.18 In einem Hohlraum mit den Wänden auf einer Temperatur T sind die elektromagnetischen Wellen mit den Wänden in thermischem Gleichgewicht. Die Frequenzverteilung der Strahlung ist durch das Plancksche Strahlungsgesetz $\mathcal{J}(T, \omega)$ gegeben. Das kleine Loch ist die emittierende Fläche des schwarzen Körpers. Der Strahl, der durch das Loch in den Hohlraum kommt, hat fast keine Chance, wieder aus dem Loch zu entweichen. Das schwarze Loch, das Leck in dem Hohlraum, strahlt die elektromagnetischen Wellen mit Intensitäten, die dem thermischen Gleichgewicht der elektromagnetischen Strahlung entsprechen, aus.

wobei P die Strahlungsleistung ist, T die absolute Temperatur, A die Fläche des Strahlers und σ die *Stefan-Boltzmann-Konstante*

$$\sigma = 5{,}67 \cdot 10^{-8} \frac{\text{W}}{\text{m}^2\text{K}^4}, \tag{11.37}$$

und die Strahlungsleistung wird in Watt gemessen.

Die Form des Spektrums blieb aber weiterhin theoretisch unverstanden. Wenn man Abb. 11.18 betrachtet, ist es offensichtlich, dass das Problem, die Intensitätsverteilung der elektromagnetischen Strahlung zu berechnen, mit der Berechnung der Geschwindigkeits- bzw. Energieverteilung der Atome eines idealen Gases verwandt ist. Im Gas handelt es sich um Energien der nicht relativistischen Atome, im Falle des schwarzen Körpers um Energien der elektromagnetischen Strahlung. Ende des 19. Jahrhunderts war die theoretische Erklärung des gemessenen Spektrums eines der wichtigsten ungelösten Probleme der Physik. Das Problem wurde gelöst durch die Quantelung der elektromagnetischen Wellen, $E = \hbar\omega$.

1900 hat Planck seine berühmte Formel, die wir in der Schreibweise dieses Buches in der (11.38) niedergeschrieben haben, vorgestellt.

$$\mathcal{J}(T, \omega)\mathrm{d}\omega = \frac{\hbar\omega^3}{\pi^2 c^3} \frac{1}{\mathrm{e}^{\frac{\hbar\omega}{kT}} - 1} \mathrm{d}\omega. \tag{11.38}$$

Mit dem Planckschen Strahlungsgesetz hat die Entwicklung der Quantenmechanik angefangen. In der Formel (11.38) erscheint als Energie die elektromagnetische Strahlung $\hbar\omega$, was bedeutet, dass die Energien der Strahlung

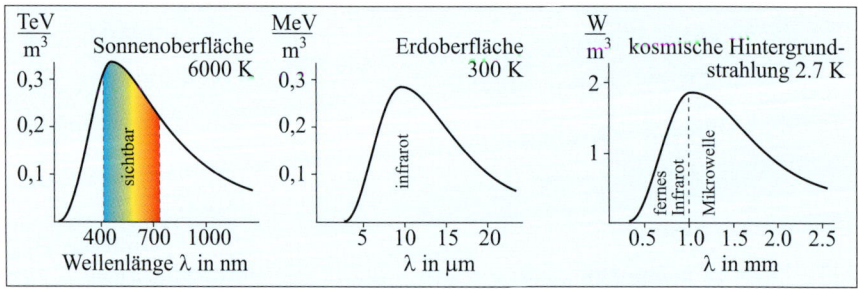

Abb. 11.19 Schwarzekörperstrahlung von der Sonne, $T = 6000$ K, der Erde und auch ungefähr des Menschen, $T = 300$ K, und der kosmischen Hintergrundstrahlung, $T = 2{,}7$ K. Aufgetragen ist die Energiedichte im schwarzen Körper in Abhängigkeit von der Wellenlänge. Die Skalierung der Energiedichten wie auch des Wellenbereichs des Spektrums in der Abhängigkeit von der Temperatur ist evident. Die Form des Spektrums stimmt mit der des Planckschen Strahlungsgesetzes überein, das Integral über alle Energien gibt das Stefan-Boltzmann T^4-Gesetz wieder.

11.8 Wärmestrahlung

gequantelt sind. Die Quanten der elektromagnetischen Strahlung wurden von Einstein auf den Namen Photon getauft.

In Abb. 11.19 sind drei Beispiele der Schwarzkörperstrahlung gezeigt. Die mittlere Erdtemperatur ist konstant. Die von der Sonne absorbierte Energie wird wieder abgestrahlt. Wenn man von wenigen hellen Punkten (Galaxien) im Universum absieht, entspricht das Innere des Univerums dem schwarzem Körper mit der Temperatur $T = 2,7\,\text{K}$.

Kapitel 12
Optik

Das schmale Fenster, in dem die Erdatmosphäre für das Licht transparent ist, erstreckt sich von den Wellenlängen 0,4 bis 0,8 μ. Dieses Wellenfenster liegt im Maximum der Sonnenemission. Das Auge ist nur in diesem Wellenbereich empfindlich. Im infraroten Bereich, bei Wellenlängen größer als 0,8 μ treten starke Absorptionslinien auf, die von Rotations- und Schwingungsübergängen stammen. Im ultravioletten Bereich, bei Wellenlängen kürzer als 0,4 μ, dominieren die Absorption die atomaren Übergänge.

12.1 Reflexion und Brechung

Auch ohne Absorption beeinflusst das Trägermedium die Ausbreitung des Lichtes. Bei Durchgang des Lichtes durch die Materie bringt die elektromagnetische Welle die Atomhüllen zum Schwingen. Das Schwingen der Hülle hinkt etwas der einfallenden Welle hinterher. Die schwingende Hülle ihrerseits emittiert selbstverständlich auch elektromagnetische Wellen, mit gleicher Frequenz wie die einfallende, jedoch mit verschobener Phase. Die beiden Wellen addieren sich; die gemeinsame Phase und folglich die gemeinsame Phasengeschwindigkeit ist kleiner als die Lichtgeschwindigkeit im Vakuum. Das Verhältnis der beiden Geschwindigkeiten bezeichnet man mit n:

$$n = \frac{c}{c_n}. \tag{12.1}$$

Wenn ein Lichtstrahl auf eine Grenzfläche eines Mediums mit einem verschiedenen Brechungsindex trifft, reflektiert er teilweise und teilweise bricht er in das Medium. Erst betrachten wir den Übergang von Licht vom Vakuum ($n = 1$) in ein Medium mit Brechungsindex n'. Betrachten wir erst die reine Reflexion an einem Spiegel ($n' = \infty$). Als Spiegel dient eine glatte Fläche mit einer Rauigkeit kleiner als $\lambda/4$, überdeckt mit einem Metall, Silber oder Aluminium. Das Licht kann nicht in das Metall eindringen. Die Leitungselektronen des Metalls würden vom Einfluss der Feldstärke beschleunigt und durch den Ohmschen Widerstand verheizt. Was passiert, ist analog zu der Welle mit an der Wand befestigtem Strick, Kapitel 9, Abb. 9.2. An der Metalloberfläche heben sich die parallel zur Oberfläche stehenden Anteile von einfallender und reflektierter Welle weg (Abb. 12.1). Aus Abb. 12.1 kann man das Brechungsgesetz leicht herleiten. Die beiden Winkel, α und β hängen mit den Wellenlängen vor und nach der Brechung zusammen:

$$\lambda = d \sin \alpha, \quad \lambda' = d \sin \beta. \tag{12.2}$$

Da die Wellenlänge $\lambda' = \lambda/n$ ist, folgt

$$\frac{\sin \alpha}{\sin \beta} = n. \tag{12.3}$$

Das ist das Brechungsgesetz von *Willebrord Snellius*.

Der Brechungsindex ist frequenzabhängig. Das kann man am besten mit der Brechung auf einem Prisma demonstrieren (Abb. 12.2).

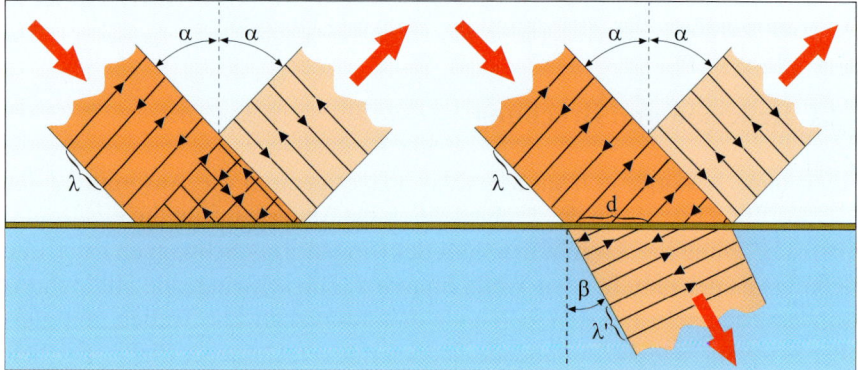

Abb. 12.1 *Links:* Reflexion an einer Spiegelfläche. Eine Lichtwelle trifft auf die Spiegeloberfläche. Es darf keine elektrische Feldstärke parallel zu der Spiegeloberfläche geben. Die elektrische Feldstärke des einfallenden und reflektierten Strahles muss sich parallel zur Oberfläche zu null addieren. Die auf der Oberfläche senkrecht stehende elektrische Feldstärke erzeugt keinen elektrischen Strom. Diese Bedingung ist nur dann erfüllt, wenn der reflektierte Strahl symmetrisch in Bezug auf die Ebene, die senkrecht auf dem Spiegel steht, ist. *Rechts:* Wenn der Lichtstrahl eine transparente Ebene (Glas, Wasser und ...) trifft, wird er teilweise gebrochen und teilweise reflektiert. Die gebrochene Welle hat eine Phasengeschwindigkeit von $c_f = c/n$ und die gleiche Frequenz wie die einfallende Welle. Das bedeutet, dass die Wellenlänge von der gebrochenen Welle $\lambda' = \lambda/n$ beträgt.

Abb. 12.2 Um die Dispersion zu demonstrieren, nimmt man üblicherweise ein Prisma. Bei Brechung von weißem Licht in das Prisma hinein und heraus wird die Dispersion verstärkt. Das blaue Licht hat offensichtlich einen größeren Brechungsindex als das rote.

12.2 Geometrische Optik

Im 17. Jahrhundert gab es die berühmte Kontroverse zwischen *Isaac Newton* und *Christiaan Huygens* (auch *Christanus Hugenius*) über die Natur des Lichtes. Newton hatte eine Korpuskeltheorie des Lichtes, Huygens eine Wellentheorie. Heute könnte man fast sagen, beide hatten Recht. Fast, weil Newton sicher nicht an die Quanteneigenschaften des Lichtes gedacht hatte, aber an die Tatsache, dass man das Licht bündeln kann. Die Wellennatur des Lichtes kommt zum Vorschein, wenn die Objekte, die wir betrachten wollen oder die Blenden, die das Bündel formen, mit der Wellenlänge des Lichtes vergleichbar sind.

12.2.1 Linse

Wir werden hier nur die konvexen Linsen betrachten. Eine konvexe Linse ist ein optisches Bauelement aus Glas oder anderen optisch transparenten Materialien, das mit zwei lichtbrechenden Flächen, von denen mindestens eine Fläche konvex gewölbt ist. Trifft paralleles Licht die konvexe Linse (Abb. 12.3), wird in die Brennebene fokussiert. Parallelstrahlen unter verschiedenen Winkeln werden örtlich in verschiedene Punkte fokussiert. Entsprechend entstehen bei zwei Punktquellen, die in der Brennebene liegen, nach dem Linsendurchgang parallele Strahlen in verschiedene Richtungen.

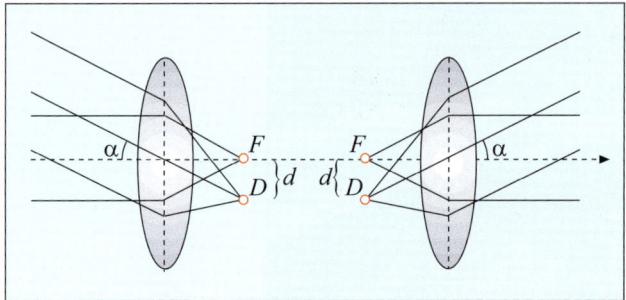

Abb. 12.3 *Links:* Ein Lichtstrahl, der sich parallel zur optischen Achse ausbreitet, wird in der Brennweite, f, auf die optische Achse fokussiert. Einer, der unter dem Winkel α ankommt, wird auch in die Brennebene fokussiert, jedoch um den Betrag $d = \alpha \cdot f$ versetzt. *Rechts:* Zwei strahlende Lichtquellen, die in der Brennebene liegen, werden nach dem Durchgang durch die Linse zu zwei Strahlen, die sich unter dem Winkel $\alpha = d/f$ entfernen. Hier haben wir die Näherung für kleine Winkel $\tan \alpha \approx \alpha$ benutzt.

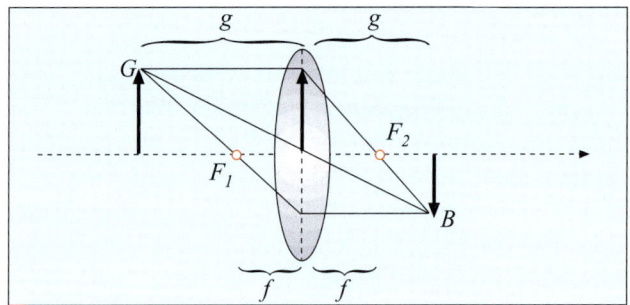

Abb. 12.4 Konstruktion vom Bild eines Gegenstandes durch eine Linse. Mit dem Parallelstrahl, dem Mittelpunktstrahl und dem Strahl durch den ersten Brennpunkt f_1 sind die Größe und die Position des Bildes eindeutig bestimmt.

Die beiden Beispiele aus Abb. 12.3 sind ausreichend, um das Funktionsprinzip der optischen Apparate zu verstehen. Trotzdem betrachten wir den allgemeinen Fall, wenn der Gegenstand nicht in der Brennebene liegt und die Strahlen entweder konvergent oder divergent sind (Abb. 12.4).

Aus der Geometrie von Abb. 12.4 kann man die Linsengleichung herleiten. Die zwei benötigten Relationen, die mit dem Strahlensatz gewonnen werden, sind

12.2 Geometrische Optik

$$\frac{B}{G} = \frac{b}{g} \qquad \frac{B}{G} = \frac{b-f}{f}. \tag{12.4}$$

Durch die Gleichsetzung beider Relationen erhält man

$$\frac{b}{g} = \frac{b-f}{f} \implies \frac{1}{g} + \frac{1}{b} = \frac{1}{f}. \tag{12.5}$$

Aus (12.5) ist offensichtlich, dass der reziproke Wert der Brennweite, $1/f$, die Linseneigenschaften bestimmt. Den reziproken Wert der Brennweite nennt man Dioptrie. Dioptrie ist eine additive Größe. Zwei Linsen mit Dioptrien D_1 und D_2 zusammengelegt wirken wie eine Linse mit $D = D_1 + D_2$.

12.2.2 Auge

Die Optik beginnt und endet mit dem Sehen des Auges. Eine direkte Beobachtung der kleinen Gegenstände, wie auch der entfernten Galaxien wird mehr und mehr durch die Aufnahmen von den Digitalkameras verdrängt. Der physikalische Teil des Sehens ist mit der Physik einer Digitalkamera durchaus vergleichbar. In beiden Fällen wird das Bild mit Hilfe einer Linse auf den Detektor fokussiert (Abb. 12.5). Das Bild wird in kleinen Bildelementen aufgenommen. Beim Auge sind das die Fotorezeptoren, Stäbchen und Zapfen. Die Bildelemente des Rasterdetektors von den Digitalkameras nennt man Pixel. In beiden Fällen bilden die Linsen das Objekt auf dem Detektor ab. Von hier an unterscheiden sich die beiden. In der Weitwinkelkamera registrieren die Pixel die Lichtintensitäten, die elektronisch gespeichert werden. Beim Auge werden die Lichtintensitäten von Fotorezeptoren von Makula und ihrer Umgebung aufgenommen und ins Gehirn gesendet. Das Auge scannt das Objekt und das Gehirn verarbeitet es zu einem Bild.

Das Auflösungsvermögen des Auges ist begrenzt durch die Wellenlänge des Lichtes und durch die Apertur des Auges. Betrachten wir ein Objekt mit einem Durchmesser d. Das Licht beugt am Objekt. Am Beispiel vom Gitter haben wir gesehen, dass die Beugungsmaxima erscheinen, wenn die Bedingung $d \cdot \sin\alpha = n \cdot \lambda$ erfüllt ist. Bei sphärischen Objekten wird für die ersten zwei Maxima die Formel leicht korrigiert, $1{,}22 \cdot d \cdot \sin\alpha = \lambda$. Ein Objekt sieht man nur, wenn mindestens zwei Beugungsmaxima vom Auge fokussiert werden können. Wenn das nicht der Fall ist, dann sieht man kein scharfes Bild, sondern nur einen formlosen Schatten. Es ist üblich, dass man $\sin\alpha$ als Apertur A bezeichnet. Das kleinste Objekt, das man mit dem Auge sieht, ist dann

$$d = \frac{\lambda}{1{,}22 \cdot A}. \tag{12.6}$$

Die Augenpupille hat einen Durchmesser $d \approx 3$ mm. Der Abstand, in dem man das Objekt noch scharf sehen kann, beträgt 250 mm. Die Apertur des Auges ist $A \approx 1/80$. Und das kleinste Objekt, das man mit bloßem Auge im grünen Licht von $\lambda = 0{,}5\,\mu$ noch sehen kann, ist

$$d = \frac{80 \cdot 0{,}5}{1{,}22} = 0{,}05 \text{ mm}. \tag{12.7}$$

12.2.3 Lupe und Mikroskop

Das Auflösungsvermögen des Auges ist begrenzt durch die Apertur. Die Apertur kann man vergrößern, wenn man das Objekt näher an das Auge bringt. Das kann man nur tun, wenn man die Brechkraft des Auges vergrößert. Die Lupe ist die erste Lösung des Problems (Abb. 12.6). Statt von dem verbesserten Auflösungsvermögen redet man lieber von der Vergrößerung. Das macht Sinn, so lange man nicht das ultimative Auflösungsvermögen von $\approx \lambda$ erreicht.

Betrachtet man ein Objekt der Größe G beim Abstand D, dann sieht man das Objekt unter dem Sehwinkel $\alpha \approx \frac{G}{D}$. Das Zeichen $\approx$ steht für die Kleinwinkelnäherung $\tan \alpha \approx \alpha$. Der kleinste Abstand, bei dem man einen Gegenstand noch deutlich betrachten kann, wird als $D = 25$ cm angenommen. Betrachtet man einen Gegenstand mit einem optischen Instrument, dann wird die Vergrößerung V als das Verhältnis vom Sehwinkel mit dem Insrument dividiert durch den Sehwinkel im Abstand $D = 25$ cm definiert.

Wenn man das Objekt G mit einer Lupe betrachtet, dann ist es vernünftig, dass man das Auge entspannt so wie bei der Betrachtung eines weit entfernten Objekts. Das Objekt stellt man in die Brennweite der Lupe. Der neue

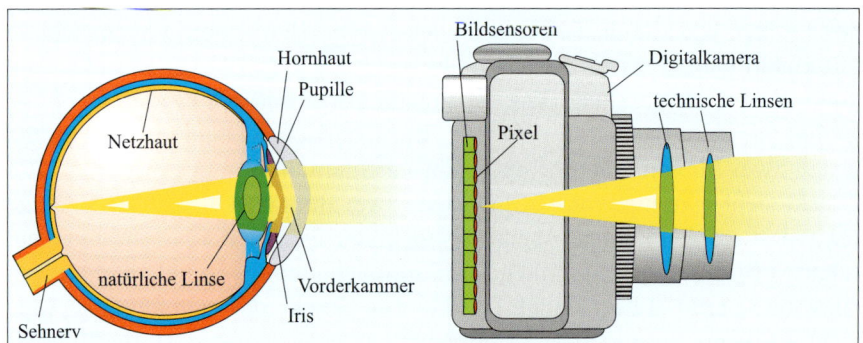

Abb. 12.5 In beiden Fällen, beim Auge und bei der Fotokamera, bildet eine Sammellinse das Objekt auf einem lichtempfindlichen Detektor ab.

12.2 Geometrische Optik

Sehwinkel und die Vergrößerung durch die Lupe sind

$$\alpha' = \frac{G}{f} \qquad V = \frac{\alpha'}{\alpha} = \frac{D}{f_L}. \tag{12.8}$$

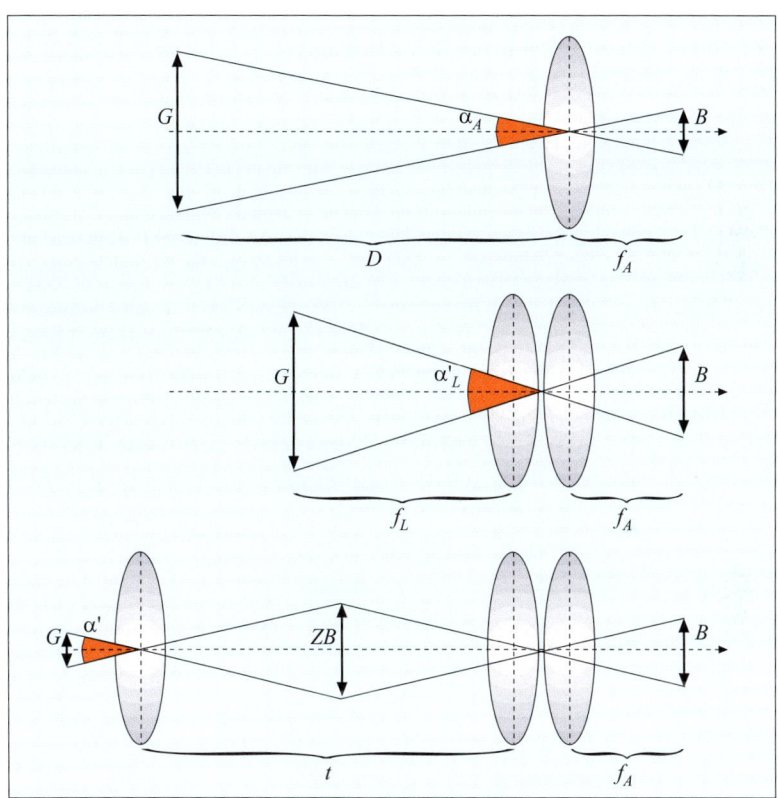

Abb. 12.6 *Oben:* Die Linse steht für die Augenlinse mit der Brennweite f_A. Man betrachtet $D = 25\,\mathrm{cm}$ als den kleinsten Abstand, unter dem man noch scharf sehen kann. Den Sehwinkel bei diesem Abstand bezeichnen wir mit α. *Mitte:* Wenn vor dem Auge noch zusätzlich eine konvexe Linse (Lupe) angebracht wird, kann man das Objekt in die Brennweite der Lupe, f_L, setzen und ein scharfes Bild im Auge bekommen. Die Vergrößerung wird als das Verhältnis vom neuen Sehwinkel α'_L zu dem Sehwinkel ohne Lupe α definiert. Das gilt, wie oben, in Kleinwinkelnäherung. *Unten:* Setzt man der Lupe noch eine Sammellinse im Abstand t vor, dann bekommen wir ein Mikroskop. Der neue Sehwinkel ist dann α'.

Ein Mikroskop entsteht, wenn man der Lupe noch eine Sammellinse in einem Abstand t voranstellt. Der neue Sehwinkel und die Vergrößerung des Mikroskops sind

$$\alpha'' = \frac{G \cdot (t - f_L)}{f_0 \cdot f_L} \qquad V = \frac{\alpha''}{\alpha} \approx \frac{D \cdot t}{f_0 \cdot f_L}, \tag{12.9}$$

wobei wir $t - f_L$ mit t genähert haben.

In Abb. 12.6 kann man die Augenlinse zusammen mit der Lupe durch eine Fotokamera ersetzen. Wie schon erwähnt, die Vergrößerung ist nur sinnvoll bis zur Grenze des Auflösungsvermögens, $\approx \lambda$, zu steigern. Mit einigen Tricks und nur in Einzelfällen erreicht man ein etwas besseres Auflösungsvermögen als die Wellenlänge.

12.2.4 Spiegelteleskop

Weit entfernte Objekte kann man vergrößert mit einem Fernrohr betrachten. Mit einer Sammellinse, dem Objektiv, bildet man das Objekt in ihre Brennebene ab, das Bild betrachtet man mit einer Lupe, dem Okular. Die schönen Bilder von entfernten Objekten im Weltall macht man mit Spiegelteleskopen (Abb. 12.7). Große Spiegel zu bauen ist preiswerter und einfacher als große Linsen. Warum die Objektive groß sein müssen, begründen wir später. Das Prinzip eines Spiegelteleskops gleicht dem Prinzip eines Fernrohrs. Die Rolle der konvexen Linse des Objektivs übernimmt ein konkaver Spiegel. Erst

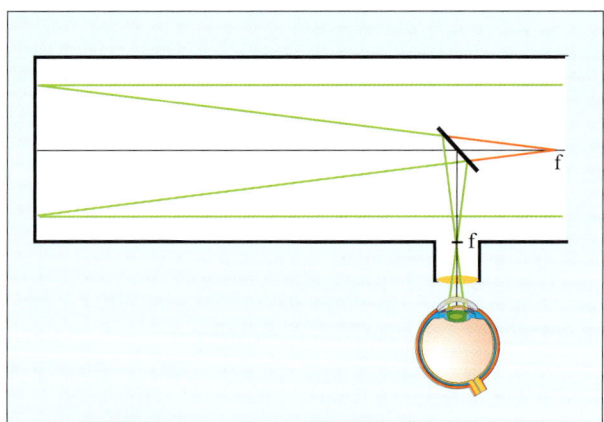

Abb. 12.7 Ein konkaver Spiegel mit einem Krümmungsradius R fokussiert die parallel einkommenden Strahlen in der Brennebene in der Entfernung $f = R/2$. Zwei Galaxien, deren Licht unter zwei verschiedenen Winkeln relativ zu der Spiegelachse, α_1 und α_2, den Spiegel trifft, werden in der Brennebene in Abständen $d_1 = f \cdot \alpha_1$ und $d_2 = f \cdot \alpha_2$ von der optischen Achse abgebildet. Der Abstand zwischen den beiden Galaxien im Bild beträgt $\Delta d = f \cdot \Delta \alpha$.

bestimmen wir die Vergrößerung eines Teleskops. Die Ränder einer Galaxie

12.2 Geometrische Optik

erreichen das Teleskop unter verschiedenen Winkeln, deren Winkeldifferenz $\Delta\alpha$ beträgt. Die Bildgröße der Galaxie in der Brennebene des Spiegels ist $\Delta d = f \cdot \Delta\alpha$. Betrachtet man das Bild duch die Lupe, das Okular, mit einer Brennweite von f_L, erscheint die Galaxie unter dem Sehwinkel

$$\frac{\Delta d}{f_L} = \frac{f}{f_L} \cdot \Delta\alpha. \qquad (12.10)$$

Die Vergrößerung ist dann der Sehwinkel, mit dem man das Objekt mit dem Teleskop sieht, dividiert durch den Sehwinkel ohne das Teleskop:

$$V = \frac{f}{f_L}. \qquad (12.11)$$

Die Frage, die wir uns stellen, ist, wie groß ist das ultimative Auflösungsvermögen eines Spiegelteleskops im optischen Bereich. Bestimmen müssen wir den kleinsten Winkel, $\Delta\alpha$, unter dem das Teleskop getrennte Objekte wiedergibt. Die Strahlen, die wir abbilden wollen, werden am Spiegel des Teleskops gebeugt. Durch die Beugung wird das Bild verschmiert. Um das Bild scharf zu sehen, muss man mindestens zwei Beugungsmaxima abbilden. Die Bedingung für eine gute Abbildung am kreisformigen Teleskopspiegel lautet (12.6)

$$\Delta\alpha \approx \frac{\lambda}{1{,}22 \cdot D}. \qquad (12.12)$$

Das größte Teleskop der Welt, Gran Telescopio Canarias auf der kanarischen Insel La Palma hat einen Spiegel von 10,4 Meter Durchmesser. Würde die Bedingung (12.12) gelten, dann könnte man noch Winkel

$$\Delta\alpha = \frac{0{,}5\,\mu}{1{,}22 \cdot 10{,}4\,\text{m}} \approx 5 \cdot 10^{-8}\,\text{rad} \qquad (12.13)$$

auflösen. Wegen der Dichteschwankungen der Atmosphäre ist nur $\Delta\alpha \approx 5 \cdot 10^{-6}$ erreichbar. Die großen Flächen der modernen Teleskope dienen nicht der Auflösung, sondern vor allem der Sammlung des Lichtes enfernter, schwach leuchtender Gestirne.

Bemerkung: Im SI-System werden die Winkelgrößen in Radiant (rad) angegeben. Der Winkel in einem Kreis mit dem Radius 1 m und der Bogenlänge 1 m entspricht 1 rad. Bei einem Winkel von $\Delta\alpha \approx 5 \cdot 10^{-6}$ kann man bei einem Abstand von einem km ein Objekt von 5 mm deutlich sehen.

12.3 Das Sehen

Unsere Vorstellungen über die physikalische Welt beruhen vorwiegend auf unseren Erfahrungen, die wir durch das Sehen gewonnen haben. Es ist in diesem Zusammenhang wichtig zu erwähnen, dass beim Sehen nicht nur die Physik, aber in großem Maße Chemie, Physiologie und Psychologie beteiligt sind. Das Augenrezeptoren sind auf elektromagnetische Wellen bei Wellenlängen von $(0{,}4 \leq \lambda \leq 0{,}8)\,\mu$ empfindlich (Abb. 12.8). Es gibt drei Arten von farbempfindlichen Sensoren, Zäpfchen genannt. Sie decken das gesamte Farbspektrum mit drei Farbbändern, rot, grün und blau, ab. Die drei Bänder liegen sehr unsymmetrisch und die Farbempfindlichkeit im blauen Bereich ist geringer als im grünen. Das Sehen bei Dunkelheit wird von Sensoren, Stäbchen genannt, geleistet.

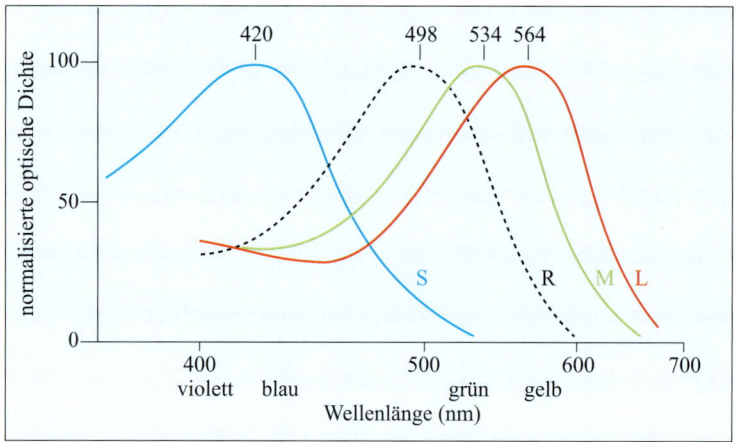

Abb. 12.8 Die drei Bänder des Farbspektrums werden von drei Arten von Zäpfchen abgedeckt. Die Farbempfindlichkeit wird jeweils mit *rot, grün* und *blau* gezeichnet. Die *schwarze* Kurve gibt die Sehempfindlichkeit von den Stäbchen im Dunkeln an.

Kapitel 13
Quantenmechanik – Die wesentlichen Begriffe

Auch als Amateur kann man sich prinzipiell in der Atomphysik und in weiteren noch komplexeren Quantensystemen zurechtfinden, wenn man mit einigen wesentlichen Prinzipien und Begriffen der Qantenmechanik umgehen kann. Diese Grundlagen wollen wir in diesem Kapitel kurz behandeln.

13.1 Photon

Elektromagnetische Wellen tragen Energie und Impuls. Wenn wir voraussetzen, dass die Impuls- und Energieerhaltung auch für die Emission des Lichts gelten, dann ist die Energie der emittierten Strahlung genau so groß wie die Energie, die der Emitter (im Fall des Lichts ist das ein Atom) zur Verfügung hatte. Das bedeutet, dass die elektromagnetische Strahlung in Energiepaketen abgestrahlt wird. Experimentell wird dies im nachfolgend beschriebenen Photoeffekt sichtbar.

13.1.1 Photoeffekt

Die Entdeckung des Photoeffekts war für die Geschichte der Quantenphysik von großer Bedeutung. Zum ersten Mal konnte der Zusammenhang zwischen der Energie und der Frequenz elektromagnetischer Strahlung bestimmt werden. Der Photoeffekt wurde experimentell im Jahr 1900 ausführlich von *Philipp Lenard* untersucht. Abb. 13.1 zeigt eine moderne Apparatur zur Messung des Photoeffekts. Die Deutung der Messung erfolgte jedoch erst durch Einstein im Jahre 1905: Die elektromagnetische Welle ist in Energiepakete unterteilt; bei der Absorption gibt ein solches Paket seine Gesamtenergie an das Elektron ab. *Albert Einstein* hat diesen Paketen der elektromagnetischen Strahlung den Namen Photon gegeben. Der Name ist vom griechischen *phos*

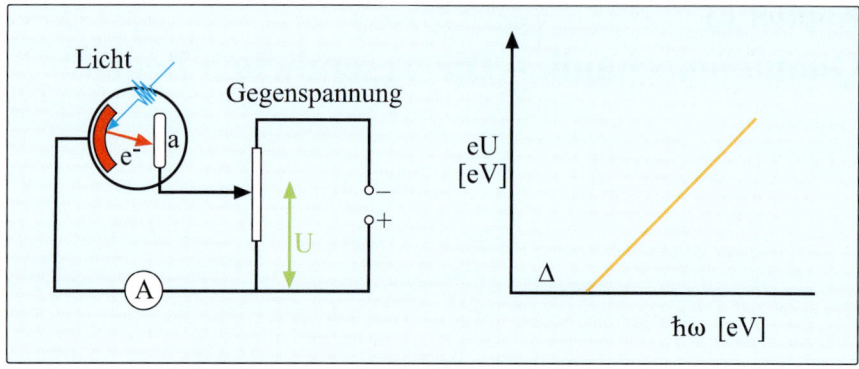

Abb. 13.1 Eine Metallplatte wird mit monochromatischem Licht verschiedener Frequenzen (von rot bis violett) bestrahlt, wie in der linken Graphik skizziert. Aus der Platte treten als Folge der Bestrahlung Elektronen aus. Die Anode (a) liegt auf einer negativen Spannung U. Die Elektronen erreichen die Anode nur, wenn sie die negative Gegenspannung U überwinden. Das ist nur möglich, wenn sie eine kinetische Energie $E_e > e \cdot U$ haben. Erhöht man die Gegenspannung über einen kritischen Wert, hört der mit dem Strommesser A bestimmte Anodenstrom plötzlich auf. Je höher die Frequenz des Lichts, desto höher ist die kritische Gegenspannung. Die Elektronenenergie E_e hängt somit von der (Kreis-)Frequenz ω des Lichts ab, d.h. $E_e = \hbar\omega - \Delta$. Δ ist hierbei die Bindungsenergie der Elektronen im Metall, die aufgewendet werden muss, um das Elektron aus der Platte herauszuschlagen. Diese Beziehung ist graphisch im rechten Bild dargestellt. Die Lichtintensität erhöht nur die Anodenstromstärke, beeinflusst aber nicht die kritische Gegenspannung.

($\varphi\omega\varsigma$ = Licht) abgeleitet. Das Experiment zeigt, dass die Energie des Photons proportional zur (Kreis-)Fequenz ω ist:

$$E_\gamma = \hbar\omega. \qquad (13.1)$$

Wenn wir das Resultat der Messung in modernen Einheiten auftragen, d.h. statt der Spannung U die Elektronenenergie $E_e = eU$ und statt der Frequenz das Produkt von Planckkonstante und Frequenz (Abb. 13.1), bekommen wir die Beziehung zwischen der Elektronenenergie und der Frequenz des Lichts:

$$E_e = \hbar\omega - \Delta. \qquad (13.2)$$

Die Elektronen sind im Metall leicht gebunden und beim Verlassen des Metalls mindert sich ihre Energie um die Austrittsarbeit Δ. Das Photon hat aber auch einen Impuls, siehe Kapitel 9, Formel (9.11),

$$p_\gamma = \frac{\hbar\omega}{c}, \qquad (13.3)$$

13.1 Photon

der beim Photoeffekt erhalten bleibt. Bei der Befreiung des Elektrons von der Bindung an das Metall wird die Differenz zwischen dem Impuls des Photons und des Elektrons von der Metallplatte übernommen.

13.1.2 Comptonstreuung

Wenn die Photonenergie viel größer ist als die Bindungsenergie, $\hbar\omega \gg \Delta$, dann kann man das Elektron als frei – man nennt es quasifrei – betrachten. Die Comptonstreuung ist schematisch in Abb. 13.2 gezeigt. Beim Stoß eines Photons der Energie $\hbar\omega$ und eines freien ruhenden Elektrons passiert genau das, was auch beim elastischen Stoß zweier Teilchen passiert: Nach dem Stoß teilen sich die beiden Teilchen die Energie und den Impuls. Das Photon mit der Energie $E_\omega = \hbar\omega$ verliert einen Teil seiner Energie ($\hbar\omega' \leq \hbar\omega$), den das Elektron übernimmt. Das Photon hat eine reduzierte Energie von $E_{\omega'} = \hbar\omega'$.

$$E_\omega = E_{\omega'} + E_e \tag{13.4}$$

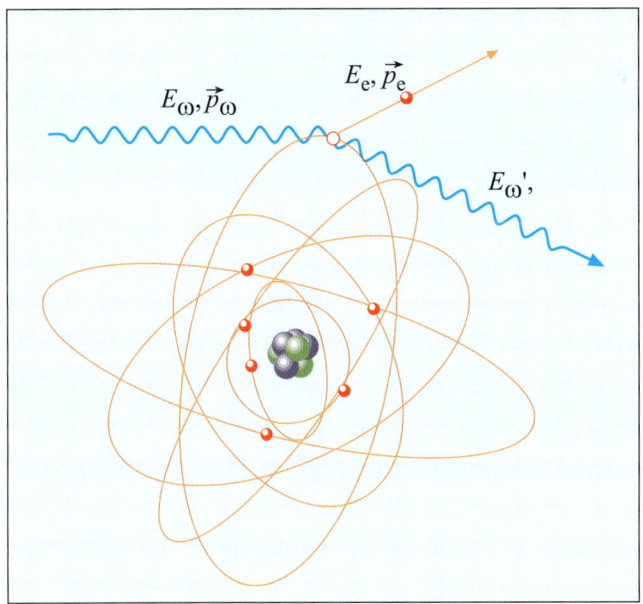

Abb. 13.2 Beim schwach gebundenen Elektron ($\hbar\omega \gg \Delta$) können wir das Elektron als frei betrachten. Das Photon streut am Elektron. Nach der Streuung teilen sich das gestreute Photon und das Elektron die Energie des eingestrahlten Photons $\hbar\omega = \hbar\omega' + E_e$.

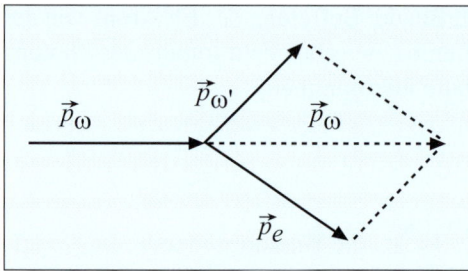

Abb. 13.3 Beim Comptoneffekt bleibt auch die vektorielle Impulssumme erhalten: $\vec{p}_\omega = \vec{p}_{\omega'} + \vec{p}_e$.

Das Photon besitzt vor dem Stoß den Impuls $p_\omega = \frac{\hbar\omega}{c}$, danach: $p_{\omega'} = \frac{\hbar\omega'}{c}$. Die vektorielle Summe der Impulse vor und nach dem Stoß bleibt ebenfalls erhalten (siehe Abb. 13.3):

$$\vec{p}_\omega = \vec{p}_{\omega'} + \vec{p}_e . \tag{13.5}$$

Bei der Comptonstreuung kann das Elektron nicht die gesamte Energie des Photons übernehmen ($\omega' = 0$). Der Grund hierfür ist, dass Energie- und Impulserhaltung gelten und die Beziehung zwischen der Photonenergie, $\hbar\omega$, und dem Photonimpuls, $\hbar\omega/c$, anders ist als beim Elektron, $E_e = p_e^2/(2\,m)$.

13.1.3 Ist das Photon ein Teilchen oder eine Welle?

Das Photon ist eine elektromagnetische Welle. Man kann die Amplituden des elektrischen Feldes $\vec{\mathcal{E}}$ und des magnetischen Feldes $\vec{B}$ experimentell messen und die Oszillationsfrequenz bestimmen. Als besonders eindrückliches Experiment zum Nachweis der Wellennatur des Lichts gilt noch heute das im Jahre 1802 von *Thomas Young* durchgeführte Doppelspaltexperiment mit Licht. Dieses Experiment wird im folgenden in den Abb. 13.5 und 13.6 dargestellt. Wir wollen hier nur betonen, dass die in diesem Versuch auftretenden Interferenzmuster den ausschlaggebenden Beweis für die Wellennatur des Lichts lieferten.

Anfang des 20. Jahrhunderts war es noch nicht ins allgemeine Bewusstsein vorgedrungen, dass Atome diskrete Zustände haben und infolgedessen elektromagnetische Strahlung nur mit bestimmter Energie, in Quanten, emittiert werden kann. Die Quanten der elektromagnetischen Strahlung hat Einstein Photonen genannt. Neu (teilchenhaft) am Photon war somit, dass es sich an der Wechselwirkung als Ganzes mit seinem Impuls und seiner Energie beteiligt. Das Photon ist also auch ein Teilchen! Die Interferenzerschei-

13.2 Elektron

nungen sind Ausdruck der Wellennatur, die Energie- und Impulsmessungen bezeugen die Teilcheneigenschaften des Photons.

13.2 Elektron

13.2.1 Das Elektron ist ein Teilchen

Im Jahre 1896 hat *Joseph John Thomson* gezeigt, dass Elektronen Teilchen sind. Er lenkte Kathodenstrahlen (das sind die Elektronen, die aus der Kathode emittiert werden) im elektrischen Feld ab und konnte somit beweisen, dass es sich um Teilchen handelte. In der Konsequenz mussten die Elektronen auch über eine wohldefinierte Ladung und Masse verfügen. Das Verhältnis e/m bestimmte Thomson, indem er zusätzlich zu dem elektrischen Feld noch ein magnetisches Feld schaltete. Dieses Experiment ist in Abb. 13.4 dargestellt. Mit diesem Versuch hatte Thomson nicht nur gezeigt, dass Elek-

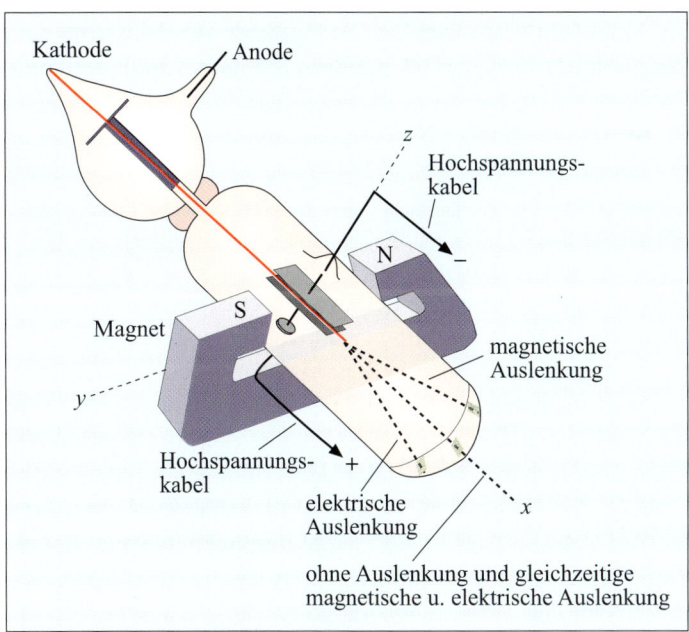

Abb. 13.4 Ein Elektronenstrahl wird von einer Kathode in x-Richtung emittiert. Dieser Strahl muss das elektrische Feld zwischen den beiden Kondensatorplatten durchqueren und erfährt dabei eine Kraft $\vec{F}_\mathrm{E} = -e\vec{\mathcal{E}}$, die ihn in y-Richtung ablenkt. Diese Ablenkung beweist, dass es sich bei Elektronen um geladene Teilchen handelt. Um das Verhältnis von Ladung und Masse e/m experimentell zu bestimmen, muss man zusätzlich die Ablenkung im Magnetfeld betrachten.

tronen Teilchen sind, sondern auch das Verhältnis von Ladung und Masse explizit berechnet! Für seine Arbeit bekam er 1906 den Nobelpreis.

13.2.2 Das Elektron ist eine Welle

Der Sohn J. J. Thomsons, *George Paget Thomson*, erhielt 1937 den Nobelpreis für den experimentellen Nachweis, dass Elektronen Wellen sind. Es gelang ihm zu zeigen, dass Elektronen beim Durchgang durch dünne Metallfolien ähnliche Diffraktionsbilder erzeugen wie Röntgenstrahlen.

Aus pädagogischen Gründen wollen wir in diesem Kapitel jedoch die Beugungserscheinungen von Elektronen am Doppelspalt diskutieren. Wir verwenden den Doppelspalt deswegen, weil auch *Thomas Young* vor über 200 Jahren anhand der Beugung am Doppelspalt die Wellennatur des Lichts demonstriert hat. Das Doppelspaltexperiment mit Elektronen wurde 1957 von *Claus Jönsson*, damaliger Doktorand von *Gottfried Möllenstedt* in Tübingen, durchgeführt (Abb. 13.5).

Aus dem Interferenzmuster des Beugungsbildes bei verschiedenen Elektronenenergien bzw. -impulsen kann man die Wellenlänge des Elektrons und seine Impulsabhängikeit bestimmen. Das Elektron mit dem Impuls p hat die Wellenlänge λ

$$\lambda = \frac{2\pi\hbar}{p}. \tag{13.6}$$

Was hat sich an unserem Bild des Elektrons geändert, nachdem wir realisiert haben, dass es nicht nur Teilchen, sondern auch Welle ist? Das Elektron hat einen bestimmten Impuls p und eine dem Impuls entsprechende Energie $p^2/(2m)$. Wenn wir das Elektron allerdings nachweisen wollen, können wir seinen Ort nicht bestimmen, ohne den Wellencharakter zu berücksichtigen. Das erkennen wir am einfachsten am Beispiel des Doppelspalts (Abb. 13.6). Die Elektronenwelle trifft den Doppelspalt und die beiden Strahlen interferieren. Das bedeutet, dass sich die Amplituden der Strahlen durch die beiden Spalte addieren. Wenn der Wegunterschied eine ganzzahlige Wellenlänge beträgt, dann addieren sich die Amplituden zu dem doppelten Wert. Bei einem Wegunterschied von $1/2\,\lambda, 3/2\,\lambda, 5/2\,\lambda, \ldots$ haben die Amplituden unterschiedliche Vorzeichen und vernichten sich vollständig. Zwischen diesen beiden Extremen ergibt die Addition der Amplituden einen Wert zwischen null und der doppelten Amplitude.

Richten wir nun unser Augenmerk auf das, was wir aus den Experimenten lernen können. Was wir in beiden Experimenten messen, ist die Intensität der auf den Detektor getroffenen Strahlung – im ersten Fall die der Photonen und im zweiten die der Elektronen. Diese gemessene Intensität ist aber nichts

13.2 Elektron

Abb. 13.5 Im oberen Bild ist die Interferenz des Elektrons am Doppelspalt zu sehen und im unteren die des Lichts im berühmten Youngschen Doppelspaltexperiment. Die Wellenlänge von Elektronen ist um Gößenordnungen kleiner als die Wellenlänge des Lichts. In der Abbildung erscheinen sie nur deswegen vergleichbar groß, weil das Foto der Elektroninterferenz geeignet vergrößert wurde. Die Interferenz von Elektronen am Doppelspalt ist eine der schönsten Demonstrationen des Wellencharakters des Elektrons.

anderes als die Wahrscheinlichkeit dafür, dass die Photonen bzw. Elektronen an bestimmten Orten des Detektors auftreffen. Bei den Photonen wissen wir etwas mehr über die Wellen, die miteinander interferieren: Es handelt sich um elektrische und magnetische Feldstärken, die senkrecht zueinander oszillieren. Sie sind die Träger der Energie und des Impulses des Photons. Bei den

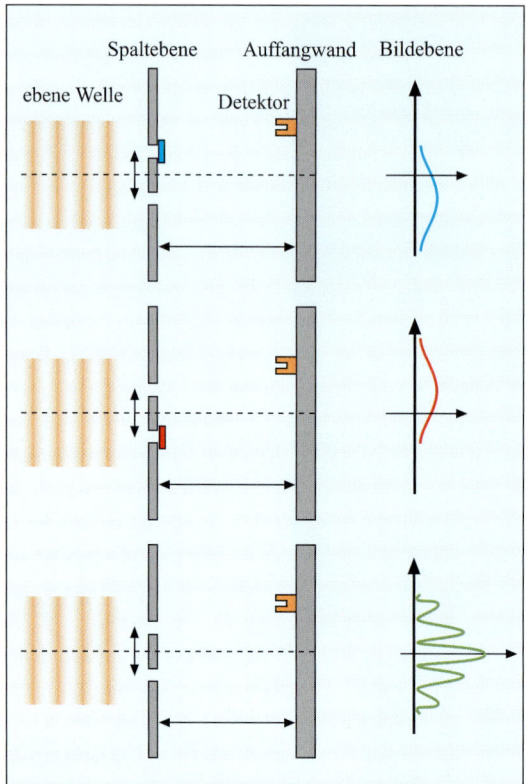

Abb. 13.6 Die Abbildung zeigt schematisch das Auftreffen eines monoenergetischen Elektronenstrahls bzw. eines monochromatischen Photonenstrahls auf einen Doppelspalt und die gemessene Intensitätsverteilung auf der Bildebene. Das Doppelspaltexperiment ist von Bedeutung, weil man überzeugend demonstrieren kann, dass die Interferenzen nur dann stattfinden, wenn das Elektron sich durch beide Spalte bewegt. Wenn man einen Spalt abdeckt (*oberes* Bild), erscheint ein Beugungsbild am anderen Spalt und umgekehrt. Nur wenn beide Spalte frei sind (*unteres* Bild), bekommt man das Interferenzbild. Dies zeigt eindeutig den Wellencharakter des Elektrons.

Elektronen wissen wir nur, dass die Amplituden der Wellen uns die Intensitäten der Interferenzbilder richtig wiedergeben, wenn wir sie quadrieren. In der Physik ist es üblich, dass man nur über die Sachen spricht, die man experimentell beobachten kann. Deswegen werden wir im Fall der Elektronen stets von Wahrscheinlichkeitsamplituden reden und sie nur als Hilfsmittel zur Berechnung der messbaren Wahrscheinlichkeiten betrachten.

13.3 Heisenbergsche Unschärferelation

Die Heisenbergsche Unschärferelation ist die konzeptionelle Begründung für das Wellenverhalten der Quantenobjekte. Sie besagt, dass die Genauigkeit einer gleichzeitigen Messung des Ortes eines Objekts und seines Impulses begrenzt ist: Wenn man den Ort x eines Teilchens mit der Genauigkeit Δx bestimmt hat, dann kann der Impuls p nicht genauer als Δp gleichzeitig bestimmt werden, wobei die folgende Beziehung erfüllt ist:

$$\Delta x \cdot \Delta p \geq \frac{\hbar}{2}. \tag{13.7}$$

Die Genauigkeit der Messung hängt entscheidend von der experimentellen Anordnung ab. Für jedes Experiment gilt es, das Produkt $\Delta x \cdot \Delta p$ auszurechnen.

Der in Gleichung (13.7) angegebene Grenzwert ist aus der Heisenbergschen Originalarbeit für ein ideales Experiment entnommen. Wir werden nur zeigen, dass für ein Teilchen, dem wir eine Wellenlänge $\lambda = 2\pi\hbar/p$ zuschreiben, die Relation (13.7) ungefähr erfüllt ist.

Für einen Elektronenstrahl wollen wir die x-Koordinate einzelner Elektronen mit der Genauigkeit Δx bestimmen und gleichzeitig auch deren Impuls. Dafür platzieren wir einen Spalt mit der Breite Δx vor einem Schirm und betrachten, wo die einzelnen Elektronen auftreffen (Abb. 13.7). Nach dem Spalt haben die Elektronen eine Unsicherheit im Impuls Δp in der x-Richtung und man erhält als Abschätzung $\Delta x \cdot \Delta p \approx 2\pi\hbar$, was der Unschärferelation genügt.

Vor dem Spalt ist die x-Komponente des Impulses null und somit sehr genau bestimmt, nicht aber der Ort. Nach dem Spalt ist der Ort genau festgelegt, nicht aber der Impuls. Die Messung hat also einen Einfluss auf die Eigenschaften der Welle.

Neben der Orts-Impuls-Unschärferelation (13.7) hat *Werner Heisenberg* auch die Energie-Zeit-Unschärferelation postuliert:

$$\Delta E \cdot \Delta t \geq \frac{\hbar}{2}. \tag{13.8}$$

Die Relation (13.8) hat Heisenberg formal hergeleitet. Wir wollen jedoch nur den physikalischen Inhalt der Energie-Zeit-Unschärferelation anhand zweier Beispiele demonstrieren.

Die triviale Aussage der Energie-Zeit-Unschärfe ist, dass eine Energiemessung Zeit braucht. Experimentell kann man Gleichung (13.8) am einfachsten mit der Betrachtung kurzlebiger angeregter Zustände von Atomen

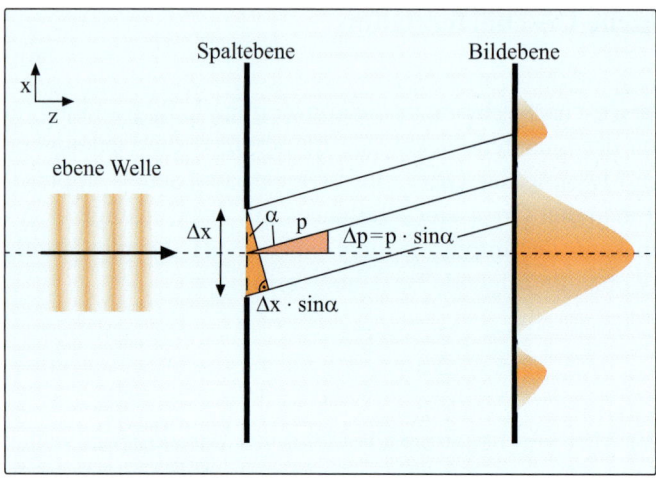

Abb. 13.7 Ein monoenergetischer Elektronenstrahl bzw. ein monochromatischer Photonenstrahl trifft auf einen Schirm. Die x-Koordinate eines Elektrons, das den Spalt passiert, ist mit der Genauigkeit der Spaltbreite Δx bestimmt. Für jeden Punkt auf dem Schirm kommt es zu einer Überlagerung von Elektronenwellen mit verschiedenen Phasen aufgrund der Weglängenunterschiede für verschiedene Ausgangspunkte im Spalt. Das entstehende Beugungsbild hat ein erstes Minimum bei $\Delta x \cdot \sin \alpha = \lambda$. Das kann man leicht einsehen. Einen Spalt kann man in viele Punktquellen zerlegen. Unter dem Winkel $\sin \alpha = \lambda/\Delta x$ ist zu jeder positiven Amplitude eine gleich große negative vorhanden. Die Summe aller Amplituden in dieser Richtung ist Null. Vor dem Spalt hatten die Elektronen nur einen Impuls p in z-Richtung. Nach dem Spalt kommt eine Komponente in x-Richtung hinzu, die für das Beugungsbild verantwortlich und somit nicht konstant ist. Als Maß für die Unsicherheit Δp kann man die Differenz der Impulse zwischen dem Maximum und dem ersten Minimum nehmen: $\Delta p \approx p \cdot \sin \alpha$. Somit folgt $\Delta x \cdot \Delta p \approx p \cdot \lambda = 2\pi\hbar$.

veranschaulichen. Angeregte Atome emittieren Licht. Diese Emission erfolgt, so wie alle radioaktiven Zerfälle, nach dem exponentiellen Gesetz. Die Lebensdauer des Zustands, τ, bestimmen wir aus der Zeitmessung des exponentiellen Zerfalls. Die Energie des Photons, $E_\gamma = \hbar\omega$, bekommen wir durch das Zählen der Schwingungen im Intervall τ. Je größer τ, desto mehr Schwingungen des Photons können wir zählen und desto genauer können wir ω bzw. $\hbar\omega$ bestimmen. Eine weitere Konsequenz der Energie-Zeit-Unschärfe werden wir am Beispiel des endlichen Kastenpotentials (siehe Abschnitt 13.5.3) demonstrieren.

13.4 Das virtuelle Photon

Die Energie-Zeit-Unschärfe eröffnet eine neue Interpretation der elektromagnetischen und, wie wir später noch sehen werden, auch anderer Wechselwirkungen. Die Coulombkraft, die eine Ladung auf eine andere ausübt, haben wir in der klassischen Elektrodynamik der Wirkung eines elektrischen Felds, das die Ladungen umgibt, zugeschrieben. Dieses Bild der Kraft enspricht einer Fernwirkung, allerdings ohne eine Erklärung für dessen Mechanismus.

Quantenmechanisch interpretiert man die Coulombkraft mit dem Austausch von virtuellen Photonen. Das kann man sehr einfach anhand der Streuung zweier negativ geladener Elektronen veranschaulichen. Ein negativ geladenes Elektron kann sich für kurze Zeit aus der Energie-Zeit-Unschärfe Energie borgen und emittiert ein virtuelles Photon. Die Photonen mit geliehener Energie werden als virtuell bezeichnet. Diese virtuellen Photonen können nur eine Zeit Δt

$$\Delta t \approx \hbar/\Delta E \tag{13.9}$$

leben. Auch die virtuellen Photonen bewegen sich mit Lichtgeschwindigkeit. In ihrer Lebensdauer können sie eine Strecke r zurücklegen:

$$r \approx \Delta t \cdot c = \frac{\hbar c}{\Delta E}. \tag{13.10}$$

Das virtuelle Photon mit einer geborgten Energie von ΔE hat einen Impuls von $p = \Delta E/c$. Bei der Emission bleibt der Gesamtimpuls erhalten, sodass das Elektron einen Rückstoßimpuls von $p = \Delta E/c$ bekommt und sich entgegen der Emissionsrichtung bewegt. Das vorbeifliegende Elektron kann das Photon absorbieren und übernimmt den Photonimpuls und die von der Energie-Zeit-Unschärfe geborgte Energie. Das Elektron bewegt sich weiter in die neue Richtung, sein Impuls und seine kinetische Energie haben sich geändert. Der Austausch eines virtuellen Teilchens beim Elektron-Elektron-Stoß wird in Abb. 13.8 mit vorbeischwimmenden Booten, die ihre Richtungen mit Austauschbällen korrigieren, verglichen.

Der Austausch von virtuellen Photonen gibt auch richtig das $V(r) \approx 1/r$-Gesetz des abstoßenden Coulombpotentials wieder. Das abstoßende Potential gibt an, wieviel Energie bei einem Abstand r zweier Ladungen freigesetzt werden kann. Das bedeutet, dass das Potential proportional zu ΔE ist

$$V(r) \approx \Delta E = \frac{\hbar \cdot c}{r}. \tag{13.11}$$

Zu zeigen, dass die virtuellen Photonen zwischen positiven und negativen Ladungen eine Anziehung bewirken, ist nicht so leicht zu zeigen wie die

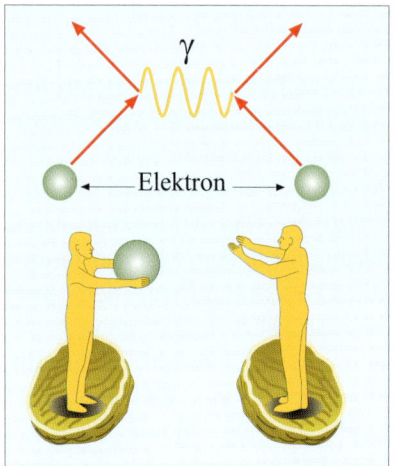

Abb. 13.8 *Unten:* Zwei Boote können mit dem Austausch von Bällen ihre Richtungen korrigieren. *Oben:* Die von Physikern gerne benutzte Symbolik des Stoßes zweier Teilchen. Zwei geladene Teilchen bewegen sich in positiver Zeitrichtung und nähern sich in der Raumkoordinate x an. Der Stoß findet statt, wenn die beiden Teilchen ein Austauschteilchen, ein virtuelles Photon, austauschen.

Abstoßung gleichnamiger Ladungen. Deswegen verzichten wir auf den Beweis, glauben die Behauptung aber dennoch. Ähnlich wie beim Stoß zweier gleich geladenen Ladungen kann die Bewegung eines Elektrons im Wasserstoffatom durch wiederholten virtuellen Photonaustausch berechnet werden. Das tut aber keiner, denn es ist viel effektiver mit dem Coulombpotential zu arbeiten. Aber die Finessen der atomaren Struktur kann man nur mit der Berücksichtigung der Quanteneffekte des Photons erklären. Die Theorie, die die Quanteneffekte in der Elektrodynamik behandelt, nennt man Quantenelektrodynamik.

13.5 Wellenfunktion

Die Zweispaltinterferenz demonstriert eindeutig den Wellencharakter des Elektrons. Wir werden konsequenterweise versuchen, die Bewegung des Elektrons als eine Wellenbewegung zu beschreiben. Bevor wir dies tun, wenden wir uns zunächst einer naheliegenden Frage zu: Was sind eigentlich Elektronenwellen? In allen Fällen der Wellenbewegung, die wir bis jetzt kennengelernt haben, konnten wir die Amplituden und deren Quadrate unabhängig voneinander messen und ihnen eine physikalische Deutung zuschreiben. Beim Schall sind die Amplituden die Druckänderungen im Gas. Bei der elektromagnetischen Welle ist die Amplitude gleich der Größe der elektrischen Feldstärke. Die Wellen übertragen Impuls und Energie, die beide dem Quadrat der Amplitude proportional sind. Beim Elektron können wir aber nur die Wahrscheinlichkeit angeben, mit welcher wir es an einem bestimmten Ort und mit einem bestimmtem Impuls das Elektron finden – und auch dies nur mit Genauigkeiten, die die Unschärferelation erfüllen. Die Wellenfunk-

13.5 Wellenfunktion

tionen, mit denen wir uns im Folgenden beschäftigen werden, beinhalten deswegen nur die Wahrscheinlichkeitsamplituden, die wir benötigen, um das Elektron zu beschreiben. Auch die Interferenz von Elektronenwellen ist nur mit der Überlagerung von Wahrscheinlichkeitsamplituden zu beschreiben.

Die Wellenfunktion eines freien Elektrons, das sich mit Impuls p und kinetischer Energie $E = p^2/(2m)$ bewegt, ist eine ebene Welle. Die zeitliche Abhängigkeit der Amplitude oszilliert mit der Kreisfrequenz $\omega = E/\hbar$ und die örtliche Oszillation ist durch den Wellenvektor $\vec{k} = \vec{p}/\hbar$ gegeben. Die quantenmechanische Wellenfunktion steht in Analogie zu der klassischen Wellenfunktion $A(x,t)$ (Kapitel 9, Formel 9.2). Zur Vereinfachung betrachten wir eine ebene Welle in x-Richtung:

$$A(x,t) = A_0 \sin(kx - \omega t + \phi). \tag{13.12}$$

In (13.12) steht A für die Amplitude und der Winkel ϕ, auch Phasenverschiebung genannt, sorgt dafür, dass die Welle unserem Koordinatensystem angepasst wird. Der wesentliche Unterschied zur quantenmechanischen Wellenfunktion ist es, dass man sie nicht als eine reelle Funktion, sondern nur als Funktion in der komplexen Ebene darstellen kann. Deswegen verzichten wir auf eine mathematische Darstellung der Wellenfunktion und beschränken uns auf die Wellenfunktionen von gebundenen Zuständen, die den stehenden Wellen entsprechen. Wie wir im Kapitel 9, Formel 9.12 gesehen haben, tritt die Zeit- und Ortsabhängigkeit getrennt voneinander auf. Wir beschränken uns in den Beispielen auf die Beschreibung von der Ortsabhängigkeit $\psi(x)$ der stehenden Wellen:

$$A(x,t) = A_0 \sin(\omega t + \delta) \sin(kx) \implies \Psi(x,t) = A_0 e^{(-iwt)} \psi(x) \tag{13.13}$$

In den Folgenden Beispielen kann $\psi(x)$ immer als reelle Funktion hingeschrieben werden. Die ganze Welle schwingt mit der gleichen Frequenz und den komplexen Vorfaktor werden wir nicht mehr betrachten. Elektronen werden durch die Coulombkraft an Kerne gebunden, Atome bilden durch die interatomaren Kräfte komplexe Systeme. Ein gebundenes Teilchen besitzt neben kinetischer Energie auch potentielle Energie. Die Bindung beschreiben wir mit einem Potential, so wie wir es für den harmonischen Oszillator in Abschnitt 4.2.1 eingeführt haben. Ist die kinetische Energie kleiner als die Tiefe des Potentials, handelt es sich um einen gebundenen Zustand. Wir werden jedoch nur in einer Dimension gebundene Zustände als Beispiele betrachten, die wir mit sin, cos und $\exp(-x)$ beschreiben können. Die erweiterte Beschreibung auf dreidimensionale Systeme wird qualitativ behandelt.

13.5.1 Unendliches Kastenpotential

Ein gebundenes Elektron wird durch eine stehende Welle beschrieben, bei der die Wahrscheinlichkeitsamplitude ortsabhängig ist, aber nicht von der Zeit abhängt. Der einfachste Fall ist ein Elektron in einem unendlich hohen Kastenpotential (Abb. 13.9). Ein Kastenpotential ist keineswegs nur ein Schulbeispiel, das nichts mit der Realität zu tun hat. Beispielsweise können die Leitungselektronen eines Metalls durch die Bindung, die sich in Austrittsarbeit demonstriert, in solch einem Potential beschrieben werden. Sicher ist das Potential nicht unendlich hoch, dies ist jedoch eine brauchbare Näherung für stark gebundene Elektronen. Die Wellenfunktionen der Elektronen in einem unendlichen Potential sind nicht schwer zu erraten. Die Wellen im freien Raum, und das ist der Fall für Elektronen eingesperrt zwischen zwei

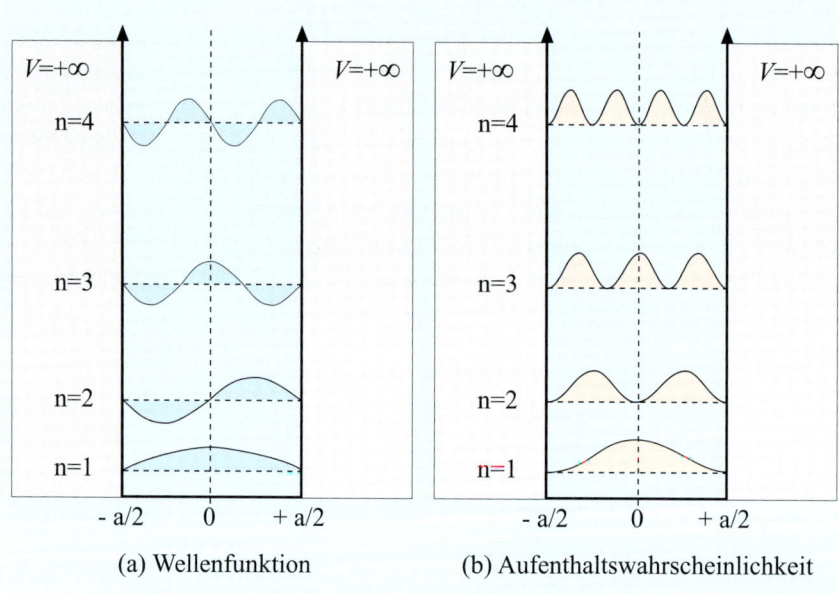

(a) Wellenfunktion   (b) Aufenthaltswahrscheinlichkeit

Abb. 13.9 In einem Kastenpotential (**a**) mit unendlich hohen Wänden haben die Wellenfunktionen Knoten an den Wänden. Der energetisch niedrigste Zustand mit nur zwei Knoten spannt gerade eine halbe Wellenlänge $\lambda = 2a$ auf. Die folgenden höheren Zustände haben die Wellenlängen $\lambda = a$, $\lambda = a/2$ und so weiter. Die kinetische Energie des Elektrons im niedrigsten Zustand ist $E_1 = p^2/2m$. Der Impuls ist $p = 2\pi\hbar/\lambda$ mit $\lambda = 2a$. Daraus folgt $E_1 = (2\pi)^2\hbar^2/8ma^2 = \pi^2 \cdot \hbar^2/2ma^2$. Die weiteren angeregten Zustände folgen mit den Energien $E_2 = 4E_1$, $E_3 = 9E_1$ und so weiter. Rechts (**b**) sind die Aufenthaltwahrscheinlichkeiten (Quadrate der Amplituden) des Elektrons in den jeweiligen Zuständen gezeigt.

13.5 Wellenfunktion

Wänden, werden mit Sinus bzw. Kosinus beschrieben. Den Grundzustand werden wir mit einer Kosinuswelle beschreiben, da bei unserer Wahl des Koordinatensystems der Nullpunkt in der Mitte des Potentialkastens liegt. Die Wellenfunktion im Grundzustand ist dann

$$\psi_1 = \sqrt{\frac{2}{a}} \cdot \cos\left(\frac{\pi \cdot x}{a}\right). \tag{13.14}$$

Der Faktor vor dem Kosinus ist der Normierungsfaktor und sorgt dafür, dass das Quadrat der Wellenfunktion integriert von $-a/2$ bis $+a/2$ Eins ergibt. Wichtiger für uns ist jedoch, dass die Wellenfunktion für $-a/2$ und $+a/2$ einen Knoten haben muss, das heißt $\cos(-\pi/2) = \cos(+\pi/2) = 0$. Außerdem hat die Wellenfunktion einen Bauch in der Mitte. Der erste angeregte Zustand hat drei Knoten: an beiden Wänden und in der Mitte. Die Funktion, die das beschreibt ist die Sinusfunktion

$$\psi_2 = \sqrt{\frac{2}{a}} \cdot \sin\left(\frac{2\pi \cdot x}{a}\right). \tag{13.15}$$

Für die ungeraden n werden die Wellenfunktionen Kosinus-, für die geraden Sinus-Form haben. Das Argument hat unabhängig vom der Funktion immer die gleiche Form

$$\left(\frac{n\pi \cdot x}{a}\right). \tag{13.16}$$

Die Energie der Zustände hängt quadratisch von n ab:

$$E_n = \frac{\pi^2 \hbar^2}{2ma^2} \cdot n^2. \tag{13.17}$$

13.5.2 Harmonisches Potential

Als nächstes Beispiel betrachten wir ein Proton in einem harmonischen Oszillatorpotential. Für das Proton gelten die gleichen Quantenregeln wie für das Elektron. Ein hervorragendes Beispiel eines Protons im harmonischen Oszillatorpotential ist das gebundene Proton des Wasserstoffatoms im Wassermolekül.

Das Kastenpotential kann man durch Biegen der Kanten in die parabolische Form des harmonischen Oszillatorpotentials überführen (Abb. 13.10). Deswegen ist es nicht überraschend, dass die Wellenfunktionen ähnlich wie beim Kastenpotential aussehen. Man sieht, dass die Maxima am Rande des Potentials breiter sind als in der Mitte, denn die kinetische Energie ist

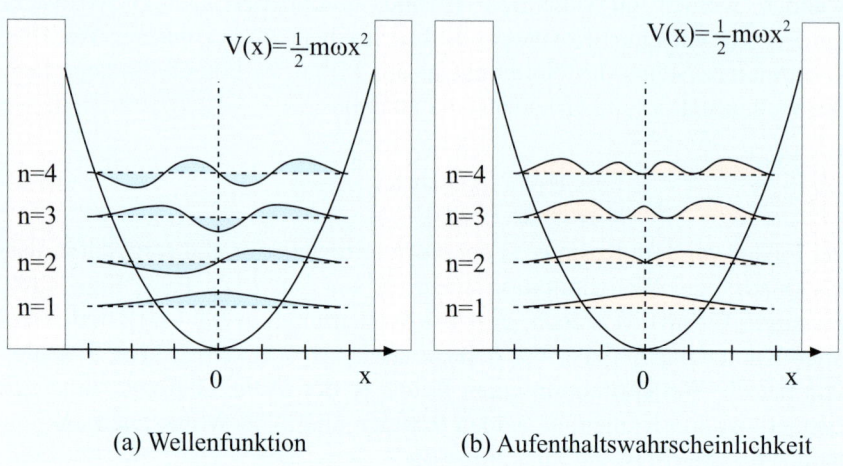

(a) Wellenfunktion (b) Aufenthaltswahrscheinlichkeit

Abb. 13.10 Die Schwingungen des gebundenen Protons eines Wasserstoffatoms im Wassermolekül können als angeregte Zustände in einem harmonischen Oszillatorpotential beschrieben werden. Die Potentialtiefe ist ortsabhängig. Die Gesamtenergie ist die Summe der kinetischen und der potentiellen Energie $E = E_K + V(x)$ und für eine gegebene Welle konstant. Die kinetische Energie ist somit auch ortsabhängig, $E_K = E - V(x)$. Daraus folgt, dass auch der Impuls und entsprechend die Wellenlänge $\lambda = 2\pi\hbar/p$ ortsabhängig sind. In der Mitte ist die kinetische Energie größer und die Wellenlänge kleiner. Wenn wir die Wellenfunktionen des Elektrons im Kastenpotential (Abb. 13.9) mit diesen Wellenfunktionen vergleichen, sehen wir, wie sich die Kosinusform in die Wellenfunktion des harmonischen Oszillators verformt. Mathematiker haben die Eigenschaften dieser Funktionen (Besselfunktionen) eingehend untersucht. Wenn man das Bild genau betrachtet, sieht man, dass die Wellenfunktionen nicht scharf am Rand des Potentials aufhören, sondern sich etwas darüber hinaus ausbreiten.

am Rand kleiner und somit ist die Wellenlänge dort größer. Bemerkenswert ist außerdem die Tatsache, dass sich die Wellenfunktion auch außerhalb des Potentials ausbreitet. In diesen Bereichen ist die kinetische Energie $E_K = E - V(x)$ negativ, was klassisch gesehen nicht möglich ist! Dieser Effekt ist ein neues Phänomen, ein Artefakt der Quantenmechanik, und wird im Folgenden erklärt.

13.5.3 Endliches Kastenpotential

Wir betrachten im dritten Fall ein flaches Kastenpotential, was der Situation eines schwach gebundenen Teilchens entspricht (Abb. 13.11). Die Wellenfunktionen innerhalb des Kastens, wo die kinetische Energie positiv ist,

13.5 Wellenfunktion

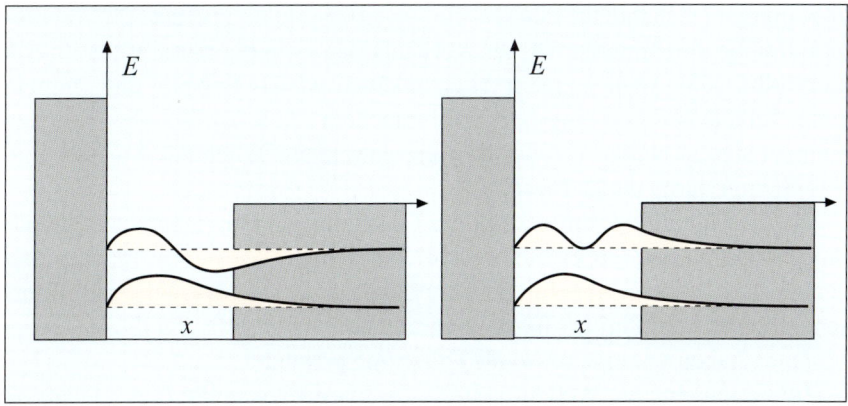

Abb. 13.11 Solange sich das Teilchen im Kasten befindet, beträgt seine Wellenlänge $\lambda = 2\pi\hbar/\sqrt{2m(E-V)}$. Innerhalb des Kastens ist die kinetische Energie des Teilchens, $E-V$, positiv. Die Wellenfunktion hat genau wie im unendlichen Kastenpotential eine Kosinusform mit konstanter Wellenlänge. Im Gegensatz zum unendlichen Kastenpotential jedoch ist die Wellenfunktion außerhalb des Kastens nicht null, sondern fällt mit dem Abstand exponentiell ab. Aufgrund der Heisenbergschen Unschärferelation (13.8) kann die kinetische Energie für eine kurze Zeit Δt fluktuieren und positiv werden. Das Teilchen kann sich also kurzzeitig außerhalb des Kastens aufhalten. Diese Tatsache ist experimentell millionenfach bestätigt worden.

ähneln der des unendlichen Kastenpotentials. Aber auch in dem energetisch nicht erlaubten Bereich außerhalb des Kastens, in dem die kinetische Energie negativ ist, existiert eine endliche (größer als null) Aufenthaltswahrscheinlichkeit für das Teilchen. Die Erklärung hierfür liegt in der Heisenbergschen Unschärferelation (13.8). Diese besagt, dass für kurze Zeit Δt das Teilchen eine um ΔE größere Energie haben kann, d.h. die kinetische Energie fluktuiert und ist für kurze Zeit positiv. Das Teilchen kann sich somit kurzzeitig jenseits des Kastens aufhalten. Je stärker das Teichen gebunden ist, desto mehr Energie braucht es, um in den verbotenen Bereich einzudringen, und desto kürzer ist Δt. Dementsprechend ist dann auch der Weg in dem energetisch verbotenen Bereich kürzer.

13.5.4 Tunneln durch eine Potentialbarriere

Die Wahrscheinlichkeit, das Teilchen außerhalb des Kastens im Bereich mit negativer kinetischer Energie zu finden ist nicht null, was man experimentell nachweisen kann. Die berühmtesten Beispiele sind der radioaktive Alphazerfall schwerer Kerne und die Kernspaltung. In beiden Fällen, wir werden sie in Kapitel 17 behandeln, müssen die Zerfallsprodukte energetisch verbotene Bereiche durchqueren. Diesen Vorgang, den es in der klassischen Physik nicht gibt, nennt man Tunneln. Hier möchten wir als Beispiel das Tunneln eines Teilchens durch eine Barriere betrachten (Abb. 13.12). Das Teilchen befindet sich in beiden von der Barriere getrennten Teilen des Kastens, d.h. es schwingt durch die Barriere.

Die Geschichte der Entstehung der Quantenmechamik ist nicht so geradlinig verlaufen wie wir es hier beschrieben haben. Wir haben die entscheidenden Experimente, die zur Beschreibung der Quantensysteme mit Wahrscheinlichkeitsamplituden führten, an den Anfang gestellt. Zu diesen Experimenten haben wir eine passende Erklärung geboten.

Zur Geschichte der Wellenfunktion: Im Jahre 1924 stellte *Louis-Victor de Broglie* in seiner Doktorarbeit die These auf, dass auch die materiellen Teilchen als Wellen betrachtet werden können. Damit konnte man in Analogie zu stehenden Lichtwellen das Auftreten der diskreten Atomzustände begründen. Für uns ist das keine Überraschung. In allen vier Beispielen haben wir gesehen, dass der Wellencharakter von gebundenen Teilchen automatisch zu diskreten Energiezuständen führt. Die experimentelle Bestätigung des Wellencharakters der Elektronen folgte erst 1927. 1926 hielt *Erwin Schrödinger* in Zürich ein Seminar, in dem er über die de-Broglie-These berichtete. In der Diskussion kommentierte *Peter Debye*: „Sie reden von Materiewellen, wo ist die Wellengleichung?" Schrödinger ist dieser Forderung noch im selben Jahr nachgekommen und hat die berühmte Schrödingergleichung präsentiert.

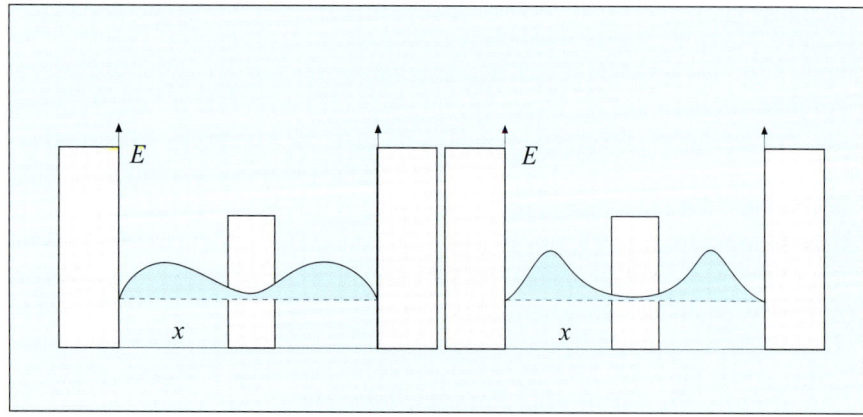

Abb. 13.12 Bei unendlich hoher Potentialbarriere, die das Kastenpotential trennt, wäre das Teilchen entweder in dem linken oder dem rechten Teil des Kastens zu finden. Bei einer endlichen Potentialbarriere kann sich das Teilchen aufgrund der Unschärferelation für kurze Zeit Δt genug Energie ΔE borgen, um durch die Barriere zu tunneln.

Die Schrödingersche Differentialgleichung berücksichtigt alle Bedingungen, die wir intuitiv in den vier gezeigten Beispielen erfüllt haben. Die Wellenlänge des Elektrons passt sich immer an die Tiefe des Potentials an, auch für negative Werte der kinetischen Energie. Wir verzichten auf eine explizite Benennung der Schrödingergleichung, da wir im Rahmen dieses Buches keine Lösung der Gleichung durchführen werden.

Deswegen werden wir im Folgenden die Lösungen der Schrödingergleichung graphisch darstellen und zwar nicht als Wellenfunktion, sondern als dessen Quadrat, d.h. als die Wahrscheinlichkeit dafür, ein Teilchen am Ort x zu finden.

13.6 Strahlungsübergänge

Gebundene angeregte Zustände in Molekülen, Atomen und Kernen regen sich in der Regel durch Emission von elektromagnetischer Strahlung ab. Als Modell eines Übergangs betrachten wir die Emission vom ersten angeregten Zustand im Kastenpotential in Abb.13.9 in den Grundzustand. In einem quantenmechanischen System kann Emission nur in einen diskreten, niedrigerliegenden Zustand führen und das mit einer wohldefinierten Photonenenergie $E_2 - E_1 = \Delta e = \hbar \omega$. Die Erklärung dafür kann man in der Energie-Zeit-Unschärfe finden. Dank der Energie-Zeit-Unschärfe kann sich ein Quantensystem nicht nur Energie für kurze Zeit ausleihen sondern auch anlegen. Das Elektron aus dem angeregten Zustand gibt seine Energie ΔE ab, was zu einer Oszillation des Elektrons zwischen angeregtem und Grundzustand führt. Das oszillierende Elektron strahlt eine elektromagnetische Welle ab bis es im Grundzustand landet.

13.7 Elektronen sind Fermionen, Photonen sind Bosonen

Den Unterschied zwischen dem Wellencharakter vom Elektron und vom Photon haben wir stark unterstrichen: Die Elektronenwellen sind Wahrscheinlichkeitwellen, die Photonen elektromagnetische Wellen. Es gibt aber noch einen gravierenden Unterschied zwischen den beiden. Die Elektronen sind Fermionen, die Photonen Bosonen. Nicht nur Elektronen sondern alle Teilchen mit Spin $\frac{1}{2}$ sind Fermionen. Die wesentliche Eigenschaft der Fermionen ist es, dass jeweils nur ein Fermion in einem Quantenzustand sein kann. Diese Regel hat *Wolfgang Pauli* eingeführt, um die atomare Schalenstruktur zu erklären. In dem niedrigsten atomaren Zustand mit Bahndrehimpuls $l = 0$ können nur zwei Elektronen sein, eines mit Spin nach oben, das

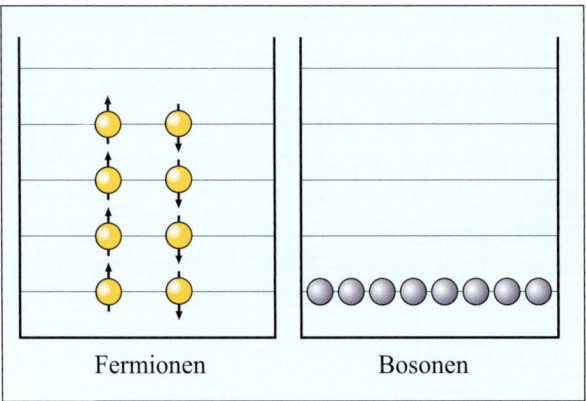

Abb. 13.13 Der Unterschied zwischen dem Verhalten von Fermionen und Bosonen in einem Kastenpotential. Bei niedrigen Temperaturen besetzen die Fermionen die möglichst tiefen Energiezustande. Nur zwei können sich im Grundzustand aufhalten. Beide besitzen die gleichen örtlichen Wellenfunktion, aber mit unterschiedlichen Spinorientierungn. Auch in angeregten Zuständen können sich jeweils nur zwei Fermionen mit entgegengesetzem Spin aufhalten. Ganz anders verhalten sich die Bosonen, bei niedrigen Temperaturen versammeln sie sich in dem Grundzustand.

andere nach unten. In Schalen mit größerem Drehimpuls können nach der selben Regel auch mehr Elektronen angeordnet werden.

Die Photonen haben Spin $s = 1$. Sie sind Bosonen. Bosonen können beliebig viele im selben Zustand sein. Ein Beispiel mit Photonen im selben Zustand, den Laser, haben wir schon behandelt. Da wir uns dann nicht um die quantenmechanische Deutung des Lasers gekümmert haben, haben wir als selbstverständlich angenommen, dass sich die elektromagnetischen Wellen kohärent überlagern können.

Nicht nur Photonen sind Bosonen, sondern alle Teilchen mit ganzzahligem Spin. Als Beispiel sei das Heliumatom genannt. Es hat den Kern mit Spin gleich null und die Elektronenhülle ebenso mit Spin null. Somit ist es ein Boson. Bei Temperaturen unter 2,2 K wird Helium superfluid, alle Heliumatome befinden sich im selben Quantenzustand. Es gibt keine Reibung zwischen Bosonen im selben Zustand, das Helium wird superfluid. Ein weiteres prominentes Beispiel ist die Supraleitung einiger Metalle bei sehr niedrigen Temperaturen. Supraleitung wird erreicht, wenn sich zwei Elektronen zu einem Paar mit Spin null binden und als Paare zweier Fermionen ein Boson bilden. Solange die Paare zusammenhalten, bleibt das Metall supraleitend, der Strom fließt auch ohne Spannung.

Kapitel 14
Atome

Ende des 19. Jahrhunderts hat sich die Überzeugung durchgesetzt, dass die chemischen Eigenschaften der Elemente (Periodensystem der Elemente von *Dmitri Mendelejew*) auf ihre atomare Struktur zurückzuführen sind. Die Atommodelle dieser Zeit waren jedoch weit von unseren heutigen Vorstellungen entfernt. Man wusste, dass die Atome als Ganzes zwar elektrisch neutral, aber aus positiven Ladungen und Elektronen aufgebaut sind. Die ungefähre Größe der Atome von $r \approx 0{,}1$ nm konnte später, im Jahr 1912, durch die Beugung von Röntgenstrahlen an Kristallen ermittelt werden. Darüber, wie im Einzelnen die Verteilung der Ladungen im Atom aussieht, war zu Beginn des 20. Jahrhunderts allerdings noch nichts bekannt. *J. J. Thomson* hatte, wie im letzten Kapitel besprochen, bereits die Teilcheneigenschaften von Elektronen nachgewiesen und wusste, dass die Elektronen Bestandteile des Atoms sind. Nach seinem Modell schwimmen die Elektronen in einem homogenen positiven Medium, das ihre negativen Ladungen kompensiert. Dieses Modell wurde als *Plum-Cake*-Modell (im Deutschen auch gerne *Rosinenkuchen*-Modell) bekannt.

Erst die Experimente von *Ernest Rutherford* (Abb. 14.1) führten zum ersten modernen Atommodell. Nach Rutherford sind Atome Sonnensysteme in Miniaturform. Die Masse des Atoms ist im Wesentlichen im Kern konzentriert, der das Zentrum des Atoms darstellt. Der Radius des Kerns ist um einen Faktor 10^{-5} kleiner als der Radius der Elektronenhülle. Das Rutherfordmodell wurde von *Niels Bohr* verfeinert. Er postulierte, dass sich die Elektronen auf Kreisbahnen bewegen mit scharfen Energien und Drehimpulsen in ganzzahligen Drehimpulseinheiten $\hbar$. *Arnold Sommerfeld* erweiterte das Modell durch elliptische Elektronenbahnen. Das ist das bekannte semiklassische Bohr-Sommerfeld-Modell des Atoms. Semiklassisch deswegen, weil sich die Elektronen einerseits auf klassischen Bahnen bewegen, gleichzeitig jedoch einige Bedingungen der Quantenmechanik als Postulat

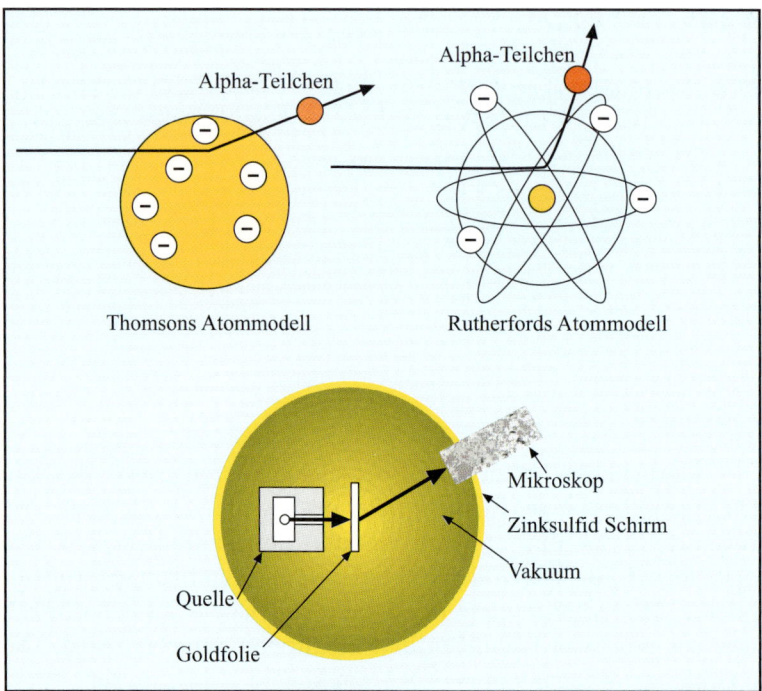

Abb. 14.1 In den Jahren 1909–1911 führte Rutherford mit seinen Schülern *Hans Geiger* (er entwickelte später den berühmten, nach ihm benannten Geigerzähler) und *Ernest Marsden* Streuexperimente von energetischen α-Teilchen an Goldfolien durch. Die α-Teilchen stammten von einer Quelle radioaktiven Poloniums. Die gestreuten α-Teilchen wurden als Szintillationsblitze im Zinksulfid, die man mit einem Mikroskop beobachten konnte, nachgewiesen. Die Masse der α-Teilchen ist viel größer als die der Elektronen, so dass sie im Magnetfeld nur schwach abgelenkt werden. Eine Ablenkung der α-Teilchen zu großen Winkeln ist nur möglich, wenn sie an noch massiveren Objekten streuen. Diese Streuung beobachtete Rutherford bei einem Teil der α-Teilchen, woraus er schloss, dass der Hauptteil der Atommasse in einem schweren Objekt konzentriert ist. Der weitaus größere Teil der α-Teilchen durchquerte die Goldfolie jedoch nahezu ungestört. Bei den massereichen Zentren innerhalb des Atoms handelte es sich also um Bereiche sehr kleiner Ausdehnung, so dass die Wahrscheinlichkeit, auf sie zu treffen, relativ gering war. Durch diese Versuche wurde das *Plum Cake*-Modell widerlegt. Rutherford interpretierte das Resultat seiner Messung mit einem Modell, in dem die negativen Elektronen um den positiven Kern, ähnlich wie Planeten um die Sonne, kreisen.

eingeführt werden. Uns ist es wichtig, im Weiteren das heutzutage akzeptierte, quantenmechanische Modell des Atoms zu verwenden.

14.1 Wasserstoffatom

Atome sind dreidimensionale Systeme, die Wellenfunktionen hängen daher von drei räumlichen Koordinaten ab. Will man die Bewegung in einem kugelsymmetrischen Potential (wie dem Coulombpotential) beschreiben, so wählt man der Einfachheit halber passende räumliche Koordinaten, die sogenannten Polarkoordinaten (Abb. 14.2).

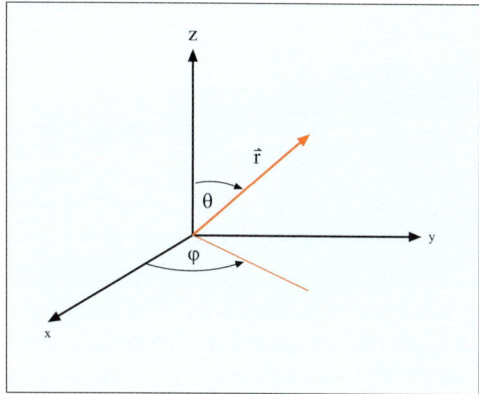

Abb. 14.2 Eine Bewegung in einem kugelsymmetrischen Potential wie dem Coulombpotential beschreibt man am günstigsten in den räumlichen Polarkoordinaten (r, θ, ϕ).

Betrachten wir zunächst die Zustände im Coulombpotential eines Protons,

$$V = \frac{e^2}{4\pi\varepsilon_0 r}. \tag{14.1}$$

Das Coulombpotential ist kugelsymmetrisch und neben der diskreten Energie besitzt das Elektron einen diskreten Bahndrehimpuls, $L = \sqrt{l(l+1)}\hbar$, mit ganzzahligen Werten von l. Das dreidimensionale System lässt sich, wenn man sich auf die Zustände mit Drehimpuls null beschränkt, auf ein eindimensionales System reduzieren. Ein Elektron mit Drehimpuls null oszilliert radial und seine Aufenthaltswahrscheinlichkeitsdichte ist nur von einer Koordinate abhängig: dem Abstand r zum Kern. Der niedrigste Zustand entspricht auch beim Coulombpotential einer Wellenfunktion mit einer halben Wellenlänge, so wie es beim Kastenpotential und beim harmonischen Oszillatorpotential der Fall ist. Wenn wir uns die Aufenthaltswahrscheinlichkeitsdichten von Zuständen im Wasserstoff (Abb. 14.3) ansehen, fällt auf, dass diese den eindimensionalen zwar nicht gleich, aber sehr ähnlich sind.

Um die Aufenthaltswahrscheinlichkeitsdichten des Elektrons im Wasserstoffatom in verschiedenen Zuständen zu veranschaulichen, zeigen wir in Abb. 14.4 die Dichteverteilungen im Schnitt des Atoms.

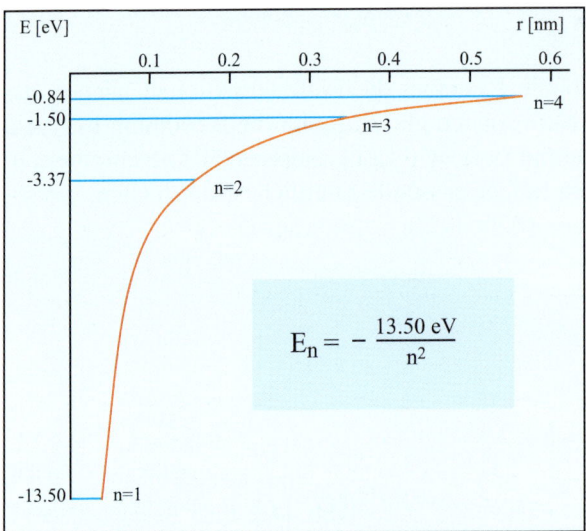

Abb. 14.3 Das Coulombpotential eines Protons, des Kerns eines Wasserstoffatoms. Im Gegensatz zu dem Kasten- und Oszillatorpotential öffnet sich das Coulombpotential mit zunehmendem r. Deswegen haben die angeregten Zustände nicht mehr zunehmende bzw. gleich große Energieabstände – im Gegenteil, die Abstände nehmen mit der Anregung ab.

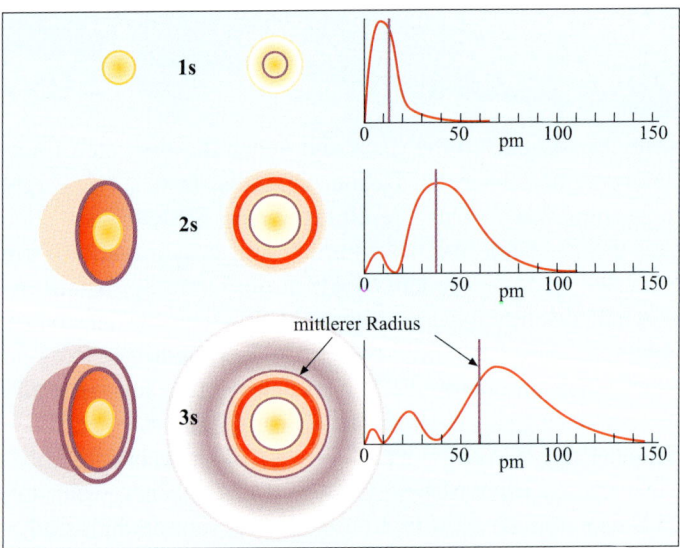

Abb. 14.4 Die Dichteverteilungen des Elektrons im Wasserstoffatom für die Zustände mit den Hauptquantenzahlen $n = 1, 2, 3$ und dem Drehimpuls $l = 0$. Für die Darstellung wählen wir den Schnitt durch die Atommitte. Je größer die Elektronendichte, desto dichter sind die Punkte im Bild aufgetragen.

14.2 Die vier Quantenzahlen des Wasserstoffatoms

Neben der Hauptquantenzahl n gibt es noch drei weitere Quantenzahlen, die den Drehimpuls des Elektrons im Wasserstoffatom spezifizieren. Die zweite Quantenzahl ist die Drehimpulsquantenzahl l und gibt die Größe des Bahndrehimpulses in Einheiten des Elementardrehimpulses $\hbar$ an. Ein Zustand der Hauptquantenzahl n kann n verschiedene Drehimpulsquantenzahlen annehmen ($l = 0, 1, \ldots, (n-1)$). Im Grundzustand hat das Elektron somit keinen Bahndrehimpuls, $l = 0$. Im ersten angeregten Zustand, $n = 2$, kann das Elektron in einem Zustand $l = 0$ oder $l = 1$ sein. Im Zustand $l = 1$ ist sein Bahndrehimpuls $\hbar$. Das Elektron hat eine Ladung, die Einheitsladung $-e$. Eine kreisende Ladung erzeugt ein magnetisches Moment. Das Bohrsche Magneton ist die Einheit des magnetischen Dipolmomentes. Es ist das magnetische Dipolmoment eines Teilchens, das die positive Elementarladung e und die Elektronenmasse m besitzt und sich auf einer Kreisbahn mit dem Drehmoment $\hbar$ bewegt:

$$\mu_B = \frac{e\hbar}{2m}. \qquad (14.2)$$

Die Formel (14.2) wollen wir nicht herleiten, aber zumindest plausibel machen. Den Drehimpuls gibt die mit ω rotierende Masse m und das magnetische Dipolmoment die mit ω rotiernde Ladung e an. Der Faktor e/m sorgt dafür, dass in dem Ausdruck für den Drehimpuls die Masse durch die Ladung ersetzt wird. Um den Faktor $1/2$ zu berechnen, müsste man die detaillierte Herleitung durchführen, worauf wir allerdings verzichten wollen.

Im Magnetfeld hat das magnetische Moment eine von seiner Ausrichtung abhängige Energie

$$E = -\vec{\mu} \cdot \vec{B} = -\mu \cdot B \cos(\theta). \qquad (14.3)$$

Das Minus in (14.3) bedeutet, dass die Orientierung, bei der Magnetfeld und magnetisches Dipolmoment in die gleiche Richtung zeigen, energetisch günstiger ist als die, bei der die beiden Größen entgegengerichtet sind. Der Winkel θ ist 0, wenn $\vec{\mu}$ und $\vec{B}$ parallel zueinander stehen und π, wenn sie antiparallel ausgerichtet sind.

Im Magnetfeld zeigt sich, dass das Elektron mit $l = 1$ drei Energiezustände annehmen kann. Den Zustand mit der Projektion des Bahndrehimpulses parallel zum Magnetfeld bezeichnen wir mit der magnetischen Quantenzahl $m_l = +1$, den mit der Projektion antiparallel mit $m_l = -1$ und den mit dem Bahndrehimpuls senkrecht zum Magnetfeld mit $m_l = 0$ (Abb. 14.5). Die magnetische Quantenzahl kann die Werte $m_l = -l, -l+1, \ldots, 0, \ldots, l$ annehmen.

Interessant ist, dass auch der Grundzustand des Wasserstoffatoms mit $l = 0$ im Magnetfeld in zwei Energiezustände aufspaltet. Der Grund für diese Aufspaltung ist das magnetische Moment des Elektrons. Das magnetische Moment des Elektrons ist die Folge seines Eigendrehimpulses, des Spins $s = \frac{1}{2}\hbar$. Das Elektron ist geladen und eine rotierende Ladung erzeugt ein magnetisches Moment. Dieser Zustand spaltet dann in zwei Zustände mit den magnetischen Quantenzahlen $m_s = \pm 1/2$ auf, deren Energie von der Einstellung des Spins abhängt. Der Energieunterschied zwischen diesen Zuständen lässt sich mit (14.3) berechnen (Abb. 14.5).

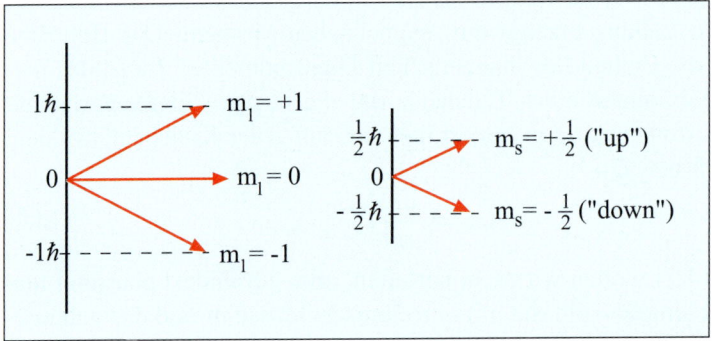

Abb. 14.5 Gezeigt sind die drei möglichen Einstellungen des Bahndrehimpulses relativ zum Magnetfeld sowie die zugehörigen magnetischen Quantenzahlen m_l für das Elektron mit $l = 1$ (*links*). Auch für $l = 0$ spaltet der Zustand aufgrund der zwei möglichen Einstellrichtungen des Spins in zwei Zustände mit dem Energieunterschied μB auf (*rechts*).

Im semiklassischen Modell des Atoms bewegt sich das Elektron auf einer klassischen Bahn, dem Orbit. In der Quantenmechanik wird der Orbit durch die Wellenfunktion und die Aufenthaltswahrscheinlichkeitsdichte ersetzt. Chemiker bezeichnen den durch die Unschärfe verschmierten Orbit als Orbital.

Um den Zustand des Wasserstoffatoms zu benennen, in dem sich das Elektron befindet, müssen somit vier Quantenzahlen angegeben werden: n, l, m_l und m_s. In Abb. 14.6 zeigen wir die Aufenthaltswahrscheinlichkeiten für die beiden Wasserstoffzustände $n = 2$ mit $l = 0$ bzw. $l = 1$. Die Aufenthaltswahrscheinlichkeiten für $m_s = +\frac{1}{2}$ und $m_s = -\frac{1}{2}$ sind gleich.

14.2 Die vier Quantenzahlen des Wasserstoffatoms

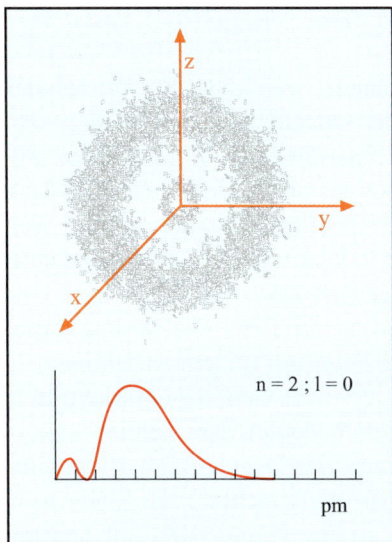

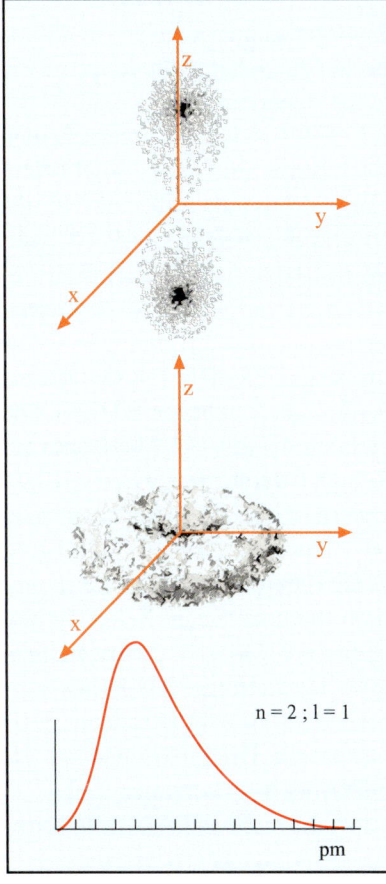

Abb. 14.6 Die Darstellung soll einen dreidimensionalen Eindruck der Dichteverteilung des Elektrons im Wasserstoffatom vermitteln. Bei den Wahrscheinlichkeitsdichten handelt es sich um die Wahrscheinlichkeit der Elektronenposition. Die Regionen hoher Dichte kennzeichnen die Bereiche, in denen die Wahrscheinlichkeit, das Elektron anzutreffen, am größten ist.
Bild oben: Dichteverteilung des Elektrons im Wasserstoffatom für den Zustand mit $n = 2$ und $l = 0$. Die Verteilung ist kugelsymmetrisch, d.h. die Wahrscheinlichkeit dafür, dass sich das Elektron an einem bestimmten Ort aufhält, hängt allein vom radialen Abstand zum Kern ab.
Bild unten: Dichteverteilung des Elektrons im Wasserstoffatom für die Zustände mit Hauptquantenzahl $n = 2$ und Drehimpuls $l = 1$. Die beiden Zustände mit $m_l = +1$ und $m_l = -1$ (unten im Bild) weisen eine einem Donut ähnliche Dichteverteilung auf. Sie unterscheiden sich lediglich in ihrem Drehsinn – beim einen dreht sich das Elektron rechts herum, beim anderen links herum. Der Zustand mit $m_l = 0$ (oben im Bild zu sehen) entspricht einem Elektron, das sich um eine Achse dreht, die senkrecht auf der z-Achse steht. Diese Rotationsachse rotiert ihrerseits um die z-Achse. Der wahrscheinlichste Aufenthaltsort des Elektrons befindet sich auf zwei Seiten des Kerns. Alle drei Zustände haben identische radiale Dichteverteilungen!

14.3 Periodensystem der Elemente

Anfang der 20er Jahre des letzten Jahrhunderts umfasste die Atomphysik viele Mysterien, die vor der Einführung der Quantenmechanik nicht erklärt werden konnten. Eines von ihnen war die Tatsache, dass es nur diskrete Zustände gibt. Dieses Mysterium ist für uns keines mehr; wir haben es schließlich bereits in Kapitel 13 mit dem experimentellen Hinweis auf den Wellencharakter des Elektrons gelöst. Es gab jedoch eine weitere fundamental wichtige Frage, die die Physiker der damaligen Zeit bewegte: Warum sind nie mehrere Elektronen im selben Zustand anzutreffen? Die Lösung dieses Rätsels wurde im Jahr 1924 von *Wolfgang Pauli* mit seinem Auschlussprinzip geliefert. Dieses Prinzip besagt, dass sich nicht mehr als ein Elektron in einem Zustand befinden kann. Das wiederum bedeutet, dass sich jedes Elektron eines Atoms in mindestens einer seiner vier Quantenzahlen von allen anderen unterscheiden muss. Das Pauli-Prinzip gilt nicht nur für Elektronen, sondern für alle Teilchen mit Spin $s = \frac{1}{2}$. Die Familie der Teilchen mit $s = \frac{1}{2}$ nennt man Fermionen.

Als nächstes wollen wir die Elektronenkonfigurationen schwererer Atome diskutieren. Das Heliumatom beispielsweise hat einen Kern mit der positiven Ladung $2e^+$, $Z = 2$. Das neutrale Helium hat daher eine Elektronhülle mit zwei Elektronen. Beide Elektronen sind im $l = 0$-Zustand, sie unterscheiden sich nur in ihrer Spinorientierung. Die beiden Spins sind antiparallel orientiert und addieren sich vektoriell zum Gesamtdrehimpuls null. Die Summe aus den Bahndrehimpulsen der Elektronen und den beiden Spins ist Null! Da auch der Heliumkern Spin null hat, ist das Heliumatom chemisch das inerteste aller Atome – dies bedeutet, dass es nur unter extremen Bedingungen chemisch mit anderen Substanzen reagiert und diese Bindungen sofort nach der Bildung wieder zerfallen. Helium ist das Element mit der höchsten chemischen Reaktionsträgheit und außerdem das leichteste Edelgas. Die Elektronenkonfiguration des Heliums bezeichnen wir mit $1s^2$. Die 1 steht für die Hauptquantenzahl $n = 1$, s für $l = 0$ und 2 dafür, dass es zwei Elektronen im s-Zustand gibt. Höhere Orbitale werden mit den Buchstaben p, d und f bezeichnet und stehen für $l = 1$, $l = 2$ bzw. $l = 3$.

Mit zunehmender Kernladung schrumpft die Elektronwolke der $1s^2$-Schale. Die hinzukommenden Elektronen nehmen die noch freien Zustände ein, die den Wasserstoffzuständen mit der Haupquantenzahl $n = 2$ entsprechen. Dies geschieht allerdings in einer festgelegten Reihenfolge: Als Erstes werden die $2s$-Zustände mit zwei Elektronen besetzt, da sie energetisch am tiefsten liegen. Dann werden die $2p$-Zustände aufgefüllt. Die Elektronen der $2s$- und $2p$-Schalen bewegen sich nicht in einem reinen $1/r$-Potential. Teilweise dringen sie in die $1s$-Hülle und bekommen dort die nicht abgeschirmte Kern-

14.3 Periodensystem der Elemente

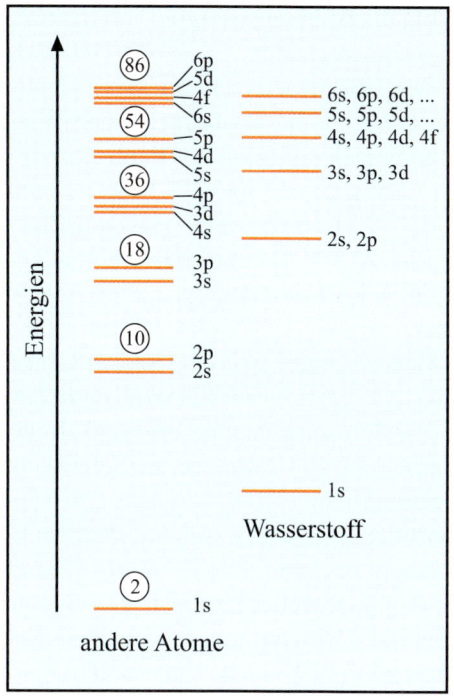

Abb. 14.7 Beim Wasserstoffatom (*rechts* im Bild) haben die Zustände einer Hauptquantenzahl n mit verschiedenen Bahndrehimpulsen ($s, p, d, \ldots$) abgesehen von kleinen Unterschieden gleiche Energien. Die feinen Energieunterschiede resultieren aus der sogenannten Spin-Bahn-Kopplung, die sich in der Feinstrukturaufspaltung bemerkbar macht. Diese Aufspaltung ist jedoch sehr gering und wir wollen hier nicht auf sie eingehen. Die Tatsache, dass die Energien für verschiedene Bahndrehimpulse praktisch gleich sind, ist nicht überraschend. Am Beispiel des Sonnensystems (Abschnitt 5.2, Abb. 5.3) haben wir gesehen, dass die Planeten auf Kreis- und Ellipsenbahnen mit gleichem mittleren Abstand von der Sonne die gleiche Energie haben. Dies gilt für die Bewegungen in einem reinen $1/r$ Potential. Was für die klassischen Bahnen gilt, gilt auch für quantenmechanische Orbitale. Die Situation ändert sich allerdings, wenn die Kernladung von Elektronen der inneren Schalen abgeschirmt wird (*links* im Bild). Die Zustände mit $l = 0$ haben eine große Wahrscheinlichkeitsdichte in Kernnähe. In etwas kleinerem Maße ist dies auch der Fall für die $l = 1$-Zustände. Die Energien der Elektronen sind abhängig von der im Kern vorhandenen positiven Ladung, diese ist bei schweren Atomen viel größer als beim Wasserstoffatom. Daher liegen die s- und p-Zustände bei schweren Atomen tiefer als die entsprechenden Zustände des Wasserstoffatoms. Die Energieverschiebung der d- und f-Zustände ist geringer, da ein guter Teil der Kernladung schwerer Atome von den Atomen der weiter innen liegenden Schalen abgeschirmt wird. Das Resultat ist die Bündelung der Zustände zu Energieschalen in schweren Atomen, wie links im Bild gezeigt ist. Die Atomzahl Z ist für jede abgeschlossene Schale angegeben.

ladung zu spüren. Aus diesem Grund sind die Bindungsenergien von Elektronen in schweren Atomen größer als die entsprechender Elektronen im Wasserstoffatom. Die s-Zustände liegen energetisch tiefer als die p-Zustände, weil ihre Aufenthaltswahrscheinlichkeit in der Nähe des Kerns größer ist als die der p-Zustände. In die $2p$-Zustände passen aufgrund des Pauli-Prinzips sechs Elektronen, die sich in die drei Orbitale mit ($m_l = -1, 0, +1$) mit jeweils zwei Spinorientierungen ($m_s = -\frac{1}{2}, +\frac{1}{2}$) verteilen. Mit zwei Elektronen im $1s$-Orbital, zwei Elektronen im $2s$-Orbital und sechs in den $2p$-Orbitalen erreichen wir die Konfiguration des nächsten Edelgases, dem Neon ($1s^2, 2s^2, 2p^6$).

Die dritte Schale besteht wieder nur aus $3s$- und $3p$-Orbitalen. Der Grund hierfür ist, dass diese beiden Orbitale energetisch so weit von dem $3d$-Orbital separiert sind, dass sie eine von ihm unabhängige energetisch abgeschlossene Schale bilden. Die Gruppierung der Zustände zu Schalen in schweren Atomen wird in Abb. 14.7 verdeutlicht.

Die Anordnung der Elemente im Periodensystem lässt sich mit ihrer Elektronenkonfiguration (Abb. 14.8) vollständig erklären. Die Elemente sind in insgesamt 18 Gruppen angeordnet, die den Spalten des Periodensystems entsprechen. Eine Gruppe umfasst jeweils die Elemente mit der gleichen Außenelektronenkonfiguration. Mit Außenelektronen (auch: *Valenzelektronen*) sind hierbei die Elektronen gemeint, die in den äußersten Orbitalen zu finden sind. Sie bestimmen die chemischen Eigenschaften der Elemente. Man unterscheidet zwischen Haupt- und Nebengruppen. Die Hauptgruppen zeichnen sich dadurch aus, dass in ihrer äußersten Schale nur s- und p-Elektronen zu finden sind. Die Elemente der Nebengruppen (auch: *Übergangselemente*) hingegen weisen auch d-Valenzelektronen auf. Die Ordnungszahlen der Elemente nehmen innerhalb einer Gruppe von oben nach unten zu und die Energie, die nötig ist, um ein Elektron aus der äußersten Hülle zu entfernen, nimmt von oben nach unten ab.

Alle Elemente, deren Außenelektronen sich in der gleichen Schale befinden, werden horizontal zu einer Periode zusammengefasst. Das Periodensystem enthält 7 Perioden. Die Ordnungszahlen wie auch die Ionisierungsenergien nehmen innerhalb einer Periode von links nach rechts zu. In die erste Schale passen aufgrund des Pauli-Prinzips zwei Elektronen. Zur ersten Periode gehören folglich die Elemente mit $Z \leq 2$ (Wasserstoff und Helium), da alle Elektronen Platz in der ersten Schale finden. Das nächste Element verfügt bereits über drei Elektronen, so dass eines einen Zustand der nächsten Schale besetzen muss. Diese zweite Schale bietet Platz für acht Elektronen – die Periode besteht folglich aus den Elementen mit den Ordnungszahlen $3 \leq Z \leq 10$. Auf diese Weise lassen sich alle Perioden erklären.

Bei der Gruppe, die sich am rechten Rand des Periodensystems befindet, handelt es sich um die Edelgase. Diese Elemente bilden jeweils den Ab-

14.3 Periodensystem der Elemente

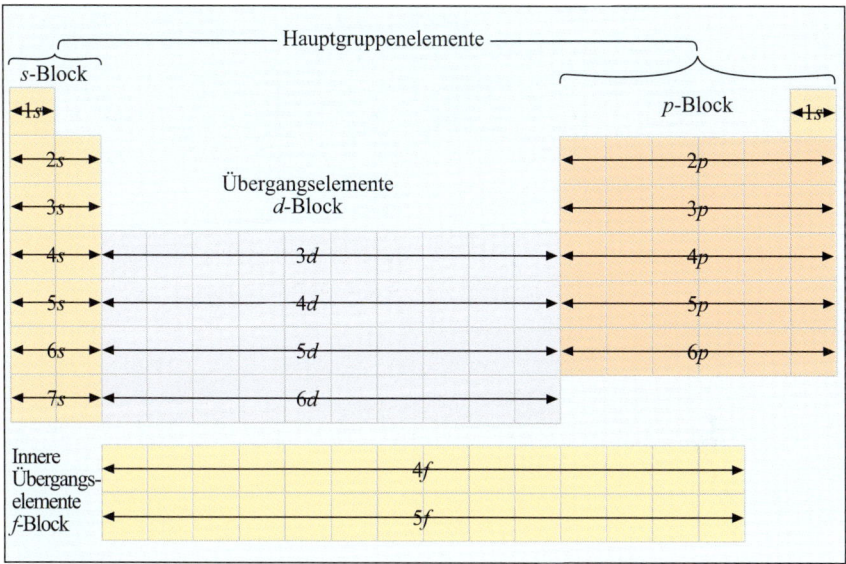

Abb. 14.8 Das Periodensystem der Elemente besteht aus 18 Gruppen (Spalten) und 7 Perioden (Zeilen). Eine Gruppe umfasst jeweils die Elemente mit der gleichen Außenelektronenkonfiguration. Die Elemente einer Gruppe haben also jeweils die gleiche Anzahl von Elektronen in der letzten angefangenen Schale und weisen daher auch ähnliche chemische Eigenschaften auf. Eine Periode beinhaltet alle Elemente, deren Außenelektronen sich in der gleichen Schale befinden.
Man unterscheidet zwischen Haupt- und Nebengruppen. Die acht Hauptgruppen (die beiden Gruppen am linken und die sechs Gruppen am rechten Rand des Periodensystems) zeichnen sich dadurch aus, dass es sich bei den Valenzelektronen ausschließlich um s- und p-Elektronen handelt. Diese Elemente fasst man daher auch zum s- bzw. p-Block zusammen. Im Gegensatz dazu weisen Nebengruppenelemente (*auch: Übergangselemente*) auch Valenzelektronen auf, die zu d-Orbitalen gehören (d-Block). Die sogenannten inneren Übergangselemente verfügen sogar über f-Valenzelektronen (f-Block).

schluss einer Periode, ihre äußersten Schalen sind somit vollständig gefüllt. Dies führt dazu, dass die Edelgase allgemein reaktionsträge sind; sie wollen weder Elektronen abgeben noch aufnehmen. Gruppen mit hoher Reaktionsfähigkeit sind dagegen die Alkalimetalle (1. Gruppe des Periodensystems) und die Halogene (17. Gruppe). Die Alkalimetalle neigen dazu, ein Elektron abzugeben, da sich in der äußersten Schale nur ein Elektron aufhält und mit Abgabe dieses Elektrons die Edelgaskonfiguration zu erreichen wäre. Den Halogenen hingegen fehlt nur ein Elektron für den Abschluss einer Schale – sie streben danach, sich dieses Elektron von einem Reaktionspartner zu holen.

Kapitel 15
Moleküle

Die Elektronenhüllen der Edelgase sind räumlich sehr kompakt und energetisch stark an den Kern gebunden. Edelgase verflüssigen sich erst bei tiefen Temperaturen, was bedeutet, dass sie nur sehr schwach miteinander wechselwirken. Xe ist das einzige Edelgas, das man unter bestimmten Bedingungen in Verbindungen mit Fremdatomen zwingen kann. Alle anderen Atome sind im atomaren Zustand nicht stabil und bilden bei der Wechselwirkung mit anderen Atomen Molekülverbände. Die Vielfalt der atomaren Verbindungen ist immens. Wir wollen im Folgenden die physikalischen Bindungseigenschaften veranschaulichen und unterteilen die Bindungen zu diesem Zweck in drei Kategorien: die starke chemische Bindung, die Wasserstoffbrückenbindung und die Van-der-Waals-Bindung.

15.1 Starke chemische Bindung

Die Essenz der starken chemischen Bindung besteht darin, dass sich die Leuchtelektronen im molekularen, kristallinen oder polymorphen Verbund der Atome so umverteilen, dass einzelne Atome eine dem im Periodensystem der Elemente am nächsten stehenden Edelgasatom ähnliche Elektronenkonfiguration bekommen. Hierfür wollen wir zwei Beispiele betrachten: die Bindung des Wasserstoffmoleküls und die Bindung des NaCl-Kristalls.

15.1.1 Kovalente Bindung

Bei der kovalenten Bindung teilen sich die beiden Bindungspartner ein oder mehrere Elektronenpaare und erreichen damit die Edelgaskonfiguration, bei der abgeschlossene Elektronenschalen entstehen. Das Wasserstoffmolekül ist das schönste Beispiel für eine kovalente Bindung. Abb. 15.1 zeigt den

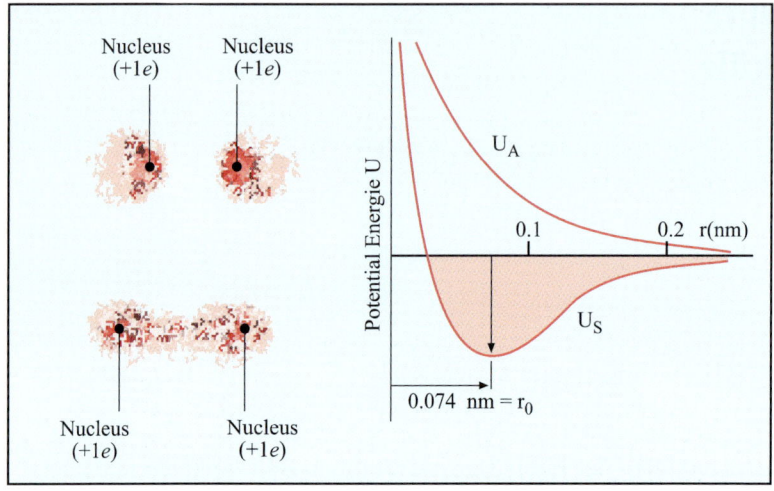

Abb. 15.1 Der mittlere Abstand zwischen den Protonen im Wasserstoffmolekül beträgt 0,074 nm. Wir sprechen an dieser Stelle explizit vom mittleren Abstand um zu betonen, dass die beiden Protonen auch im Grundzustand stark lokalisiert sind, aber um den mittleren Abstand oszillieren. Zwischen den beiden Protonen addieren sich die Wahrscheinlichkeitsamplituden der beiden Elektronen kohärent und die dadurch entstandene Elektronendichte kompensiert die Coulombabstoßung zwischen den Protonen. Außerhalb des Radius von $\approx 0{,}04$ nm (dieser Radius wird von dem Molekülschwerpunkt aus gemessen) ist die Wasserstoffmolekülwellenfunktion sehr ähnlich der des Heliumatoms. Die beiden Elektronen haben, so wie im Heliumatom, entgegengesetzte Spins. Die starke Bindung des Wasserstoffmoleküls ist die Folge der Coulombanziehung der beiden Elektronen an die beiden Protonen.

Verlauf des Potentials zwischen den beiden Wasserstoffatomen. Nach dem gleichen Muster der symmetrischen Verteilung der Elektronen an die Atome werden die Moleküle N_2, O_2 sowie Kristalle mit kovalenter Bindung wie Diamant und Graphit gebildet.

Die kovalente Bindung ist die dominante Bindung zwischen Atomen verschiedener Art. Im Gegensatz zu der Elektronenverteilung bei Molekülen, die aus zwei gleichen Atomen bestehen, ist die Elektronenverteilung in diesem Fall allerdings nicht mehr symmetrisch.

15.1.2 Metallische Bindung

Bei der metallischen Bindung geben alle beteiligten Atome ihre Außenelektronen ab und bilden ein Metallgitter aus den positiven Atomrümpfen, in dem sich die abgegebenen Elektronen frei bewegen können. Jedes Atom trägt mit einem oder zwei Elektronen zu der Bindung bei. Man kann die metallische Bindung daher auch als eine nicht lokalisierte kovalente Bindung betrachten, bei der die gleichmäßig verteilten Elektronen die positiven Ionen des Gitters zusammenhalten. Sie ist etwas schwächer als die kovalente und die ionische Bindung. Reine metallische Kristalle sind weicher als die Kristalle der kovalenten oder ionischen Bindung.

15.1.3 Ionische Bindung

Eine fast reine ionische Bindung kommt zwischen einem alkalischen und einem halogenen Atom zustande. Als Beispiel betrachten wir das NaCl-Molekül. In Abb. 15.2 sind die wesentlichen charakteristischen Daten des gebundenen NaCl-Moleküls angegeben. Da wir den Abstand $a = 0{,}236$ nm zwischen den beiden Ionen aus anderen Messungen gut kennen, können wir mit der Annahme, dass zwischen den beiden Ionen die reine Coulombkraft herrscht, die Coulombenergie ausrechnen:

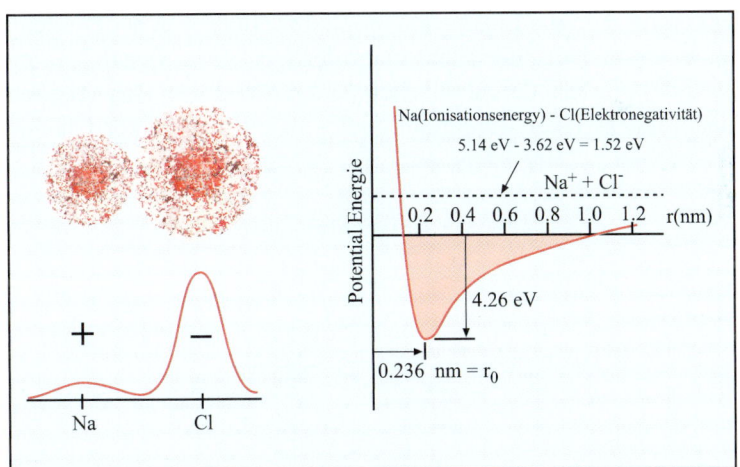

Abb. 15.2 Das NaCl-Molekül besteht aus coulombgebundenen Na^+- und Cl^--Ionen. Zunächst müssen aus den neutralen Na- und Cl-Atomen die Ionen hergestellt werden. Um aus dem Natriumatom Na^+ herzustellen, wird eine Energie von 5,14 eV benötigt. Aus dem großen Natriumatom wird dann ein kleines Na^+-Ion mit dem ungefähren Radius von Neon. Das durch Ionisierung gewonnene Elektron legen wir an das Chloratom, wobei wir 3,62 eV gewinnen. Aus dem kleinen Chloratom wird so ein großes Cl^- mit einer argonähnlichen Konfiguration. Das bedeutet, dass wir insgesamt 1,54 eV brauchen, aus den neutralen Atomen die beiden Ionen herzustellen. Der große Gewinn, der für die Bindung verantwortlich ist, resultiert aus der Coulombenergie zwischen den beiden Ionen.

$$E_C = -\frac{e^2}{4\pi\varepsilon_0 a} = -\frac{1{,}44\,\text{eV\,nm}}{0{,}236\,\text{nm}} = -6{,}10\,\text{eV}\,. \tag{15.1}$$

Um die Bindungsenergie E_b anzugeben, müssen wir die Energie abziehen, die wir für die Ionisierung aufgewendet haben $E_b = E_C - 1{,}54$ eV. Die tatsächlich gemessene Bindungsenergie ist jedoch um 0,32 eV kleiner. Dies lässt sich dadurch erklären, dass die beiden Ionen teilweise überlappen und die Abstoßung zwischen den Elektronen die Coulombanziehung reduziert.

Kovalente und ionische Bindungen sind in etwa gleich stark, die Größenordnung der Bindungsenergien beträgt in beiden Fällen ungefähr 4 eV.

15.1.4 Geometrie der Moleküle

Isolierte Atome sind kugelsymmetrisch – nicht nur die $l = 0$ Zustände, sondern auch die Zustände mit höheren Drehimpulsquantenzahlen. Das liegt daran, dass in Abwesenheit äußerlicher elektrischer und magnetischer Felder alle Zustände mit verschiedenen magnetischen Quantenzahlen m_l gleich wahrscheinlich sind. Dies ändert sich, wenn das Atom mit anderen Atomen in Berührung kommt. Um die Elektronen möglichst effektiv an der Bindung zu beteiligen, ist es günstig, die Elektronen der $l = 0$ (s-Zustände) und $l = 1$ (p-Zustände) miteinander zu mischen (siehe Abb. 15.3). Das Mischen von Zuständen verschiedener Bahndrehimpulse nennt man in der Chemie

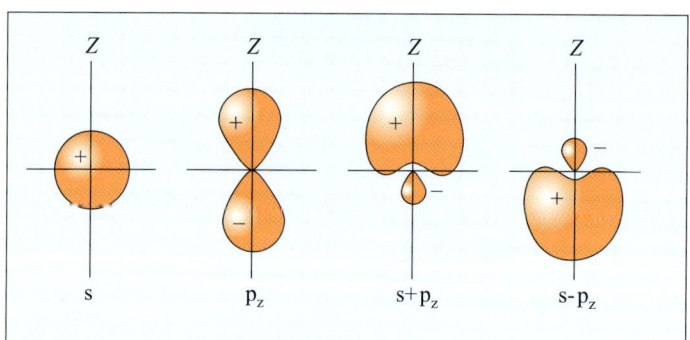

Abb. 15.3 Die s- und p-Zustände in den Atomen der zweiten Reihe sind zwar energetisch getrennt, liegen jedoch so nahe zusammen, dass sie sich unter dem Einfluss der Wechselwirkung mit anderen Atomen mischen. Dabei wird die Elektronenwolke räumlich so verschoben, dass sie einen möglicht großen Überlapp mit dem benachbarten Atom hat. Die Mischung eines s-Zustands mit nur einem magnetischen Unterzustand der p-Schale bezeichnet man als sp^1-Hybrid. Diese Konfiguration ist verantwortlich für den eindimensionalen Aufbau der Kohlenstoffverbindungen, z.B. O=C=O.

15.1 Starke chemische Bindung

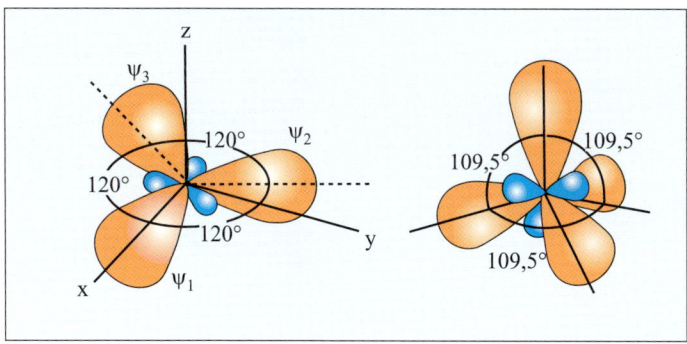

Abb. 15.4 Das Kohlenstoffatom zeichnet sich durch die große Vielfalt seiner chemischen Verbindungen aus. Dies ist die Folge der drei Hybridformen. Das Kohlenstoffatom in sp^1 bildet lineare Moleküle wie CO_2. Wenn sich zwei p-Zustände mit dem s-Zustand mischen, bekommt man eine zweidimensionale Struktur, die für den laminierten Aufbau des Graphit verantwortlich ist. Die dreidimensionalen Strukturen sind aus der sp^3-Form aufgebaut. Dazu gehört Diamant, aber vor allem die Gruppe der organischen Verbindungen. Amorpher Kohlenstoff ist durch sp^2- und sp^3-hybridisierte Kohlenstoffatome gebunden.

Hybridisierung. Die starke Bindung des Kohlenstoffdioxids ist die Folge des großen Überlapps von Elektronen des Kohlenstoffatoms in sp^1-Form gebunden an die zwei Sauerstoffatome: O=C=O. Der große Reichtum der Kohlenstoffverbindungen ist eine Folge der Hybridisierung von zwei und drei Elektronen in die sp^2- und sp^3-Hybridform (Abb. 15.4).

In diesem Kapitel wollen wir nur noch die Struktur des Wassermoleküls erwähnen. Dem Sauerstoff fehlen zwei Elektronen zum Abschluss der Elektronenschale. Die fehlenden Elektronen stellen zwei Wasserstoffatome zur Verfügung, die sich ihre Elektronen mit dem Sauerstoff teilen. Die energetisch günstigste Konfiguration kommt zustande, wenn zwei Elektronen der Sauerstoff-p-Schale unter 90° mit zwei Elektronen der s-Schalen der Wasserstoffatome eine kovalente Bindung eingehen. Die kovalente Bindung ist jedoch eine Bindung zwischen ungleichen Partnern. Die Ladung des Sauerstoffkerns ist $+8e$, die der Wasserstoffatome $+e$. Die an der Bindung beteiligten Elektronen werden daher stärker vom Sauerstoff angezogen als von den Wasserstoffatomen. Das Sauerstoffatom wird somit leicht negativ, die beiden Wasserstoffatome hingegen leicht positiv. Das Wassermolekül erhält hierdurch ein elektrisches Dipomoment. Die beiden leicht positiv geladenen Wasserstoffatome stoßen sich ab und der Bindungswinkel zwischen den Wasserstoffatomen vergrößert sich dadurch auf 104,5° (Abb. 15.5). Das resultierende Dipolmoment des Wassermoleküls beträgt $6,2 \cdot 10^{-30}$ mC (Meter × Coulomb). Diese Zahl sagt zunächst einmal nichts! Wenn wir sie aber

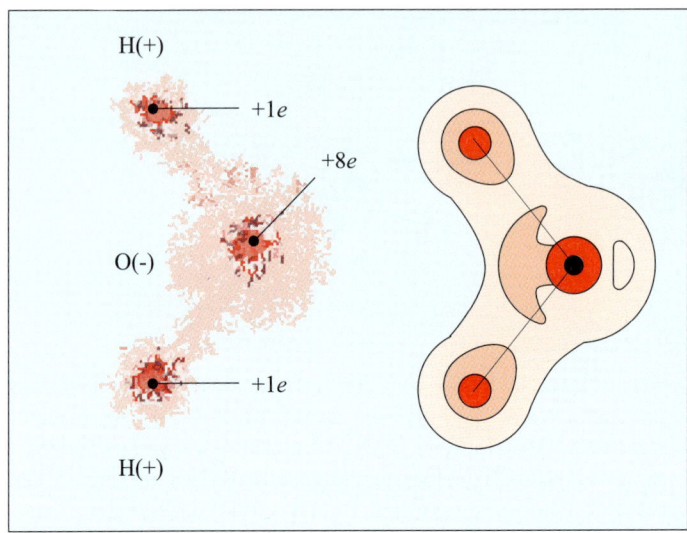

Abb. 15.5 Das Wassermolekül: Zwei Elektronen der Sauerstoff p-Schale und die s-Schalen Elektronen der Wasserstoffatome bilden eine kovalente Bindung. Der Winkel, den die Sauerstoff-Wasserstoff-Verbindung einschließt, beträgt 104,5°. Bei der Bindung geben die Wasserstoffatome jeweils ≈ 13 % ihrer Ladung an den schwereren Partner ab. Das Wassermolekül erhält hierdurch ein elektrisches Dipolmoment von 0,033 nm · e.

mit der Elementarladung e und in der für die Abstände in Molekülen typische Größe 0,1 nm angeben, bekommt sie eine Bedeutung: Das Dipolmoment des Wassermoleküls ist 0,033 nm · e (Nanometer × Elementarladung). Wenn wir weiterhin für den Abstand zwischen dem Sauerstoff und dem Schwerpunkt der Wasserstoffatome 0,1 nm annehmen, so bekommt der Sauerstoff von jedem Wasserstoffatom 16 % seiner Ladung, also insgesamt 33 %.

15.2 Wasserstoffbrückenbindung

Zwei funktionelle Gruppen können über Wasserstoffatome in Wechselwirkung treten und Wasserstoffbrückenbindungen ausbilden. Diese Bindung kann sowohl zwischen zwei verschiedenen Molekülen als auch zwischen zwei getrennten Abschnitten eines Moleküls auftreten. Die Wasserstoffbrückenbindung ist in etwa einen Faktor 10 schwächer als die kovalente und die ionische Bindung. Wir werden sie anhand von zwei Beispielen erklären: den Eigenschaften von Wasser und der Bindung der DNA-Stränge.

Die Eigenschaften von Wasser werden im Vergleich mit denen anderer Flüssigkeiten manchmal als anomal bezeichnet. Diese Anomalie lässt sich

15.2 Wasserstoffbrückenbindung

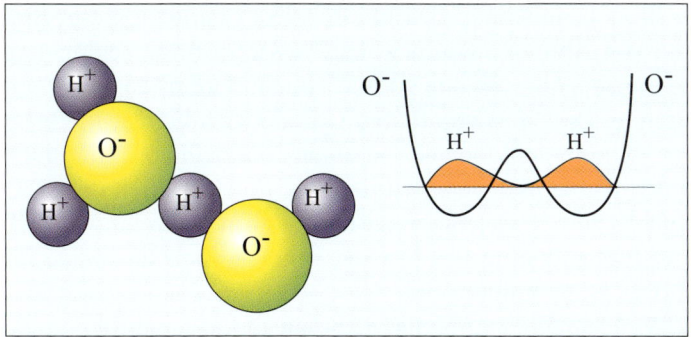

Abb. 15.6 Die Wassermoleküle sind elektrische Dipole mit einem leicht negativen Sauerstoffatom und zwei leicht positiven Wasserstoffatomen. Die Wasserstoffatome eines Moleküls werden von den benachbarten Sauerstoffatomen angezogen. Das Wasserstoffatom im Grundzustand eines isolierten Wassermoleküls oszilliert in einem harmonischen Potential. Dieses Potential resultiert zum einen aus der Anziehung durch die Umverteilung der Valenzelektronen und zum anderen aus der Abstoßung derselben bei starkem Überlapp der Atome. Das sich zwischen zwei Sauerstoffatomen befindende Wasserstoffatom erfährt demnach durch beide Nachbarn sowohl eine Anziehung als auch eine Abstoßung. Das daraus entstehende Potential hat zwei Minima (*rechts*). Das Proton tunnelt zwischen beiden Minima hin und her und seine Bindungsenergie wird größer als die im freien Wassermolekül.

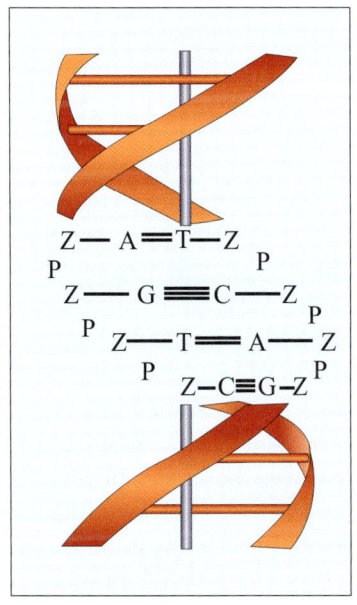

Abb. 15.7 Kurzer Abschnitt einer Doppelhelix. Die beiden Stränge sind durch die Wasserstoffbrückenbindung miteinander verbunden. Die Bindung bildet sich zwischen Basenpaaren: Adenin-Thymin und Guanin-Cytosin. Die Buchstaben Z und P beziehen sich auf Zucker bzw. Phosphorsäure. Die Wasserstoffbrückenbindung ist ideal dazu geeignet, die biologische Funktion der Zellteilung zu übernehmen. Sie ist bei Zimmertemperatur stabil, andererseits wegen ihrer schwachen Bindung chemisch sehr leicht zu trennen.

auf die Wasserstoffbrückenbindung zurückführen. Der Charakter dieser Bindung wird anhand von Abb. 15.6 deutlich. Die Wasserstoffbrückenbindung kommt durch die gleichzeitige Bindung des Wasserstoffatoms an zwei Sauerstoffatome zustande. Das Wasserstoffatom befindet sich hierbei in einem Potential mit zwei Minima und tunnelt von einem zum anderen Minimum. Die Polarisation des Wassermoleküls bestimmt die Eigenschaften des Wassers wie z.B. Schmelz- und Siedetemperatur und ist nicht nur verantwortlich für die große spezifische Wärme von Wasser, sondern auch für einige für Biosysteme lebenswichtige Funktionen.

Die Wasserstoffbrückenbindung bindet nicht nur die Sauerstoffatome im Eiskristall (Kapitel 16), sondern wirkt auch zwischen Stickstoff-Stickstoff und Stickstoff-Sauerstoff. Der bekannteste Fall ist die Bindung zwischen den Doppelhelixsträngen (Abb. 15.7) der DNA.

15.3 Van-der-Waals-Bindung

Die Van-der-Waals-Bindung (VdW) basiert auf der Anziehung von induzierten Dipolen in unpolaren Molekülen. Auch in ihnen finden ständig zufällige Ladungsverschiebungen von kurzer Dauer statt. So kann aus einem unpolaren Molekül für einen kurzen Moment ein schwach polares Molekül werden. Das so polarisierte Molekül kann dann seinerseits Dipolmomente in Nachbarmolekülen induzieren. Diese beiden Dipole richten sich so zueinander aus, dass sie sich gegenseitig anziehen. Die Van-der-Waals-Bindung ist wieder einen Faktor 10 schwächer als die Wasserstoffbrückenbindung.

Wir können die VdW anhand der Eigenschaften von Edelgasen demonstrieren. Die Edelgase können ihre Elektronen weder mit anderen Atomen teilen noch an sie abgeben. Trotzdem gibt es eine Wechselwirkung zwischen den Edelgasatomen. Das Heliumgas verflüssigt sich erst bei 4,2 K, was auf eine sehr schwache Wechselwirkung hindeutet. Da die mittlere kinetische Energie von Atomen bei 1 eV einer Temperatur von 11604 K entspricht, haben die Atome bei 4 K eine mittlere kinetische Energie von 0,35 meV.

Es gibt elegante theoretische Behandlungen der VdW-Wechselwirkung. Wir werden hier allerdings nur eine plausible Beschreibung des Effekts geben. Das Heliumatom ist elektrisch neutral; die positive Kernladung wird durch schnell oszillierende Elektronen kompensiert. Wenn man das Atom jedoch in Zeitlupe betrachtet (Abb. 15.8), dann erkennt man, dass die Kernladung zeitlich nicht vollständig kompensiert ist. Aus dieser Perspektive ist das Heliumatom ein schnell oszillierender elektrischer Dipol. Die Stärke der VdW-Bindung hängt von mehreren Parametern ab. Im kleinen Heliumatom ist der Kern gut abgeschirmt und die zeitlichen Verschiebungen des Schwerpunktes der Elektronenwolke sind selten und von kurzer Dauer. Die Siede-

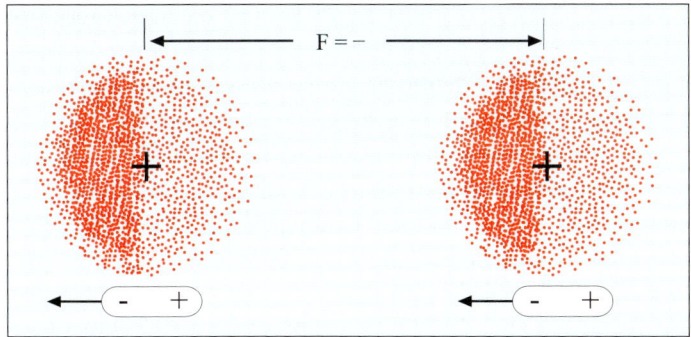

Abb. 15.8 Die schnell oszillierenden Elektronen des Heliumatoms führen kurzfristig zu einer Verschiebung des Schwerpunktes der Elektronenwolke. Dadurch entsteht ein momentanes elektrisches Dipolmoment. Dieses momentane Dipolmoment polarisiert ein benachbartes Atom, indem es einen Teil der Elektronenwolke nach links zieht, wodurch ein induzierter Dipol erzeugt wird.

temperatur ist ein gutes Maß für die Stärke der VdW-Wechselwirkung. Für das Helium beträgt die Siedetemperatur 4,2 K. Das Wasserstoffmolekül hat außerhalb des Radius von 0,04 nm die gleiche Elektronenwolke wie das Heliumatom. Seine Siedetemperatur beträgt 20,4 K und ist damit niedriger als die von Edelgasen mit Ausnahme von Helium. Bei schwereren Edelgasen ist die abschließende Elektronschale größer, die Elektronen bewegen sich langsamer als im Heliumatom und der momentane Dipol ist von längerer Dauer. Die Siedetemperaturen steigen mit der Atomzahl des Gases: Ne 27,1 K, Ar 87,3 K, Kr 119,8 K, Xe 165,0 K. Die Siedetemperatur von Stickstoff ist 77 K, von Sauerstoff 90 K, die Stärke der VdW-Wechselwirkung entspricht der von Argon.

15.4 Bindungscocktails[1]

Einige Kristalle, insbesondere aber die biologischen Makromoleküle werden von mehreren Bindungsarten zusammengehalten.

15.4.1 Graphit

Graphitkristalle sind aus Lamellen von Kohlenstoffatomen in für zweidimensionale Strukturen geeigneter sp^2-Hybridform aufgebaut. Die Lamel-

---
[1] Dieser Abschnitt wurde gemeinsam mit Samo Fišinger erstellt.

len werden untereinander durch Van-der-Waals-Kräfte zusammengehalten (Abb. 15.9).

Einzelne Lamellen können mechanisch aus dem Graphit getrennt werden. Diese zweidimensionalen Kristalle werden Graphen genannt. Sie zeigen viele interessante mechanische und elektrische Eigenschaften. Sie sind mechanisch sehr fest und haben große elektrische und Wärmeleitfähigkeit. Für die Entdeckung des Graphens und der Untersuchung seiner physikalischen Eigenschaften haben *Andre Geim* und *Konstantin Novoselov* 2010 den Nobelpreis für Physik bekommen.

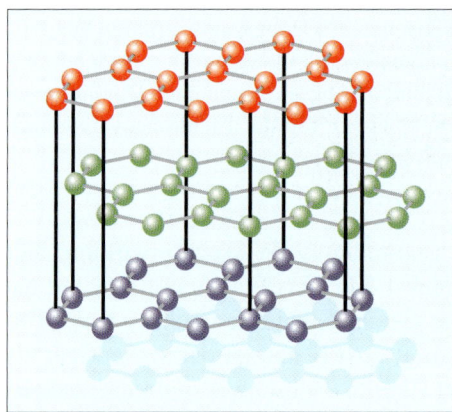

Abb. 15.9 Der Graphitkristall ist in Lamellen aufgebaut. In der Lamelle binden sich Kohlenstoffatome in sp^2-Hybridform mit kovalenter Bindung. Zwischen den Lamellen wirkt die schwache Van-der-Waals-Kraft. Der Graphitkristall ist relativ weich, da man ihn entlang der Lamellen aufgrund der schwachen VdW-Kräfte leicht verschieben kann. Wegen dieser Eigenschaft stellt der Graphit ein geeignetes, sehr beständiges Schmiermittel dar.

15.4.2 Faltung

Die biologischen Moleküle sind Paradebeispiele wie die Natur Bindungscocktails mischt um ihr Ziel zu erreichen. Das zeigen wir am Beispiel eines Enzyms in Abb. 15.10.

Die Funktion eines Proteins hängt von mehreren Faktoren ab:

1) Der Reihenfolge der Aminosäuren im Protein. Diese Reihenfolge ist direkt übersetztes genetisches Material. Unter anderem definieren solche Reihenfolgen unsere eigene Identität und Individualität, weil sie bei jedem Individuum ein bisschen anders ausfallen. Die Aminosäuren werden dann durch die kovalente Bindung, auch Peptidbindung genannt, in eine Sequenz aufgereiht. Diese Sequenz nennt man auch die Primärstruktur eines Proteins. Es sei noch bemerkt, dass beim Menschen in der Natur 20 Aminosäuren vorkommen. Da im Schnitt ein Protein um die 400 Aminosäuren lang ist, entsteht ein riesiger Konfigurationsraum für die Anzahl der kombinatorischen Möglichkeiten, die ein Protein definieren. Diese Zahl beträgt demnach 20^{400} Kombinationen.

15.4 Bindungscocktails

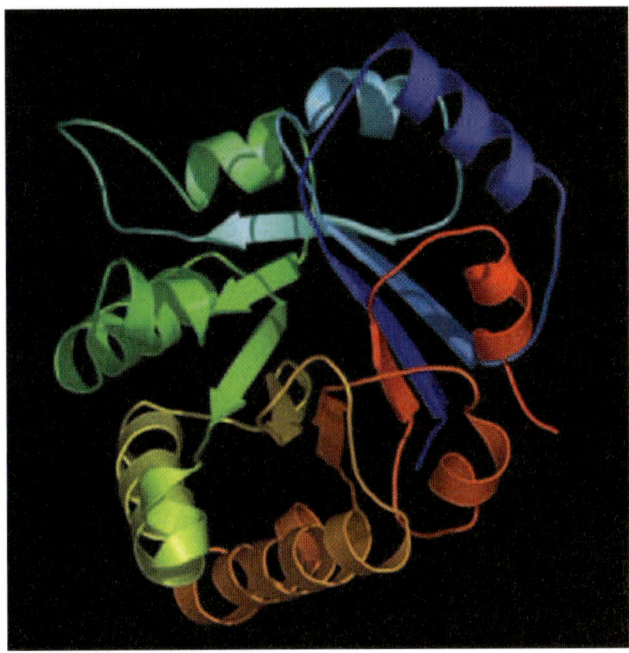

Abb. 15.10 Künstlerische Zeichnung der dreidimensionalen Struktur eines Enzyms, das symmetrisch aus vier Tertiärstrukturen aufgebaut ist. An dem Aufbau des Proteins sind kovalente Bindungen (Peptidbindungen), Wasserstoffbrücken und Van-der-Waals-Bindungen beteiligt. Die chemische Zusammensetzung des Proteins und seine dreidimensionale Struktur bestimmen seine biologische Funktion. Das Bild von Timbarrel ist in der Wikipedia für die Allgemeinheit frei gegeben worden.

2) Der lokalen räumlichen Anordnung der Aminosäurensequenz. Hier kommt es zu zwei Arten der Proteinstruktur. Zum einen ensteht die α-Helix (die Hälfte der Doppelhelix Abb. 15.7) und zum anderen das β-Faltblatt. Beide Strukturelemente stellen die sekundäre Struktur der Proteine dar.

3) Des dreidimensionalen Aufbaus des Proteins. Diese Proteinstruktur nennt man auch die tertiäre Struktur. Für sekundäre und tertiäre Struktur gilt, dass sie durch Wasserstoffbrückenbindung, die Van-der-Waals-Bindung und elektrostatische Kräfte zustande kommen. Die elektrostatischen Kräfte haben wir nicht zu den Bindungskräften gezählt, da sie erst als Folge der Dipolpolarisation der Moleküle auftreten.

Kapitel 16
Kondensierte Materie

In Flüssigkeiten und Festkörpern sind die Atome bzw. Moleküle dicht gepackt mit interatomaren Abständen gleicher Größe wie es bei Atomen in Molekülen der Fall ist. Während jedoch in Flüssigkeiten die thermische Energie die Bindungsenergie zwischen den Atomen überwiegt und diese daher nicht ortsgebunden sind, sind die Atome bzw. Moleküle im Festkörper lokalisiert. Viele Festkörper zeigen reguläre kristalline Strukturen. Wegen ihres periodischen Aufbaus sind Kristalle theoretisch einfach zu erfassen und aus diesem Grund in der Vergangenheit eingehend untersucht worden. Die amorphen Festkörper hingegen verfügen über keine einfachen regulären Strukturen ihrer Bausteine und sind theoretisch schwerer zu erfassen. Wegen ihrer Bedeutung sowohl für die biologische Welt als auch neuerdings wegen der zunehmenden Anwendung der organischen Kunststoffe in vielen technischen Bereichen bilden die amorphen Festkörper ein modernes Forschungsgebiet. Der Einfachheit halber beschränken wir uns auf eine zusammenfassende Betrachtung der kristallinen Festkörper. Die meisten kristallinen Festkörper kann man aufgrund ihrer vorrangigen Bindungsarten in verschiedene Typen unterscheiden, die wir im Folgenden besprechen werden.

16.1 Kovalente Kristalle

Die Atome der kovalenten Kristalle werden durch die gleichen Kräfte zusammengehalten, die wir bereits im Abschnitt 15.1.1 im Zusammenhang mit dem Wasserstoffmolekül besprochen haben. Der bekannteste Vertreter der kovalenten Kristalle ist Diamant (Abb. 16.1). Er hat eine sehr stabile tetraedrische Struktur, die auf der sp^3-Elektronen-Hybrid-Konfiguration beruht.

Kovalente Kristalle sind aufgrund der starken kovalenten Bindungsform sehr hart und nicht leicht verformbar. Eine interessante Frage ist, inwieweit sich die atomare Struktur des Kristalls von der seiner einzelnen Atome unter-

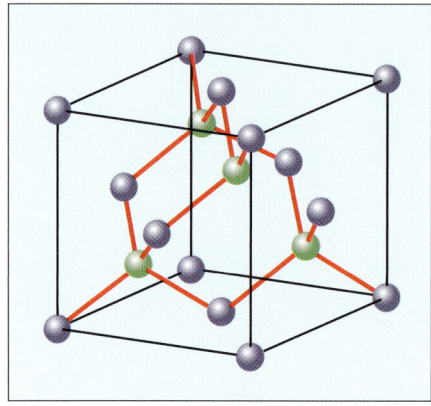

Abb. 16.1 Der Edelkristall Diamant gehört als härtestes Mineral, exzellenter Isolator und schlechter Wärmeleiter zu den typischsten Vertretern der kovalenten Kristalle. Das Kohlenstoffatom in der sp^3-Hydridform bildet ein tetraedrisches Gitter, in dem jedes Kohlenstoffatom kovalent an vier benachbarte Kohlenstoffatome gebunden ist. Der Abstand zwischen zwei Kohlenstoffatomen beträgt $1{,}54 \cdot 10^{-10}$ m.

scheidet. Wie wir in Kapitel 14 gesehen haben, existieren in einem einzelnen Atom (wie auch in mehreren weit auseinander liegenden Atomen) diskrete Energieniveaus, die je nach Art des Atoms einen großen Abstand voneinander haben können. Nähern sich zwei gleiche Atome einander, so kommt es zu einem Überlapp der Elektronenwolken und damit zu einer Wechselwirkung zwischen den Elektronen. Dies bewirkt eine Aufspaltung der Energieniveaus: Wo zuvor in beiden Atomen ein Niveau der gleichen Energie existierte, sind zwei leicht unterschiedliche Niveaus entstanden. Je mehr Atome sich auf diese Weise annähern, desto geringer wird die Energielücke zwischen den neu entstehenden Niveaus. An einem kristallinen Festkörper sind so viele Atome beteiligt, dass die Energieniveaus extrem nahe beieinander liegen und zu sogenannten Energiebändern verschmieren. Das Band, in dem die Valenzelektronen zu finden sind, nennt man Valenzband. In ihm befinden sich die Elektronen der äußeren Schalen. Diese Elektronen sind weniger stark an die Atomrümpfe des Gitters gebunden und können daher die zwischen den Atomen liegenden Potentialberge leichter überwinden und somit Ladung befördern. Das energetisch niedrigste Band, in dem noch unbesetzte Zustände vorhanden sind, nennt man Leitungsband. Abb. 16.2 zeigt die Potentialtöpfe und Energiebänder in Festkörpern.

Es ist interessant zu sehen, wie sich die Bandstruktur eines Kristalls auf seine elektrischen und optischen Eigenschaften auswirkt. In Abb. 16.3 zeigen wir die Elektronenzustände in Diamant. Wie wir sehen können, gibt es im Diamant keine freien Elektronen, die Energie oder Ladung von einem Ort zum anderen transportieren könnten – Diamant ist daher ein Isolator und ein schlechter Wärmeleiter.

Es gibt jedoch auch kovalente Kristalle, die – je nach Temperatur – als Isolator oder als Leiter fungieren können. Solche Festkörper nennt man Halbleiter. Ein Beispiel für Halbleiter sind Silizium und Germanium. Beide Verbin-

16.1 Kovalente Kristalle

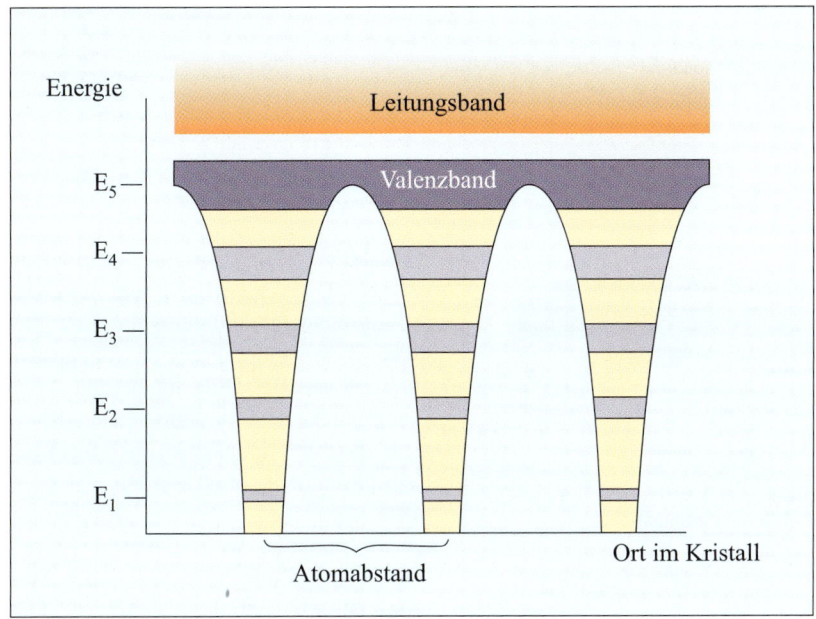

Abb. 16.2 Im Gegensatz zu einem einzelnen Atom, das über diskrete Energiezustände verfügt, existieren in einem Kristall kontinuierliche Energiebänder. Die Elektronen sind unterschiedlich stark an die Atomrümpfe des Gitters gebunden. Die Elektronen, die sich in niedrigen Niveaus befinden, sind stark an den jeweiligen Kern gebunden und können nicht aus den Potentialtöpfen entweichen. Sie können folglich nicht mit den Nachbaratomen in Wechselwirkung treten. Die energetisch höhergelegenen Niveaus gehören zum sogenannten Valenzband. Die sich in ihm befindenden Elektronen können die Potentialberge zwischen den Atomen überwinden und Ladung befördern; sie können zur Leitung im Kristall beitragen.

dungen kristallisieren in der in Abb. 16.1 gezeigten Diamantstruktur. Der Unterschied zum Diamant liegt allerdings in der Größe der Energielücke zwischen Valenz- und Leitungsband. Bei niedrigen Temperaturen können keine Elektronen aus dem Valenzband in das Leitungsband angeregt werden. Die Energielücke ist allerdings so gering, dass bereits die Wärmeenergie bei Zimmertemperatur ausreichend ist, um Elektronen in das Leitungsband anzuheben. Hierdurch entstehen im Valenzband Löcher und im Leitungsband freie Elektronen. Die Elektronen im Valenzband können in die Löcher springen, so dass das positive Loch wandern kann. Damit tragen beide – Elektronen im Leitungsband und Löcher im Valenzband – zum Ladungstransport und damit zur Leitfähigkeit bei.

Anhand des Bändermodells lässt sich auch erklären, warum kovalente Kristalle durchsichtig sind. Betrachten wir einen reinen Diamant ohne

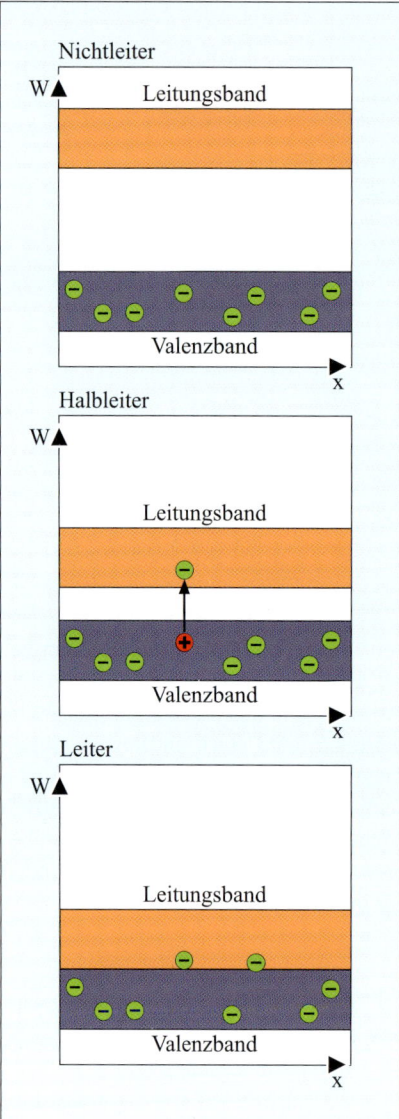

Abb. 16.3 *Oben: Typischer Isolator.* Das voll besetzte Valenzband und das leere Leitungsband sind duch eine Energielücke voneinander getrennt, die größer als 3 eV ist. Bei Diamant beträgt diese Energielücke $\approx$ 6 eV. Diese Lücke ist so groß, dass die Valenzelektronen nicht ins Leitungsband angeregt werden.
Mitte: Typischer Halbleiter. Am absoluten Nullpunkt ist das Valenzband voll besetzt, das Leitungsband leer – das Material ist also bei 0 K isolierend. Die Energielücke zwischen Valenz- und Leitungsband ist allerdings so gering (zwischen $\approx$ 0,3 und $\approx$ 3 eV), dass bereits bei Zimmertemperatur Elektronen in das Leitungsband angeregt werden können und der Kristall damit leitend wird. Beispiele sind Germanium mit einer Energielücke von 0,67 eV und Silizium mit einer Energielücke von 1,1 eV.
Unten: Typischer Leiter. Bei Metallen gibt es keine Energielücke, das Leitungsband ist gleich dem Valenzband. Aus dem teilweise gefüllten Valenzband können Elektronen leicht in höher liegende Niveaus angeregt werden; es handelt sich um gute Stromleiter.

Verunreinigung mit anderen Atomen oder Unregelmäßigkeiten im Kristallgitter. Aufgrund der großen Energielücke zwischen Valenz- und Leitungsband (5,5–6,4 eV) sind die Photonen im sichtbaren Bereich (1,8–3,1 eV) zu niederenergetisch, um Elektronen in das nächsthöhere Band anzuregen und somit Licht zu absorbieren. Das Licht tritt also ungestört durch den Kristall hindurch, der dann in unseren Augen farblos bzw. durchsichtig wirkt.

16.2 Ionische Kristalle

Ionenkristalle bestehen aus mindestens zwei verschiedenen Ionensorten. Die positiven und negativen Ionen sind in einem regelmäßigen Gitter angeordnet, das durch die zwischen den Ionen bestehenden Coulomb-Wechselwirkungen zusammengehalten wird. Ein bekanntes Beispiel eines Ionenkristalls ist der NaCl-Kristall (Kochsalz), dessen oktaedrische Struktur in Abb. 16.4 gezeigt wird.

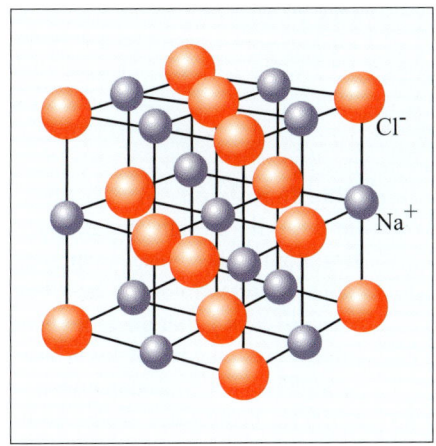

Abb. 16.4 Kochsalz kristallisiert in der Natriumchlorid-Struktur. In dem Gitter werden jeweils ein Na-Ion (bzw. ein Cl-Ion) von sechs Cl-Ionen (bzw. sechs Na-Ionen) umgeben, die in einem Oktaeder (auf den Ecken eines Würfels) angeordnet sind. Die Entfernung zwischen einem Na- und einem Cl-Ion beträgt $2{,}81 \cdot 10^{-10}$ m, der kürzeste Abstand zwischen identischen Atomen $3{,}97 \cdot 10^{-10}$ m.

Ionische Kristalle sind gute Isolatoren – das voll besetzte Valenzband ist durch eine breite verbotene Zone vom Leitungsband getrennt (beim NaCl-Kristall handelt es sich um eine Energielücke von ≈ 9 eV). Somit können keine Elektronen in das Leitungsband angehoben werden und dort als freie Elektronen Strom erzeugen. Ein geschmolzener Ionenkristall hingegen ist ein guter Stromleiter, da sich die Ionen in der Schmelze bewegen können und somit Ladung transportiert wird. Aus demselben Grund sind perfekte Ionenkristalle durchsichtig: Für die Absorption von Licht müsste ein Photon seine Energie und seinen Impuls an ein Elektron abgeben und es damit in das Leitungsband anheben. Dies ist jedoch nicht möglich, da die Lichtwellen aufgrund ihrer geringen Frequenz nicht genügend Energie besitzen. Da es sich um einen starken Bindungstyp handelt, sind Ionenkristalle zudem sehr hart und ihr Schmelzpunkt liegt hoch. Wegen der unflexiblen Ionenanordnung sind sie außerdem spröde: Verschiebt man die Schichten des Kristallgitters gegeneinander, werden Ionen gleicher Ladung nebeneinander positioniert und der Ionenkristall bricht auseinander!

Gibt man einen Ionenkristall in einen mit Wasser gefüllten Behälter, so verringert dieses die elektrostatischen Kräfte zwischen den Ionen. Polare

Flüssigkeiten wie Wasser stellen daher ein ideales Lösemittel für Ionische Kristalle dar.

16.3 Eis

Das Eis ist der Hauptvertreter einer Kristallgruppe, die durch Wasserstoffbrückenbindungen gebunden ist (Abb. 16.5). In dem Kristall befinden sich Sauerstoffatome, die mit jeweils vier Wasserstoffbrücken an die benachbarten Sauerstoffatome gebunden sind.

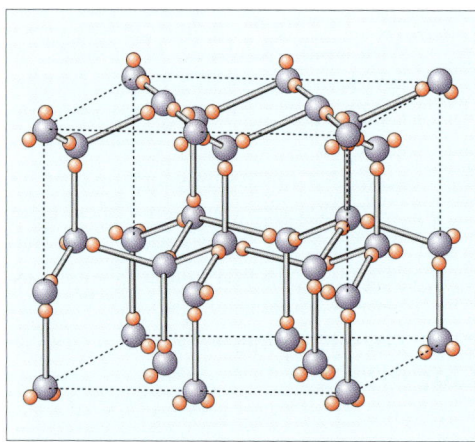

Abb. 16.5 Zu sehen ist die Struktur eines Eiskristalls. Jedes Sauerstoffatom ist von jeweils vier weiteren Sauerstoffatomen in einem tetraedischen Gitter umgeben. Die Sauerstoffatome werden von Wasserstoffbrücken zusammengehalten: Das Proton des Wasserstoffatoms oszilliert zwischen zwei benachbarten Sauerstoffatomen.

Da die Bandlücke beim Eiskristall sehr hoch ist, kann er weder Strom leiten noch Wellen im optischen Bereich absorbieren; er ist transparent.

16.4 Van-der-Waals-Kristalle

Prinzipiell tritt die Van-der-Waals-Wechselwirkung in allen Kristallen auf. Allerdings ist sie so schwach, dass sie nur dann eine Rolle spielt, wenn keine andere Bindungsform vorliegt. Zu den Kristallen, die ausschließlich durch VdW-Wechselwirkung zusammengehalten werden, zählen die Molekülkristalle und die Edelgaskristalle.

Beispiele für Molekülkristalle sind die unzähligen organischen Verbindungen, die Pflanzen für ihren Zellaufbau nutzen. Diese Verbindungen kristallisieren wie Diamant in einer tetraedischen Struktur. Die einfachsten organischen Verbindungen sind die Kohlenwasserstoffketten. Zu ihnen zählt CH_4 (Methan), in dem ein Kohlenstoffatom jeweils tetraedisch von vier Wasserstoffatomen umgeben ist. Bei diesen Kristallstrukturen bilden die Molekü-

16.5 Metalle

le die Gitterbausteine. Die zwischen den Atomen des Moleküls wirkenden kovalenten Bindungskräfte sind viel stärker als die intermolekularen VdW-Kräfte, die das Molekülgitter zusammenhalten.

Bei den Edelgaskristallen handelt es sich um die einfachsten Kristalle, die es gibt. Ein Beispiel für einen Edelgaskristall ist der Argonkristall (Abb. 16.6). Alle Edelgaskristalle mit Ausnahme von Helium liegen in einer kubisch-flächenzentrierten Raumstruktur vor.

Aufgrund der schwachen Gitterkräfte wird lediglich eine geringe Energie benötigt, um die Bindungen aufzubrechen; Van-der-Waals-Kristalle verfügen daher über niedrige Schmelzpunkte ($< 300\,°C$) und sind leicht komprimierbar und deformierbar. Typische VdW-Kristalle sind keine guten Leiter, da weder freie Elektronen noch Ionen vorhanden sind, die die Ladung transportieren können.

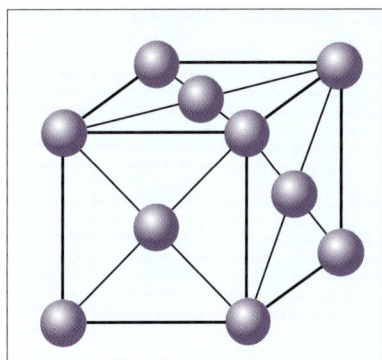

Abb. 16.6 Edelgaskristalle existieren nur bei sehr niedrigen Temperaturen. Sie kristallisieren in einer Struktur, bei der acht Atome auf den Ecken eines Würfels liegen und sechs weitere sich in der Mitte der Würfelseiten befinden. Der Abstand zwischen den nächsten Nachbarn im Argonkristall beträgt $3{,}76 \cdot 10^{-10}$ m, sein Schmelzpunkt liegt bei $-189\,°C$.

16.5 Metalle

Reine Metalle bestehen nur aus einer Atomsorte. Sie kristallisieren in einem Gitter aus positiv geladenen Ionen, in dem sich die Valenzelektronen frei bewegen können. Daher kommt auch der Begriff „Elektronengas" für die Elektronen im Leitungsband.

Die Metalle weisen gegenüber Nichtmetallen eine Besonderheit in ihrer Bandstruktur auf. Magnesium haben wir in Abb. 16.7 gewählt, weil es eine übersichtliche Schalenstruktur, eine abgeschlossene $2p$-Schale entsprechend dem Neon und zwei Valenzelektronen im $3d$-Zustand hat. Es existiert keine verbotene Zone zwischen Valenz- und Leitungsband, so dass die Valenzelektronen auch durch wenig Energie von außen in höhere Energiezustände angehoben werden können (siehe auch Abb. 16.3). Metalle sind daher exzellente elektrische Leiter sowie gute Wärmeleiter, da Wärme in Leitern neben Gitterschwingungen auch durch die freien Elektronen transportiert wird.

Das Elektronengas ist auch für die metallische Bindung verantwortlich. Während bei Nichtmetallen die Valenzelektronen am jeweiligen Atom gebunden sind und die Bindung durch den Austausch zwischen den benachbarten Atomen möglich ist, sind die Valenzelektronen als Kollektiv an der Bindung beteiligt. Die Nichtmetalle sind brüchig, die Metalle durch eine kollektive Bindung elastisch.

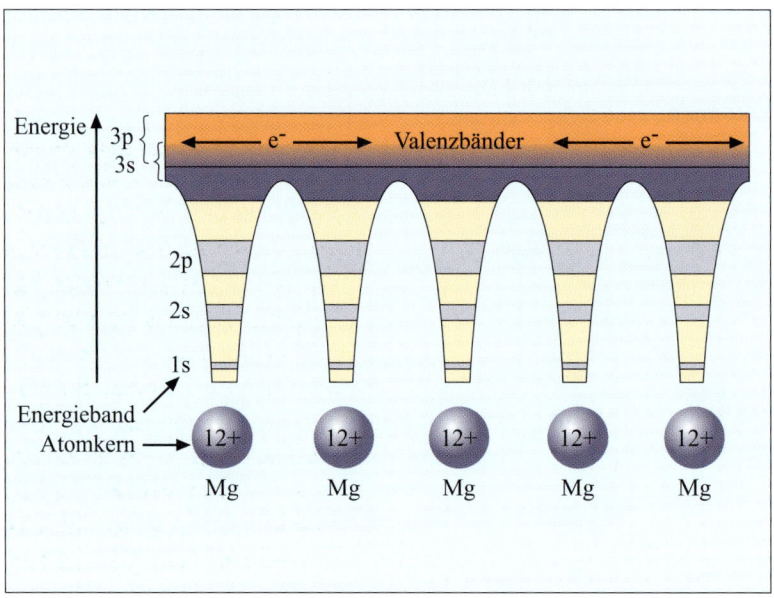

Abb. 16.7 *Magnesium im Bändermodell:* Die Magnesiumatome mit Kernladungszahl 12 sind in einem regelmäßigen Gitter angeordnet. Die beiden inneren Energieschalen sind gefüllt – es befinden sich jeweils zwei Elektronen in den $1s$- bzw. $2s$-Zuständen und sechs Elektronen im $2p$-Zustand. Die energetisch am höchsten liegenden beiden Elektronen besetzen das $3s$-Band. Da das $3p$-Band allerdings mit dem $3s$-Band überlappt, gibt es keine Energielücke, die überwunden werden muss, um ein Valenzelektron in einen höheren Zustand anzuheben. Valenz- und Leitungsband lassen sich nicht voneinander unterscheiden. Aus diesem Grund handelt es sich bei Magnesium um einen Leiter.

Ein weiteres Merkmal von Metallen ist ihr metallischer Glanz. Für ihn sind ebenfalls die frei beweglichen Elektronen verantwortlich. In Nichtmetallen können die angeregten Elektronen nur durch das Abstrahlen bestimmter Wellenlängen wieder in niedrigere Niveaus fallen. Metalle dagegen können eine Vielzahl von Wellenlängen durch das Zurückfallen eines Elektrons

16.5 Metalle

in einen niederenergetischen Zustand reflektieren, da keine Bandlücke existiert. Aus diesem Grund kann ein glatt geschliffenes Metall als Spiegel verwendet werden.

Im Gegensatz zu den spröden Ionenkristallen sind Metalle zudem recht gut verformbar. Da die Bindungskräfte zwischen den Atomrümpfen und den freien Elektronen nicht von der Position der Rümpfe abhängen, können die Schichten des Ionengitters gegeneinander verschoben werden.

Kapitel 17
Quarks, Nukleonen und Kerne

In Abb. 17.1 sind die Größen der Bausteine des Atoms schematisch gezeichnet.

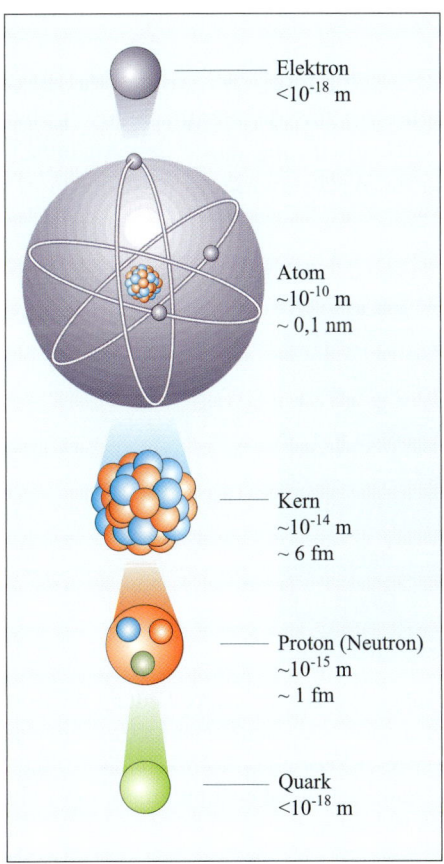

Abb. 17.1 In der Abb. sind die Größenordnungen von Atomen, Kernen, Nukleonen, Quarks und Elektronen veranschaulicht. Die Atomradien sind $\approx 10^{-10}$ m, oder 0,1 nm groß. Die Radien der Atomkerne nehmen mit der Nukleonenzahl zu. Der Maßstab, mit dem man die Kerngröße misst, ist 10^{-15} Meter oder besser 1 fm. Der Radius von ^{4}He ist ≈ 2 fm, der Radius von ^{208}Pb ≈ 5 fm. Die Kerne sind aus Protonen und Neutronen aufgebaut. Der Radius des Nukleons ist ≈ 1 fm. Fast die ganze Masse des Atoms steckt im Kern. Die Elektronen der Hülle tragen weniger als ein halbes Promille zu der Masse des Atoms bei. Die Nukleonen sind aus drei Quarks aufgebaut. Es gibt keine freien Quarks, sie treten nur in Dreierpackungen als Nukleonen oder in Zweierpackungen (Quark-Antiquark) in Form von Mesonen auf.

17.1 Starke Wechselwirkung

Die starke Wechselwirkung bindet die Quarks in den Nukleonen. Wenn wir die Analogie zwischen der starken Wechselwirkung und der elektromagnetischen ziehen wollen, sagen wir, dass die Quarks starke Ladungen haben. Im Unterschied zum elektromagnetischen Fall mit zwei elektrischen Ladungen, plus und minus, haben die Quarks, Träger der starken Wechselwirkung, drei starke Ladungen. Um keine neuen Namen zu schmieden, hat man die starke Ladung als Farbe getauft. Überraschenderweise hat sich diese Benennung als sehr effektiv erwiesen. Die drei starken Ladungen, blau, grün und rot (Abb. 17.2) zusammen addieren sich zu weiss, einem farbneutralen Objekt. Zwei aneinandergrenzende Farben definieren wir als Antifarben. In Kombination mit der dritten, bisher unbeteiligten Farbe ergibt sich weiss. Antiteilchen haben Antifarben, so ist ein Quark mit einem Antiquark gebunden auch farbneutral. Die Benennung der starken Ladungen als Farbe ist so erfolgreich, dass man auch die formale Theorie der starken Wechselwirkung mit Quantenchromodynamik bezeichnet (Griech. *chroma* = χρῶμα = Farbe).

Die Wechselwirkung zwischen elektrischen Ladungen vermittelt das elektrische und das magnetische Feld. Wenn wir das quantenmechanisch ausdrücken wollen, sagen wir, dass die Wechselwirkung durch den Austausch von Photonen vermittelt wird. Die starke Wechselwirkung wird durch die Gluonen vermittelt.

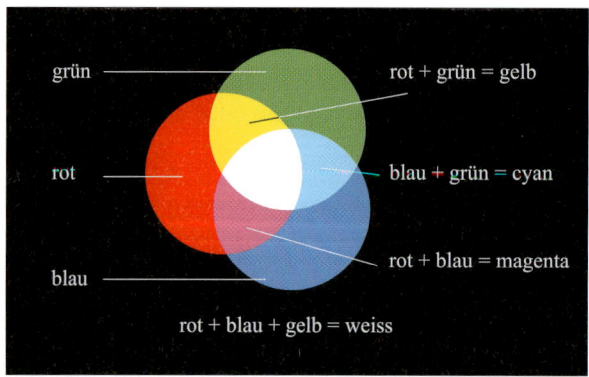

Abb. 17.2 Das Drei-Farben-Modell des Sehens ist auf die starke Ladung übertragen worden. Die drei starken Ladungen, blau, grün und rot addieren sich zusammen zu weiss, einem farbneutralen Objekt. Zwei benachbarte Farben bilden die Antifarbe, die mit der dritten Farbe weiss ergibt. Antiteilchen haben Antifarben, so ist ein Quark mit einem Antiquark gebunden auch farbneutral.

17.1 Starke Wechselwirkung

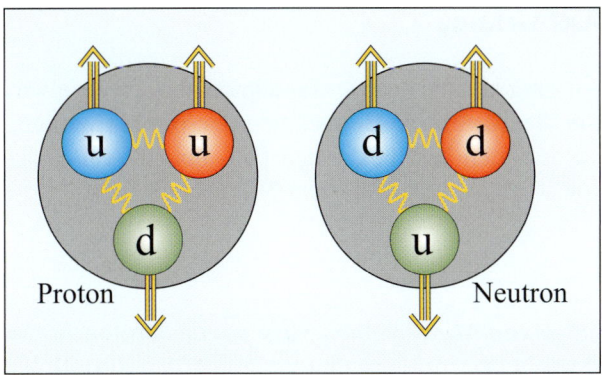

Abb. 17.3 Die „Atome" der starken Wechselwirkung sind das Proton und das Neutron. In der Abb. sind nur die Farbladungen angegeben, offensichtlich sind das Proton und das Neutron farbneutral. Das Proton, das aus zwei up-Quarks und einem down-Quark aufgebaut ist, hat die Ladung $+e$. Die Spins der up-Quarks sind parallel gekoppelt und das down-Quark steht antiparall dazu. Der Gesamtdrehimpuls des Protons ist $j = \frac{1}{2}$. Ähnliche Überlegungen für das Neutron ergeben die elektrische Ladung null. Im Neutron sind die Spins der down-Quarks parallel gekoppelt und das up-Quark antiparallel dazu. Der Gesamtdrehimpuls des Neutrons ist ebenfalls $j = \frac{1}{2}$.

Eine merkwürdige Eigenschaft der starken Wechselwirkung ist es, dass man die Quarks aus dem Verband des Nukleons nicht befreien kann. Alle diese Eigenschaften beschreibt das Modell der Addition der drei Farben, wenn wir postulieren, dass in der Natur nur farbneutrale Quarkkombinationen auftreten.

Die „Atome" der starken Wechselwirkung sind das Proton und das Neutron (Abb. 17.3). Die Bausteine der Protonen und Neutronen sind die up-Quarks und die down-Quarks. Die Quarks besitzen alle möglichen Ladungen, die starke Farbladung, die elektrische Ladung und, wie wir demnächst sehen werden, auch die schwache Ladung. Sie haben, genau wie das Elektron, einen Eigendrehimpuls, den Spin $s = \frac{1}{2}$. Die elektrische Ladung des up-Quarks ist $+\frac{2}{3}e$, die des down-Quarks $-\frac{1}{3}e$. Das widerspricht nicht unserer Aussage, dass in der Natur die kleinste vorkommende Ladung e ist. Die Quarks mit drittelzahliger Ladung sind im Nukleon eingesperrt und addieren sich entweder zur Gesamtladung eins oder null.

17.2 Schwache Wechselwirkung

Die schwache Wechselwirkung ist eine der vier fundamentalen Wechselwirkungen. Bevor wir aber in die allgemeine Betrachtung der Wechselwirkung übergehen, werden wir einen, den best bekannten Fall, den β-Zerfall des Neutrons, analysieren.

17.2.1 β^--Zerfall

Das Neutron hat eine Masse von $M_n = 939{,}57$ MeV/c^2, das Proton $M_p = 938{,}27$ MeV/c^2. Die schwache Wechselwirkung vermittelt den Zerfall von Neutron in das Proton:

$$\mathrm{n} \to \mathrm{p} + \mathrm{e}^- + \bar{\nu}_e + 0{,}78\,\mathrm{MeV}. \qquad (17.1)$$

Die im Zerfall freigegebene Energie kann man leicht ausrechnen. Der Massenunterschied beträgt $m_n - m_p = 1{,}3$ MeV/c^2, die Masse des Elektrons ist $m_e = 0{,}511$ MeV/c^2. Die Masse, die als kinetische Energie im Zerfall zur Verfügung steht, ist dann $m_n - m_p - m_e = 0{,}78$ MeV/c^2 und mit c^2 multipliziert $E = 0{,}78$ MeV. In dieser Rechnung haben wir die Masse vom Antineutrino vernachlässigt. Sie ist nicht bekannt, ist aber kleiner als $m_\nu < 1$ eV/c^2 und würde sich erst an der dritten oder vierten Stelle nach dem Komma bemerkbar machen.

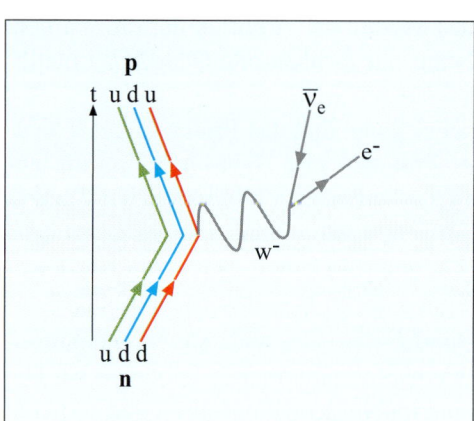

Abb. 17.4 Der β-Zerfall findet eigentlich auf der Quarkebene statt. Dabei emittiert ein down-Quark des Neutrons ein W-Boson und wird zu einem up-Quark des Protons. Anschließend zerfällt das W-Boson in ein Elektron und ein Antineutrino.

17.2.2 Quarkspektroskopie

Der β-Zerfall ist nur eine der vielen Facetten der schwachen Wechselwirkung. Die schwache Wechselwirkung wird durch den Austausch von den

17.2 Schwache Wechselwirkung

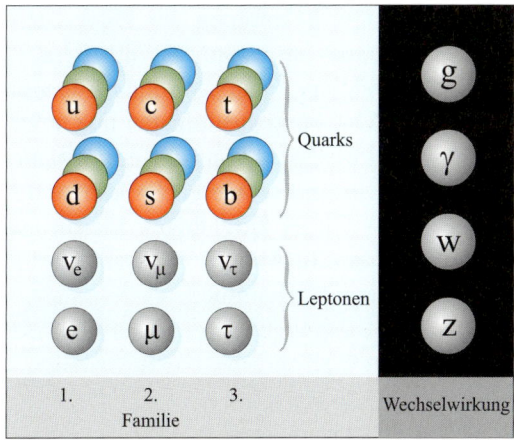

Abb. 17.5 Links befinden sich alle bekannten Elementarteilchen. Zu den Elentarteilchen zählen die Quarks und ihre Antiquarks, zu den Leptonen das Elektron und seine schwereren Verwandten und die drei Neutrinos. Alle Leptonen haben ihr eigenes Antilepton. Die Elementarteilchen sind in Familien eingeordnet. Nur die Teilchen der ersten Familie sind die Bausteine der Materie, die uns umgibt. Die Quarks und Leptonen der zweiten und der dritten Familie haben, bis auf ihre Massen, identische Eigenschaften wie die Teilchen der ersten Familie. Die Quarks up, charm und top, sind elektrisch positiv ($+\frac{2}{3}e$), die Quarks down, strange und bottom sind negativ ($-\frac{1}{3}e$). Die Quarks der zweiten und der dritten Familie haben lediglich eine größere Massen als die Quarks der ersten Familie. Die Massen von Neutrinos sind zwar noch nicht bekannt, aber verschieden von null. Rechts befinden sich alle bekannten Bosonen, Träger der Wechselwirkungen: Die Gluonen tragen die starke, Photonen die elektromagnetische und W- und Z-Bosonen die schwache Wechselwirkung. Die Quraks haben starke, elektromagnetische und schwache Ladung. Die Leptonen, das Elektron, das Myon und das Tau haben elektromagnetische und schwache Ladung, die Neutrinos nur die schwache.

Trägern der schwachen Wechselwirkung, W- und Z-Bosonen, vermittelt. Die beiden Bosonen spielen die gleiche Rolle in der schwachen Wechselwirkung wie die Photonen in der elektromagnetischen. Ähnlich wie wir die Eigenschaften von Atomen mit der Hilfe von elektromagnetischen Übergängen zwischen atomaren Zuständen untersuchen, so lernen wir über die Quarkeigenschaften aus den Übergängen von den schweren Quarks zu den leichteren. In Beschleunigerexperimenten werden die schweren Quarks „strange", „charm", „bottom" und „top" erzeugt, durch die schwache Wechselwirkung zerfallen sie in die leichten Quarks, „up" und „down".

Die schweren Quarks können auch nicht als freie Teilchen existieren. Sie bilden, ähnlich wie die leichten Quarks, farblose Verbindungen im Dreier-Verband. Wenn im Nukleon ein, zwei oder drei leichte Quarks durch ein, zwei oder drei Strangequarks ersetzt werden, bekommen wir Hyperonen. Nur einige Beispiele: Λ ist aus (u,d,s) Quarks aufgebaut, Ξ^- aus (d,s,s) und Ω^- aus (s,s,s). Dem π-Meson, aus leichten Quark-Antiquark-Paaren aufgebaut, entsprechen K-Mesonen, einer Mischung aus leichten und strange Quark-Antiquark-Paaren. Die Quarkspektroskopie von schweren Quarks wird mit zunehmender Quarkmasse schwerer und schwerer. So konnte das Topquark nur in einigen wenigen Ereignissen als kurzlebiges Meson aus Topquark-Antitopquark nachgewiesen werden. In Abb. 17.5 fassen wir alle bekannten Quarks und deren Wechselwirkungen zusammen.

17.3 Kernbindungsenergie

Wenn man das Proton und das Neutron als „Atome der starken Wechselwirkung" bezeichnet, dann sind Kerne die „Moleküle der starken Wechselwirkung". So wie die elektrisch neutralen Atome im Verbund mit anderen Atomen einen energetisch günstigeren Zustand finden, so binden sich die farbneutralen Nukleonen durch die Kernkräfte in die Kerne. Die Kernkräfte ähneln den interatomaren Kräften insoweit, dass sie bei kleinen Abständen abstoßend sind, die Anziehung fällt jedoch schneller als bei Atomen (Abb. 17.6). Im Jahre 1935 hat der japanische Physiker *Hideki Yukawa* den

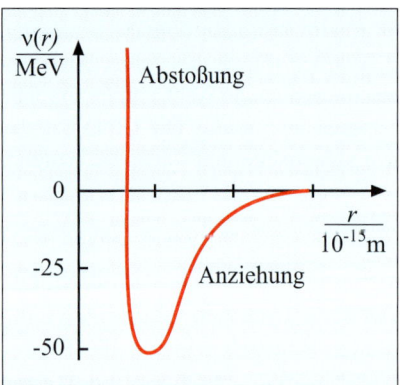

Abb. 17.6 Das Nukleon-Nukleon-Potential. Wenn zwei Nukleonen anfangen sich räumlich zu überlappen, stoßen sie sich ab. Die Quarks sind Fermionen und es kann jeweils nur ein Quark in einem Quantenzustand sein. Im Raum eines Nukleons ist kein Platz für sechs Quarks. Das anziehende Potential kommt durch den Austaush von virtuellen Mesonen, Quark-Antiquark-Paaren, zustande. Das leichteste Meson ist das π-Meson, mit einer Masse $m_\pi = 140$ MeV/c^2. Als virtuelles Teilchen kann das π-Meson etwa 1,4 fm weit kommen ohne die Energie-Zeit-Unschärfe zu verletzen. Die Abstände zwischen den Nukleonen im Kern sind etwa 1,4 fm.

17.3 Kernbindungsenergie

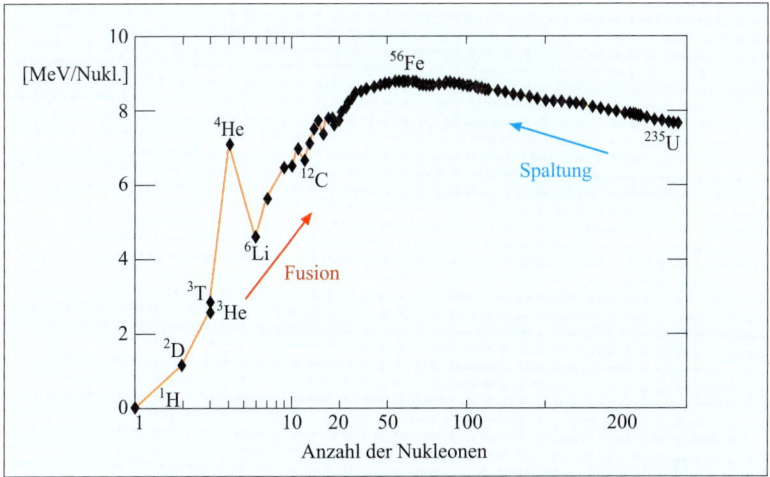

Abb. 17.7 Die Bindungsenergie pro Nukleon für stabile Kerne wird in Abhängigkeit von A aufgetragen. Der Verlauf der Kurve ist dank der logarithmischen Auftragung der Massenzahl deutlich erkennbar. Das Maximum der Bindungsenergie pro Nukleon wird beim Eisen, Ladungszahl $Z = 26$, erreicht. Der Anstieg der Bindungsenergie bei leichten Kernen deutet daraufhin, dass die Nukleonen an der Kernoberfläche loser gebunden sind als im Inneren. Der Grund dafür, dass die Bindungsenergie von $Z > 26$ wieder sinkt, ist der Coulombabstoßung zuzuschreiben. Ohne Coulombabstoßung würde bei schweren Kernen die Bindungsenergie pro Nukleon ≈ 16 MeV erreichen. Eine besonders hohe Bindungsenergie weist das ^{4}He trotz seiner kleinen Größe auf. Die ideale Kernbindung würde erreicht, wenn die Protonen- und die Neutronenzahl gleich und gerade wäre. Die Abweichung von diesem Verhalten kommt von der Coulombabstoßung, die durch vermehrte Neutronen kompensiert wird. Die leichten Kerne werden in Sternen durch die Fusion bis zu Eisen aufgebaut, die schweren durch den α-Zerfall bis zum Blei abgebaut oder sie zerfallen durch die spontane Spaltung zu den Kernen mit den größten Bindungsenergien.

exponentiellen Abfall der Anziehung mit dem Austausch virtueller Mesonen erklärt. Der Grund für die endliche Reichweite der Kernkräfte sind die massiven Austauschmesonen. Die Coulombkraft, die durch Photonen mit Ruhemasse null vermittelt wird, hat eine unendliche Reichweite.

Die Eigenschaften der Kernkraft können sehr schön mit Hilfe des globalen Verhaltens der Kernbindungsenergien demonstriert werden.

Bevor wir dies aber tun, müssen wir die in der Kernphysik übliche Nomenklatur einführen. Die Zahl von Nukleonen im Kern, das bedeutet, die Summe von Protonen und Neutronen, bezeichnet man mit der *Massenzahl* A. Die Zahl der Protonen wird durch die *Ladungszahl* Z angegeben. So ist die Nukleonenzusammensetzung eines Kerns durch diese zwei Zahlen bestimmt. Die beiden Zahlen werden in der Form $^A Z$ geschrieben. Die Ladungszahl ist eindeutig mit dem Namen des chemischen Elements definiert und deswegen wird Z durch den chemischen Namen ersetzt. Die Kerne mit gleicher Protonenzahl, aber verschiedener Neutronenzahl, nennen wir Isotope. Die *Neutronenzahl N* wird nicht explizit angegeben, ist aber als die Differenz $N = A - Z$ leicht auszurechnen. Ein Beispiel: Helium hat zwei Isotope, ^{3}He mit zwei Protonen und einem Neutron und ^{4}He mit zwei Protonen und zwei Neutronen.

In der Chemie bestimmt man die Bindungsenergien von Atomen, die in Molekülen gebunden sind, durch die Messung der frei werdenden Wärme bei chemischen Reaktionen. In der Kernphysik wäre eine entsprechende Messung zu ungenau. Man bedient sich der Messung der atomaren Massen. Die im Kern gebundenen Nukleonen verlieren fast ein Prozent ihrer Masse. Historisch nennt man diesen, durch die Kernbindung entstandenen Massenverlust, *Massendefekt*. Der Massendefekt war in der Geschichte der Physik der erste Fall, bei dem man die Masse-Energie-Äquivalenz durch eine Massenbestimmung gesehen hat.

Die Bindungsenergie B definiert man üblicherweise aus der Masse der Atome, weil diese wesentlich präziser gemessen werden kann als die Masse der Kerne:

$$B(Z, A) = [ZM(^1\text{H}) + (A - Z)M_\text{n} - M(A, Z)] \cdot c^2. \qquad (17.2)$$

Hierbei ist $M(^1\text{H}) = M_\text{p} + m_\text{e}$ die Masse des Wasserstoffatoms, M_n die Masse des Neutrons und $M(A, Z)$ die Masse des Atoms mit Z Elektronen und einem Kern mit A Nukleonen. Die Nukleonenmassen und die Elektronmasse sind im vorherigen Abschnitt über die schwache Wechselwirkung (17.2) angegeben.

Die Bindungsenergien pro Nukleon für stabile Kerne sind in Abb. 17.7 aufgetragen. Die theoretische Interpretation der Bindungsenergien ist in der Analogie zu der Bindung der Moleküle im flüssigen Tropfen aufgebaut. Die Moleküle an der Oberfläche sind schwächer gebunden als die im Inneren. Deswegen weisen die leichten Kerne kleinere Bindungsenergie pro Nukleon als die schweren. Bei schweren Kernen andererseits macht sich die Coulombabstoßung zunehmend bemerkbar und letztendlich begrenzt sie die Stabilität der schweren Kerne. Die erste Parametrisierung der Bindungsenergien wurde 1935 von *Carl Friedrich von Weizsäcker* veröffentlichte.

17.3.1 Stabile Isotope

Die stabilen Isotope sind sehr dünn gesät (Abb. 17.9). Für eine Massenzahl A ist nur ein Isotop stabil (es gibt vier Ausnahmen). Ein Isotop mit einem

17.3 Kernbindungsenergie

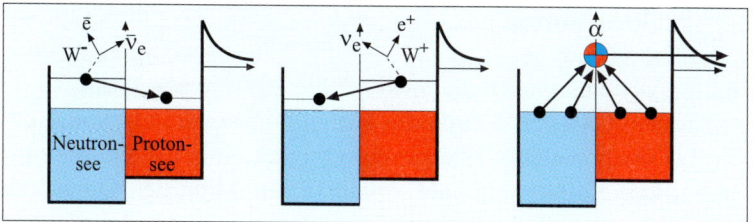

Abb. 17.8 *Drei Zerfallsmoden.* Ein Isotop mit einem Neutron mehr als das stabile Isotop zerfällt durch den β^-Zerfall. Im Tochterkern sind alle tiefliegenden Protonzustände besetzt, der β^-Zerfall führt zum ersten freien Protonzustand. Ein Isotop mit einem Proton mehr als das stabile Isotop zerfällt durch den β^+Zerfall. Im Tochterkern sind alle tiefliegenden Neutronzustände besetzt, der β^+Zerfall führt zum ersten freien Protonzustand. Die Nukleonen in den tiefliegenden Zuständen bezeichnet man auch als Nukleonensee, der β-Zerfall führt an die Seeoberfläche. Wenn sich zwei Protonen und zwei Neutronen kurzfristig zu einem ^{4}He ($\alpha - Teilchen$) verbinden, gewinnen sie 28 MeV, die sie als kinetische Energie zur Verfügung haben. Mit dieser erhöhten kinetischen Energie bekommt das α Teilchen eine Chance durch die Coulombbarriere zu tunneln.

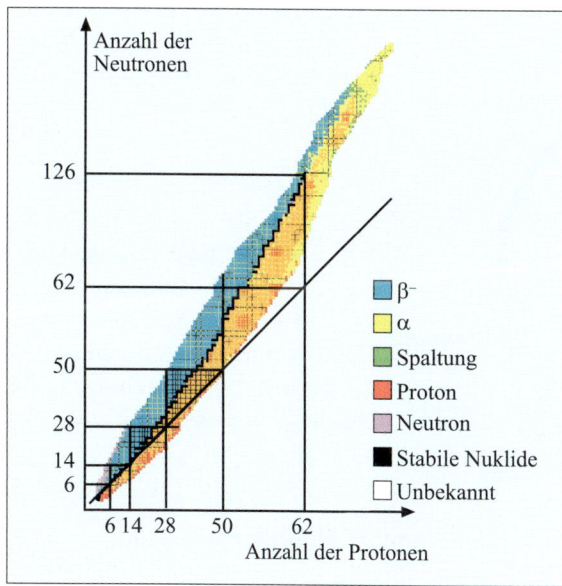

Abb. 17.9 Der dünne, schwarze Faden markiert die stabilen Nuklide. Neutronenreiche Isotope (*blau*) sind β^--instabil, protonenreiche (*rot*) β^+ instabil. Blei, mit $Z = 82$ und $N = 126$ ist das schwerste stabile Nuklid. Nuklide schwerer als Blei und Bismut sind α instabil. Zusätzlich können einige auch durch die Spaltung zerfallen.

Proton mehr als der stabile Isotop zerfällt durch den β^+, mit einem Neutron mehr mit dem β^- in den stabilen Isotop. Die Kerne schwerer als Blei sind instabil, sie zerfallen durch den α-Zerfall oder durch die spontane Spaltung. In Abb. 17.8 sind die drei Zerfälle veranschaulicht.

17.4 Fusionsreaktor Sonne

Sterne formieren sich aus gasartigen Wolken, die zu 99% aus Wasserstoff- und Helium-Atomen bestehen. Durch die Gravitationsanziehung kollabiert die Wolke, wobei die potentielle Energie der Gravitation in die Wärme umgewandelt wird. Der Kollaps hört auf, wenn in der Mitte des Sterns die Temperatur so hoch wird, dass der Druck, verursacht durch die kinetischen Energie der ionisierten Atome, den Gravitationsdruck kompensiert. Bei einer Temperatur von ≈ 15 Millionen Kelvin und einem Druck von $\approx 2 \cdot 10^{16}$ Pa (Abb. 17.10) setzt die Kernfusion ein. Die erste Reaktion, die bei dieser Temperatur einsetzt, ist

$$p + p \rightarrow d + e^+ + \nu_e + 0{,}42\,\text{MeV}. \tag{17.3}$$

Die extremen Bedingungen (Temperatur, Druck und Zeit), die für diese Reaktion notwendig sind, lassen sich im Labor nicht nachstellen. Die Reaktion (17.3) ist sehr exotisch. Die Fusion findet durch die schwache Wechselwirkung statt, allerdings nur dann, wenn sich zwei Protonen beim Stoß genügend nahe kommen, nämlich $\approx 2\,\text{fm}$.

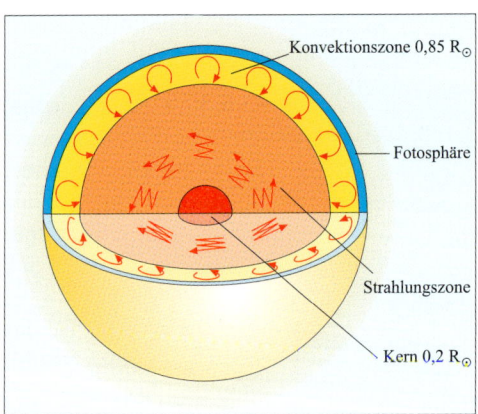

Abb. 17.10 Die „Zwiebelstruktur" der Sonne. 50% der Sonnenmasse ist Kern mit einem Radius von 0,2 des Sonnenradius. Die Temperatur im Kern ist ≈ 15 Millionen K und der Druck $\approx 2 \cdot 10^{16}$ Pa.

Die dominierenden Prozesse der Kernfusion in der Sonne sind in Abb. 17.11 veranschaulicht. Der langsamste Prozess in dieser Reihe ist der erste, oben beschriebene (17.3). In folgendem wollen wir abschätzen, wie lange die Sonne mit ihrem Wasserstoffvorrat brennen kann. Aus der Oberflächentemperatur von ≈ 6000 K, dem Sonnenradius $R_0 = 0{,}7 \cdot 10^6$ km und dem Stefan-Boltzmann-Gesetz ($\sigma = 5{,}67 \cdot 10^{-8}\,\text{W}\,\text{m}^{-2}\,\text{K}^{-4}$) ist die Sonnenleistung $P = 3{,}7 \cdot 10^{26}$ W. Durch die abgestrahlte Energie verliert die Sonne pro Sekunde eine Masse ΔM_S (Energie-Masse-Relation)

17.4 Fusionsreaktor Sonne

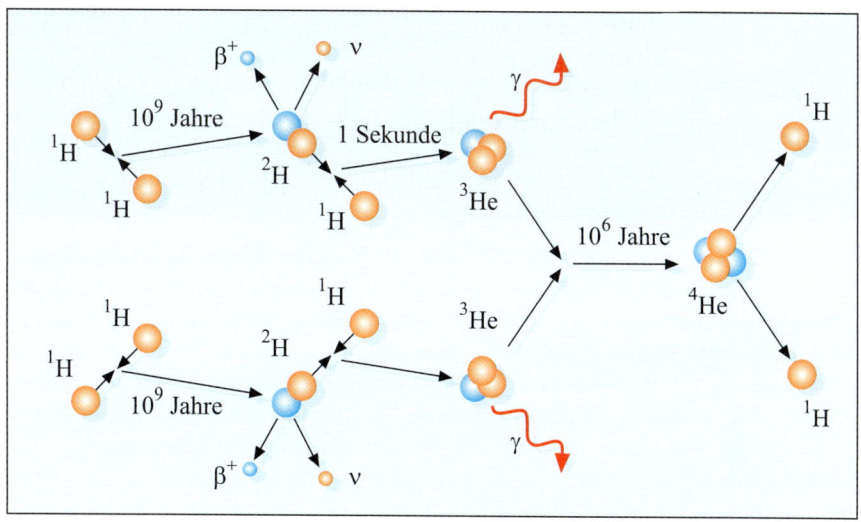

Abb. 17.11 In der Kernfusion der Sonne werden vier Protonen in einen Heliumkern umgewandelt: $4p \rightarrow {}^4\text{He} + 2e^+ + 2\nu_e + 28\,\text{MeV}$. Die erste Reaktion bestimmt die Sonnenlebensdauer, da sie mit Abstand die langsamste ist. Der Sonne bleiben jedoch nur 27 MeV zur Verfügung, da die Neutrinos mit wenigen Ausnahmen die Sonne ohne Wechselwirkungen verlassen.

$$\frac{\Delta M_S}{\Delta t} = \frac{P}{c^2} = \frac{3{,}7 \cdot 10^{26}}{9 \cdot 10^{16}} \frac{\text{W}}{\text{m s}^{-2}} \approx 4 \cdot 10^9 \frac{\text{kg}}{\text{s}}. \quad (17.4)$$

Mit dieser Zahl können wir ausrechnen, wieviel Wasserstoff pro Sekunde in Helium verbrennt. Bei der Verbrennung von Wasserstoff in Helium verlieren 4 Protonen eine Masse von 28 MeV/c^2, jedes Proton 7 MeV/c^2. Das Proton hat eine Masse von 938 MeV/c^2, so wird beim Verbrennen der Bruchteil 7/938 in Energie umgesetzt. Einem Massenverlust von 4 Millionen Tonnen pro Sekunde entspricht der Massenverlust an Wasserstoff $\Delta M_W/\Delta t$

$$\frac{\Delta M_W}{\Delta t} = \frac{938}{7} \frac{\Delta M_S}{\Delta t} = 536 \text{ Millionen Tonnen Wasserstoff pro Sekunde.} \quad (17.5)$$

Die Sonne hat eine Masse von $2 \cdot 10^{30}$ kg. Die Hälfte davon ist im Kern. Die junge Sonne, vor etwa 5 Milliarden Jahren, bestand im Kern zu 75% aus Wasserstoff, das bedeutet, im Kern waren damals $0{,}75 \cdot 10^{30}$ kg Wasserstoff. In 5 Milliarden Jahren ($5 \cdot 10^9 \cdot \pi \cdot 10^7$ Sekunden – die Physiker zählen $\pi \cdot 10^7$ Sekunden im Jahr – und mit dem Wasserstoffverlust von $\Delta M_W/\Delta t \approx 536 \cdot 10^9$ kg/s sind bis jetzt etwa 10% des Wasserstoffvorrats verbraucht worden. Wie lange die Sonne noch stabil Wasserstoff verbrennt, kann man nicht ohne detaillierte Rechnungen entscheiden. Man glaubt, dass

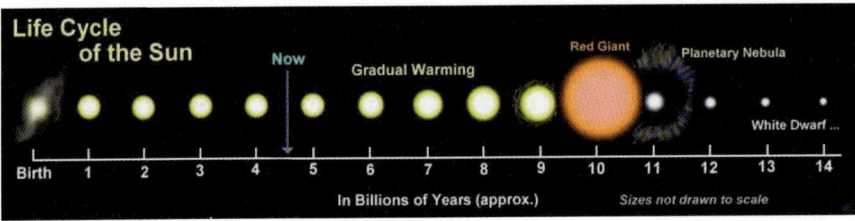

Abb. 17.12 Die Entwicklung der Sonne in der Modellrechnung. Der Gravitationsdruck wird durch den thermischen und den Strahlungsdruck kompensiert. Bei der schwindenden Konzentration des Wasserstoffs im Sonnenkern, wird die Energieproduktion nur durch Schrumpfen des Kerns möglich. Dadurch vergrößert sich die Reaktionsrate, da sich die Wasserstoffdichte und die Temperatur erhöhen. Der Nebeneffekt ist, dass im neuen Gleichgewicht mehr Energie produziert wird und die Sonne leicht schwillt und mehr abstrahlt. Die Modellrechnungen zeigen, dass die Sonne noch eine Milliarde Jahre wie bis jetzt stabil mit der gleichen Intensität strahlt. (Überlassen von Wikipedia/Wikimedia, 23. Nov. 2009, Author Oliverbeatson).

schon bei 80% des Anfangsgewichts von Wasserstoff im Kern die Energieversorgung nicht ausreicht, um den Gravitationsdruck zu kompensieren. Das ist nicht verwunderlich, die junge Sonne hatte etwa 75% der Masse als Wasserstoff und etwa 25% als Helium im Kern. Nach 10 Milliarden Jahren wird der Kern nur aus 60% Wasserstoff und 40% Helium bestehen. Die Wasserstoffkonzentration ist zu klein um mit dem *pp*-Zyklus ausreichend Energie zu produzieren. Der Sonnenkern wird kollabieren, sich erhitzen und neue Fusionsprozesse schalten sich ein. Dabei blähen sich die äußeren Zonen auf, der Sonnenradius reicht bis zur Erde. Nach Modellrechnungen der Sonnenenergieerzeugung wird sich schon in ein oder zwei Milliarden Jahren die Sonnentemperatur erhöhen und das Leben auf der Erde unbequem machen (Abb. 17.12).

17.5 Elementsynthese

Nach dem Modell entstanden die ersten Sterne etwa 400 Millionen Jahre nach dem Urknall. In dieser Zeit bestand die Materie im Universum aus Wasserstoff und Helium und einigen wenigen Spuren von Deuterium, Lithium- und Berylliumatomen. Kohlenstoff und schwerere Elemente sind in Sternen synthetisiert worden. Das geht aber mit der Wasserstofffusion nicht. Die Wasserstofffusion schafft nur die Synthese bis Helium. Es gibt kein stabiles Isotop mit $A = 5$ und 8. Diese Lücke kann die Wasserstofffusion nicht überspringen. *Fred Hoyle* hat 1957 zur Rettung der Elementensynthese in Sternen die Fusion von drei Heliumkernen zu Kohlenstoff vorgeschlagen. Sein Vorschlag wurde experimentell bestätigt.

17.5 Elementsynthese

Nach Ausschöpfen des Wasserstoffvorrats kann der aus Helium bestehende Kern der Sonne dem Gravitationsdruck nicht widerstehen und kollabiert. Bei Sternen, die wesentlich kleiner als die Sonne sind, ist der Gravitationsdruck nicht groß genug, um weitere Fusionsreaktionen zu zünden. Mit dem Wegfall des Strahlungsdrucks kollabiert der Stern aufgrund der eigenen Schwerkraft zu einer planetengroßen Kugel.

Die Sonne und schwerere Sterne heizen sich durch das Kollabieren bis auf $T \approx 10^8$ K auf und erreichen eine Dichte von $\approx 10^8$ kg/m^3. Die Heliumverbrennung setzt ein. Die Heliumverbrennung ist eine durchaus exotische Fusionsreaktion:

$$3\alpha \rightarrow {}^8\text{Be} + \alpha \rightarrow {}^{12}\text{C}^* \rightarrow {}^{12}\text{C} + 2\gamma + 7{,}367\,\text{MeV}. \qquad (17.6)$$

Die (17.6) liest sich folgendermassen: Zwei Alphateilchen verweilen für eine kurze Zeit als instabiles ^{8}Be. Während dieser Zeit lagert sich noch ein drittes Alphateilchen an und für kurze Zeit wird ein angeregter Kohlenstoffzustand gebildet. Durch eine Gammaemission, die sehr, sehr selten passiert, bildet sich ein Kohlenstoffkern im Grundzustand. Die Synthese schwererer Kerne wird möglich.

In der äußeren Region des Sterns befindet sich noch Wasserstoff. Dieser wird durch das heiße Zentrum aufgeheizt, so dass in dieser Schicht die Wasserstoffverbrennung einsetzt. Der äußere Mantel des Sterns bläht sich durch den Strahlendruck auf. Wegen der Zunahme der Oberfläche sinkt die Oberflächentemperatur, obwohl die Energieproduktion in diesem Stadium ansteigt. Die Farbe des Sterns wird nach rot verschoben, er wird zum Roten Riesen.

In dieser Phase wird die Sonne ihren Radius bis zur Erde vergrößern und die Erde verbrennt. Das ist aber auch die letzte bedeutende Tat der Sonne. Sie ist zu klein um weitere Entwicklungen durchzumachen. Sie wird sich langsam abkühlen und zu einem unbedeutenden Weißen Zwerg verkümmern.

Für die Synthese schwerer Elemente sind erst sehr schwere Sterne wichtig. Massive Sterne mit einer Masse von acht oder mehr Sonnenmassen sind die Haupterzeuger der Elemente bis Uran. In der Phase des Roten Riesens durchlaufen sie noch weitere Entwicklungsphasen. Je nach der Temperatur fusionieren die α-Teilchen mit ^{12}C, ^{16}O, ^{20}Ne etc., oder es geschieht direkte Fusion von Kohlenstoff, Sauerstoff, Neon, Silizium miteinander. Auf diese Weise werden alle Elemente zwischen Kohlenstoff und Eisen bevölkert.

Die Verbrennung schwerer Kerne geschieht auf einer immer kürzeren Zeitskala, weil das Zentrum des Sterns zunehmend heißer sein muss, zugleich aber der Energiegewinn pro Nukleon durch die Fusion mit steigender Massenzahl immer geringer wird. Die letzte Phase, die Fusion von Silizium zu Eisen, dauert nur noch Tage. Das Stadium der Kernfusion in Sternen ist

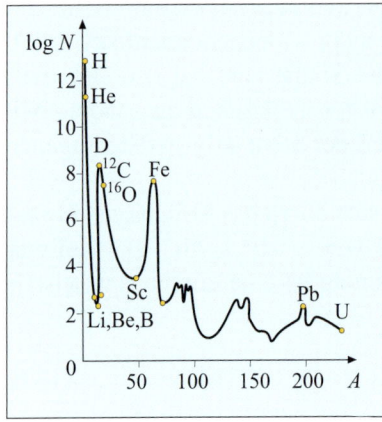

Abb. 17.13 Fast 99% der Materie des Sonnensystems besteht aus Wasserstoff und Helium. Die Synthese der schwereren Elemente verläuft über Kohlenstoff, weswegen die Häufigkeit beim Kohlenstoff ein Maximum zeigt. Das nächste markante Maximum befindet sich bei Eisen, dem letzten Element, das durch Fusion enstehen kann. Der Aufbau der Elemente bis Blei wird durch Anlagerung von Neutronen möglich. Die radioaktiven Kerne bis Uran werden in der Supernovaphase synthetisiert.

mit der Bildung von Eisen abgeschlossen, da Eisen die größte Bindungsenergie pro Nukleon hat.

Wenn das Zentrum des Sterns aus Eisen besteht, ist keine Energiequelle mehr vorhanden. Es gibt keinen Strahlungsdruck und keine thermische Bewegung mehr, die der Gravitation widerstehen könnte. Der Stern kollabiert. Die Außenmaterie des Sterns fällt wie im freiem Fall ins Zentrum. Durch die Implosion erreicht die Kernmterie im Zentrum des Sterns eine gewaltige Dichte und Temperatur, was zu einer gewaltigen Explosion führt. Der Stern emittiert dabei schlagartig mehr Energie, als er zuvor in seinem gesamten Leben erzeugt hat. Man bezeichnet dies als Supernova. Der größte Anteil der Sternmaterie wird in den interstellaren Raum geschleudert und dann später als Baumaterial neuer Sterne benutzt werden. Wenn die Masse des übrig gebliebenen Sternkerns kleiner als die Sonnenmasse ist, beendet der Stern sein Leben als Weißer Zwerg. Wenn die Masse zwischen einer und zwei Sonnenmassen liegt, entsteht ein Neutronenstern. Durch den inversen β-Zerfall, Proton plus Elektron gehen in Neutron plus Neutrino über,

$$p + e^- \rightarrow n + \nu_e \qquad (17.7)$$

erreicht der Neutronenstern eine zu den Kernen vergleichbare Dichte. Die Materie noch massiverer Reste endet als Schwarzes Loch.

Schwerere Kerne als Eisen werden durch Anlagerung von Neutronen synthetisiert. Während der Fusionsphasen der Sternenentwicklung werden Neutronen erzeugt, die anschließend von Kernen absorbiert werden. Durch den anschließenden β^--Zerfall klettern die Massenzahl A und die Ladungszahl Z bis zum letzten stabilen Kern, Blei. Die radioaktiven Kerne bis Uran werden in der Supernovaphase synthetisiert. Die Elementhäufigkeit im Sonnensystem ist in Abb. 17.13 gezeigt.

17.6 Spaltung

Die Transurane, Elemente mit einer Ladungszahl größer als 92, zerfallen durch α-Zerfall und durch spontane Spaltung. Je größer die Ladungszahl, desto wahrscheinlicher ist die spontane Spaltung. Durch die Coulombabstoßung wird die Oberflächenspannung so weit abgeschwächt, dass der Kern die sphärische Form nicht halten kann, er oszilliert bis er durch den Tunneleffekt spaltet.

Interessanter als die spontane ist die induzierte Spaltung. Sie wurde 1938 von *Otto Hahn* und *Fritz Straßmann* experimentell entdeckt. Mit physikalischen Methoden – Messungen der Radioaktivität – und chemischen Analysen haben sie die Produkte bei der Bestrahlung des Urans mit Neutronen untersucht. Dabei haben sie radioaktives Barium gefunden. Die theoretische Erklärung der Spaltung haben *Lise Meitner* und *Otto Frisch* im Jahre 1939 vorgeschlagen. Ihr Modell war ein elektrisch geladener Flüssigkeitstropfen, der durch den Einfang des Neutrons so in Schwingung versetzt wird, dass er sich in zwei große Fragmente teilt (Abb. 17.14).

Die Energie, die bei der Spaltung frei wird, ist 30 mal größer als die mittlere freie Energie bei der Fusionsreaktion. Das hat große Hoffnung auf eine neue Energiequelle geweckt. Die Bedingungen dafür sind ausgezeichnet. Die prompten Neutronen halten die Kettenreaktion am Leben, die verzögerten machen die Verbrennung des Urans steuerbar (Abb. 17.15). Nur ^{235}U ist spaltbar und Uran aus Gestein muss für die Anwendung im Kernreaktor in ^{235}U moderat angereichert werden. Die Forschungsreaktoren benutzen das auf 20% angereicherte ^{235}U. Mit solchen Reaktoren bekommt man hohe Flüsse von thermischen Neutronen zum Experimentieren. Die Atombombenbauer benötigen sogar 90% angereichertes ^{235}U. In einer Atombombe muss die Kettenreaktion mit prompten, schnellen Neutronen laufen, für die die Spallationswirkungsquerschnitte klein sind. Das in Brennstäben der Kernreaktoren bis zu 95% vorhandene ^{238}U absorbiert das Neutron und wird zum kurzlebigen ^{239}U. In zwei sukzessiven β^--Zerfällen entsteht das Transuran Plutonium mit der Ladungszahl $Z=94$ und der Massenzahl $A=239$. Das ^{239}Pu ist spaltbar und kann als Brennmaterial in Kernreaktoren angewendet werden. Die zweite auf Japan abgeworfene Atombombe hatte Plutonium als Spaltmaterial.

17.7 Radioaktivität

Als Radioaktivität bezeichnen wir den α-Zerfall, die Spaltung und den β-Zerfall der instabilen Kerne. Diese Zerfälle enden nicht in den Grundzustän-

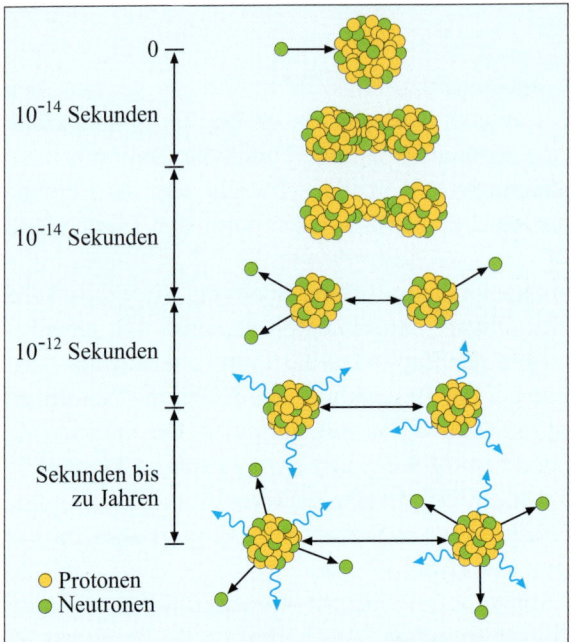

Abb. 17.14 Ein Neutron trifft auf einen ^{235}U-Kern und versetzt ihn in Oszillation mit einer Lebensdauer von 10^{-14} Sekunden. In der nächsten Stufe (10^{-12} Sekunden) trennen sich die Fragmente. Da das Uran einen Überschuss an Neutronen hat, werden neben den Fragmenten gleichzeitig noch zwei bis drei Neutronen emittiert. Das sind die prompten Neutronen, die für die Kettenreaktion des Urans verantwortlich sind. Die Fragmente, die noch sehr reich an Neutronen sind, befinden sich in hoch angeregten Zuständen, emittieren Gammastrahlen und landen in Grundzuständen radioaktiver Isotope. Diese zerfallen weiter durch β^--Emission mit Lebensdauern bis zu tausend Jahren. Diese langlebigen Isotope sind das Hauptproblem der Endlagerung des verbrauchten Materials der Kernreaktoren. Die ersten β-Zerfälle finden innerhalb von Sekunden statt. Oft führen sie zu neutronen-instabilen Kernen. Die Neutronen, die innerhalb von Sekunden diesen β-Zerfällen folgen, nennen wir die verzögerten Neutronen. Diese Neutronen ermöglichen den Betrieb der Kernreaktoren. Die kinetischen Energien der Fragmente, der prompten Neutronen, die Energien der Gammastrahlen und der Elektronen von den Zerfällen kurzlebiger radioaktiver Kerne addieren sich zu ≈ 200 MeV.

den der Tochterkerne, sondern in der Regel in angeregten Zuständen. Diese werden durch Gammastrahlung abgeregt.

17.7 Radioaktivität

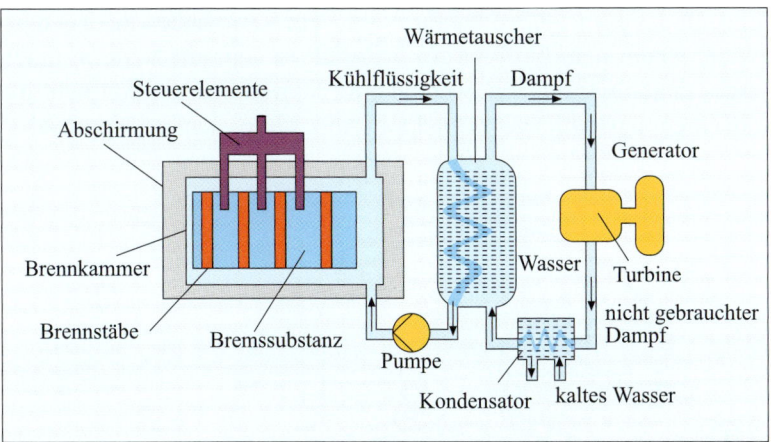

Abb. 17.15 Die an ^{235}U angereicherten Brennstäbe stecken in einem Moderator, entweder schwerem Wasser oder Kohlenstoff. Die prompten Neutronen sollten abgebremst werden. Die thermischen Neutronen haben einen wesentlich größeren Einfangwirkungsquerschnitt als die schnellen. Je effektiver die Neutronen thermalisiert werden und je größer der Reaktor ist, desto weniger muss das Uran mit spaltbarem ^{235}U angereichert werden. Kernreaktoren werden im sogenannten kritischen Bereich betrieben, d.h. die Zahl von Neutronen, die zur Spaltung führen, wird konstant gehalten. Das ist nur dadurch möglich, dass es verzögerte Neutronen gibt, deren Zahl man mit mechanischen Absorptionsstäben regeln kann.

17.7.1 Geothermale Energiequellen

Bevor wir uns den Quellen der Radioaktivität an der Erdoberfläche widmen, sollten wir, die, für die Erde sehr wichtige Energiequelle, Radioaktivität im Inneren der Erde untersuchen. Die geothermale Energie ist, verglichen mit der Energie, die die Erde von der Sonne für das Klima bekommt, fast vernachlässigbar, sie beträgt nur 0,002% der Sonnenenrgie. Aber die im Inneren freigesetzte Energie sorgt dafür, dass die Erde lebt. Sie ist verantwortlich für die Stabilität der Temperatur an der Erdoberfläche, Vulkanismus, Bewegung der Kontinente und als dessen Konsequenz für die Erdbeben. Dass die Radioaktivität im Inneren der Erde den Hauptanteil an dieser Energie liefert, war schon seit der Entdeckung der Radioaktivität vermutet. Im Jahre 2005 konnte man sie experimentell nachweisen. Die Hauptquellen der Radioaktivität im Inneren der Erde kommt von dem Zerfall von Uranisotopen, ^{235}U und ^{235}U, und Thorium ^{232}Th und deren Zerfallsprodukten. Die drei zerfallen vorwiegend durch den α-Zerfall, die Zerfallsprodukte sind wieder radioaktive Isotopen. Um die abstoßenden Coulombkräfte zwischen Protonen im Kern zu kompensieren, haben die schweren Kerne einen Überschuss an Neutronen.

Beim α-Zerfall, das emittierte Teilchen ist ein ^{4}He Kern, haben die Töchterkerne zu viele Neutronen. Es folgt ein β-Zerfall in dem ein Neutron in ein Proton umgewandelt wird. Dabei werden ein Elektron und ein Antineutrino emittiert. In einem unterirdischen Detektor (Abb. 17.16) namens KamLAND

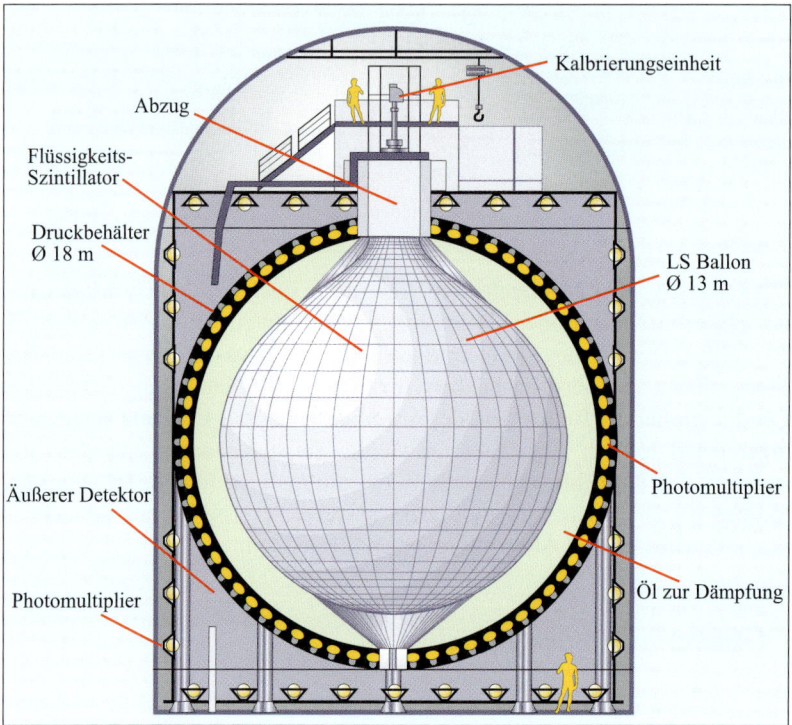

Abb. 17.16 Die Neutrinos und Antineutrinos spüren nur die schwache Wechselwirkung und wechselwirken dementsprechend kaum mit Materie. Die Neutrinos kommen fast ungehindert aus dem Zentrum der Sonne und liefern direkte Informationen über Fusionsreaktionen in der Sonne. Etwa $5 \cdot 10^{14}$ Neutrinos pro m^2 und Sekunde durhqueren unseren Körper. Ihr Nachweis ist schwirig: Der überall vorhandene Untergrund durch natürliche Radioaktivität wird durch den Bau der Detektoren tief unter der Erde reduziert. Die Volumina der Detektoren betragen typischerweise mehrere hundert Kubikmeter, wenn man wenigstens einige wenige wechselwirkende Neutrinos nachweisen will. Der KamLAND-Detektor ist zum Nachweis von Antineutrinos aufgebaut worden. Der zentrale Detektor wiegt Tonnen, gefüllt mit einem flüssigen Szintillator und umgeben von tausenden Photomultipliern. Die Geoneutrinos werden durch die Reaktion $\bar{\nu}_e + p \rightarrow e^+ + n$ nachgewiesen. Das Positron annihiliert mit einem Elektron des Szintillators, wobei zwei Photonen mit der Gesamtenergie von 1 MeV entstehen.

in Japan können Antineutrinos nachgewiesen werden. Beim β^--Zerfall von Thorium und Uran im Inneren der Erde enstehen Antineutrinos, die KamLAND detektieren kann. Dadurch konnte eine Abschätzung der Masse radioaktiver Elemente in der Erde durchgeführt werden. Bisher gab es Unstimmigkeiten zwischen Modellrechnungen der Geologen und gemessenen Werten zur Temperatur der Erde. Grund dafür war der nur sehr ungenau bekannte Anteil radioaktiver Elemente in der Erde. Durch die nunmehr besser bekannten radioaktiven Beiträge zum Wärmeausstoß der Erde, wurden neue Erkenntnisse über das Innere der Erde gewonnen.

17.7.2 Das Alter des Sonnensystems

Die langlebigen Isotope ^{235}U und ^{238}U sind die Hauptuhren, mit dennen das Alter des Sonnensystems bestimmt wurde. Die präzisen Altersbestimmungen sind an alten Erdgesteinen und Meteoriten durchgefürt worden, für die man glaubt, dass sie aus der Zeit kurz nach der Entstehung des Sonnensystems stammen und sind nachher nicht mehr aufgeheizt worden. Wir wollen zunächst nur eine grobe Abschätzung des Alters, die aber einfach und transparent ist, machen.

Die Altersbestimmung wäre einfach, wenn man wüsste wieviele radioaktive Kerne sich zur Zeit $t = 0$ ($N(t = 0)$) in der Probe befunden haben und zur Messzeit $tN(t)$ befinden:

$$N(t) = N(t = 0) \exp \frac{t}{\tau} \qquad (17.8)$$

woraus das Alter der Probe folgt, $t = \ln(N(t)/N(t = 0))$.

Mit zwei Isotopen desselben Elements kann das Problem der Anfangsaktivität gelöst werden. Erst die grobe Abschätzung. Überall, wo man Uran findet, ist das Verhältnis zwischen beiden Isotopen gleich, ^{235}U findet man mit 0,7% und ^{238}U zu 99,3%. Die Lebensdauer von ^{235}U ist $\tau_{235} = 1,02 \cdot 10^9$ Jahre, die von ^{238}U $\tau_{238} = 6,45 \cdot 10^9$ Jahre. Die Uranisotope sind bei der letzten Supernovaexplosion durch die schnelle Anlagerung von Neutronen an stabile Kerne von Blei und andere leichtere Kerne entstanden. Der anschließende β^--Zerfall hat zur Erhöhung der Ladungszahl geführt. Unter diesen Umständen ist es zu erwarten, dass die beiden Isotope nach der Supernovaexplosion etwa vergleichbare Häufigkeit hatten.

Da ^{238}U drei Neutronen mehr als ^{235}U hat, könnte seine Häufigkeit in dieser Phase kleiner sein als die von ^{235}U,

$$N_0^{238} < N_0^{235}. \qquad (17.9)$$

Das heutige (t) Verhältnis der Häufigkeiten der beiden Isotope ist

$$\frac{N^{235}}{N^{238}} = \frac{N_0^{235} \exp \frac{t}{\tau_{235}}}{N_0^{238} \exp \frac{t}{\tau_{238}}}. \tag{17.10}$$

Um die obere Grenze für die Zeit seit der Supernova, von der unsere Materie stammt, zu bestimmen, setzen wir $N_0^{238}/N_0^{235} = 1$. Logarithmiert man den Ausdruck (17.10) und löst nach der Zeit auf, ergibt sich

$$t = \frac{\ln \frac{N^{235}}{N^{238}}}{\frac{1}{\tau_{235}} + \frac{1}{\tau_{238}}} \approx 6 \cdot 10^9 \text{ Jahre}. \tag{17.11}$$

Das ist keine schlechte Abschätzung. Eine Messung für das Alter von festen Proben, wie Meteoriten, Mondproben und Erdgesteinen ergibt $\approx$ 4,5 Milliarden Jahre. In festen Proben kann man auch die Zerfallsprodukte der Uranisotope nachweisen und dadurch die absolute Zahl der radioaktiven Atome beim Übergang der Probe zum festen Körper. Wie lange es gedauert hat, zwischen der Supernova und der Entstehung des Sonnensystems, ist nicht bekannt.

17.7.3 Umweltradioaktivität

In der Natur auftretende langlebige radioaktive Isotope stammen aus einer Supernova, ^{235}U, ^{238}U, ^{232}U und ihre radioaktiven Tochterkerne. Von leichten radioaktiven Isotopen aus der Zeit der Supernova hat nur ^{40}K bis heute überlebt. Die hochenergetischen kosmischen Strahlen produzieren Tritium und ^{14}C.

Aktivität radioaktiver Substanzen Wie schon im Kapitel 1 eingeführt, ist die physikalische Einheit der Aktivität einer Substanz Becquerel, ein Becquerel ist ein Zerfall pro Sekunde. Die Zahl der Zerfälle in einem Volumen zu messen ist einfach, wenn wir uns auf die Zerfälle beschränken können, die von der Emission der Gammastrahlen begleitet werden. Eine gute Messung der Gammaenergien gibt den Aufschluss über das zerfallende radioaktive Isotop. Heute kennt man Zerfallsmoden aller radioaktiven Substanzen und es ist leicht, aus den gut gemessenen Gammaenergien das zerfallende Isotop zu identifizieren.

Energiedosis Für die Effekte der Radioaktivität ist nicht die Zahl der Zerfälle maßgebend, aber die durch die Strahlung in der Substanz deponierte Energie. Die Photonen geben ihre Energie durch den Photoeffekt, den Comptoneffekt und die Paarbildung ab. Dabei entstehen Elektronen und Positronen, die ihre kinetische Energie durch die Ionisation des Mediums verlieren. Die α-Teilchen mit ihrer doppelt positiven Ladung ionisieren kräftig und werden innerhalb einer sehr kurzen Strecke abgebremst. Die Neutronen, in der

17.7 Radioaktivität

natürlichen Radioaktivität sehr selten anwesend, geben ihre Energie in Kernreaktionen ab. Die Einheit der Energiedosis ist Gray,

$$1\,\text{Gy} = \frac{1\,\text{Joule}}{1\,\text{kg}}. \tag{17.12}$$

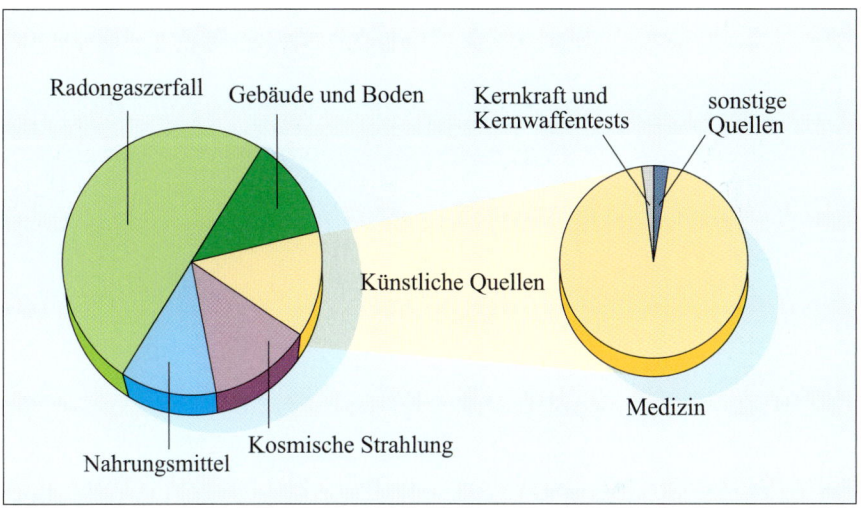

Abb. 17.17 Der Hauptanteil der jährlichen Äquivalentdosis stammt vom Radonzerfall. Radon ist ein Tochterkern von ^{238}U. Uran ist ziemlich gleichmäßig in der Erde verteilt. Aus diesem Grund findet man Spuren von Uran und Radon im Baumaterial. Radon, als Edelgas, diffundiert aus den Wänden und wird eingeatmet. Als α-aktives Nuklid macht es in etwa die Hälfte der Strahlenbelastung aus. Die Gammastrahlen kosmischer und terrestrischer Natur tragen etwa 15% der Belastung bei. Das Esssen und Trinken – im wesentlichen ^{40}K – machen auch etwa 15% der jährlichen Dosis aus. Die Medizin trägt den Hauptanteil der künstlich erzeugten Belastung. Die Radioaktivität von atmosphärischen Atombombenexplosionen und Kernreaktorunfällen beträgt heute weniger als ein Prozent der Gesamtbelastung. Der Mittelwert der Äquivalentdosis in Deutschland beträgt $\approx 4{,}5$ mSv.

Äquivalentdosis Für die biologische Belastung durch die Strahlung ist die Angabe vom Gray nicht ausreichend. Die dicht ionisierenden α-Teilchen verursachen um einen Faktor 20 mal größere biologische Schäden als elektromagnetische Strahlen und Elektronen vom β-Zerfall. Die Strahlungsbelastung wird durch die Äquivalentdosis angegeben. Die Einheit Sievert (Sv) ist folgendermaßen definiert:

$$1\,\text{Sv} = Q \cdot \text{Gy}. \tag{17.13}$$

Für Röntgen-, Gamma- und β-Strahlen ist $Q = 1$, für α-Teilchen $Q = 20$ und für Neutronen $Q = 5$ bis 20.

Für die mittlere jährliche radioaktive Belastung (Abb. 17.17) werden lokale Bestrahlungen auf den Gesamtkörper umgerechnet. So erscheint eine Röntgenaufnahme der Zähne in dieser Darstellung mit der effektiven Äquivalentdosis multipliziert mit dem Verhältnis von Gewicht des bestrahlten Gewebes zu Körpergewicht.

Kapitel 18
Expandierendes Universum

Das heutige Modell des expandierenden Universums beruht auf drei Beobachtungsbefunden: Spektrale Rotverschiebung der entfernten Galaxien, die mit dem Abstand von uns zunimmt, Beobachtung der Hintergrundstrahlung, entsprechend einer Schwarzkörperstrahlung von einer Temperatur $T = 2{,}7$ K und der Tatsache, dass die uns bekannte Materie zu 99% aus Wasserstoff- und Heliumatomen besteht.

18.1 Kosmische Rotverschiebung und Expansion

Edwin Hubble hat 1929 Resultate seiner Beobachtungen veröffentlicht, in denen er den Zusammenhang zwischen der Rotverschiebung und der Entfernung der Galaxien von der Erde demonstriert. Die Rotverschiebung misst man mit Hilfe gut bekannter Emissionslinien der Atome. Im gemessenen Spektrum erscheinen die Linien um z verschoben

$$z = \frac{\lambda_e - \lambda_0}{\lambda_0} = \frac{\lambda_e}{\lambda_0} - 1. \qquad (18.1)$$

In Formel (18.1) ist λ_e die Wellenlänge der beobachteten Emissionslinie entfernter Galaxien und λ_0 die Wellenlänge der gleichen Emissionslinie gemessen im Labor. Hubble hat nicht direkt die Rotverschiebung aufgetragen, sondern die Geschwindigkeiten, mit denen sich die Galaxien entfernen mit der Annahme, dass die Formel $z = v/c$ gilt. Die Beziehung wurde in der Analogie zu der Rotverschiebung als Folge des Dopplereffekts bei kleinen Geschwindigkeiten übernommen. Später werden wir zeigen, dass diese Beziehung für die kosmologische Rotverschiebung gilt. Das Resultat neuer Messungen ist in Abb. 18.1 dargestellt und wird üblicherweise in dieser Form angegeben. Die Beziehung zwischen der Geschwindigkeit, mit der sich die Sterne von uns entfernen v und deren heutigem Abstand von uns D ist:

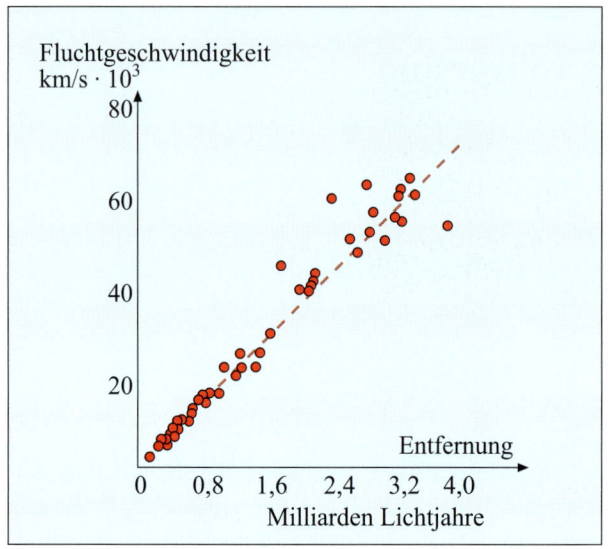

Abb. 18.1 Die Abhängigkeit der Fluchtgeschwindigkeiten der Galaxien von ihren Entfernungen von uns. Die Geschwindigkeiten sind aus der Rotverschiebung mit der Formel $v = z \cdot c$ gewonnen. Die Geschwindigkeit ist in km/s, die Entfernung in Milliarden von Lichtjahren angegeben. Die Galaxien, die 4 Milliarden Lichtjahre entfernt sind, bewegen sich mit $\approx 65 \cdot 10^3$ km/s von der Erde weg.

$$v = H_0\, D\,. \qquad (18.2)$$

Den Proportionalitätsfaktor zwischen Geschwindigkeit v und Abstand D nennen wir die Hubble-Konstante H_0. Das große Problem bei der Bestimmung der Hubble-Konstante ist der Abstand der Sterne, die einige Milliarden Lichtjahre entfernt sind. Da es verschiedene Methoden zu dieser Bestimmung gibt, variieren die Werte für die Hubble-Konstante. Die Hubble-Konstante ist zeitabhängig, $H(t)$. Der heutige Wert, H_0, hat in den Einheiten km/s pro Megaparsec [Mpc] bzw. in km/s pro Megalichtjahre [MLj] den Wert

$$H_0 = 71 \pm 6 \frac{\mathrm{km\,s^{-1}}}{\mathrm{Mpc}} = 22{,}1 \pm 2 \frac{\mathrm{km\,s^{-1}}}{\mathrm{MLj}}. \qquad (18.3)$$

Die verwendete Methode für diesen Wert der Hubble-Konstante ist mit Hilfe von pulsierenden Sternen (Cepheiden), die einen Zusammenhang zwischen Periode und Leuchtkraft haben, bestimmtworden. Aus der Bestimmung der Periode schließen wir auf die Leuchtkraft und aus der Messung der Helligkeit auf den heutigen Abstand $(1/r^2)$.

Die Interpretation der kosmischen Rotverschiebung geht zurück auf *Georges Lemaître* in 1931. Er hat gezeigt, dass die Hubblesche Beziehung auf

18.1 Kosmische Rotverschiebung und Expansion

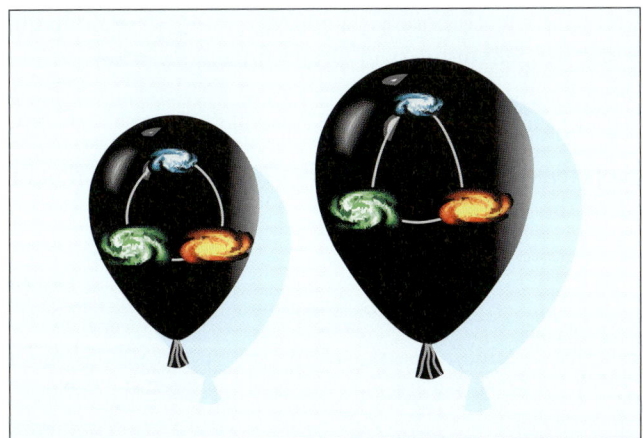

Abb. 18.2 Zweidimensionales Modell des Universums. Bei einem kugelsymmetrischen Ballon bleiben beim Aufblähen die Winkel, unter dem man vom Mittelpunkt zwei Galaxien sieht, erhalten. Bezeichnet man den Winkel zwischen zwei Galaxien mit α, dann ist der Abstand zwischen ihnen $D = R \cdot \alpha$. Wir können jetzt die Hubblesche Beziehung für den zweidimensionalen Fall schreiben. Die Geschwindigkeit, mit der sich zwei Galaxien entfernen, ist $v = \frac{dD}{dt} = \frac{dR}{dt} \cdot \alpha$. Wenn wir als zweidimensionale Hubble-Konstante $H_2 = \frac{1}{R} \frac{dR}{dt}$ definieren, bekommt die Hubblesche Beziehung die Form $v = H_2 \cdot D$.

eine Expansion des Universums hindeutet. Die Expansion kann sehr gut in einem zweidimensionalen Modell des Universums, einem aufblähenden Ballon, veranschaulicht werden (Abb. 18.2). Alle Stellen an der Ballonoberfläche sind gleichberechtigt, für die zweidimensionalen Galaxien gibt es keinen Rand des Univerums, so wie es in unserem Universum der Fall ist. Die Sterne der Galaxien sind durch die Gravitation gebunden, im Modell sind sie auf dem Ballon in einem Punkt aufgeklebt. Die Expansion des Ballons beobachtet man an zunehmenden Entfernungen zwischen den weit auseinander liegenden Galaxien, wobei die relativen Abstände in den Galaxien unverändert bleiben. Bei einem kugelsymmetrischen Ballon bleiben beim Aufblähen die Winkel, unter dem man vom Mittelpunkt zwei Galaxien sieht, erhalten. Bezeichnet man den Winkel zwischen zwei Galaxien mit α, dann ist der Abstand zwischen ihnen $D = R \cdot \alpha$. Wir können jetzt die Hubblesche Beziehung für den zweidimensionalen Fall schreiben. Die Geschwindigkeit, mit der sich zwei Galaxien entfernen, ist

$$v = \frac{dD}{dt} = \frac{dR}{dt} \cdot \alpha. \tag{18.4}$$

Wenn wir als zweidimensionale Hubblekonstante $H_2 = \frac{1}{R}\frac{dR}{dt}$ definieren, bekommt die Hubblesche Beziehung in zwei Dimensionen die Form

$$v = H_2 \cdot D. \tag{18.5}$$

Wäre die Hubblekonstante zeitunabhängig und ohne wechselwirkende Materie, dann entspräche die Zeit

$$t_H = \frac{l}{v} = \frac{1}{H_0} \tag{18.6}$$

dem Alter des Universums. In einem realistischen Universum ist das nicht der Fall, jedoch die Zeit t_H gibt eine Zeitskala an, mit der man die Größenordnung des Alters abschätzen kann. Die Zeit t_H wird Hubblezeit genannt. Das Alter des Universums wird in Modellrechnungen bestimmt. Die meisten Modelle geben das Alter des Universums vergleichbar mit der Hubblezeit an. Numerisch beträgt die Hubblezeit

$$t_H = \frac{1}{H_0} = 13{,}78 \cdot 10^9 \text{ Jahre.} \tag{18.7}$$

18.2 Das Big-Bang/Urknall-Modell

Der Begriff „Big Bang" ist irreführend. Den Anfang des Universums stellt man sich als Entstehung der Raumzeit mit hoher Energie geladen vor und nicht als einen Knall. In den 50er Jahren gab es eine Kontroverse zwischen den Anhängern des Modells des expandierenden Universums und des sogenannten „Steady State Model". Um das Modell des expandierenden Universums zu verhöhnen, hat Fred Hoyle, ein Befürworter des Steady State, dieses Mosell als Big Bang bezeichnet. Die Befürworter des expandierenden Universums haben den einprägsamen Charakter des Big Bangs erkannt und adoptiert.

Die Entwicklung des Universums im Big-Bang-Modell fängt mit der Expansion des Raumes bei hohen Temperaturen an. Analog zu den Phasenübergängen aus der klassischen Thermodynamik, entstehen aus der Anfangsenergie Teilchen und Wechselwirkungen. Drei Minuten nach dem Urknall besteht das Universum aus Protonen, Heliumkernen, Elektronen und Photonen. Nach etwa 400 000 Jahren bilden sich aus Kernen und Elektronen Wasserstoff- und Heliumatome. Die Temperatur des Universums betrug 3000 K und die Photonen hatten eine Energieverteilung eines Schwarzen Körpers entsprechend dieser Temperatur. Die Photonen können die Atome

18.2 Das Big-Bang/Urknall-Modell

nicht mehr ionisieren und breiten sich frei durch das Universum aus. Durch die Expansion des Universums auf Grund der kosmischen Rotverschiebung verlängert sich ihre Wellenlänge proportional zu dem Radius des Universums. Diese Photonen beobachtet man heute als *Kosmische Hintergrundstrahlung* (Abb. 18.3). Die Energieverteilung der Photonen der Kosmischen Hintergrundstrahlung entspricht der Schwarzkörperstrahlung bei 2,7 K. Das Universum hat sich seit dann um einen Faktor 1100 abgekühlt, sein Radius um denselben Faktor vergrößert.

Ein großer Erfolg des Modells ist die quantitative Vorhersage der Wasserstoff/Helium-Häufigkeit im Universum und der Erklärung der Hintergrundstrahlung.

Wenn man von der Entstehung des Universums absieht, gibt es noch etliche offene Fragen. Aus der vorhandenen Energie am Anfang des Universums entstehen Teilchen und Antiteilchen paarweise. Bei der Abkühlung hätten sich alle vernichten müssen. Um die heutige Zahl der Atome im Universum erklären zu können, müsste etwa ein Teilchen von 10^{10} die Vernichtung überlebt haben. Bis heute konnte man den Grund dieser Asymmetrie in Teilchen und Antiteilchen experimentell nicht nachweisen.

Es gibt Hinweise darauf, dass sich vier mal mehr Materie im Universum befindet als in den uns bekannten Galaxien. Diese Materie, genannt *Dunkle Materie*, weder emittiert noch absorbiert das Licht. Bis jetzt macht sie sich nur in Gravitationseffekten bemerkbar. Wenn die Dunkle Materie doch noch die schwache Wechselwirkung und nicht nur die Gravitation besitzt, dann könnte man sie in großen Untergrundexperimenten, ähnlich wie die Neutrinos, nachweisen. Soweit vergeblich.

Wir haben gesehen, dass es die Äquivalenz zwischen der Energie und der Masse gibt. Die beiden sind eqivalent, jedoch nach ihrem Verhalten verschieden. Die Teilchen mit einer Ruhemasse klumpen sich. Die Dunkle Materie ist in und um Galaxien versammelt. Die elektromagnetische Strahlung, die kosmische Hintergrundstrahlung, ist homogen im Universum verteilt. Um die Expansion des Universums zu erklären, wird in den kosmologischen Modellen eine zusätzliche Energie benötigt. Da sie gleichverteilt im Universum auftritt, nennt man sie *Dunkle Energie*.

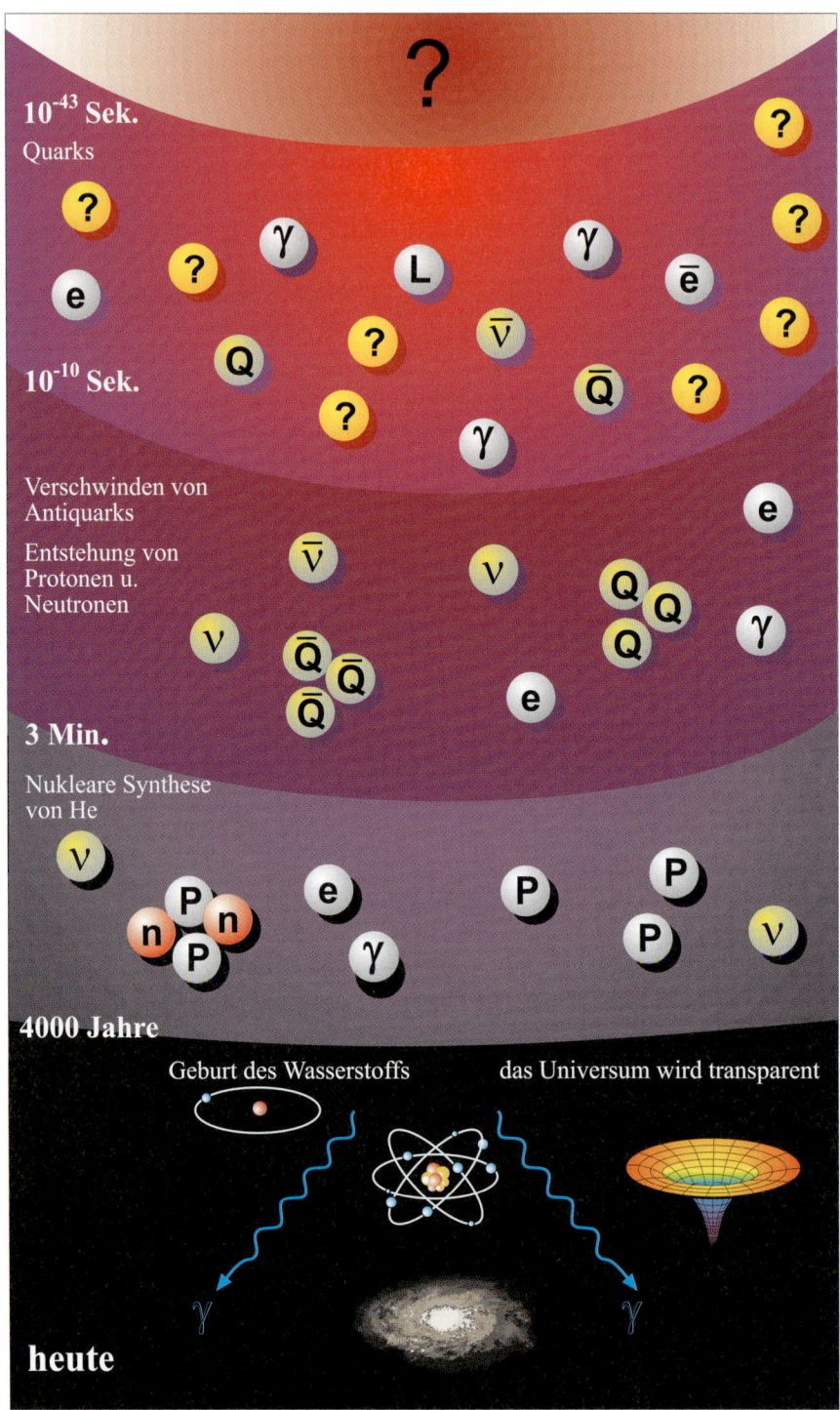

Abb. 18.3 *Das Big-Bang-Modell im Bild*. In logarithmischer Skala erscheint die Zeit $t = 0$ nicht mehr im Bild, sondern ist nach $-\infty$ verschoben. Das ist gut so, unsere Unkenntnis schieben wir aus dem Bild. Das Universum fängt an zu expandieren und sich abzukühlen. Die erste Phase sollte eine exponentielle Expansion gewesen sein, um zu erklären, dass wir heute nur einen kleinen Teil des Universums sehen. Das Universum sollte sich in der Zeit von nur 10^{-43} Sekunden auf das 10^{50}-fache der Planck-Länge ausgedehnt haben. Die Planck-Länge ist die kleinste noch sinnvoll definierbare physikalische Größe, sie beträgt ca. 10^{-35} Meter. Das Universum befindet sich im thermischen Gleichgewicht, Teilchen und Antiteilchen annihilieren zu Strahlung, aus der Strahlung werden wieder Teilchen-Antiteilchen-Paare produziert. Wenn die Temperatur so weit abgesunken ist, dass die Strahlung nicht mehr die Teilchen-Antiteilchen-Paare erzeugen kann, vernichten sich die Teilchen mit ihren Antiteilchen. Das ist „glücklicherweise" nicht vollständig passiert. Sonst gäbe es keine Materie im Universum. Ein Teilchen von 10^{10} Teilchen hat die Vernichtung überlebt. Das bedeutet, dass es eine kleine Asymmetrie zwischen Teilchen und Antiteilchen in der Natur geben muss. Diese Asymmetrie konnte jedoch experimentell bis heute nicht nachgewiesen werden. In der Zeit bis 10^{-4} Sekunden besteht das Universum aus elektromagnetischer Strahlung und einer Suppe von Quarks und Gluonen, die Physiker als Quark-Gluon-Plasma bezeichen. Alle exotischen Teilchen der ersten Phasen des Universums, die wir nicht explizit erwähnt haben, sind verschwunden. Nach 10^{-4} Sekunden kondensieren die Quarks in Protonen und Neutronen. Jetzt sorgen die Neutrinos und die Antineutrinos für das Gleichgewicht zwischen Protonen und Neutronen. Das geht so lange als die Antineutrinos ausreichend Energie haben, um die Reaktion $p + \bar{\nu}_e \rightarrow n + e^+$ durchzuführen. Das ist bald nicht mehr der Fall, die Neutronen zerfallen mit der zehnminütigen Lebensdauer ($n \rightarrow p + e^- + \bar{\nu}_e$) in die Protonen, Elektronen und Antineutrinos. Ein Teil der Neutronen rettet sich durch die Fusion mit Protonen in Deuteronen und darauf folgende Fusionen in He^4. Das Modell erklärt exzellent das heutige Zahlenverhältnis 1:4 zwischen Helium und Wasserstoff im Universum. Diese Übereinstimmung zwischen dem Modell und Beobachtung gilt nach der Expansion als die zweite Säule des Urknallmodells. Das Universum besteht jetzt aus Protonen und Heliumkernen und 10^{10} mal mehr Photonen. Wegen des gewaltigen Überschusses an Photonen werden die Elektronen erst wenn das Univerum auf 3000 K abgekühlt ist, in Atomen gebunden. Nach dem Modell fand das 400 000 Jahre nach dem Urknall statt. Die Photonen können die Atome nicht mehr ionisieren, und können sich frei durch das Universum ausbreiten. Die Hintergrundstrahlung, die wir heute als 2,7 K-Strahlung beobachten, stammt aus dieser Zeit. Mit Hilfe der Hubble-Formel (siehe Abb. 18.2) bedeutet dies, dass sich das Universum von damals bis heute um einen Faktor 1100 ausgedehnt hat. Die Übereinstimmung zwischen dem Modell und der beobachteten Hintergrundstrahlung betrachet man als die dritte Säule des Modells.

Weiterführende Literatur

Bachelor-Studenten der Physik benutzen häufig die vierbändige Lehrbuchreihe *Experimentalphysik* von Wolfgang Demtröder, erschienen im Springer Verlag.

Im Gravitationskapitel haben wir zwei Veröffentlichungen, den populärwissenschaftlichen Artikel *Eine Nacht im Zentrum der Milchstraße* von Stefan Gillessen und das Buch *Planet Formation* von Ed. H. Klahr and W. Brander, Cambridge University Press (2006) über die neuen Modelle zur Entstehung des Sonnensystems verwendet.

Der Abschnitt über die Versorgung von Pflanzen mit Wasser im Abschnitt 6.3 stammt aus dem Buch *Biology of Plants* von Raven, Evert und Eichhorn, W. H. Freeman and Company Verlag. Der Abschnitt über Elektrizität in der Biologie in Kapitel 10.4 wurde mit Hilfe von *Biological Physics* von Philip Nelson, ebenfalls erschienen im W. H. Freeman and Company Verlag, verfasst.

Die Probleme der Energetik sind im Buch *Die Zukunft unserer Energieversorgung* von Dietrich Pelte, Vieweg + Teubner 2010 behandelt.

Der erste Nachweis von Antineutrinos vom radioaktiven Zerfall im Inneren der Erde wurde unter dem Titel *Glints from inner space* von P. Weiss in Science News 168, 2005 veröffentlicht.

Zum Kapitel über Kosmologie ist das Lesen von Steven Weinbergs Buch *The First Three Minutes* empfehlenswert, erschienen im BasicBooks 1993.

Das vorliegende Buch gibt dem Leser die Basis, um Informationen aus dem Internet kritisch anwenden zu können.

Sachverzeichnis

Adhäsion, 87
Aggregatzustände, 263
Alter des Sonnensystems, 291
Archimedes von Syrakus, 79
Archimedisches Prinzip, 79
Aristarchus von Samos, 1
Atom, 239
Atomspektren, 194
Auge, 213
   Farbempfindlichkeit, 218
Avogadro, Amadeo, 93

Balmer, Johan Jakob, 196
Barometrische Höhenformel, 77
Bernoulli Gleichung, 82
Bernoulli, Daniel, IX
Bernoulli-Gleichung, 80
Big Bang/Urknall, 295
Blutkreislauf, 82
Bohr, Niels, 196, 239
Bohrsche Radius, 198
Boltzmann, Ludwig, 3, 116, 118
Boltzmannkonstante, 94
Boyle-Mariotte-Gesetz, 77
Bragg, William Henry, 204
Bragg, William Laurence, 204
Broglie, Louis-Victor de, 236

Carnot, Sadi, 108
Chemische Bindung, 251
   Bindungscocktails, 259

Faltung, 260
   ionische, 253
   kovalente, 251
   metallische, 252
   Van-der-Waals-Bindung, 258
   Wasserstoffbrückenbindung, 256
Clausius, Rudolf J. E., 118
Comptonstreuung, 221
Copernicus, Nicolaus, 1
Coulomb, C. A. de, 3

Darwin, Charles, 3
Debye, Peter, 236
Debye-Temperatur, 101
Determinismus, 67
   deterministisches Chaos, 67
   Laplacescher Dämon, 67
Diffusion, 109
Dopplereffekt, 141
Drehimpuls
   Erhaltung, 36
Druck, 75
Dunkle Energie, 299
Dunkle Materie, 299
Dynamik, 21
   Drehimpuls, 29
   Drehmoment, 34
   Impuls, 22
   Impulserhaltung, 22
   Kraft, 26
   Masse, 22

Newtonsche Axiome, 21
Rotation, 36
schwere Masse, 27
Schwerpunkt, 32
Vektorprodukt, 29

Edison, Thomas, 177
Einstein, Albert, VIII
Eis, 268
Elektrodynamik, 149
Elektromagnetische Wellen, 183
  Lichtgeschwindigkeit, 184
Elektromagnetismus
  Batterie, 159
  elektrische Spannung, 155
  elektrischer Strom, 155
  elektromagnetischer Schwingkreis, 175
  Elektromotor, 178
  Elementarladung, 149
  Energietransport, 181
  in Biologie, 164
  in Zellmembran, 166
  Kondensator, 162
  magnetische Induktion, 170
  magnetisches Feld, 153
  Maxwellgleichung, 178
  Spule, 173
  Strom in Lösungen und Schmelzen, 158
  Strom in Metallen, 156
  Stromgenerator, 176
  Transformator, 174
  Widerstand, 161
Elektron, 223
  magnetisches Moment, 153
  Spin, 154
Elektronvolt, 94
Elektrosmog, 195
Elementsynthese, 284
Entropie, 117
  abgeschlossene Systeme, 117
  offene Systeme, 123
  Selbstorganisation, 126
Euler, Leonhard, IX

Faraday, Michael, 171
Federpendel, 46
Flüssigkeit, 75
Freie-Elektronen-Laser, FEL, 204
Frisch, Otto, 287

Galilei, Galileo, 1
Gas, 75
  ideales, 91
Geiger, Hans, 240
Geim, Andre, 260
Geothermale Energie, 289
Gleichverteilungssatz, 99
Graphen, 260
Graphit, 259
Gravitation, 55
  Erstes Keplersches Gesetz, 55
  Drittes Keplersche Gesetz, 66
  Ereignishorizont, 73
  Gezeiten, 59
  Milchstraße, 63
  Schwarzes Loch, 65
  Schwarzschildradius, 72
  Sonnensystem, 55, 61
  Zweites Keplersches Gesetz, 56

Hahn, Otto, 287
Harmonischer Oszillator, 46
  Potential, 47
  quantenmechanisch, 49
Heisenberg, Werner, 227
Heisenbergsche Unschärferelation, 227
Hertz, Heinrich Rudolf, 194
Hoyle, Fred, 284
Hubble, Edwin, 295
Hubble-Konstante, 296
Hubblezeit, 298
Hugenius, Christanus, 211
Huygens, Christiaan, 211

Inelastischer Stoß, 45
Infraschall, 145
Ionische Kristalle, 267

Jönson, Claus, 224
Joule, James Prescott, 105

Sachverzeichnis

Kepler, Johannes, 1
Kernbindungsenergie, 278
Kerne, 273
Kernreaktionen in der Sonne, 282
Kernreaktor, 287
Kilogramm, 9
Kinematik, 13
  Beschleunigung, 13
  Geschwindigkeit, 13
  gleichförmig-beschleunigte Bewegung, 14
  gleichförmig-geradlinige Bewegung, 14
  Kreisbewegung, 19
  Ortsvektor, 13
  Vektoraddition, 16
Kinetische Theorie der Wärme, 91
Kohäsion, 87
Kondensierte Materie, 263
Konvektion, 115
Kosmische Hintergrundstrahlung, 299
Kosmische Rotverschiebung, 295
Kosmologie, 295
Kovalente Kristalle, 263
Kreisel, 43
  klassischer, 51
  quantenmechanisch, 53

Ladungszahl, 279
Laplace, Pierre-Simon, 67
Laser, 199
Laue, von Max, 204
Lemaître, Georges, 296
Lenard, Philipp, 219
Longitudinale Wellen, 130

Möllenstedt, Gottfried, 224
Machkegel, 143
Mardsen, Ernest, 240
Massenzahl, 279
Maxwell, James Clerk, 3, 178
Maxwellsche Geschwindigkeitsverteilung, 96
Mayer, Julius Robert, 105
Mechanik
  Arbeit, 36
  kinetische Energie, 37
  mechanische Energie, 36
  potentielle Energie, 37
Mechanik und Sport, 38
  Golfschwung, 40
  Peitsche, 39
  Speerwurf, 39, 40
  Stabhochsprung, 38
Mechanische Wellen, 129
Meitner, Lise, 287
Mendelejew, Dmitri, 3, 239
Meter, 8
Mol, 93
Moleküle, 251

Neumann, John von, IX
Neutronenstern, 286
Neutronenzahl, 280
Newton, Isaac, 2, 211
Novoselov, Konstantin, 260
Nukleon, 273

Oberflächenwellen, 130
Optik, 209
  Brechung, 209
  Brechungsindex, 210
  geometrische, 211
  Kleinwinkelnäherung, 214
  Linse, 211
  Linsengleichung, 212
  Lupe, 214
  Mikroskop, 214
  Reflexion, 209
  Spiegelteleskop, 216
Osmose, 109
Oszillator, 43

Pasteur, Louis, 3
Pauli, Wolfgang, 238, 246
Pauli-Ausschlussprinzip, 246
Periodensystem der Elemente, 246
Phasengeschwindigkeit, 131
Photoeffekt, 219
Photon, 219
Physik
  im 17. Jahrhundert, 2

im 18. Jahrhundert, 2
im 19. Jahrhundert, 3
im 20. Jahrhundert, 3
Physik des Fliegens, 84
Planck, Max, VIII, 3
Planck-Länge, 301
Pohl, R. W., VII

Quantenelektrodynamyk, 230
Quantenmechanik
  Boson, 237
  endliches Kastenpotential, 234
  Fermion, 237
  harmonisches Potential, 233
  Potentialbarriere, 235
  unendliches Kastenpotential, 232
Quantenzahlen des Wasserstoffatoms, 243
Quark, 273

Röntgen, Wilhelm Conrad, 201
Röntgenstrahlung, 201
  Bremsstrahlung, 201
  Charakteristische, 201
  Moseley-Gesetz, 204
  Röntgenspektroskopie, 204
Radioaktivität, 287
  α-Zerfall, 281
  β-Zerfall, 281
  β^--Zerfall, 276
  Gammazerfall, 288
Reflexion, 134
Relativitätstheorie, 187
  Äquivalenz von Masse und Energie, 191
  kein absoluter Raum, 187
  keine absolute Zeit, 189
  Längekontraktion, 190
  Raumzeit, 190
  Relativistische Mechanik, 187
Rutherford, Ernest, 4, 239
Rydberg-Konstante, 196

Schall, 140
Schallwellen im Gas, 140
Schrödinger, Erwin, 236

Schrödingergleichung, 236
Schwache Wechselwirkung, 273, 276
  β-Zerfall, 276
Schwarzschild, Karl, 72
Schwingung,harmonische, 47
Seismische Wellen, 145
Sekunde, 8
Skalarprodukt, 36
Sommerfeld, Arnold, 239
Spaltung, 287
  induzierte, 287
  spontane, 287
Spezifische Molwärme
  bei konstantem Volumen, 98
  kristalliner Substanzen, 101
  von Flüssigkeiten, 102
Spezifische Wärme
  bei konstantem Druck, 100
Spontane Emission, 199
Starke Wechselwirkung, 273, 274
Stefan, Josef, 116, 207
Stehende Wellen, 135
Stoß, 43
  elastischer, 43
  inelastischer, 43
Strahlung, 115
Strahlungsübergänge, 237
Strassmann, Fritz, 287
Superfluid, 238
Supernova, 286
Supraleitung, 238
Système International, 9

Thermodynamik, 91
  Carnot-Prinzip, 108
  Erster Hauptsatz, 105
  Stokes-Einstein-Gleichung, 112
  Zweiter Hauptsatz, 107
  absoluter Nullpunkt, 94
  Avogadrozahl, 94
  Debye-Temperatur, 102
  Dulong-Petit-Regel, 101
  Ideales Gas, 91
  Kelvin (K), 94
  Phasenübergänge, 103

Reales Gas, 95
Spezifische Molwärme, 98
Thomson, George Paget, 224
Thomson, Joseph John, 223, 239
Trägheitsmoment, 52
Transmission, 134
Transversale Wellen, 130
Tsunamiwellen, 147

Ultraschall, 143
Umweltradioaktivität, 292

Van-der-Waals-Gleichung, 95
Van-der-Waals-Kristalle, 268
Vektorprodukt, 34
Venturi, Giovanni Battista, 81
Virtuelles Photon, 229
Volta, Alessandro, 3

Wärmeleitung, 114
Wärmemaschinen, 105
Wärmepumpe, 109
Wärmestrahlung, 206
Wärmetransport, 113
Wasserstoffatom, 241
Wasserwellen, 137
Wechselwirkungen, fundamentale, 6
Weizsäcker, Carl Friedrich von, 280
Wellenfunktion, 230
Westinghouse, George, 177

Young, Thomas, 222
Yukawa, Hideki, 278

Zeitrichtung, 122

Printing and Binding: Stürtz GmbH, Würzburg